●文字式の計算

① **1次式の加法・減法**　同じ文字の項どうしを1つにまとめ，数の項どうしを計算する。

② **1次式の乗法・除法**　分配法則を使って計算する。
除法は乗法になおして計算する。

第3章　1次方程式

●1次方程式　① **等式の性質**　$A=B$ ならば

(1) $A+C=B+C$　両辺に同じ数をたしてもよい。

(2) $A-C=B-C$　両辺から同じ数をひいてもよい。

(3) $AC=BC$　両辺に同じ数をかけてもよい。

(4) $\frac{A}{C}=\frac{B}{C}$ $(C \neq 0)$　両辺を0でない同じ数でわってもよい。

(5) $B=A$　左辺と右辺を入れかえてもよい。

② **1次方程式の解き方**

(1) 移項を利用して，$ax=b$ の形にする。

(2) 両辺を x の係数でわる。$x=\frac{b}{a}$

③ **いろいろな形の1次方程式の解き方**

(1) かっこをふくむ1次方程式 ―

(2) 小数をふくむ1次方程式 ⟶

(3) 分数をふくむ1次方程式 ⟶

⟶ ② の手順で解く。

④ **比例式**　$a:b=c:d$ のとき　a

●1次方程式の利用

(1) **数量を文字で表す** ⟶ (2) **方程式をつくる** ⟶ (3) **方程式を解く** ⟶ (4) **解の確認**

第4章　比例と反比例

●比例　y は x に比例 ⟶ $y=ax$（a は定数，$a \neq 0$）

●座標，比例のグラフ

(1) 原点を通る直線

(2) $a>0$ のとき　右上がり
$a<0$ のとき　右下がり

(3) **かき方**　原点と他の1点をとって直線で結ぶ。

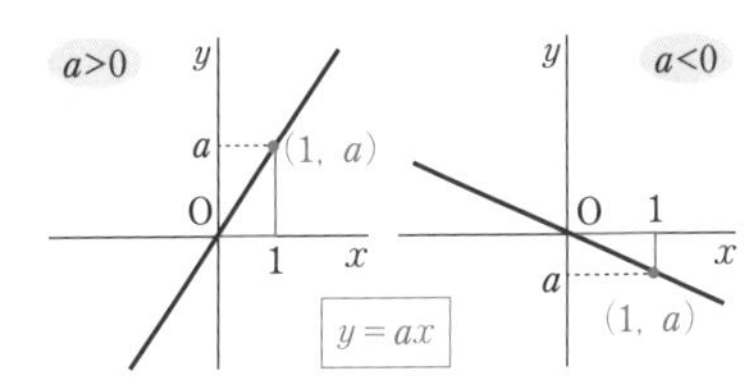

●反比例とそのグラフ　① **反比例**　y は x に反比例 ⟶ $y=\frac{a}{x}$（a は定数，$a \neq 0$）

② **反比例のグラフ**

(1) 双曲線とよばれる曲線

(2) 原点について点対称

(3) $a>0$ のとき　x が増加するとき
y は減少する。
$a<0$ のとき　x が増加するとき
y も増加する。

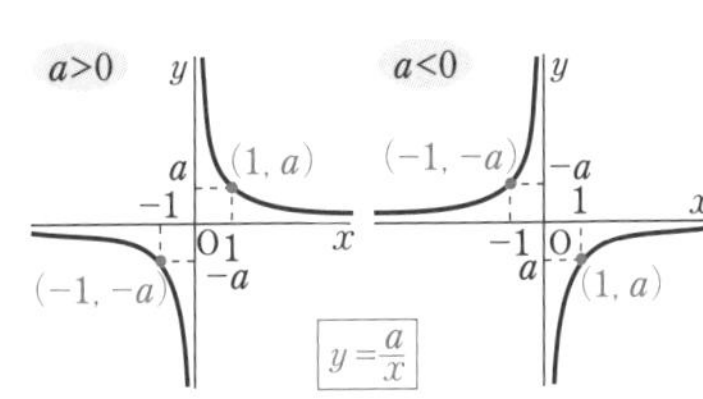

考える力。

それは「明日」に立ち向かう力。

あらゆるものが進化し、世界中で昨日まで予想もしなかったことが起こる今。
たとえ便利なインターネットを使っても、「明日」は検索(けんさく)できない。

チャート式は、君の「考える力」をのばしたい。
どんな明日がきても、この本で身につけた「考えぬく力」で、
身のまわりのどんな問題も君らしく解いて、夢に向かって前進してほしい。

チャート式が大切にする5つの言葉とともに、
いっしょに「新しい冒険(ぼうけん)」をはじめよう。

1 地図を広げて、ゴールを定めよう。

1年後、どんな目標を達成したいだろう？
10年後、どんな大人になっていたいだろう？
ゴールが決まると、たどり着くまでに必要な力や道のりが見えてくるはず。
大きな地図を広げて、チャート式と出発しよう。
これからはじまる冒険(ぼうけん)の先には、たくさんのチャンスが待っている。

2 好奇心(こうきしん)の船に乗ろう。「知りたい」は強い。

君を本当に強くするのは、覚えた公式や単語の数よりも、
「知りたい」「わかりたい」というその姿勢のはず。
最初から、100点を目指さなくていい。
まわりみたいに、上手に解けなくていい。
その前向きな心が、君をどんどん成長させてくれる。

3 味方がいると、見方が変わる。

どんなに強いライバルが現れても、
信頼(しんらい)できる仲間がいれば、自然と自信がわいてくる。
勉強もきっと同じ。
この本で学んだ時間が増えるほど、
どんなに難しい問題だって、見方が変わってくるはず。
チャート式は、挑戦(ちょうせん)する君の味方になる。

4 越(こ)えた波の数だけ、強くなれる。

昨日解けた問題も、今日は解けないかもしれない。
今日できないことも、明日にはできるようになるかもしれない。
失敗をこわがらずに挑戦(ちょうせん)して、くり返し考え、くり返し見直してほしい。
たとえゴールまで時間がかかっても、
人一倍考えることが「本当の力」になるから。
越(こ)えた波の数だけ、君は強くなれる。

5 一歩ずつでいい。でも、毎日進み続けよう。

がんばりすぎたと思ったら、立ち止まって深呼吸しよう。
わからないと思ったら、進んできた道をふり返ってみよう。
大切なのは、どんな課題にぶつかってもあきらめずに、
コツコツ、少しずつ、前に進むこと。

チャート式はどんなときも
ゴールに向かって走る君の背中を押(お)し続ける

チャート式®

中学数学 1年

もくじ

コラム

別冊解答編

練習，EXERCISES，定期試験対策問題，問題，入試対策問題の解答をのせています。

問題数

例 題	140問
練 習	140問
EXERCISES	111問
定期試験対策問題	57問
発展例題	12問
問 題	12問
入試対策問題	33問
合 計	**505問**

本書の特色と使い方

ぼく，数犬チャ太郎。
いっしょに勉強しよう！

デジタルコンテンツを活用しよう！

解説動画

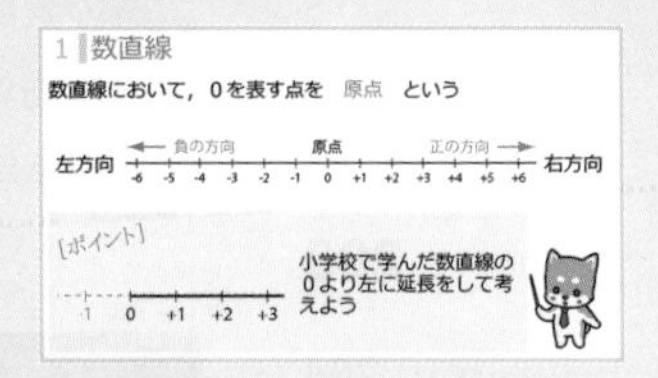

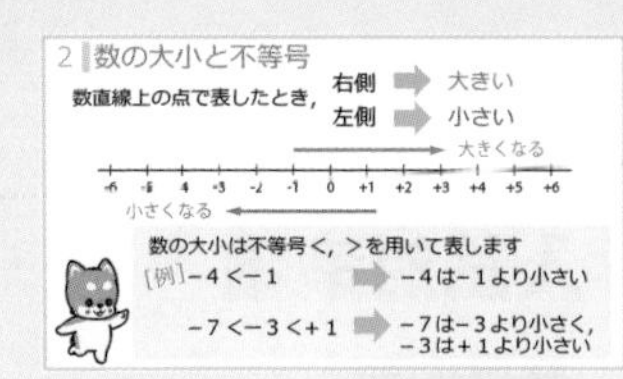

●「要点のまとめ」の中で，とくに大事な部分には，スライド形式の解説動画を用意しました。
紙面の内容にそって，わかりやすく解説しています。→「1 要点のまとめ」もチェック

計算カード

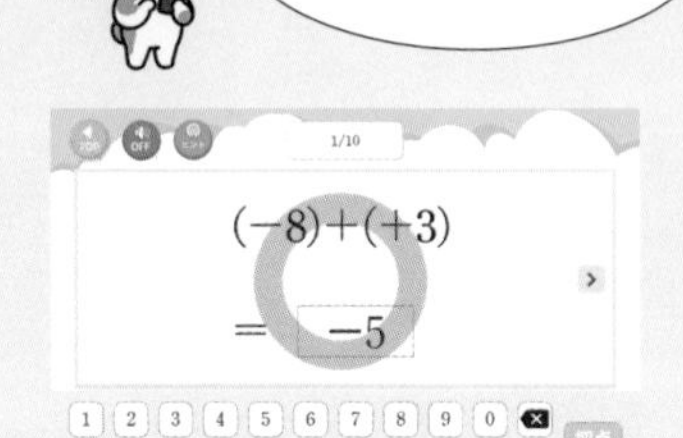

●反復練習が必要な問題が，カード形式で現れます。

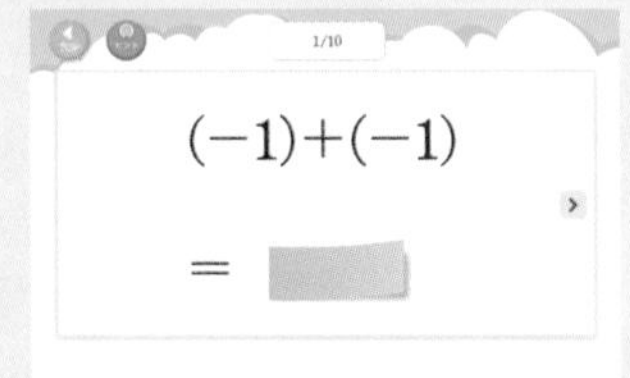

(−8)+(+3)

= −5

1 2 3 4 5 6 7 8 9 0

+ − .

採点

●制限時間を設定することができます。また，ふせんモードと入力モードがあります。
入力モードでは，画面下に表示されたキーボードを使って入力すると，自動で採点されます。

※他にも，理解を助けるアニメーションなどを用意しています。

各章の流れ

1 要点のまとめ

●用語や性質，公式などの要点を簡潔(かんけつ)にまとめています。

●授業の予習・復習はもちろん，テスト直前の最終確認にも活用しましょう。

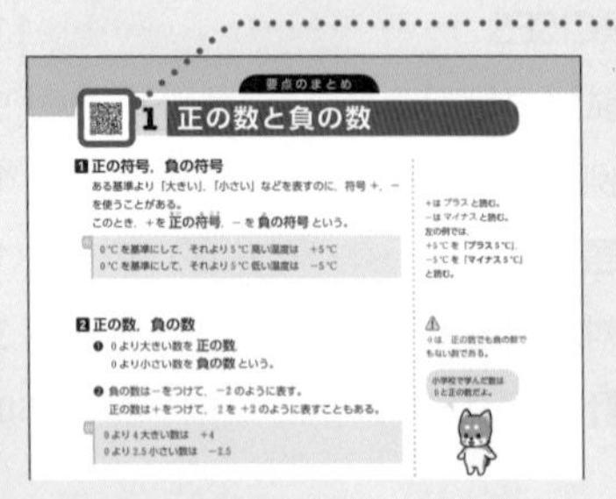

QRコード

解説動画や計算カードなどの学習コンテンツにアクセスできます。※1，※2

PCからは

https://cds.chart.co.jp/books/hcjbtc99ta

コンテンツの内容は，予告なしに変更することがあります。

※1 QRコードは，(株)デンソーウェーブの登録商標です。
※2 通信料はお客様のご負担となります。Wi-Fi環境での利用をおすすめいたします。

2 例題

●代表的な問題を扱っています。レベルは，（基本～教科書本文レベル）が中心です。>> で関連するページを示している場合があります。

●考え方では，問題を解くための方針や手順をていねいに示しています。ここをしっかり理解することで，思考力や判断力が身につきます。

●練習では，例題の類題，反復問題を扱っています。

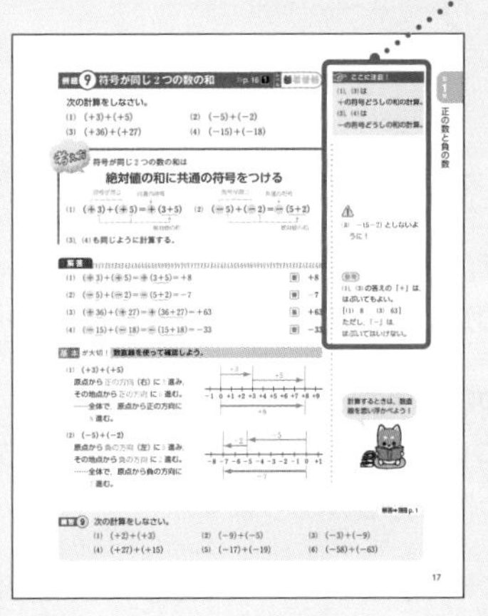

側注で理解が深まる

ここに注目！

問題を整理しよう！ など

問題文の注目する箇所（かしょ）や問題を理解するための図解などをのせています。

確認

要点や学習済みの内容などを取り上げています。

小学校の復習

小学校の内容のうち，関連が深いものを取り上げています。

まちがいやすい内容など，注意点を取り上げています。

参考

参考事項を取り上げています。

基本が大切！　公式のあてはめだけでなく，「なぜ，どのようになるのか」をていねいに解説しています。

CHART（チャート）　問題と重要事項（性質や公式など）を結びつけるもので，この本の１つの特色です。頭に残りやすいように，コンパクトにまとめています。→p. 6 をチェック

3 EXERCISES（エクササイズ）

●例題の反復問題や，その応用問題を扱っています。

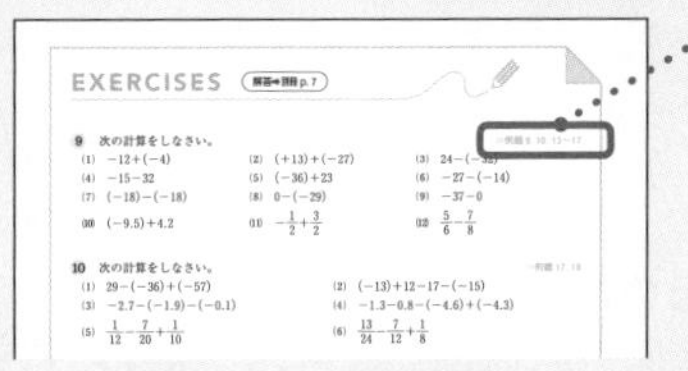

もどって復習できる

EXERCISES，定期試験対策問題では，ともに参考となる例題番号を示しています。

4 定期試験対策問題

●学校の定期試験で出題されやすい問題を扱っています。

入試対策編

1 発展例題

●入試によく出題される問題を扱っています。レベルは，（入試標準～やや難レベル）が中心です。

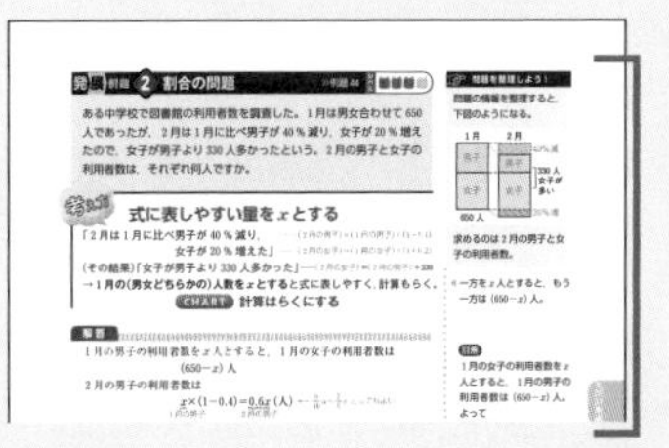

本編の例題と同じ形式

例題と同じ流れで勉強できます。

（発展例題の類題は「問題」になります）

2 入試対策問題

●実際に出題された入試問題を中心に扱っています。

CHART(チャート)とは？

数学の問題を解くことは，航海(こうかい)（船で海をわたること）に似ています。

航海では，見わたすかぎり空と海で，目的の港はすぐに見えません。
目的の港に行くには，海についての知識や，波風に応じて船をあやつる技術が必要です。

数学も同じ。問題の答えはすぐにわかりません。
答えを求めるには，問題の内容についての知識（性質や公式）はもちろんのこと，その問題の条件に応じて，知識を使いこなす技を身につける必要があります。

この「知識を使いこなす技を身につける」のにもっとも適した参考書が，チャート式です。

CHART とは，海図(かいず)を意味します。海図とは，海の深さや潮の流れなど海の情報を示した地図のようなものであり，航海の進路を決めるのに欠かせないものです。

航海における海図のように，問題を解く上で進むべき道を示してくれるもの
—そして，それは誰もが安心して答えにたどり着けるもの—
それが**チャート式**です。

〈チャート式　問題解決方法〉

1．問題の理解

何がわかっているか，何を求めるのか をはっきりさせる。

……出発港と目的港を決めないと，船を出すことはできない。

2．解法の方針を決める

わかっているものと求めるものに **つながりをつける。**
このつながりをわかりやすく示したのが **CHART** である。

……出発港と目的港の間に，船の通る道をつける。このとき，**海図**が役に立つ。

3．答案をつくる

2 で決めた方針にしたがって答案をつくる。　……実際に，船を進める。

4．確認する

求めた答えが正しいか，見落としているものはないかを確認する。

……港へ着いたら，目的と異なる港に着いていないかを確認する。

第1章

正の数と負の数

1 正の数と負の数

1 正の符号，負の符号

ある基準より「大きい」，「小さい」などを表すのに，符号 ＋，－ を使うことがある。
このとき，＋を **正の符号**，－ を **負の符号** という。

例
0 ℃ を基準にして，それより 5 ℃ 高い温度は　＋5 ℃
0 ℃ を基準にして，それより 5 ℃ 低い温度は　－5 ℃

＋は プラス と読む。
－は マイナス と読む。
左の例では，
＋5 ℃ を「**プラス 5 ℃**」，
－5 ℃ を「**マイナス 5 ℃**」
と読む。

2 正の数，負の数

❶ 0 より大きい数を **正の数**，
0 より小さい数を **負の数** という。

0 は，正の数でも負の数でもない数である。

❷ 負の数は－をつけて，－2 のように表す。
正の数は＋をつけて，2 を ＋2 のように表すこともある。

例
0 より 4 大きい数は　＋4
0 より 2.5 小さい数は　－2.5

❸ 整数には，正の整数，0，負の整数がある。
正の整数のことを **自然数** ともいう。

整数		
……，－3，－2，－1，	0	＋1，＋2，＋3，……
負の整数		正の整数（自然数）

自然数は 0 をふくまない！

❹ ある基準に関して反対の性質をもつ数量は，一方を正の数で表すと，他方は負の数を使って表すことができる。

例
地点Oから東へ 3 km の地点を ＋3 km で表すと，Oから西へ 2 km の地点は －2 km と表される。

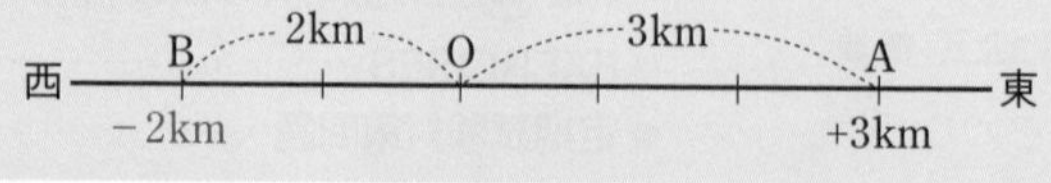

〈反対の性質〉
高い ⟷ **低い** など

西 ⟷ **東**
左の例の場合，東を＋で表しているから，西は－で表される。

3 数直線

数直線において，0 を表す点を **原点**(げんてん) といい，
数直線の右の方向を 正の方向，左の方向を 負の方向 という。

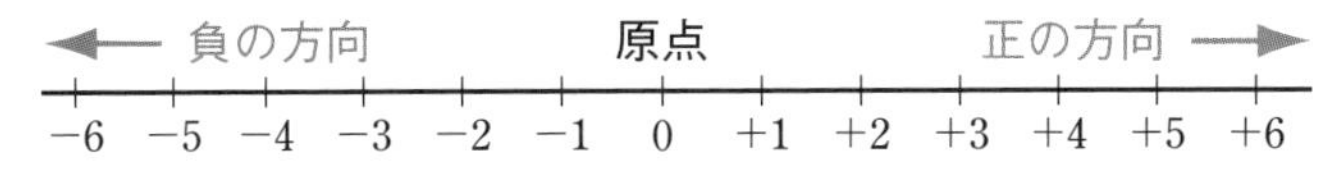

小学校で学んだ数直線の 0 より左側を延長し，0 より右側には正の数，0 より左側には負の数を対応させる。

−1 0 +1 +2 +3

4 数の大小と不等号

❶ 数を数直線上の点で表したとき，
右側にある数ほど大きく，左側にある数ほど小さい。

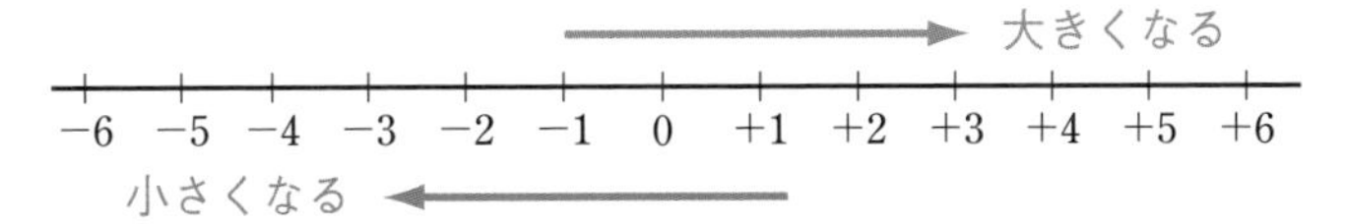

数直線上で，−1 は −4 より右側にあるから，
−1 は −4 より大きい。
(−4 は −1 より小さい。)

❷ 数の大小は，不等号<，>を用いて表す。

例
$-4<-1$ (または $-1>-4$)
…… −4 は −1 より小さい (−1 は −4 より大きい)
$-7<-3<+1$ (または $+1>-3>-7$)
…… −7 は −3 より小さく，−3 は +1 より小さい
(+1 は −3 より大きく，−3 は −7 より大きい)

⚠ $-7<+1>-3$ のようには表さない。

小学校の復習
[不等号の向き]
小 < 大
大 > 小
<の開いた方に大きい数

参考
$-4<-1$ は，
「−4 小(しょう)なり −1」
$-1>-4$ は，
「−1 大(だい)なり −4」
と読むことがある。

5 絶対値

数直線上で，原点から，ある数を表す点までの距離(きょり)を，その数の**絶対値**(ぜったいち) という。

例
+2 の絶対値は　2
−3 の絶対値は　3

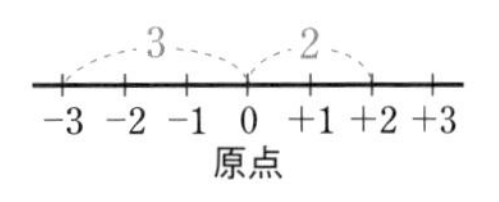

正の数，負の数から，その数の符号をとったものが，その数の絶対値ともいえる。

−3 —符号をとる→ 3
絶対値

例題 1 正の数，負の数の表し方

≫p. 8 1 レベル 

次の数を，正の符号，負の符号を使って表しなさい。

(1) 0より5大きい数　　(2) 0より11小さい数

確認 符号

正の符号 …… ＋

負の符号 …… －

0は正の数でも負の数でもないから，符号は考えない。

考え方

0を基準にして

0より大きい数には＋，0より小さい数には－をつける

解答

(1) ＋5 …答　　(2) －11 …答

符号を使って表すから，(1)は＋を省略してはいけない。

解答➡別冊 p. 1

練習 1 次の数を，正の符号，負の符号を使って表しなさい。

(1) 0より8大きい数　　(2) 0より3.4小さい数

例題 2 正の数，負の数，自然数

≫p. 8 2 レベル

下の数の中から，次の数をすべて選びなさい。

(1) 自然数　　(2) 整数　　(3) 負の数　　(4) 負の整数

$$0.5,\ -4,\ -3,\ +2,\ 0.7,\ -\frac{1}{2},\ 0,\ 10,\ \frac{2}{3}$$

考え方

用語の意味をしっかりおさえる

正の数 … 0より大きい数。　**負の数** … 0より小さい数。

整数 … 正の整数，0，負の整数がある。　**自然数** … 正の整数のこと。

整数

……，－3，－2，－1，	0	＋1，＋2，＋3，……
負の整数		正の整数（自然数）

⚠ 正の数，負の数の中には，正の分数や正の小数 負の分数や負の小数もある。

⚠ 自然数は0をふくまない！

解答

(1) ＋2，10 …答　　(2) －4，－3，＋2，0，10 …答

(3) $-4,\ -3,\ -\frac{1}{2}$ …答　　(4) －4，－3 …答

(1)，(2)，(4)は上の図で確認。(3)は負の符号－がついているものすべて。

解答➡別冊 p. 1

練習 2 下の数の中から，次の数をすべて選びなさい。

(1) 自然数　　(2) 整数　　(3) 正の数　　(4) 負の数

$$-2,\ +\frac{2}{3},\ -0.3,\ -\frac{1}{5},\ 0,\ +0.01,\ 1,\ -20,\ 6$$

例題 3 基準からの増減

>>p. 8 2 レベル 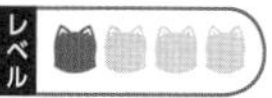

5 ℃を基準として，それより高いことを正の数で，低いことを負の数で表すとき，6 ℃，2 ℃をそれぞれ正の数，負の数を使って表しなさい。

考え方

基準との差を考えて

大きい場合は＋，小さい場合は－をつける

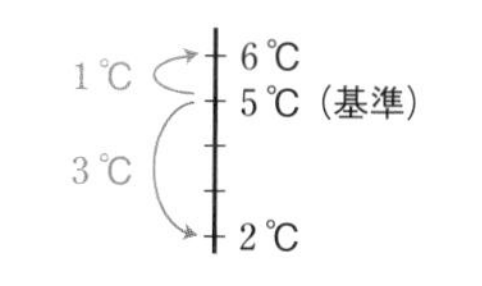

解答

6 ℃は，基準である 5 ℃よりも 1 ℃高いから　**＋1 ℃** …答

2 ℃は，基準である 5 ℃よりも 3 ℃低いから　**－3 ℃** …答

解答➡別冊 p. 1

練習 3　45 kg を基準として，それより重いことを正の数で，軽いことを負の数で表すとき，51 kg，37 kg をそれぞれ正の数，負の数を使って表しなさい。

例題 4 符号のついた数で表す

>>p. 8 2 レベル

(1)　地点Oから東へ 100 m の地点Aを ＋100 m と表すとき，Oから東へ 200 m の地点B，Oから西へ 300 m の地点Cを，それぞれ正の数，負の数を使って表しなさい。

(2)　[　] 内のことばを使って，次の数量を表しなさい。

(ア)　4 個少ない [多い]　　(イ)　－5 cm 短い [長い]

考え方

反対の性質をもつ数量

一方を正の数で表すと，他方は負の数で表される

(2)　反対のことばを使うとき，符号も反対にする（符号を変える）と，もとの数量と同じになる。つまり，**反対の反対はもとにもどる** ということ。

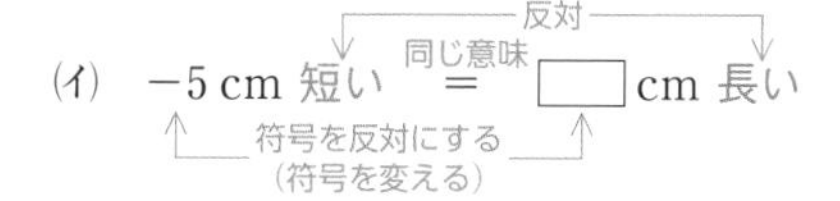

解答

(1)　**B：＋200 m，C：－300 m** …答

(2)　(ア)　**－4 個多い**　　(イ)　**＋5 cm 長い** …答

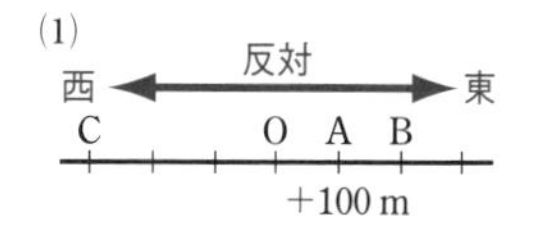

解答➡別冊 p. 1

練習 4　[　] 内のことばを使って，次の数量を表しなさい。

(1)　5 秒前 [後]　(2)　50 m 北 [南]　(3)　－20 人の増加 [減少]　(4)　－1000 円の収入 [支出]

例題 5 数直線

>>p. 9 3　レベル

(1) 右の数直線で，点 A，B，C の表す数を答えなさい。

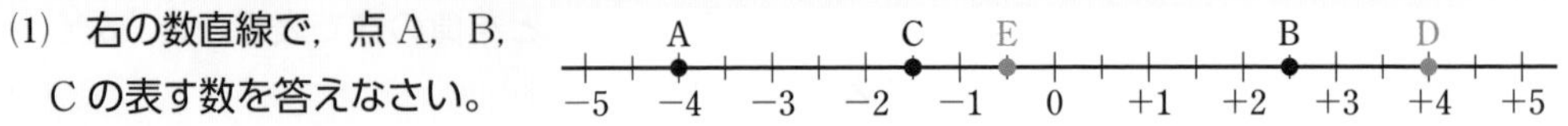

(2) 数 +2，−1，+4.5，$-\frac{7}{2}$ を，数直線上に表しなさい。

考え方

原点（0 を表す点）からどれくらい離れているかを読みとる。

0 より右側が正の数，左側が負の数

解答

(1) **A：−4，B：+2.5，C：−1.5** …答

(2) 答

$-\frac{7}{2}$　−1　+2　+4.5

−5　−4　−3　−2　−1　0　+1　+2　+3　+4　+5

(1) 点C：−2.5 としないように。

C　1.5
−2　−1　0

(2) 分数は小数になおす。

$-\frac{7}{2}=-3.5$

解答➡別冊 p. 1

練習 5 (1) 上の数直線で，点 D，E の表す数を答えなさい。

(2) 数 +5，−3，$+\frac{3}{2}$，−2.5 を，数直線上に表しなさい。

例題 6 数の大小

>>p. 9 4　レベル

次の各組の数の大小を，不等号を使って表しなさい。

(1) −5，+2　　(2) −2，−6　　(3) +1，−3，0

考え方

数の大小を比較するには

数直線を利用する

⚠ **(負の数)**$<0<$**(正の数)** である。

大きくなる
−3　−2　−1　0　+1　+2　+3
小さくなる

解答

(1) **$-5<+2$**（または **$+2>-5$**）…答

(2) **$-6<-2$**（または **$-2>-6$**）…答

(3) **$-3<0<+1$**（または **$+1>0>-3$**）…答

小学校の復習

12 は 34 より小さいことを

$12<34$ と表す。

不等号の向きに注意。

小 < 大

<の開いた方に大きい数

(1)
−5　0　+2

(2)
−6　−2　0

(3)
−3　0　+1

解答➡別冊 p. 1

練習 6 次の各組の数の大小を，不等号を使って表しなさい。

(1) +2，−4　　(2) −2.3，−1.7　　(3) +0.5，−2，−4

例題 7 絶対値

>>p. 9 5 レベル

(1) 次の数の絶対値を答えなさい。

(ア) -7　　(イ) $+1$　　(ウ) -2.5

(2) 絶対値が 3 になる数をすべて答えなさい。

(3) $+4$ と -6 のうち，大きい方の数を答えなさい。
また，絶対値が大きい方の数を答えなさい。

確認 絶対値
原点からの距離 のこと。
正の数，負の数から符号をとったものと考えることもできる。

絶対値
$+2 \longrightarrow 2$
符号をとる

考え方

絶対値 ① **原点からの距離を調べる**
② **符号をとる**

(1) は ② の方針，(2), (3) は ① の方針で考えよう。

⚠ 0 の絶対値は 0

解答

(1) (ア) -7 の符号－をとって **7** …答
(イ) $+1$ の符号＋をとって **1** …答
(ウ) -2.5 の符号－をとって **2.5** …答

(2) 原点からの距離が 3 である数は，
図から　**$+3$ と -3** …答

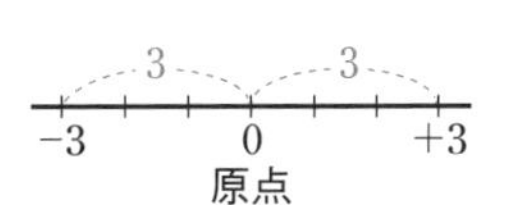

確認 (1) 数直線を利用すると…
(ア)
7
−7　0
(イ)，(ウ) も同じように考えることができる。

(3) 図から
大きい方の数は　$+4$ …答
絶対値が大きい方の数は　-6 …答

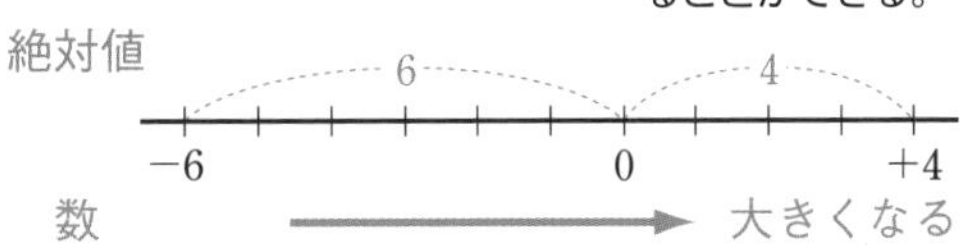

●**数の大小のポイント**
① (負の数)<0<(正の数)
② 正の数は，その数の絶対値が大きいほど大きい。
③ 負の数は，その数の絶対値が大きいほど小さい。

練習 7　解答➡別冊 p. 1

(1) 次の数の絶対値を答えなさい。

(ア) $+10$　　(イ) -100　　(ウ) -1.5　　(エ) $-\dfrac{9}{2}$

(2) 絶対値が 5 になる数をすべて答えなさい。

(3) $+\dfrac{5}{6}$ と $-\dfrac{2}{3}$ のうち，小さい方の数を答えなさい。
また，絶対値が小さい方の数を答えなさい。

例題 8 絶対値と数の大小

(1) 絶対値が 3 より小さい整数をすべて求めなさい。

(2) 次の数を小さい方から順に並べなさい。

$$-3,\ +2.3,\ -1.8,\ +\frac{1}{2},\ -\frac{2}{3},\ 0$$

考え方

(1) **数直線を利用する。**

「3 より小さい」であるから，3 を **ふくまない** ことに注意。

(2) まず，正の数と負の数で分けると考えやすい。

正の数 …… その数の絶対値が大きいほど大きい。

負の数 …… その数の絶対値が大きいほど小さい。

(1) 図から

$-2,\ -1,\ 0,\ +1,\ +2$ … 答

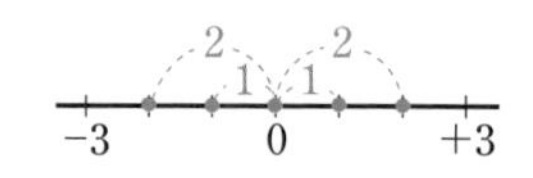

(2) まず，正の数と負の数に分ける。

正の数は　$+2.3,\ +\frac{1}{2}$　負の数は　$-3,\ -1.8,\ -\frac{2}{3}$

次に，正の数は，その数の絶対値が大きいほど大きい から

$$+\frac{1}{2}<+2.3$$　← $+\frac{1}{2}=+0.5$

負の数は，その数の絶対値が大きいほど小さい から

$$-3<-1.8<-\frac{2}{3}$$　← $-\frac{2}{3}=-0.66\cdots$

よって，小さい方から順に並べると

$-3,\ -1.8,\ -\frac{2}{3},\ 0,\ +\frac{1}{2},\ +2.3$ … 答

基本 が大切！ (2) **数直線を使って確認しよう。**

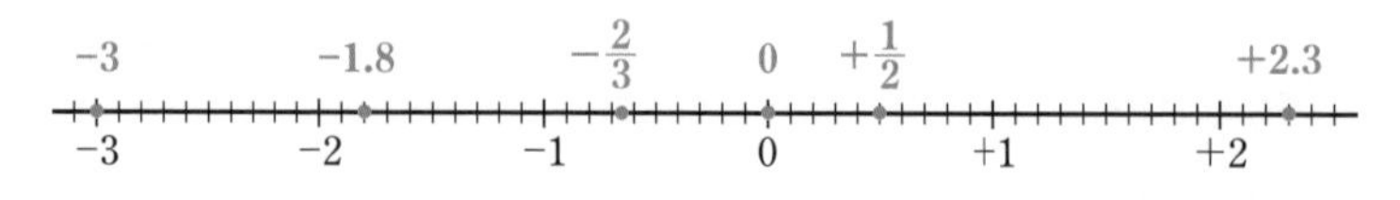

確認 **〜より小さい，〜以下など**

5 より小さい（大きい）

…… 5 を **ふくまない**

5 未満

…… 5 を **ふくまない**

5 以下（以上）

…… 5 を **ふくむ**

(2)

(負の数)<0<(正の数)

(1) 原点からの距離が 3 より小さい整数。

➡原点からの距離が

2, 1, 0

↑

0 を忘れないように！

(2) **分数は小数になおすと考えやすい。**

参考

$\frac{1}{2}$，$\frac{2}{3}$ ともに，分子の数よりも分母の数の方が大きいから，絶対値は 1 より小さいことがわかる。

右側にある数ほど大きく，左側にある数ほど小さい。

解答➡別冊 p. 1

練習 8 (1) 絶対値が 4 以下の整数をすべて求めなさい。

(2) 次の数を小さい方から順に並べなさい。

$$-2,\ -1.5,\ +0.8,\ -\frac{5}{2},\ -\frac{4}{3},\ +3$$

EXERCISES 解答➡別冊 p. 6

1 次の数を，正の符号，負の符号を使って表しなさい。 >>例題 1

(1) 0より5.2大きい数　(2) 0より3.8小さい数

2 物質A，B，Cがある。AはBより -3 g重く，CはBより -5 g軽い。Bの重さが50 gのとき，AとCの重さをそれぞれ答えなさい。 >>例題 3, 4

3 次のことがらを，符号を変えて表しなさい。 >>例題 4

(1) $+4$ 日前　(2) -5 m^2 広い　(3) -2 km 前進

(4) $+50$ m 降下　(5) -5 万円の利益

4 数 -2，$+3.5$，$+\dfrac{5}{2}$，$-\dfrac{3}{4}$ を数直線上に表しなさい。 >>例題 5

5 次の各組の数の大小を，不等号を使って表しなさい。 >>例題 6

(1) $-\dfrac{7}{3}$，$-\dfrac{8}{3}$，$+\dfrac{4}{7}$　(2) $-\dfrac{9}{8}$，$-\dfrac{8}{9}$，$-\dfrac{21}{10}$

6 絶対値が次の数になる数をすべて答えなさい。 >>例題 7

(1) 6　(2) 4　(3) 0

7 下の数の中から，次の数をすべて選びなさい。 >>例題 7, 8

$$-\frac{8}{3},\ +0.9,\ -1.8,\ -\frac{9}{4},\ +\frac{1}{2},\ -3$$

(1) もっとも大きい数　(2) 0にもっとも近い数　(3) 4番目に大きい数

(4) 絶対値がもっとも大きい数　(5) 絶対値が2より小さい数

8 (1) 数直線上で，-6 からの距離が4である数をすべて答えなさい。

(2) 絶対値が2.3より小さい整数をすべて答えなさい。 >>例題 8

2 加法と減法

1 加法

❶ 符号が同じ 2 つの数の和

絶対値の和に共通の符号をつける

❷ 符号が異なる 2 つの数の和

絶対値の大きい方から小さい方をひいた差に，絶対値の大きい方の符号をつける

❶ $(-1)+(-5)=-(1+5)=-6$

❷ $(-1)+(+5)=+(5-1)=+4$

❸ 加法の計算法則（負の数をふくむ場合も成り立つ）

① 加法の交換法則

□＋○＝○＋□　（たす順序を変えても，結果は同じ）

② 加法の結合法則

(□＋○)＋△＝□＋(○＋△)

（たす数をどのようにまとめても，結果は同じ）

① $(+5)+(-3)=(-3)+(+5)$

② $\{(+4)+(+7)\}+(-7)=(+4)+\{(+7)+(-7)\}$

2 減法

ひく数の符号を変えて加法になおす

$(+5)-(+2)=(+5)+(-2)=+(5-2)=+3$ ……上の❷

$(+5)-(-2)=(+5)+(+2)=+(5+2)=+7$ ……上の❶

3 加法と減法の混じった式

次の手順で計算するとらく。

手順 1 加法だけの式になおす。

手順 2 加法の交換法則と結合法則を使って，正の項（こう），負の項の和をそれぞれ求めてから計算する。

加法……たし算のこと。
和　……たし算の結果。

◀絶対値が等しいとき，和は 0 になる。

◀ -1 の絶対値は 1
-5，$+5$ の絶対値は 5

⚠ { } は ( ) をふくむ式にかっこをつけたいときに用いる。

減法……ひき算のこと。
差　……ひき算の結果。

減法では交換法則，結合法則は成り立たない。

加法だけの式になおしたときの各数を **項** という。
正の項……正の数の項
負の項……負の数の項

例題 9 符号が同じ2つの数の和

>>p. 16 1 レベル 

次の計算をしなさい。

(1) $(+3)+(+5)$　　(2) $(-5)+(-2)$

(3) $(+36)+(+27)$　　(4) $(-15)+(-18)$

ここに注目！

(1), (3) は
＋の符号どうしの和の計算。
(2), (4) は
－の符号どうしの和の計算。

考え方

符号が同じ2つの数の和は

絶対値の和に共通の符号をつける

(1) $(+3)+(+5)=+(3+5)$　（符号が同じ，共通の符号，絶対値の和）

(2) $(-5)+(-2)=-(5+2)$　（符号が同じ，共通の符号，絶対値の和）

(3), (4) も同じように計算する。

⚠ (2) $-(5-2)$ としないように！

解答

(1) $(+3)+(+5)=+(3+5)=+8$　　答 $+8$

(2) $(-5)+(-2)=-(5+2)=-7$　　答 -7

(3) $(+36)+(+27)=+(36+27)=+63$　　答 $+63$

(4) $(-15)+(-18)=-(15+18)=-33$　　答 -33

参考

(1), (3) の答えの「＋」は，
はぶいてもよい。
[(1) 8　(3) 63]
ただし，「－」は，
はぶいてはいけない。

基本が大切！ 数直線を使って確認しよう。

(1) $(+3)+(+5)$
原点から 正の方向（右）に 3 進み，
その地点から 正の方向 に 5 進む。
……全体で，原点から正の方向に
8 進む。

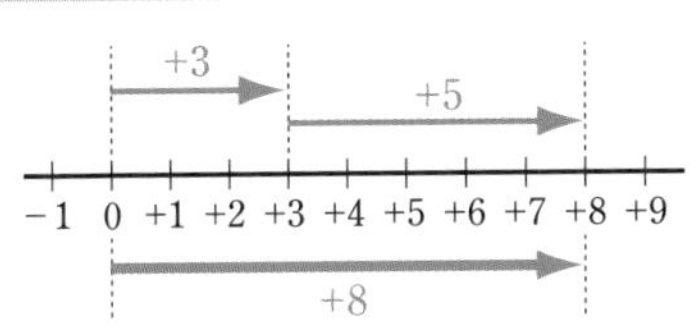

(2) $(-5)+(-2)$
原点から 負の方向（左）に 5 進み，
その地点から 負の方向 に 2 進む。
……全体で，原点から負の方向に
7 進む。

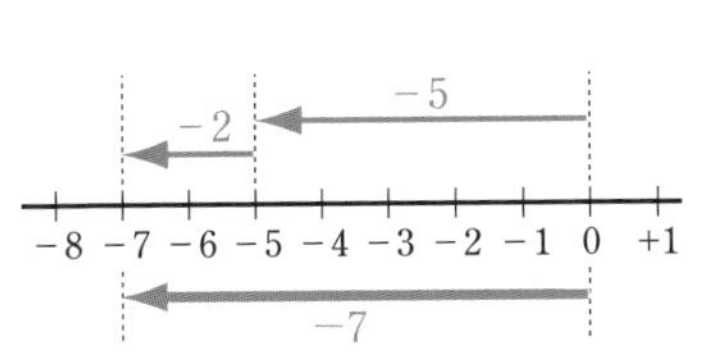

計算するときは，数直線を思い浮かべよう！

解答➡別冊 p. 1

練習 9 次の計算をしなさい。

(1) $(+2)+(+3)$　　(2) $(-9)+(-5)$　　(3) $(-3)+(-9)$

(4) $(+27)+(+15)$　　(5) $(-17)+(-19)$　　(6) $(-58)+(-63)$

例題 10 符号が異なる2つの数の和

≫p. 16 1

レベル 

次の計算をしなさい。

(1) $(-2)+(+5)$　　(2) $(+4)+(-6)$

(3) $(-42)+(+35)$　　(4) $(-6)+(+6)$

ここに注目！

2つの数のうち，絶対値の大きい方 に注目する。

(1) $+5$　(2) -6

(3) -42

考え方

符号が異なる2つの数の和は

絶対値の大きい方から小さい方をひいた差に，絶対値の大きい方の符号をつける

(1) $(-2)+(+5)=+(5-2)$　（符号が異なる／絶対値の大きい方の符号／絶対値の差）

(2) $(+4)+(-6)=-(6-4)$　（符号が異なる／絶対値の大きい方の符号／絶対値の差）

(4) 絶対値が等しいとき，和は0になる。

解答

(1) $(-2)+(+5)=+(5-2)=+3$　　答 $+3$

(2) $(+4)+(-6)=-(6-4)=-2$　　答 -2

(3) $(-42)+(+35)=-(42-35)=-7$　　答 -7

(4) $(-6)+(+6)=0$ ← 絶対値が6で等しい　　答 0

(3) 絶対値の大きい方は -42 であるから，符号は－である。

(4)

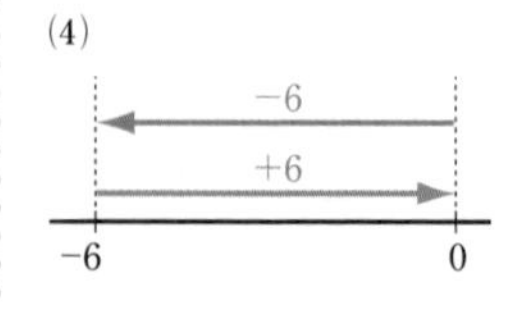

基本が大切！ 数直線を使って確認しよう。

(1) $(-2)+(+5)$

原点から 負の方向（左）に 2 進み，
その地点から 正の方向 に 5 進む。
……全体で，原点から正の方向に
3 進む。

(2) $(+4)+(-6)$

原点から 正の方向（右）に 4 進み，
その地点から 負の方向 に 6 進む。
……全体で，原点から負の方向に
2 進む。

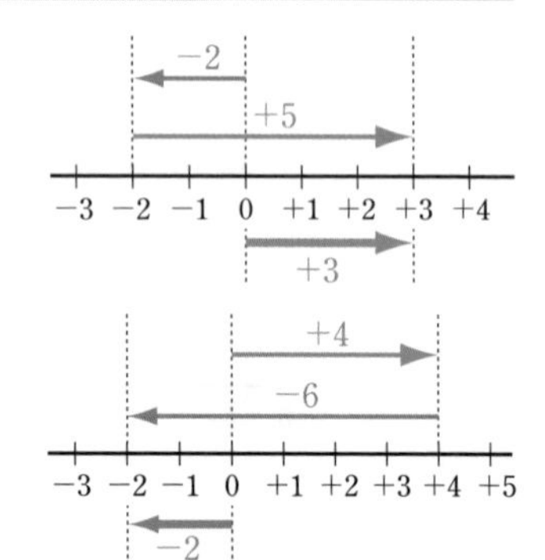

解答➡別冊 p. 2

練習 10 次の計算をしなさい。

(1) $(-3)+(+4)$　(2) $(+1)+(-7)$　(3) $(+9)+(-5)$

(4) $(-21)+(+12)$　(5) $(+38)+(-52)$　(6) $(+7)+(-7)$

例題 11 0 をふくむ加法

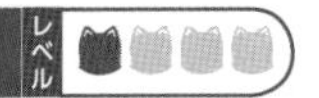

(1) $0+(-8)$　(2) $(-5)+0$　を計算しなさい。

考え方

0 との和　**もとの数に等しい**

解答

(1) $0+(-8)=\mathbf{-8}$ … 答　　(2) $(-5)+0=\mathbf{-5}$ … 答

解答➡別冊 p. 2

練習 11 次の計算をしなさい。

(1) $(+4)+0$　(2) $0+(-9)$　(3) $(-11)+0$

小学校の復習

$0+3=3$,　$7+0=7$

確認 **数直線を利用する**

(1) 原点から負の方向に 8 進む。

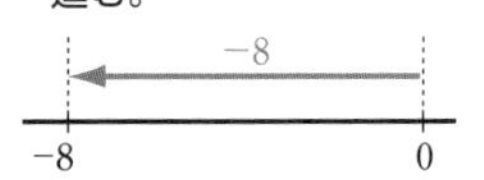

例題 12 加法の計算法則

≫p. 16 1

次の計算をしなさい。

(1) $(+15)+(-26)+(+38)+(-5)$

(2) $(+42)+(-38)+(-42)+(+25)$

考え方

交換法則，結合法則を利用して

正の数どうし，負の数どうしを計算する

(2) **絶対値が同じで異なる符号の数は，和が 0 になる** から，先に計算する。

解答

(1) $(+15)+(-26)+(+38)+(-5)$

$=(+15)+(+38)+(-26)+(-5)$　← 交換法則で -26 と $+38$ の順序を並びかえる

$=\{(+15)+(+38)\}+\{(-26)+(-5)\}$　← 結合法則で正の数，負の数をまとめる

$=(+53)+(-31)=\mathbf{+22}$ … 答

(2) $(+42)+(-38)+(-42)+(+25)$

$=\{(+42)+(-42)\}+\{(-38)+(+25)\}$　← -38 と -42 の順序を並びかえて，和が 0 になるものをまとめる

$=0+(-13)=\mathbf{-13}$ … 答

確認 **加法の計算法則**

加法の交換法則

□＋○＝○＋□

加法の結合法則

(□＋○)＋△

＝□＋(○＋△)

別解 左から順に計算してもよい。たとえば，(1) は

$(+15)+(-26)=-11$

$(-11)+(+38)=+27$

$(+27)+(-5)=+22$

(2) $+42$ と -42 に注目。

$(+42)+(-42)=0$

解答➡別冊 p. 2

練習 12 次の計算をしなさい。

(1) $(+19)+(-27)+(-14)+(+15)$　(2) $(-17)+(+73)+(-18)+(+17)$

(3) $(-21)+(+33)+(-6)+(-27)+(+15)$

例題 13 正の数をひく

>>p. 16 2

次の減法を，加法になおして計算しなさい。

(1) $(+6)-(+2)$　　(2) $(-7)-(+16)$

確認 用語の意味

減法……ひき算のこと

加法……たし算のこと

$-(+●)=+(-●)$

同符号…同じ符号のこと

異符号…異なる符号のこと

ひかれる数の符号を変えてはいけない。

$(+6)-(+2)$

$=(-6)+(-2)$ ×

考え方

減法は **加法になおして計算する**

正の数をひくことは，負の数をたすことと同じ。

(1) $(+6)\underline{-(+2)}=(+6)\underline{+(-2)}$ ……異符号の数の和

正の数をひく　負の数をたす

(2) $(-7)\underline{-(+16)}=(-7)\underline{+(-16)}$……同符号の数の和

正の数をひく　負の数をたす

解答

(1) $(+6)-(+2)=(+6)+(-2)$　← $-(+2)=+(-2)$

$=+(6-2)$

$=+4$　答 $+4$

(1) $+6$ より $+2$ 小さい数

同じ意味 ↓

$+6$ より -2 大きい数

(2) $(-7)-(+16)=(-7)+(-16)$

$=-(7+16)$

$=-23$　答 -23

(2) -7 より $+16$ 小さい数

同じ意味 ↓

-7 より -16 大きい数

基本が大切！ 数直線を使って確認しよう。

(1)の減法 $(+6)-(+2)=$ □ は

加法 □ $+(+2)=(+6)$ の □ にあてはまる

数を求める計算である。

右の図からわかるように，これは加法

$(+6)+(-2)$ の計算結果に等しい。

このように，正の数をひく計算は，負の数をたす

計算になおすことができる。

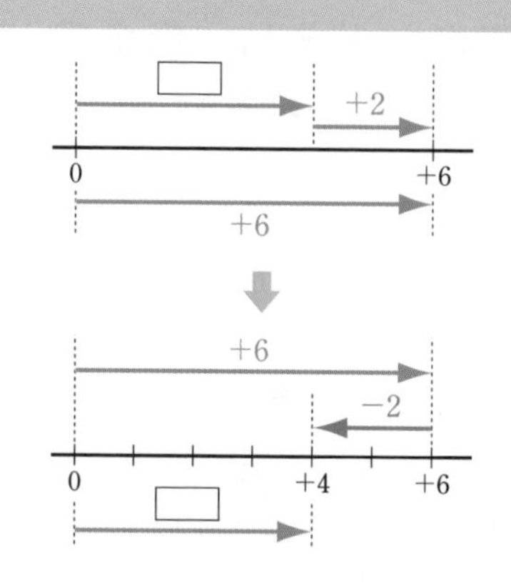

練習 13 次の減法を，加法になおして計算しなさい。

解答➡別冊 p. 2

(1) $(+8)-(+17)$　　(2) $(-14)-(+9)$　　(3) $(+31)-(+53)$

例題 14 負の数をひく

レベル

次の減法を，加法になおして計算しなさい。

(1) $(+14)-(-9)$　　(2) $(-13)-(-19)$

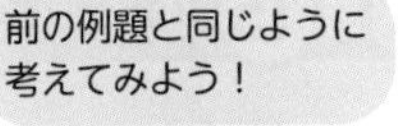

前の例題と同じ。減法は

加法になおして計算する

負の数をひくことは，正の数をたすことと同じ。

(1) $(+14)\underline{-(-9)}=(+14)\underline{+(+9)}$ ……同符号の数の和
　負の数をひく　正の数をたす

(2) $(-13)\underline{-(-19)}=(-13)\underline{+(+19)}$……異符号の数の和
　負の数をひく　正の数をたす

$-(-●)=+(+●)$

解答

(1) $(+14)-(-9)=(+14)+(+9)$
$=+(14+9)$
$=+23$　　答 $+23$

(2) $(-13)-(-19)=(-13)+(+19)$
$=+(19-13)$
$=+6$　　答 $+6$

(1) $+14$ より -9 小さい数
　同じ意味 ⬇
$+14$ より $+9$ 大きい数

(2) -13 より -19 小さい数
　同じ意味 ⬇
-13 より $+19$ 大きい数

基本 が大切！ **数直線を使って確認しよう。**

(1)の減法 $(+14)-(-9)=\square$ は
加法 $\square+(-9)=(+14)$ の $\square$ にあてはまる
数を求める計算である。
右の図からわかるように，これは加法
$(+14)+(+9)$ の計算結果に等しい。

このように，負の数をひく計算は，正の数をたす計算になおすことができる。

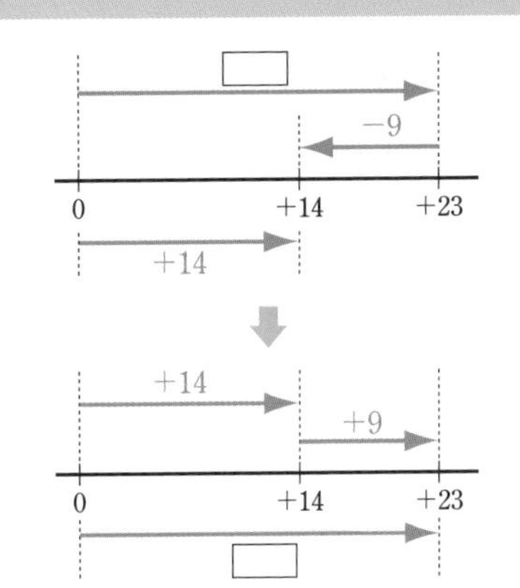

●例題 13 と例題 14 の結果から，次のようにまとめられる。

正の数，負の数をひくことは 符号を変えた数をたすこと と同じ

解答➡別冊 p. 2

練習 14 次の減法を，加法になおして計算しなさい。

(1) $(-15)-(-12)$　　(2) $(+23)-(-16)$　　(3) $(-38)-(-72)$

例題 15 0 をふくむ減法

レベル 

(1) $(-21)-0$　(2) $0-(-7)$　を計算しなさい。

考え方

0 をひく　は もとの数　●$-0=$●

0 からひく は 符号変え　$0-$●$=-$●

解答

(1) $(-21)-0=-21$　← もとの数　答 -21

(2) $0-(-7)=0+(+7)=+7$ ← ひく数の符号変え　答 $+7$

減法は加法になおす

練習 15 次の計算をしなさい。

解答➡別冊 p. 2

(1) $(+5)-0$　(2) $0-(-13)$　(3) $0-(+7)$

例題 16 小数，分数の和・差

≫p. 16 1 2

レベル 

次の計算をしなさい。

(1) $(+0.5)+(-3.4)$　(2) $(-5.8)-(-8.5)$

(3) $\left(-\frac{3}{5}\right)+\left(-\frac{1}{5}\right)$　(4) $\left(-\frac{1}{2}\right)-\left(+\frac{1}{4}\right)$

考え方

小数や分数でも計算のしかたは変わらない。

解答

(1) $(+0.5)+(-3.4)=-(3.4-0.5)=-2.9$　答 -2.9

(2) $(-5.8)-(-8.5)=(-5.8)+(+8.5)$

$=+(8.5-5.8)=+2.7$　答 $+2.7$

(3) $\left(-\frac{3}{5}\right)+\left(-\frac{1}{5}\right)=-\left(\frac{3}{5}+\frac{1}{5}\right)=-\frac{4}{5}$　答 $-\frac{4}{5}$

(4) $\left(-\frac{1}{2}\right)-\left(+\frac{1}{4}\right)=\left(-\frac{1}{2}\right)+\left(-\frac{1}{4}\right)$

$=-\left(\frac{1}{2}+\frac{1}{4}\right)=-\left(\frac{2}{4}+\frac{1}{4}\right)=-\frac{3}{4}$　答 $-\frac{3}{4}$

確認 和・差のおさらい

(1) **異符号の数の和**
絶対値の差に，絶対値の大きい方の符号。

(2) **負の数をひく**
減法は加法になおす。

(3) **同符号の数の和**
絶対値の和に共通の符号。

(4) **正の数をひく**
減法は加法になおす。

小学校の復習

(4) **通分のしかた**
2 つの分数の分母 2 と 4 の最小公倍数 4 で分母をそろえる。そのために，$\frac{1}{2}$ の分母・分子に 2 をかける。

$\frac{1}{2}=\frac{1\times2}{2\times2}=\frac{2}{4}$

練習 16 次の計算をしなさい。

解答➡別冊 p. 2

(1) $(+1.9)+(-4.3)$　(2) $(-4.2)-(-7.8)$　(3) $\left(-\frac{1}{3}\right)-\left(+\frac{2}{3}\right)$　(4) $\left(-\frac{7}{2}\right)+\left(-\frac{5}{3}\right)$

例題 17 項を並べた式の計算

>>p. 16 3

(1) 次の式を，項を並べた式で表しなさい。

$(+2)-(+7)-(-3)+(-1)$

(2) 次の式を計算しなさい。

(ア) $-3+9-7$　　(イ) $12-16+11-5$

> **確認** 項
> 加法だけの式になおしたときの各数を **項** という。
> **正の項**……正の数の項
> **負の項**……負の数の項

考え方 加法だけの式で表す

(1) **減法は加法になおす**。加法だけの式は，加法の記号＋とかっこをはぶいて，項を並べた式で表すことができる。
このとき，式の最初が正の数ならば，正の符号＋を省略する。

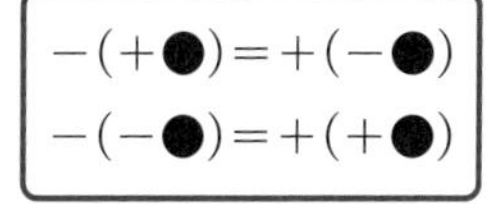

$-(+●)=+(-●)$
$-(-●)=+(+●)$

>>例題 13, 14

(2) (ア) を加法だけの式で表すと

$(-3)+(+9)+(-7)=(-3)+(-7)+(+9)$
交換法則

◀ +9 と −7 の順序を並びかえて，正の数どうし，負の数どうしを計算する。 >>例題 12

これと同じように考えて，正の項，負の項で分ける。

$-3\ \ +9\ \ -7=-3-7\ \ +9$
負の項　正の項　負の項

解答

(1) $-(+7)=+(-7)$，$-(-3)=+(+3)$ であるから
加法だけの式で表すと　$(+2)+(-7)+(+3)+(-1)$
よって，項を並べた式は　$\mathbf{2-7+3-1}$ … 答

> **参考** (1) の項について
> 項は $+2$，-7，$+3$，-1
> 正の項は $+2$，$+3$
> 負の項は -7，-1

◀ 加法の＋とかっこをはぶく。また，式の最初が正の数であるから，その数の正の符号＋も省略する。

⚠ 正の数は，その符号＋を省略することが多い。

(2) (ア) $-3+9-7=-3-7+9$
$=-10+9=-1$　答 $\mathbf{-1}$

(イ) $12-16+11-5=12+11-16-5$
$=23-21=2$　答 $\mathbf{2}$

⚠ 要注意

項を並びかえるとき，数だけを並びかえてはいけない。

(ア) $-3+9-7=-3+7-9$ ← 9 と 7 を並びかえただけではダメ！

必ず，**数と符号のセット**で並びかえよう。

◀ 数だけを並びかえると，計算結果が異なる。
$-3+7-9=-5$ ×

練習 17 次の計算をしなさい。　解答➡別冊 p. 2

(1) $-2+4$　(2) $6-8+9$　(3) $-11+32-17+6$

(4) $2.7-3.8$　(5) $-\frac{3}{4}+\frac{5}{8}$　(6) $\frac{5}{12}-\frac{7}{8}-\frac{2}{3}$

例題 18 加法と減法の混じった式

»p. 16 3

次の式を計算しなさい。

(1) $(-7)+(+4)-(+2)$　　(2) $15+(-10)-(-6)-4$

考え方 かっこのない式（項を並べた式）で表す

(1) $(-7)+(+4)-(+2)=-7+4-2$

(2) $15+(-10)-(-6)-4=15-10+6-4$

あとは，例題 17 と同じように計算すればよい。

> 加法だけの式で表すと
> (1) $(-7)+(+4)+(-2)$
> (2) $(+15)+(-10)+(+6)+(-4)$

解答

(1) $(-7)+(+4)-(+2)$

$=-7+4-2$　← 項を並べた式で表す $+(+4)=+4$，$-(+2)=-2$

$=-7-2+4$　← 項の順序を並びかえる

$=-9+4$　← 負の項をまとめる

$=-5$

答 -5

(2) $15+(-10)-(-6)-4$

$=15-10+6-4$　← 項を並べた式で表す $+(-10)=-10$，$-(-6)=+6$

$=15+6-10-4$　← 項の順序を並びかえる

$=21-14$　← 正の項，負の項をまとめる

$=7$

答 7

⚠ 式の最初が負の数の場合，負の符号－を省略することはできない。

参考
(1)は $4-2-7$ や $4-7-2$，(2)は $-10-4+6+15$ などと項を並びかえてもよい。項の順序を並びかえるとき，必ずしも正の項，負の項の順にする必要はない。

●かっこのはずし方のまとめ　※●には数が入る（符号は入らない）

① 正の数は，符号＋を省略することが多い。
$(+●)=●$

② かっこの前が＋ ➡ **かっこの中の数がそのまま出てくる**
$+(+●)=+●$，　$+(-●)=-●$

③ かっこの前が－ ➡ **かっこの中の数が符号を変えて出てくる**
$-(+●)=-●$，　$-(-●)=+●$

かっこをはずすとき，符号をミスしやすいので，しっかりおさえておこう。
特に

> $-(-●)$ を見かけたら
> $+(-●)$
> と見よう！

練習 18 次の計算をしなさい。

解答➡別冊 p. 2

(1) $(-3)-(+6)+(-2)$　(2) $-4+8-(-5)$　(3) $5-(-13)+(-6)-9$

(4) $6.4+(-8.3)-2.8$　(5) $-\frac{2}{7}+\frac{12}{5}+\frac{9}{7}+\left(-\frac{2}{5}\right)$

例題 19 かっこのついた加法と減法の混じった式

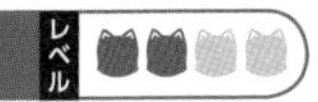

$15-\{-12-(-31+14)\}$ を計算しなさい。

考え方

かっこは内側からはずす

$15-\{-12-\underset{①}{\underline{(-31+14)}}\}=15-\{-12-(-17)\}$

$=15-\underset{②}{\underline{(-12+17)}}$

{ } を ( ) になおす

確認 かっこの種類

( ) をふくむ式にかっこをつけたいときは { } を用いる。これを「中かっこ」とよぶことがある。

参考

さらに，かっこをつけたいときは〔 〕を用いる。これを「大かっこ」とよぶことがある。

解答

$15-\{-12-(-31+14)\}$

$=15-\{-12-(-17)\}$ （まず，内側のかっこ ( ) の中を計算する）

$=15-(-12+17)$ （$-(-17)=17$ から，{ } を ( ) になおす）

$=15-5=\mathbf{10}$ …答 （( ) の中を計算する）

解答➡別冊 p. 3

練習 19 次の計算をしなさい。

(1) $24-\{6-(-7+2)\}$　　(2) $-14+\{-(8-9)-22\}$

魔方陣を解こう

正方形に数を並べたもので，縦・横・斜めのどの数の和も，すべて等しいものを **魔方陣**（まほうじん） といいます。

図1の場合，縦・横・斜めのどの数の和も，すべて 15 になります。

8	1	6
3	5	7
4	9	2

図1

$8+1+6=15$
$3+5+7=15$
$4+9+2=15$
（縦）$8+3+4=15$，$1+5+9=15$，$6+7+2=15$
$8+5+2=15$
$6+5+4=15$

魔方陣には，正の数だけでなく，0 や負の数をふくめたものもあります。

では，図2の空らん (ア)～(オ) をうめてみましょう。

(解答は，別冊解答編 $p.3$)

−1	(ア)	(イ)
(ウ)	2	(エ)
1	(オ)	5

図2

EXERCISES

解答➡別冊 p. 7

9 次の計算をしなさい。 >>例題 9, 10, 13〜17

(1) $-12+(-4)$　(2) $(+13)+(-27)$　(3) $24-(-32)$
(4) $-15-32$　(5) $(-36)+23$　(6) $-27-(-14)$
(7) $(-18)-(-18)$　(8) $0-(-29)$　(9) $-37-0$
(10) $(-9.5)+4.2$　(11) $-\frac{1}{2}+\frac{3}{2}$　(12) $\frac{5}{6}-\frac{7}{8}$

10 次の計算をしなさい。 >>例題 17, 18

(1) $29-(-36)+(-57)$　(2) $(-13)+12-17-(-15)$
(3) $-2.7-(-1.9)-(-0.1)$　(4) $-1.3-0.8-(-4.6)+(-4.3)$
(5) $\frac{1}{12}-\frac{7}{20}+\frac{1}{10}$　(6) $\frac{13}{24}-\frac{7}{12}+\frac{1}{8}$

11 くふうして，次の計算をしなさい。 >>例題 17

(1) $27-18+20-27+15$　(2) $1-2+3-4+5-6$　(3) $\frac{1}{3}-\frac{8}{5}-\frac{7}{3}+\frac{3}{5}$

12 次の計算をしなさい。 >>例題 19

(1) $2-\{3-(-1)\}$　(2) $2-\{5-(3-8)\}$　(3) $-3-[-4-\{-(5-2)\}]$

13 次の中から正しい文をすべて選びなさい。 >>例題 10, 11, 14, 15

(1) 正の数に負の数を加えると，答えは正の数になる。
(2) 正の数から負の数をひくと，答えは正の数になる。
(3) 負の数から負の数をひくと，答えは負の数になる。
(4) 正の数に 0 を加えると，答えは正の数になる。
(5) 0 から負の数をひくと，答えは正の数になる。

14 10 個の数 $-\frac{9}{10}$，$-\frac{3}{4}$，$-\frac{3}{5}$，$-\frac{1}{2}$，$-\frac{1}{4}$，0.1，0.3，0.4，0.6，0.8 がある。次のようになるのは，どの 2 個の数の組み合わせのときですか。 >>例題 10, 16

(1) 2 個の数の和が 0　(2) 2 個の数の和がもっとも小さい
(3) 2 個の数の絶対値の和がもっとも大きい

ヒント **14** 10 個の数をすべて小数で表すと考えやすい。

3 乗法と除法

1 乗法

❶ 符号が同じ 2 つの数の積

絶対値の積に，正の符号＋をつける

❷ 符号が異なる 2 つの数の積

絶対値の積に，負の符号－をつける

例
❶ $(-7)\times(-6)=+(7\times6)=+42$
❷ $(-7)\times(+6)=-(7\times6)=-42$

❸ 0 との積　　●×0＝0，0×●＝0（**つねに 0**）

❹ 乗法の計算法則

① 乗法の交換法則　　□×○＝○×□

② 乗法の結合法則　　(□×○)×△＝□×(○×△)

❺ 積の符号　　3 つ以上の数の乗法について

負の数が **偶数個のとき**　＋，　**奇数個のとき**　－

❻ 同じ数をいくつかかけ合わせたものを，その数の **累乗**（るいじょう） とい い，5^2 のように表す。また，かけた数の個数を **指数**（しすう） という。

例
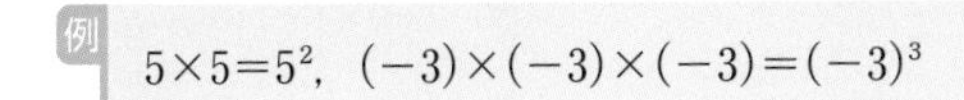
$5\times5=5^2$，$(-3)\times(-3)\times(-3)=(-3)^3$

乗法……かけ算のこと。
積　……乗法の結果。

❶：(＋)×(＋)➡(＋)
　　(－)×(－)➡(＋)
❷：(＋)×(－)➡(－)
　　(－)×(＋)➡(－)

加法の計算法則と似ているね。

5^2 を「5 の 2 乗（じょう）」と読む。
○□←指数
□ は右かたに小さくかく。

2 除法

❶ 符号が同じ 2 つの数の商

絶対値の商に，正の符号＋をつける

❷ 符号が異なる 2 つの数の商

絶対値の商に，負の符号－をつける

例
❶ $(-18)\div(-6)=+(18\div6)=+3$
❷ $18\div(-6)=-(18\div6)=-3$

❸ 0 との商　　0÷●＝0　　（●は 0 以外）

除法……わり算のこと。
商　……除法の結果。
乗法と除法は符号のつけ方が同じ。

除法の交換法則，結合法則は成り立たない。

÷0 は考えない！
（●÷0＝0 ではない！）

3 乗法と除法

❶ 積が 1 になる 2 つの数の一方を他方の **逆数**（ぎゃくすう） という。

❷ ある数でわることは，**その逆数をかけることと同じ。**

$-\frac{5}{8}$ の逆数は　$-\frac{8}{5}$
（2 つの数の積は 1）

例題 20 符号が同じ 2 つの数の積

≫p. 27 1 レベル 

次の計算をしなさい。

(1) $(+5)\times(+8)$　　(2) $(-7)\times(-3)$

> **ここに注目！**
> (1) ＋の符号どうしの積の計算。
> (2) −の符号どうしの積の計算。

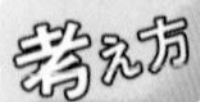

符号が同じ 2 つの数の積は

絶対値の積に，正の符号＋をつける

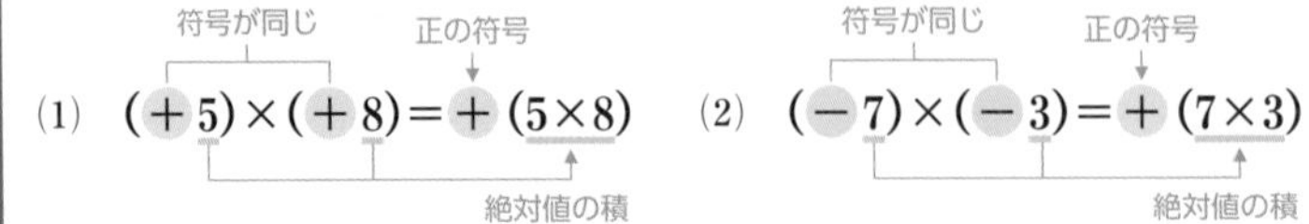

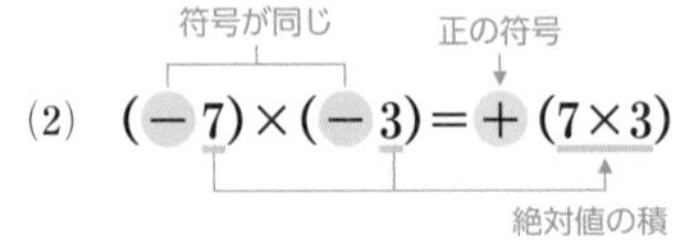

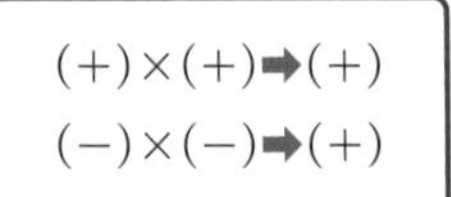

解答

(1) $(+5)\times(+8)=+(5\times8)=+40$　　答 $+40$

(2) $(-7)\times(-3)=+(7\times3)=+21$　　答 $+21$

> **参考** 正の符号＋を省略して，
> (1) 40　(2) 21
> と答えてもよい。

解答➡別冊 p. 3

練習 20 次の計算をしなさい。

(1) $(+8)\times(+9)$　　(2) $(-12)\times(-3)$　　(3) $(-10)\times(-17)$

例題 21 符号が異なる 2 つの数の積

≫p. 27 1 レベル

次の計算をしなさい。

(1) $(+4)\times(-6)$　　(2) $(-8)\times(+9)$

> **ここに注目！**
> (1) (＋)×(−) の積の計算。
> (2) (−)×(＋) の積の計算。

考え方

符号が異なる 2 つの数の積は

絶対値の積に，負の符号−をつける

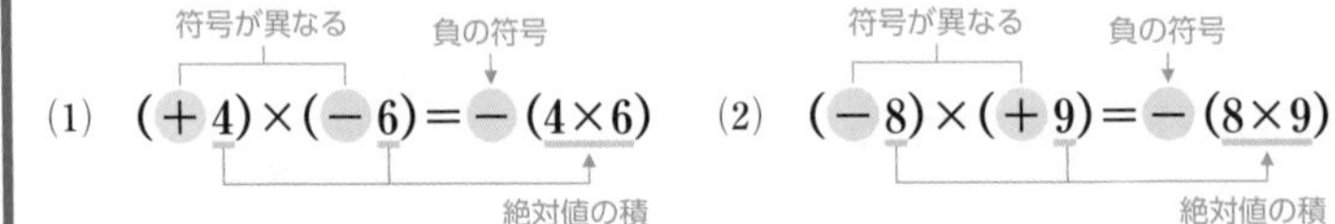

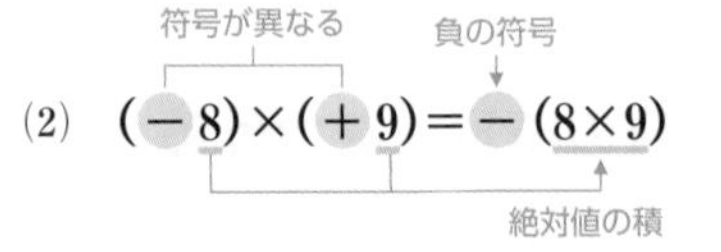

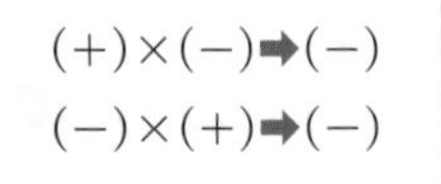

解答

(1) $(+4)\times(-6)=-(4\times6)=-24$　　答 -24

(2) $(-8)\times(+9)=-(8\times9)=-72$　　答 -72

解答➡別冊 p. 3

練習 21 次の計算をしなさい。

(1) $(+15)\times(-4)$　　(2) $(-7)\times(+12)$　　(3) $(-18)\times(+3)$

基本が大切！ これまで学んだ知識を使って，正の数と負の数の積を考えてみよう。

ここでは，$(+3)\times(+2)$，$(-3)\times(+2)$，$(+3)\times(-2)$，$(-3)\times(-2)$ の積を考える。

① 小学校で学んだ知識を使う

小学校では $3\times2=3+3$ と学んだ。これと同じように考えてみよう。

3×2 は $(+3)\times(+2)$ と同じことであるから

$(+3)\times(+2)=(+3)+(+3)=+(3+3)=+6$ ……(+)×(+)➡(+)

同じようにして，$(-3)\times(+2)$ を考えると

$(-3)\times(+2)=(-3)+(-3)=-(3+3)=-6$ ……(−)×(+)➡(−)

×(正の数) については，このような考え方でも求めることができる。しかし，×(負の数) については，この考え方では求めることができない。そこで，次のように考えてみる。

② 東西の移動距離と考える

地点Oを基準に，東の方向を正の方向として，
東へ向かって秒速 3 m で走る人をAさん，
西へ向かって秒速 3 m で走る人をBさんとする。

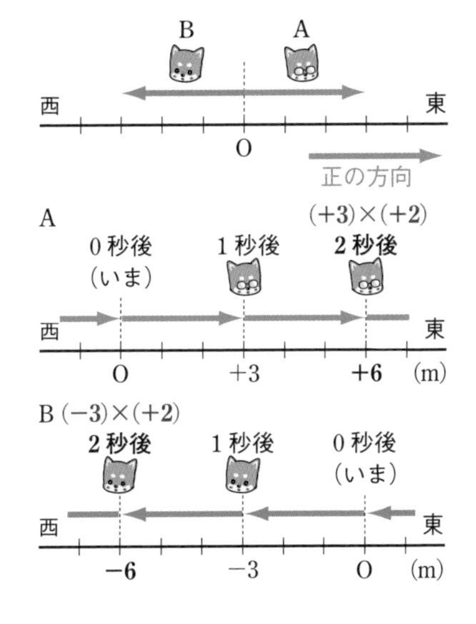

いま，Aさんが O を通過したとすると，
2 秒後の位置は $(+3)\times(+2)$ で表される。
同様に，いま，Bさんが O を通過したとすると，
2 秒後の位置は $(-3)\times(+2)$ で表される。
右の図から，それぞれ

$(+3)\times(+2)=+6$ ……(+)×(+)➡(+)

$(-3)\times(+2)=-6$ ……(−)×(+)➡(−)

とわかる。

次に，Aさん，Bさんが O を通過したときの，
2 秒前の位置を考える。
2 秒前は，-2 秒後を表す から，Aさんの 2 秒前の位置は $(+3)\times(-2)$ で表される。
同様に，Bさんの 2 秒前の位置は $(-3)\times(-2)$ で表される。
右の図から，それぞれ

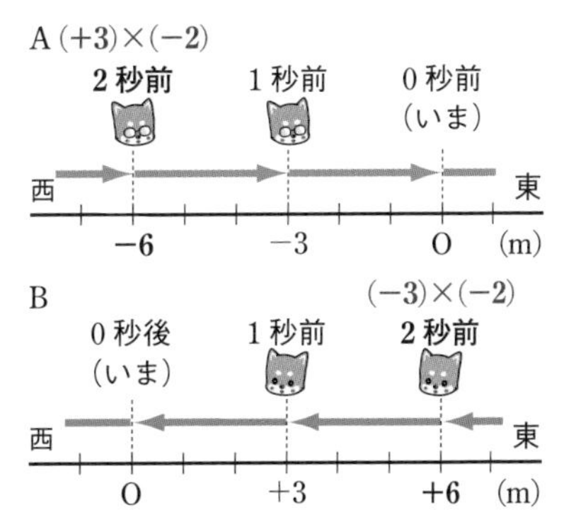

$(+3)\times(-2)=-6$ ……(+)×(−)➡(−)

$(-3)\times(-2)=+6$ ……(−)×(−)➡(+)

とわかる。

以上から，2 つの数の積について

同符号の数の積は ＋(絶対値の積)，　異符号の数の積は －(絶対値の積)

例題 22 0，+1，−1 をふくむ乗法

>>p. 27 1

レベル 

次の計算をしなさい。

(1) $(-4)\times 0$　　(2) $(-1)\times(+3)$

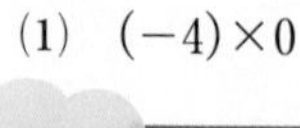

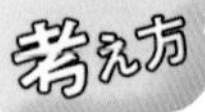

(1) 0 との積　$●\times 0=0,\ 0\times ●=0$（つねに 0）

(2) −1 との積　**符号を変えた数**

解答

(1) $(-4)\times 0=\mathbf{0}$ …答　　(2) $(-1)\times(+3)=\mathbf{-3}$ …答

小学校の復習

$5\times 0=0,\ 0\times 5=0,$
$5\times 1=5,\ 1\times 5=5$

⚠ +1 との積は，もとの数。

確認 (2) **異符号の数の積**
絶対値の積に−をつける。
$(-1)\times(+3)=-(1\times 3)$
$=-3$

解答➡別冊 p. 3

練習 22 次の計算をしなさい。

(1) $(-17)\times 0$　(2) $(+1)\times(+23)$　(3) $(+9)\times(-1)$　(4) $(-1)\times(-1)$

例題 23 小数や分数の積

>>p. 27 1

レベル

次の計算をしなさい。

(1) $(+4)\times(-0.2)$　　(2) $(-5.5)\times(-0.8)$

(3) $\left(-\frac{9}{2}\right)\times\left(+\frac{1}{3}\right)$　　(4) $\left(-\frac{3}{4}\right)\times\left(-\frac{8}{9}\right)$

考え方

小数や分数でも計算のしかたは変わらない

(1)，(3) は，符号が異なる 2 つの数の積であるから，符号は−。
(2)，(4) は，符号が同じ 2 つの数の積であるから，符号は＋。

解答

(1) $(+4)\times(-0.2)=-(4\times 0.2)=-0.8$　　答 $\mathbf{-0.8}$

(2) $(-5.5)\times(-0.8)=+(5.5\times 0.8)=4.4$ ← 正の符号＋は省略　　答 $\mathbf{4.4}$

(3) $\left(-\frac{9}{2}\right)\times\left(+\frac{1}{3}\right)=-\left(\frac{9}{2}\times\frac{1}{3}\right)=-\frac{3}{2}$　　答 $\mathbf{-\frac{3}{2}}$

(4) $\left(-\frac{3}{4}\right)\times\left(-\frac{8}{9}\right)=+\left(\frac{3}{4}\times\frac{8}{9}\right)=\frac{2}{3}$ ← 正の符号＋は省略　　答 $\mathbf{\frac{2}{3}}$

確認 **積のおさらい**
同符号の 2 つの数の積
絶対値の積に＋をつける。
異符号の 2 つの数の積
絶対値の積に−をつける。

(2)
$$\begin{array}{r} 5.5 \\ \times 0.8 \\ \hline 4.40 \end{array}$$

(3) $\frac{\overset{3}{\cancel{9}}}{2}\times\frac{1}{\underset{1}{\cancel{3}}}$

(4) $\frac{\overset{1}{\cancel{3}}}{\underset{1}{\cancel{4}}}\times\frac{\overset{2}{\cancel{8}}}{\underset{3}{\cancel{9}}}$

解答➡別冊 p. 3

練習 23 次の計算をしなさい。

(1) $(-3)\times(+0.7)$　(2) $(-0.5)\times(-0.4)$　(3) $(+200)\times(-1.8)$

(4) $\left(-\frac{3}{5}\right)\times\left(+\frac{20}{9}\right)$　(5) $\left(-\frac{1}{2}\right)\times\left(-\frac{6}{7}\right)$　(6) $\left(+\frac{8}{3}\right)\times\left(-\frac{21}{4}\right)$

例題 24 乗法の計算法則

>>p. 27 1 レベル

次の計算をしなさい。

(1) $(+25)\times(-7)\times(+4)$　　(2) $(-9)\times(+4)\times(-15)$

交換法則，結合法則を利用して，

計算がらくなものを先に計算する

(1) $(+25)\times(+4)=+100$　(2) $(+4)\times(-15)=-60$　に注目。

解答

(1) $(+25)\times(-7)\times(+4)$
$=(+25)\times(+4)\times(-7)$　← 交換法則で -7 と $+4$ を並びかえる
$=100\times(-7)=-700$　答 **-700**

(2) $(-9)\times(+4)\times(-15)$
$=(-9)\times\{(+4)\times(-15)\}$
$=(-9)\times(-60)=540$　答 **540**

確認 **乗法の計算法則**

乗法の交換法則

□×○＝○×□

乗法の結合法則

(□×○)×△＝□×(○×△)

乗法では，正の数のかっこと符号＋を省略できる。

(1) $25\times(-7)\times4$

(2) $-9\times4\times(-15)$

$\times(-7)$ を $\times-7$ と表してはいけない。ただし，式の最初の負の数 (-9) のかっこは省略してよい。

解答➡別冊 p. 3

練習 24 次の計算をしなさい。

(1) $(+8)\times(-12)\times(-5)$　(2) $(+18)\times(+7)\times(-5)$　(3) $(-24)\times(+35)\times\left(-\frac{1}{6}\right)$

例題 25 積の符号

>>p. 27 1 レベル 

次の計算をしなさい。

(1) $4\times(-3)\times(-2)\times6$　　(2) $-10\times7\times(-5)\times(-2)$

考え方

積の符号　**負の数が偶数個のとき＋，奇数個のとき－**

(1) 負の数は -3，-2 の 2 個であるから　**積の符号は＋**

(2) 負の数は -10，-5，-2 の 3 個であるから　**積の符号は－**

解答

(1) $4\times(-3)\times(-2)\times6=+(4\times3\times2\times6)=\mathbf{144}$ … 答
負の数が 2 個 ➡ ＋

(2) $-10\times7\times(-5)\times(-2)=-(10\times7\times5\times2)=\mathbf{-700}$ … 答
負の数が 3 個 ➡ －

先に符号を決めてから計算するとよい。

(1) $(+)\times(-)\times(-)\times(+)$
➡$(+)\times(+)\times(+)$➡$(+)$

(2) $(-)\times(+)\times(-)\times(-)$
➡$(-)\times(+)\times(+)$
➡$(-)\times(+)$➡$(-)$

解答➡別冊 p. 4

練習 25 次の計算をしなさい。

(1) $-2\times(-3)\times2\times(-6)$　　(2) $3\times(-2)\times(-2)\times(-5)\times(-1)$

例題 26 累乗

次の計算をしなさい。

(1) 6^2　(2) $(-1)^3$　(3) $(-2)^4$

(4) -2^4　(5) $-3^2\times4^2$

確認 累乗
同じ数をいくつかかけ合わせたものを，その数の **累乗** という。
6^2 ←指数

考え方

累乗の指数は，**その数を何個かけ合わせるかを表す**

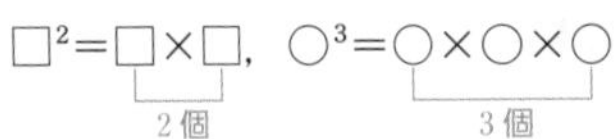

$\square^2=\square\times\square$，$\bigcirc^3=\bigcirc\times\bigcirc\times\bigcirc$
（2個）（3個）

2乗のことを **平方**，3乗のことを **立方** ともいう。

(3) と (4) の違いに注意。

$(-2)^4=(-2)\times(-2)\times(-2)\times(-2)$ …… -2 を4回かけ合わせる。

$-2^4=-(2\times2\times2\times2)$ …… 2を4回かけ合わせたものに符号－がついている。

⚠ $-2^4=-1\times2^4$ と考える。

(5) **累乗の部分** 3^2，4^2 を **先に計算する。**

解答

(1) $6^2=6\times6=\mathbf{36}$ …答（2個）

⚠ $6^2=6\times2$ とまちがえやすいので注意。

(2) $(-1)^3=(-1)\times(-1)\times(-1)=-(1\times1\times1)=\mathbf{-1}$ …答（3個）

参考
(2) **-1 の累乗は1か-1**
$(-1)^{奇数}$ ➡ -1
$(-1)^{偶数}$ ➡ 1

(3) $(-2)^4=(-2)\times(-2)\times(-2)\times(-2)$（4個）
負の数が偶数個 ➡ 符号は＋
$=+(2\times2\times2\times2)=\mathbf{16}$ …答

(4) $-2^4=-(2\times2\times2\times2)=\mathbf{-16}$ …答（4個）

⚠ (3) と (4) の違いに注意。

(5) $-3^2\times4^2=-(3\times3)\times4\times4=-9\times16=\mathbf{-144}$ …答（2個）（2個）

●例題25でも学習したように，3つ以上の数の積は，負の数の個数に注目して符号を決めるとよい。

CHART 3つ以上の数の積　**負の数の個数に注目　偶数個＋，奇数個－**

解答➡別冊 p. 4

練習 26 次の計算をしなさい。

(1) 8^2　(2) $(-9)^2$　(3) $(-1)^6$

(4) $-\left(\dfrac{2}{3}\right)^2$　(5) $2^3\times(-3)^2$　(6) $-4^2\times(-2)^3$

例題 27 除法

>>p. 27 2 レベル

次の計算をしなさい。

(1) $(-24)\div(+6)$　(2) $(-1.2)\div(-3)$

(3) $2\div(-5)$　(4) $0\div(-7)$

ここに注目！

(1)〜(3) は，符号に注目。

(1) $(-)\div(+)$ …異符号

(2) $(-)\div(-)$ …同符号

(3) $(+)\div(-)$ …異符号

考え方

除法は乗法と同様。

符号が同じ 2 つの数の商

絶対値の商に，正の符号＋をつける

符号が異なる 2 つの数の商

絶対値の商に，負の符号－をつける

(1) $(-24)\div(+6)=-(24\div6)$　符号が異なる　負の符号　絶対値の商

(2) $(-1.2)\div(-3)=+(1.2\div3)$　符号が同じ　正の符号　絶対値の商

(4) **0 をどんな数でわっても 0**　$(0\div●=0)$

$(+)\div(+)\Rightarrow(+)$

$(-)\div(-)\Rightarrow(+)$

$(+)\div(-)\Rightarrow(-)$

$(-)\div(+)\Rightarrow(-)$

⚠ $\div0$ は考えない！

参考 **÷0 を考えない理由**

$2\div0=$□ は，□$\times0=2$ の □ にあてはまる数を求める計算であるが，**0 との積はつねに 0** であるから，□ にあてはまる数は存在しない。

解答

(1) $(-24)\div(+6)=-(24\div6)=-4$　答 -4

(2) $(-1.2)\div(-3)=+(1.2\div3)=0.4$　答 0.4

(3) $2\div(-5)=-(2\div5)=-\frac{2}{5}$　← $○\div□=\frac{○}{□}$　答 $-\frac{2}{5}$

(4) $0\div(-7)=0$　答 0

(3) $(+2)\div(-5)$ と同じ。

⚠ $\frac{2}{-5}$ は $-\frac{2}{5}$ と書き直す。

基本が大切！ 乗法と除法の関係から考える。

(1)のわり算 $(-24)\div(+6)=$□ は，かけ算 □$\times(+6)=-24$ の □ にあてはまる数を求める計算である。
よって，$(-4)\times(+6)=-24$ より　$(-24)\div(+6)=-4$　…… $(-)\div(+)\Rightarrow(-)$

(2)のわり算 $(-1.2)\div(-3)=$□ は，かけ算 □$\times(-3)=-1.2$ の □ にあてはまる数を求める計算である。
よって，$(+0.4)\times(-3)=-1.2$ より　$(-1.2)\div(-3)=+0.4$　…… $(-)\div(-)\Rightarrow(+)$

解答➡別冊 p. 4

練習 27 次の計算をしなさい。

(1) $(-72)\div(+8)$　(2) $6.5\div(-5)$　(3) $3\div(-1)$

(4) $(-48)\div(-18)$　(5) $(-1)\div6$　(6) $0\div(-0.3)$

例題 28 逆数

>>p. 27 3 レベル 

次の数の逆数を求めなさい。

(1) $\frac{3}{5}$　　(2) -3　　(3) $\frac{1}{2}$

考え方　逆数は，**分母と分子を入れかえる**

解答

(1) $\frac{5}{3}$ …答　　(2) $-\frac{1}{3}$ …答　← 符号は変わらない

(3) 2 …答　← $\frac{2}{1}=2$

確認〉逆数

積が 1 になる 2 つの数の一方を他方の **逆数** という。

$\frac{○}{□}\times\frac{□}{○}=1$ であるから，

$\frac{○}{□}$ の逆数は $\frac{□}{○}$

$\left(\frac{□}{○}\right.$ の逆数は $\left.\frac{○}{□}\right)$

(2) $-3=-\frac{3}{1}$ と考える。

○の逆数は $\frac{1}{○}$

$\left(\frac{1}{○}\right.$ の逆数は $\left.○\right)$

負の数の逆数は負の数。

また，0 の逆数はない。

練習 28　次の数の逆数を求めなさい。　解答➡別冊 p. 4

(1) $\frac{4}{7}$　　(2) $-\frac{5}{3}$　　(3) -2　　(4) $-\frac{1}{5}$

例題 29 除法を乗法になおして計算

>>p. 27 3 レベル 

次の計算をしなさい。

(1) $\frac{5}{3}\div(-10)$　　(2) $\left(-\frac{3}{4}\right)\div\frac{1}{6}$　　(3) $\left(-\frac{3}{8}\right)\div\left(-\frac{9}{20}\right)$

考え方　**わる数を逆数になおして，乗法にする**

ある数でわることは，その数の逆数をかけることと同じ。

解答

(1) $\frac{5}{3}\div(-10)=\frac{5}{3}\times\left(-\frac{1}{10}\right)=-\left(\frac{5}{3}\times\frac{1}{10}\right)=-\frac{1}{6}$ …答

(2) $\left(-\frac{3}{4}\right)\div\frac{1}{6}=-\frac{3}{4}\times6=-\left(\frac{3}{4}\times6\right)=-\frac{9}{2}$ …答

(3) $\left(-\frac{3}{8}\right)\div\left(-\frac{9}{20}\right)=\left(-\frac{3}{8}\right)\times\left(-\frac{20}{9}\right)=+\left(\frac{3}{8}\times\frac{20}{9}\right)=\frac{5}{6}$ …答

確認〉 (1)，(2) は異符号の 2 数の除法　商の符号は－。

(3) は同符号の 2 数の除法　商の符号は＋。

(1) $\frac{\overset{1}{\cancel{5}}}{3}\times\frac{1}{\underset{2}{\cancel{10}}}$　　(2) $\frac{3}{\underset{2}{\cancel{4}}}\times\overset{3}{\cancel{6}}$

(3) $\frac{\overset{1}{\cancel{3}}}{\underset{2}{\cancel{8}}}\times\frac{\overset{5}{\cancel{20}}}{\underset{3}{\cancel{9}}}$

練習 29　次の計算をしなさい。　解答➡別冊 p. 4

(1) $\left(-\frac{2}{7}\right)\div(-4)$　　(2) $9\div\left(-\frac{3}{2}\right)$　　(3) $\left(-\frac{9}{8}\right)\div\left(-\frac{3}{4}\right)$

例題 30 3つ以上の数の除法・乗除の混じった計算

>>p. 27 3

次の計算をしなさい。

(1) $12\div\left(-\frac{3}{2}\right)\div\frac{4}{5}$　　(2) $\frac{8}{3}\times(-5)\div\left(-\frac{20}{3}\right)$

考え方　除法は乗法になおしてから計算する

(1) $12\div\left(-\frac{3}{2}\right)\div\frac{4}{5}=12\times\left(-\frac{2}{3}\right)\times\frac{5}{4}$

(2) $\frac{8}{3}\times(-5)\div\left(-\frac{20}{3}\right)=\frac{8}{3}\times(-5)\times\left(-\frac{3}{20}\right)$

乗法だけの式にしたら，負の数の個数で **符号を決める。**

CHART 3つ以上の数の積　**負の数の個数に注目**

偶数個＋，奇数個－

わる数を逆数になおして，乗法にする

乗法だけの式にすると，乗法の交換法則や結合法則が利用できるから，計算がらくになることが多い。

解答

(1) $12\div\left(-\frac{3}{2}\right)\div\frac{4}{5}=12\times\left(-\frac{2}{3}\right)\times\frac{5}{4}$

$=-\left(12\times\frac{2}{3}\times\frac{5}{4}\right)$

$=-10$　　答 **-10**

(2) $\frac{8}{3}\times(-5)\div\left(-\frac{20}{3}\right)=\frac{8}{3}\times(-5)\times\left(-\frac{3}{20}\right)$

$=+\left(\frac{8}{3}\times5\times\frac{3}{20}\right)$

$=2$　　答 **2**

(1) 負の数が1個であるから，積の符号は－。

$\overset{1}{\cancel{12}}\times\frac{2}{\underset{1}{\cancel{3}}}\times\frac{5}{\underset{1}{\cancel{4}}}$

(2) 負の数が2個であるから，積の符号は＋。

$\frac{\overset{2}{\cancel{8}}}{\underset{1}{\cancel{3}}}\times\overset{1}{\cancel{5}}\times\frac{\overset{1}{\cancel{3}}}{\underset{1}{\cancel{20}}}$

参考　**除法の交換法則・結合法則は成り立たない。**

交換法則　$(-4)\div2\neq2\div(-4)$

$\downarrow$ -2　　$\downarrow$ $-\frac{1}{2}$

※≠は「等しくない」ことを表す記号。「ノットイコール」と読む。

結合法則　$\{6\div(-3)\}\div(-2)\neq6\div\{(-3)\div(-2)\}$

$\downarrow$ $(-2)\div(-2)=1$　　$\downarrow$ $6\div\frac{3}{2}=6\times\frac{2}{3}=4$

解答➡別冊 p. 4

練習 30 次の計算をしなさい。

(1) $24\div\left(-\frac{6}{7}\right)\div\frac{14}{3}$　　(2) $\left(-\frac{5}{6}\right)\div\left(-\frac{1}{3}\right)\times\frac{4}{5}$

(3) $\frac{3}{5}\times\left(-\frac{10}{9}\right)\div\left(-\frac{2}{3}\right)$　　(4) $-\frac{14}{5}\times\left(-\frac{1}{3}\right)\div\frac{2}{3}\times\frac{10}{21}$

例題 31 乗除の混じった計算（累乗がある場合）

»p. 27 3

次の計算をしなさい。

(1) $-32\div4^2$　(2) $(-2)^3\times18\div(-6^2)$　(3) $\left(-\frac{1}{2}\right)^2\div\left(-\frac{1}{4}\right)^3\times\left(\frac{1}{8}\right)^2$

考え方

累乗がある場合は，**累乗の計算を先にする**

(1) $4^2=16$ であるから，$-32\div16$ を計算する。

(2) $(-2)^3=-8$，$-6^2=-36$ であるから

$(-2)^3\times18\div(-6^2)=-8\times18\div(-36)$

あとは，例題 27 や例題 30 と同じ方針で計算すればよい。

累乗を 1 つの数と考える。

$-32\div4^2=-32\div4\times4$

ではなく　$-32\div(4\times4)$

(4^2 を 1 つの数と考える)

CHART

3 つ以上の数の積

負の数の個数に注目

偶数個＋，奇数個－

解答

(1) $-32\div4^2=-32\div16=-(32\div16)$ ← 異符号の 2 数の除法 ➡ 符号は－

$=-2$　　答　**-2**

(2) $(-2)^3\times18\div(-6^2)$

$=-8\times18\div(-36)$

$=-8\times18\times\left(-\frac{1}{36}\right)$　← $\div(-36)$ を $\times\left(-\frac{1}{36}\right)$ になおす

$=+\left(8\times18\times\frac{1}{36}\right)$　← 負の数が 2 個 ➡ 符号は＋

$=4$　　答　**4**

(2) $(-2)^3$

$=(-2)\times(-2)\times(-2)$

$=-(2\times2\times2)=-8$

$-6^2=-(6\times6)=-36$

$\overset{4}{\cancel{8}}\times\overset{1}{\cancel{18}}\times\frac{1}{\underset{1}{\cancel{36}}}$

(3) $\left(-\frac{1}{2}\right)^2\div\left(-\frac{1}{4}\right)^3\times\left(\frac{1}{8}\right)^2$

$=\frac{1}{4}\div\left(-\frac{1}{64}\right)\times\frac{1}{64}$

$=\frac{1}{4}\times(-64)\times\frac{1}{64}$　← $\div\left(-\frac{1}{64}\right)$ を $\times(-64)$ になおす

$=-\left(\frac{1}{4}\times64\times\frac{1}{64}\right)$　← 負の数が 1 個 ➡ 符号は－

$=-\frac{1}{4}$　　答　**$-\frac{1}{4}$**

(3) $\left(-\frac{1}{2}\right)^2$

$=\left(-\frac{1}{2}\right)\times\left(-\frac{1}{2}\right)$

$\left(-\frac{1}{4}\right)^3$

$=\left(-\frac{1}{4}\right)\times\left(-\frac{1}{4}\right)\times\left(-\frac{1}{4}\right)$

$\frac{1}{4}\times\overset{1}{\cancel{64}}\times\frac{1}{\underset{1}{\cancel{64}}}$

練習 31 次の計算をしなさい。

解答➡別冊 p. 5

(1) $(-6^2)\div(-3)^2$　(2) $(-12)^2\div(-3)^3\div(-2)^3$　(3) $\left(-\frac{3}{2}\right)^2\times\left(\frac{1}{9}\right)^2\div\left(-\frac{2}{3}\right)^3$

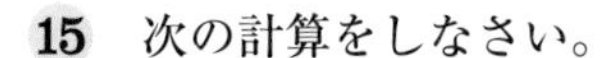

解答➡別冊 p. 8

15 次の計算をしなさい。 >>例題 20〜23

(1) $(+15)\times(+8)$　(2) $(-9)\times(+4)$　(3) $(+12)\times(-5)$

(4) $(-18)\times(-5)$　(5) $0\times(-11)$　(6) $(-15)\times(-1)$

(7) $(-2.5)\times(+8)$　(8) $\left(-\frac{4}{5}\right)\times(+3)$　(9) $\left(+\frac{8}{3}\right)\times\left(-\frac{9}{4}\right)$

16 次の計算をしなさい。 >>例題 24, 25

(1) $(+25)\times(-3)\times(-4)\times(-6)$　(2) $(-5)\times(-2.5)\times9\times(-4)$

(3) $(-3)\times1.25\times(-3)\times(-4)\times(-2)$

17 次の計算をしなさい。 >>例題 26

(1) $\left(-\frac{2}{5}\right)^2$　(2) $-\left(-\frac{1}{3}\right)^3$　(3) $(-2^3)\times(-3)^2$　(4) $(-5^2)\times(-1)^5\times2^2$

18 次の計算をしなさい。 >>例題 27

(1) $(+144)\div(+8)$　(2) $(-78)\div(+6)$　(3) $(+98)\div(-7)$

(4) $(-156)\div(-13)$　(5) $0\div12$　(6) $(-1)\div(-15)$

(7) $(+6.3)\div(-9)$　(8) $(-0.9)\div(-0.2)$

19 次の計算をしなさい。 >>例題 28, 29

(1) $20\div\left(-\frac{4}{3}\right)$　(2) $\left(+\frac{3}{8}\right)\div\left(-\frac{1}{4}\right)$　(3) $\left(-\frac{15}{16}\right)\div\frac{25}{4}$　(4) $\left(-\frac{5}{8}\right)\div\left(-\frac{15}{28}\right)$

20 次の計算をしなさい。 >>例題 30

(1) $8\times(-7)\times5\div(-2)$　(2) $48\div(-10)\div(-3)\times5$

(3) $\frac{2}{5}\div\left(-\frac{3}{7}\right)\times\left(-\frac{9}{14}\right)$　(4) $\left(-\frac{5}{7}\right)\times\left(-\frac{14}{25}\right)\div\left(-\frac{2}{5}\right)$

21 次の計算をしなさい。 >>例題 30, 31

(1) $2.4\div(-0.8)\times(-1.5)$　(2) $(-3^2)\div2^2\times(-16)$　(3) $\left(-\frac{5}{6}\right)\div(-4)^2\div\left(-\frac{5}{8}\right)^2$

要点のまとめ

4 いろいろな計算

1 四則の混じった式の計算

❶ 四則の混じった式の計算は，次の順序で行う。

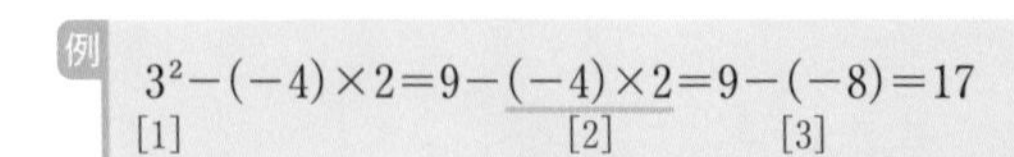

例
$3^2-(-4)\times2=9-(-4)\times2=9-(-8)=17$
[1] [2] [3]

❷ かっこをふくむ式の計算では，次の 分配法則(ぶんぱい) が成り立つ。

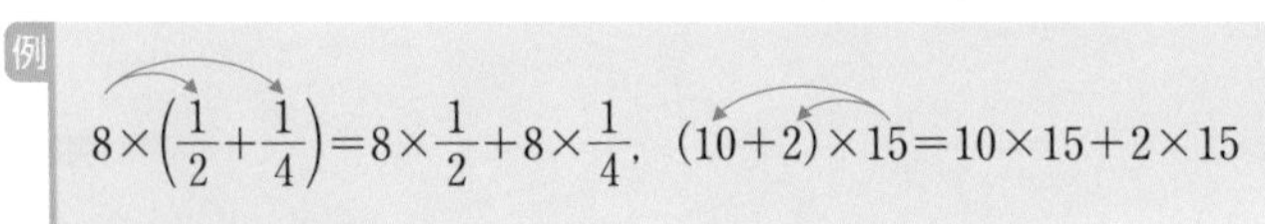

例
$8\times\left(\frac{1}{2}+\frac{1}{4}\right)=8\times\frac{1}{2}+8\times\frac{1}{4}$，$(10+2)\times15=10\times15+2\times15$

加法，減法，乗法，除法をまとめて **四則**(しそく) という。

〈左の例の計算の順序〉
[1] 3^2 を計算する。
[2] $(-4)\times2$ を計算する。
[3] $9-(-8)$ を計算する。

◀分配法則を利用すると，計算がらくになる場合がある。

2 数の集合

自然数全体のように，それにふくまれるかどうかをはっきり決められるものの集まりを **集合**(しゅうごう) という。

すべての数
$\frac{2}{3}$，-1.5，$-\frac{9}{5}$，3.14，……
整数
…，−3，−2，−1，0，
自然数
1，2，3，…

整数全体や小数・分数などもふくめたすべての数全体の集まりも集合である。これらの集合は，左の図のような関係にある。

3 素数と素因数分解

❶ 約数が 1 とその数自身のみである自然数を **素数**(そすう) という。
ただし，**1 は素数にふくめない。**

例
11 の約数は 1 と 11 のみであるから，11 は素数。
14 の約数は 1 と 2 と 7 と 14 であるから，14 は素数でない。

❷ 素数である約数を **素因数**(そいんすう) といい，自然数を素因数だけの積の形に表すことを **素因数分解**(そいんすうぶんかい) するという。

例
42 を素因数分解すると　$42=2\times3\times7$

素数を小さい数から順に並べると
2，3，5，7，11，13，…
このうち **偶数は 2 のみ**。
また，素数は約数が 2 個しかない。

例題 32 四則の混じった式の計算

>>p. 38 1 レベル

次の計算をしなさい。

(1) $12-3\times(4-6)$

(2) $4\div(-2)^2+\dfrac{3}{2}\times(-8)$

(3) $(-3)^2\times(-2)-(-8-4)\div2$

考え方 計算の順序は

累乗・かっこ ⟶ 乗除 ⟶ 加減

はじめに計算するのは

(1) かっこ $(4-6)$

(2) 累乗 $(-2)^2$

(3) 累乗 $(-3)^2$ と かっこ $(-8-4)$

その後，乗法・除法を計算し，最後に加法・減法を計算する。

◀乗除は**乗**法と**除**法，加減は**加**法と**減**法のこと。

解答

(1) $12-3\times(4-6)$
$=12-3\times(-2)$
$=12-(-6)=18$

まず，かっこの中を計算
$3\times(-2)$ を計算

答 18

(2) $4\div(-2)^2+\dfrac{3}{2}\times(-8)$
$=4\div4+\dfrac{3}{2}\times(-8)$
$=1+(-12)=-11$

まず，累乗を計算
$4\div4$，$\dfrac{3}{2}\times(-8)$ を計算

答 −11

(3) $(-3)^2\times(-2)-(-8-4)\div2$
$=9\times(-2)-(-12)\div2$
$=-18-(-6)=-12$

累乗とかっこの中を計算
$9\times(-2)$，$(-12)\div2$ を計算

答 −12

⚠ $12-3\times(-2)=12-6$ としないように！ $12-3\times(-2)=12+6$ とするのは OK。

◀$1+(-12)=1-12$

◀$-18-(-6)=-18+6$

●計算の順序について，CHART としておさえておこう。

CHART 先にやるのが（かっこ）と×（乗），÷（除） ＋（たす）と−（ひく）は あとまわし

解答➡別冊 p. 5

練習 32 次の計算をしなさい。

(1) $36+4\times(7-9)$

(2) $2.5\times4+(-2)^3$

(3) $5\times(-3)^2-4\div(-2^2)$

(4) $\dfrac{1}{3}+\left(-\dfrac{1}{2}\right)^2\div\dfrac{3}{4}$

(5) $\dfrac{3}{5}-\dfrac{2}{5}\times\left(-\dfrac{1}{3}\right)\div\dfrac{1}{3}$

例題 33 分配法則を利用した計算

>>p. 38 1 レベル

次の計算をしなさい。

(1) $6\times\left(\frac{1}{2}+\frac{2}{3}\right)$

(2) $\left(\frac{7}{9}-\frac{5}{6}\right)\times 18$

(3) $-8\times 46+(-8)\times 4$

(4) $-8.2\times 1.5+2.2\times 1.5$

考え方 分配法則を使って計算する

分配法則

① □×(○+△)=□×○+□×△

② (○+△)×□=○×□+△×□

たとえば，(1) で分配法則を利用すると

$6\times\left(\frac{1}{2}+\frac{2}{3}\right)=6\times\frac{1}{2}+6\times\frac{2}{3}=3+4$ となり，

かっこの中の分数の計算をしなくてすむ。このように，

(分数)×(整数)=(整数) になるものは，分配法則を利用すると **計算がらくになることが多い。**

(3)，(4) 2 回現れる数に注目し，分配法則を **逆に用いる**。たとえば，(3) は -8 が 2 回現れるから

$-8\times 46+(-8)\times 4=-8\times(46+4)=-8\times 50$ と表すことができる。

解答

(1) $6\times\left(\frac{1}{2}+\frac{2}{3}\right)=6\times\frac{1}{2}+6\times\frac{2}{3}$

$=3+4=7$ 答 **7**

(2) $\left(\frac{7}{9}-\frac{5}{6}\right)\times 18=\frac{7}{9}\times 18-\frac{5}{6}\times 18$

$=14-15=-1$ 答 **−1**

(3) $-8\times 46+(-8)\times 4=(-8)\times(46+4)$

$=-8\times 50=-400$ 答 **−400**

(4) $-8.2\times 1.5+2.2\times 1.5=(-8.2+2.2)\times 1.5$

$=-6\times 1.5=-9$ 答 **−9**

参考

分配法則を利用しない場合

(1) $6\times\left(\frac{1}{2}+\frac{2}{3}\right)$

$=6\times\left(\frac{3}{6}+\frac{4}{6}\right)$

$=6\times\frac{7}{6}=7$

(3) $-8\times 46+(-8)\times 4$

$=-368-32=-400$

この方法でも求められるが，左の解答の方がらく。

練習 33 次の計算をしなさい。

解答➡別冊 p. 5

(1) $24\times\left(\frac{5}{6}-\frac{7}{8}\right)$

(2) $\left\{\frac{5}{12}+\left(-\frac{7}{15}\right)\right\}\times(-60)$

(3) $(-15)\times(-7)+26\times(-7)$

(4) $\frac{1}{3}\times 3.14\times 5^2-\frac{1}{3}\times 3.14\times 4^2$

例題 34 数の集合と四則

>>p. 38 2 レベル

(1) 次の式の中から，計算の結果が整数となるものをすべて選びなさい。

(ア) $4+(-2)$　(イ) $-5-(-5)$　(ウ) $7\times(-1)$　(エ) $2\div(-6)$

(2) 2つの自然数で次の計算をしたとき，結果が自然数とならない場合があるのはどれですか。すべて選びなさい。

(ア) 加法　(イ) 減法　(ウ) 乗法　(エ) 除法

考え方 それぞれの数の特徴をつかむ

(1) 整数は　……，-3，-2，-1，0，1，2，3，……

(2) 自然数は，正の整数 で　1，2，3，4，……

したがって，計算結果が負の数となる場合や，小数・分数となる場合があるものを選ぶ。

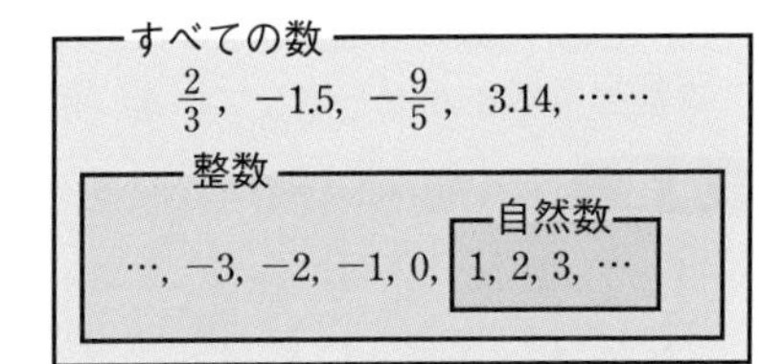

解答

(1) (ア) $4+(-2)=2$　　2 は整数である。

(イ) $-5-(-5)=-5+5=0$　　0 は整数である。

(ウ) $7\times(-1)=-7$　　-7 は整数である。

(エ) $2\div(-6)=-\frac{2}{6}=-\frac{1}{3}$　　$-\frac{1}{3}$ は整数でない。

答 (ア)，(イ)，(ウ)

(2) (ア) つねに自然数となる。

(イ) 自然数とならない場合がある。（例：$1-2=-1$）

(ウ) つねに自然数となる。

(エ) 自然数とならない場合がある。$\left(例：1\div2=\frac{1}{2}\right)$

答 (イ)，(エ)

⚠ 整数には 0 や負の数もふくまれる。

参考 (2) $1-2$ や $1\div2$ のような，成り立たない例を **反例** という（2年生で学習）。

参考 四則の計算について，自然数の集合，整数の集合，すべての数の集合の中でいつでもできる（計算結果もその集合にふくまれる）ときは○，いつでもできるとは限らないときは×とすると，右の表のようになる。（ただし，0でわることは考えない。）

	加法	減法	乗法	除法
自然数	○	×	○	×
整数	○	○	○	×
すべての数	○	○	○	○

解答➡別冊 p. 5

練習 34 2つの負の整数で次の計算をしたとき，結果がいつも負の整数となるのはどれですか。

(1) 加法　(2) 減法　(3) 乗法　(4) 除法

例題 35 素数

>>p. 38 3 レベル 

1 から 30 までの素数をすべて答えなさい。

考え方 1 から 30 までの整数をかき，素数でないものを消していく。

[1] 1 は素数でないから，まず 1 を消す。
[2] 2 を残し，2 以外の 2 の倍数を消す。
[3] 残った数のうち，もっとも小さい 3 を残し，3 以外の 3 の倍数を消す。
[4] 残った数のうち，もっとも小さい 5 を残し，5 以外の 5 の倍数を消す。
素数の倍数を次々と消していき，残ったものが素数となる。

解答

1	②	③	4	⑤	6	⑦	8	9	10
⑪	12	⑬	14	15	16	⑰	18	⑲	20
21	22	㉓	24	25	26	27	28	㉙	30

← 2 以外の 2 の倍数は |，3 以外の 3 の倍数は ／，5 以外の 5 の倍数は ＼ で消している

上の図から

答 **2，3，5，7，11，13，17，19，23，29**

解答➡別冊 p. 5

練習 35 31 から 50 までの素数をすべて答えなさい。

確認 素数
約数が 1 とその数自身のみである自然数のこと。

⚠ [2] で，2 以外の偶数はすべて消える。

参考 このような素数の探し方を **エラトステネスのふるい** という。

例題 36 素因数分解

>>p. 38 3 レベル 

次の数を素因数分解しなさい。

(1) 20　　(2) 150　　(3) 315

考え方 **小さい素数で順にわる**

たとえば，(1) は $20=2\times10=2\times2\times5$ となる。
そして，最後は **累乗の積の形で表す**。

(1)
$$\begin{array}{r|l} 2 & 20 \\ \hline 2 & 10 \\ \hline & 5 \end{array}$$
$20\div2=10$，$10\div2=5$
5 ← かけ忘れに注意。

解答

(1) $20=2^2\times5$ …答
(2) $150=2\times3\times5^2$ …答
(3) $315=3^2\times5\times7$ …答

(2)
$$\begin{array}{r|l} 2 & 150 \\ \hline 3 & 75 \\ \hline 5 & 25 \\ \hline & 5 \end{array}$$

(3)
$$\begin{array}{r|l} 3 & 315 \\ \hline 3 & 105 \\ \hline 5 & 35 \\ \hline & 7 \end{array}$$

確認 素因数分解
自然数を素因数（素数である約数）の積の形に表すこと。

参考 次のような図で考えてもよい。

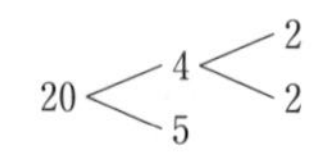

素因数分解をしたら，その結果を計算して，もとの数になるか確認しよう。

解答➡別冊 p. 5

練習 36 次の数を素因数分解しなさい。

(1) 24　　(2) 108　　(3) 126　　(4) 162　　(5) 561

例題 37 素因数分解と平方

>>p. 38 3 レベル 

(1) 324 は，ある自然数の平方である。その自然数を求めなさい。

(2) 60 にできるだけ小さな自然数をかけて，ある自然数の平方にするには，どのような自然数をかければよいですか。

問題を整理しよう！

平方とは 2 乗のこと。つまり，(1)，(2) は

(1) $324=\square^2$ となる □ を求める。

(2) $60\times\bigcirc=(\text{自然数})^2$ となる最小の ○ を求める。

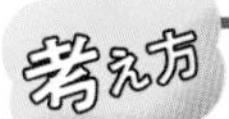

$\square^2$ である数は，素因数分解したとき

累乗の指数が偶数になる

(例) $36=2^2\times3^2=(2\times3)^2=6^2$，　$81=3^4=(3^2)^2=9^2$

$2\times2\times3\times3=(2\times3)\times(2\times3)$　　$3\times3\times3\times3=(3\times3)\times(3\times3)$

◀それぞれの素因数の指数が偶数になる。

(1) 324 を **素因数分解して**，2 乗の形をつくりだす。

(2) 60 を素因数分解すると　$60=4\times15=2^2\times3\times5$ （3，5：指数が奇数）

指数が偶数になるように，素因数をかける。

3，5 の指数は 1 である。(指数は 0 ではない。$3^1=3$，$5^1=5$ である)

解答

(1) $324=2^2\times3^4$　（$2\times2\times3\times3\times3\times3=(2\times3\times3)\times(2\times3\times3)$）

$=(2\times3^2)^2$

$=(2\times9)^2$

$=18^2$　　答 18

```
2 ) 324
2 ) 162
3 )  81
3 )  27
3 )   9
      3
```

(2) $60=2^2\times3\times5$

よって，3×5 をかけると

$2^2\times3\times5\times3\times5=(2\times3\times5)^2=30^2$

したがって　$3\times5=\mathbf{15}$ …答

```
2 ) 60
2 ) 30
3 ) 15
     5
```

自然数の 2 乗の形で表される数を **平方数** という。

$11^2=121$，$12^2=144$，$13^2=169$，$15^2=225$，$25^2=625$

などは有名なので，覚えておくとよい。

$3^3\times5$ や 3×5^3，$3^3\times5^3$ などをかけても，指数は偶数になるから，ある自然数の平方となる。
しかし，問題文に「できるだけ小さい自然数をかける」とあるから $3\times5=15$ が答えとなる。

解答➡別冊 p. 6

練習 37 (1) 次の数は，ある自然数の平方である。どのような自然数の平方であるか求めなさい。

(ア) 196　　(イ) 256　　(ウ) 576

(2) 24 にできるだけ小さな自然数をかけて，ある自然数の平方にするには，どのような自然数をかければよいですか。

例題 38 正の数・負の数の利用（仮平均）

右の表は，バレーボール部員 5 人の身長が，170 cm より何 cm 高いかを示したものである。

部員	A	B	C	D	E
ちがい (cm)	+2	−2	+4	0	−3

(1) 身長のもっとも高い部員は，身長のもっとも低い部員より何 cm 高いですか。

(2) 5 人の身長の平均を求めなさい。

考え方 基準からの増減を利用する

この問題の基準の値は 170 である。

(1) 身長の差は，**基準とのちがいの差と同じ** である。

(2) 5 人の身長を求めてもよいが，ここでは **基準とのちがいの平均を求め**，基準の値を加える方法を考える。

（平均）＝（基準の値）＋（基準とのちがいの平均）

◀ p. 11 例題 3 を確認しておこう。

小学校の復習

平均値

$$\frac{(\text{データの値の合計})}{(\text{データの個数})}$$

解答

(1) もっとも身長の高い部員は +4 cm のC，もっとも低い部員は −3 cm のEである。

よって　$(+4)-(-3)=7$ (cm)　　答 **7 cm**

(2) 基準とのちがいの平均は

$$\frac{(+2)+(-2)+(+4)+0+(-3)}{5}=\frac{1}{5}=0.2 \text{ (cm)}$$

よって，5 人の身長の平均は，基準 170 cm より 0.2 cm 大きいから

$170+0.2=170.2$ (cm)　　答 **170.2 cm**

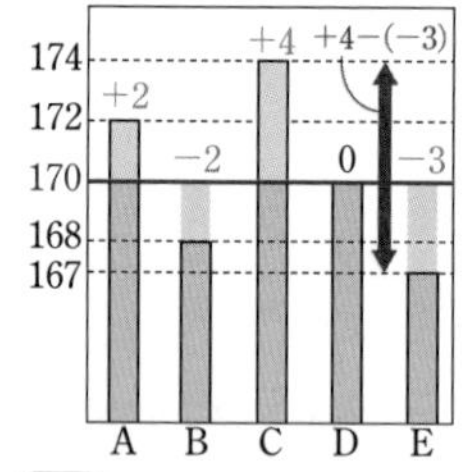

参考

平均を求めるときに基準とする値を **仮平均** という。

参考　5 人の身長の合計は

$(170+2)+(170-2)+(170+4)+(170+0)+(170-3)$

$=170\times5+\{(+2)+(-2)+(+4)+0+(-3)\}$

よって，5 人の身長の平均は，これを 5 でわって

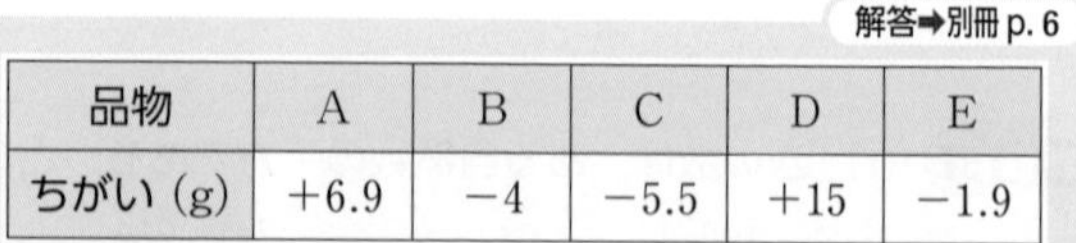

$$170+\frac{(+2)+(-2)+(+4)+0+(-3)}{5}$$

（基準の値）＋（基準とのちがいの平均）

練習 38

解答➡別冊 p. 6

右の表は，品物 A，B，C，D，E の重さが，それぞれ 130 g より何 g 重いかを示したものである。

品物	A	B	C	D	E
ちがい (g)	+6.9	−4	−5.5	+15	−1.9

(1) もっとも重い品物は，もっとも軽い品物より何 g 重いか答えなさい。

(2) 品物 5 個の重さの平均を求めなさい。

EXERCISES

解答➡別冊 p. 9

22 次の計算をしなさい。 >>例題 32

(1) $6+(-4)\times5$

(2) $-6-(-4)\times7$

(3) $3\times(-5)+(-4)\times(-8)$

(4) $12\div(-4)-(-7)\times(-3)$

(5) $\frac{2}{5}\div\frac{8}{15}-\frac{1}{4}$

(6) $6-4\times\left(-\frac{7}{2}\right)$

(7) $\frac{1}{3}+\frac{7}{9}\div\left(-\frac{2}{3}\right)$

(8) $\frac{2}{3}\times\frac{1}{4}-\frac{1}{3}\div\frac{5}{6}+\frac{7}{3}$

23 次の計算をしなさい。 >>例題 32

(1) $-4^2\div8-(-5)$

(2) $-4\times\{19-(23-5)\}$

(3) $-5^2-(-2)^2\times(-3)$

(4) $28\div(-2)^2+(-3)^3$

(5) $5-(-3)^2\times\left(-\frac{2}{3}\right)^2$

(6) $5\times2^2-(-6)^2\div(-4)$

(7) $-\left(-\frac{3}{2}\right)^2+\frac{7}{4}\div\left(-\frac{7}{2}\right)$

(8) $\frac{7}{3^2}-\left(-\frac{1}{2}\right)\div\left(1-\frac{5}{2}\right)^2$

24 次の計算をしなさい。 >>例題 33

(1) $12\times\left(\frac{1}{3}-\frac{3}{4}\right)$

(2) $\left(\frac{1}{2}-\frac{2}{3}+\frac{1}{4}\right)\times12$

(3) $8\times66+8\times34$

(4) $(-56)\times25+48\times25$

25 (1) 次の数を素因数分解しなさい。 >>例題 36

(ア) 90　　(イ) 132　　(ウ) 720

(2) 56にできるだけ小さい自然数nをかけて，その積がある自然数の2乗になるようにしたい。このときのnの値を求めなさい。〔大分〕 >>例題 37

26 右の表は，Aさんがあるゲームを5回行い，20点を基準にして，基準を上回った分の点数を正の数で，基準を下回った分の点数を負の数で表したものである。5回の得点の平均を求めなさい。 >>例題 38

回	1回目	2回目	3回目	4回目	5回目
点数（点）	+5	−2	+6	−1	−3

定期試験対策問題 解答➡別冊 p. 10

1 数直線上に，次の数を表す点をかき入れなさい。 >>例題 5

$+\frac{3}{10}$，-0.4，$-\frac{4}{5}$，$+\frac{3}{4}$，-0.25，$+0.5$

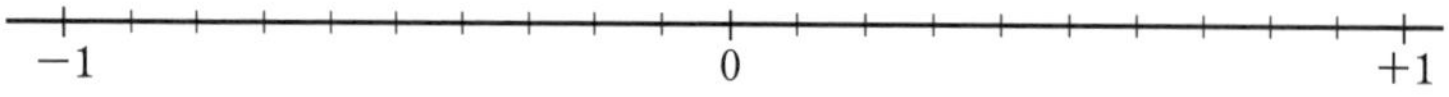

2 -3.5 より大きく，4 より小さい整数をすべて求めなさい。 >>例題 1, 2

3 次の □ に適する正の数，負の数を入れなさい。 >>例題 3, 4

(1) 午前 8 時を基準にして，同じ日の午前 10 時を $+2$ 時で表すとき，同じ日の午後 2 時は ア□ 時，午前 6 時は イ□ 時となる。

(2) ある地点Oから 1 km 東の地点Aを $+1$ km で表すと，地点Oから 3.5 km 西の地点Bは ア□ km と表される。また，地点Bから 7.5 km 東の地点Cは イ□ km と表される。

4 次の数について，下の問いに答えなさい。 >>例題 2, 6〜8

-2.5，0，3，2，$\frac{7}{3}$，$-\frac{5}{4}$，-5，$+3.4$

(1) 整数をすべて選びなさい。

(2) 負の数でもっとも大きい数を求めなさい。

(3) 絶対値がもっとも大きい数を求めなさい。

5 次の問いに答えなさい。

(1) 絶対値が 7 より小さい整数をすべて答えなさい。 >>例題 8

(2) 絶対値が 3 より大きく，8 より小さい整数は何個ありますか。

6 次の計算をしなさい。 >>例題 9〜18

(1) $-5+(-7)$

(2) $12-(-6)$

(3) $(-1.5)-0.4$

(4) $\left(-\frac{4}{3}\right)+\frac{1}{4}$

(5) $9-10+(-5)$

(6) $-2+\frac{1}{3}-1$

7 次の計算をしなさい。 >>例題 17, 18

(1) $(+3)+(-2)+(+7)-(+5)$

(2) $6-2+4-1$

(3) $-5-(+12)+(+5)+9$

(4) $-5+7+4-10+8$

(5) $-28-30-22+16+27-80$

8 次の計算をしなさい。 >>例題 20～30

(1) $(-14)\times6$　(2) $-\frac{27}{16}\div\left(-\frac{15}{8}\right)$　(3) $\frac{9}{10}\times25\div\left(-\frac{21}{4}\right)$

(4) -4^3　(5) $(-4)^3$　(6) $(-0.6)^2$

9 次の計算をしなさい。 >>例題 31

(1) $\frac{5}{9}\times\left(-\frac{3}{20}\right)\div\left(-\frac{1}{2}\right)^2$　(2) $-\frac{3}{10}\div\frac{4}{5}\times\left(-\frac{2}{3}\right)^2$

(3) $\left(-\frac{1}{4}\right)^2\div\frac{5}{4}\times(-5^2)$　(4) $-2^2\times\left(-\frac{3}{2}\right)^3\div\left(-\frac{3}{4}\right)^2$

10 次の計算をしなさい。 >>例題 32, 33

(1) $4\times(-5)+9$　(2) $6-(-24)\div6$

(3) $-28\div4+7\times(-2)$　(4) $18\times\left(-\frac{1}{2}\right)^3+\frac{1}{4}$

(5) $42\div(-2+4^2)$　(6) $-143\times16+138\times16$

(7) $4-(1-3)\times(-2)$　(8) $-3^2+\{(3-8)+(-2)^3\}\div(-13)$

11 次の数を素因数分解しなさい。 >>例題 36

(1) 30　(2) 64　(3) 231

12 次の表は，生徒A～Fのそれぞれの体重と生徒Bの体重とのちがいを表したものである。下の問いに答えなさい。 >>例題 38

生徒	A	B	C	D	E	F
ちがい (kg)	+4.3	0	−3.1	+10.6	+8	−7.8

(1) もっとも重い人は，もっとも軽い人より何 kg 重いか答えなさい。

(2) 6 人の体重の平均が 56 kg のとき，生徒Eの体重は何 kg か答えなさい。

13 次のことがらが，いつも正しいかどうか答えなさい。 >>例題 34

(1) 整数と整数の積は整数である。

(2) 自然数と自然数の商は自然数である。

分配法則を使って計算をらくにしよう

分配法則　□×(○＋△)＝□×○＋□×△
　　　　　(○＋△)×□＝○×□＋△×□

は，使うと計算がらくになることが多く，
とても便利な法則です。

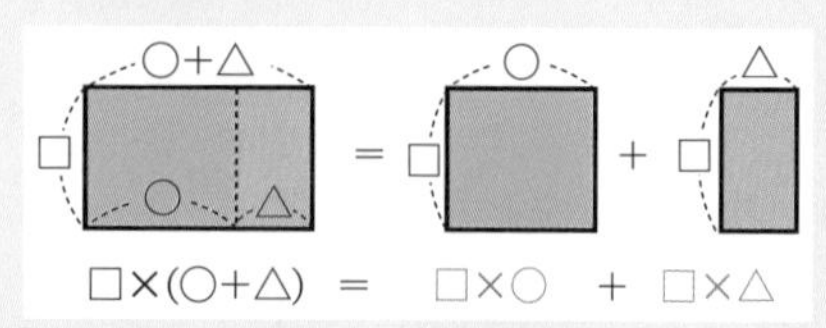

長方形の面積をイメージするとわかりやすい。

分配法則は，ふだん見かける計算問題にも使うことができます。
次の問題を，分配法則を使って計算してみましょう。

(1)　15×23　　　　(2)　32×28

[解答]

(1)　$15\times23=15\times(20+3)$
$=15\times20+15\times3$
$=300+45=\mathbf{345}$ …答

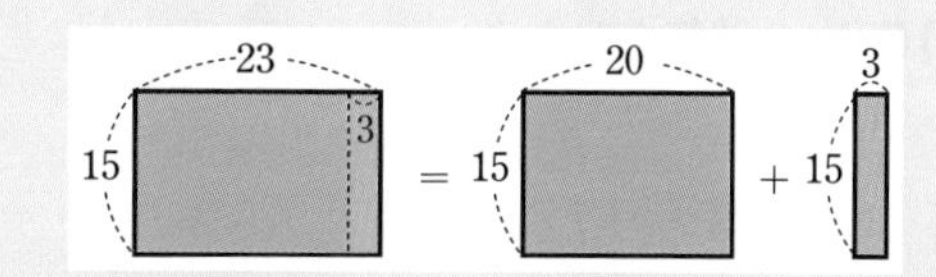

$15\times23=(10+5)\times23=10\times23+5\times23$ とすることもできますが，上の解答の方が計算はらくでしょう。計算をらくにするためには，**計算しやすいものを作り出す** ことがポイントです。

では，(2) はどうでしょうか。

$32\times28=32\times(30-2)=32\times30-32\times2$ として求めることもできますが，
$32=30+2,\ 28=30-2$ と考えると，次のようにして求めることもできます。

[解答]

(2)　$32\times28=(30+2)\times28=30\times28+2\times28$
$=30\times(30-2)+2\times(30-2)$
$=30\times30\underline{-30\times2+2\times30}-2\times2$　（0）
$=30^2-2^2$
$=900-4=\mathbf{896}$ …答

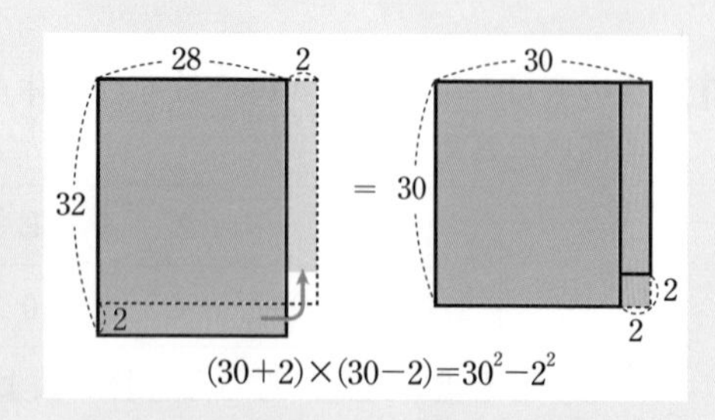

面倒なように見えますが，計算はとてもらくです。
(1)，(2) のどちらも，筆算で求めることはできますが，計算ミスをする可能性もあります。
計算をらくにすることは，**計算ミスを防ぐことにもつながります。**
なお，(2) のタイプの結果 $(□+○)\times(□-○)=□^2-○^2$ は，知っていると便利ですので覚えておきましょう（詳しくは 3 年生で学習します）。

第2章 文字と式

5 文字と式

1 文字を使った式

文字を使うと，いろいろな数量や法則などを簡単に表すことができる場合がある。文字を使った式を **文字式** という。

x 円の買い物をして，500 円を支払ったときのおつりは
$(500-x)$ 円

次の文字や記号は似ているので，注意して書こう。
1 とＩ，2 と z，5 と s，
6 と b，9 と q，0 とＯ，
h と k，v と r と u，
＋と t，×と x

2 文字式の表し方

❶ 積の表し方

① 乗法の記号 × を，**はぶいて** 書く。
② 文字と数の積では，**数を文字の前** に書く。
③ 同じ文字の積では，**指数** を使って書く。

① $a\times b=ab$,　$y\times z\times x=xyz$
② $5\times a=5a$,　$a\times\left(-\dfrac{2}{3}\right)=-\dfrac{2}{3}a$
③ $a\times a=a^2$,　$x\times x\times x=x^3$

数の積では，×をはぶかない（2×3 を 23 と書かない）。

① 文字の積は，ふつうアルファベット順に書く。
② $1\times a$，$a\times1$ は a と書き，$(-1)\times a$，$a\times(-1)$ は $-a$ と書く。

❷ 商の表し方

除法の記号 ÷ を使わず，**分数の形** で書く。

$a\div4=\dfrac{a}{4}$,　$x\div(-2)=-\dfrac{x}{2}$

除法を乗法になおして
$a\div4=a\times\dfrac{1}{4}=\dfrac{1}{4}a$
でもよい。同様に，
$x\div(-2)=-\dfrac{1}{2}x$ でもよい。

3 いろいろな数量の表し方

❶ 数量を文字式で表すときは，上の「文字式の表し方」にしたがい，単位がある場合は，**単位をそろえて表す**。

❷ 円周率 3.14 … を，文字 π（パイ）で表す。

4 式の値

式の中の文字を数におきかえることを，文字にその数を **代入**（だいにゅう）**する** といい，代入して計算した結果を **式の値** という。

$x+3$
$x=2$ を代入する
$2+3=5$（式の値）

例題 39 文字を使った式

>>p. 50 1 レベル

次の数量を文字式で表しなさい。

(1) 1冊 a 円のノート8冊の代金

(2) 長さ b m のひもを4等分するとき，1本のひもの長さ

(3) 1個50円のみかんを x 個と，1個100円のりんごを y 個買うとき，代金の合計

考え方 具体的な数で考える

(1) の場合　1冊50円のとき，　代金は (50×8) 円

1冊100円のとき，代金は (100×8) 円

1冊 a 円のとき，　代金は ……　と考える。

また，図を使って数量の関係を調べる のも効果的である。

いきなり文字で考えるのが難しい場合は，**簡単な数**で考えてみよう。

解答

(1) (代金)＝(1冊のノートの値段)×8　であるから

（1冊のノートの値段 → a（円），8 → 冊数）

$(a\times8)$ 円 …答

(2) (1本のひもの長さ)＝(ひもの長さ)÷4　であるから

（ひもの長さ → b（m））

$(b\div4)$ m …答

(3) 1個50円のみかん x 個の代金は　$(50\times x)$ 円

1個100円のりんご y 個の代金は　$(100\times y)$ 円

したがって，代金の合計は

$(50\times x+100\times y)$ 円 …答

参考　単位にかっこをつけて「$a\times8$（円）」のように表すこともある。

(2) 8 m のひもを4等分するとき，1本のひもの長さは　$8\div4$

(3)

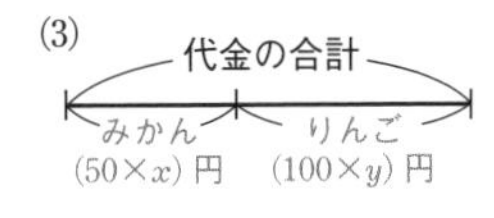

参考　次ページで学ぶ，×，÷をはぶいた表し方をすると，下のようになる。

(1) $8a$ 円　　(2) $\frac{b}{4}$ m　　(3) $(50x+100y)$ 円

解答➡別冊 p. 12

練習 39 次の数量を文字式で表しなさい。

(1) 10円玉 a 枚と100円玉 b 枚を合わせた金額

(2) 周の長さが ℓ cm である正三角形の1辺の長さ

(3) 1個2gのおもり x 個，4gのおもり y 個，8gのおもり z 個の重さの合計

例題 40 積の表し方

>>p. 50 2

次の式を，文字式の表し方にしたがって書きなさい。

(1) $b\times a\times c$　(2) $x\times(-3)$　(3) $0.1\times m$　(4) $(x+y)\times z$　(5) $y\times x\times(-1)\times x$

考え方

① ×をはぶく　② 数は文字の前に

③ 同じ文字の積は，指数を使う

異なる文字を並べるときは，**アルファベット順** にする。

(4) 和や差にかっこがつくものは，それを 1 つの文字と考える。

◀ただし　$1\times a=a$，$-1\times a=-a$

⚠ $1\times a=1a$，$-1\times a=-1a$ とは書かない。

解答

(1) $b\times a\times c=abc$　　答 $\boldsymbol{abc}$

└アルファベット順にする

(2) $x\times(-3)=-3x$　　答 $\boldsymbol{-3x}$

└数は文字の前に

(3) $0.1\times m=0.1m$　　答 $\boldsymbol{0.1m}$

(4) $(x+y)\times z=(x+y)z$　　答 $\boldsymbol{(x+y)z}$

└( ) は 1 つの文字と考える

(5) $y\times x\times(-1)\times x=-xxy=-x^2y$　　答 $\boldsymbol{-x^2y}$

1 は，はぶく　同じ文字の積は指数

(1) ×をはぶくと　bac
アルファベット順にすると　abc

⚠ (3) $0.a$ とは書かない。
小数にふくまれる 1 は，はぶかない。

(4) $x+yz$ とすると $x+y\times z$ の意味になる。

解答➡別冊 p. 12

練習 40 次の式を，文字式の表し方にしたがって書きなさい。

(1) $32\times n$　(2) $y\times x\times(-2)$　(3) $1\times q\times p$　(4) $a\times(-0.01)\times a$　(5) $(x+y)\times(-3)$

例題 41 商の表し方

>>p. 50 2

次の式を，文字式の表し方にしたがって書きなさい。

(1) $a\div3$　(2) $b\div(-4)$　(3) $(x+y)\div2$

考え方

÷ をつかわず，分数の形にする

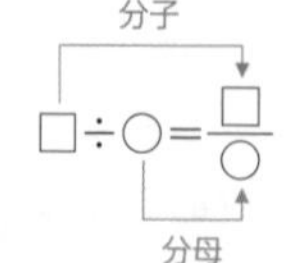

(わられる数が分子，わる数が分母)

÷○ を $\times\dfrac{1}{○}$ と考えて × をはぶいてもよい。

解答

(1) $a\div3=\dfrac{a}{3}$ 答 $\dfrac{a}{3}$

(2) $b\div(-4)=\dfrac{b}{-4}=-\dfrac{b}{4}$ 答 $-\dfrac{b}{4}$

（－は数の前に）

(3) $(x+y)\div2=\dfrac{x+y}{2}$ 答 $\dfrac{x+y}{2}$

（分子全体にかっこがくるときは，かっこをはぶく）

（（ ）は 1 つの文字と考える）

別解 (1) は

$a\div3=a\times\dfrac{1}{3}=\dfrac{1}{3}a$

としてもよい。同様に，

(2) $-\dfrac{1}{4}b$ (3) $\dfrac{1}{2}(x+y)$

としてもよい。

解答➡別冊 p. 12

練習 41 次の式を，文字式の表し方にしたがって書きなさい。

(1) $x\div5$ (2) $(-y)\div(-2)$ (3) $(-8)\div c$ (4) $a\div(b-c)$

例題 42 積と商が混じった式の表し方

>>p. 50 2

次の式を，文字式の表し方にしたがって書きなさい。

(1) $x\times y\div z$ (2) $a\div b\times3$ (3) $(x-y)\div m\div n$

左から順に，きまりにしたがって表す

÷は×になおして，乗法だけの式にしてから，×をはぶく方法でもよい。

解答

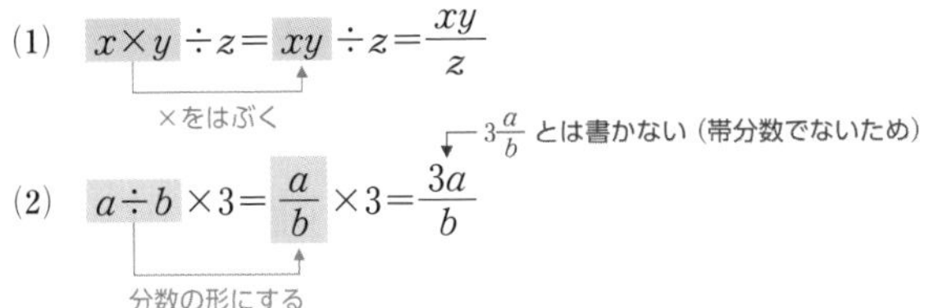

(1) $x\times y\div z=xy\div z=\dfrac{xy}{z}$ 答 $\dfrac{xy}{z}$

（×をはぶく）

(2) $a\div b\times3=\dfrac{a}{b}\times3=\dfrac{3a}{b}$ 答 $\dfrac{3a}{b}$

（分数の形にする）

（$3\frac{a}{b}$ とは書かない（帯分数でないため））

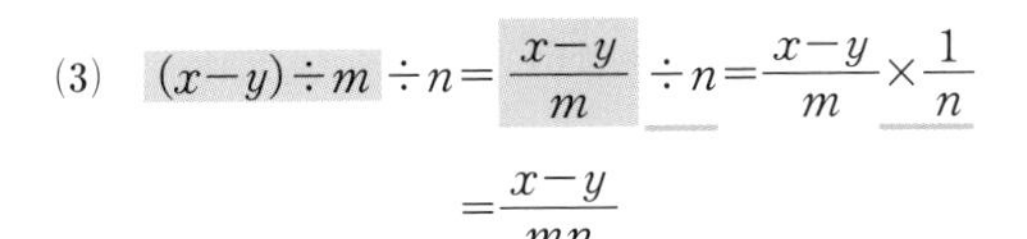

(3) $(x-y)\div m\div n=\dfrac{x-y}{m}\div n=\dfrac{x-y}{m}\times\dfrac{1}{n}$

$=\dfrac{x-y}{mn}$ 答 $\dfrac{x-y}{mn}$

別解 (1) $x\times y\times\dfrac{1}{z}=\dfrac{xy}{z}$

としてもよい。

⚠ (2) ×を先にはぶくと異なる意味になる。

$a\div(b\times3)=a\div3b=\dfrac{a}{3b}$

(3) ÷○ は $\times\dfrac{1}{○}$ に。

●上の解答から，×□ はみんな分子に，÷□ はみんな分母にくることがわかる。

CHART **×□ は分子に，÷□ は分母に**

解答➡別冊 p. 12

練習 42 次の式を，文字式の表し方にしたがって書きなさい。

(1) $y\times(-2)\div x$ (2) $a\times y\div b\times x$ (3) $a\div(-3)\div b\times4$ (4) $x\div(y+z)\times w$

例題 43 いろいろな式の表し方

>>p. 50 2

(1) 次の式を，文字式の表し方にしたがって書きなさい。

(ア) $x\times(-2)+y$　　(イ) $a-b\div4$

(ウ) $x\div y+z\times z$　　(エ) $(a\times3-b\times4)\div5$

(2) 次の式を，記号×や÷を使って表しなさい。

(ア) $6ab^2$　　(イ) $\dfrac{x}{y+z}$　　(ウ) $\dfrac{x^2}{3y}$

確認 ×，÷のはぶき方

① ×をはぶく

② 数は文字の前に

③ 同じ文字の積は，指数を使う

④ ÷を使わず，分数の形にする

考え方

(1) ×，÷は，文字式の表し方にしたがってはぶく。

加法の記号＋と減法の記号－は，はぶけない。

(2) (ウ) ×で表してから÷になおすと考えやすい。

$\square\div\bigcirc=\dfrac{\square}{\bigcirc}$ スムーズに変形しよう！

解答

(1) (ア) $x\times(-2)+y=-2x+y$　　答 $-2x+y$

(イ) $a-b\div4=a-\dfrac{b}{4}$　　答 $a-\dfrac{b}{4}$

(ウ) $x\div y+z\times z=\dfrac{x}{y}+z^2$　　答 $\dfrac{x}{y}+z^2$

(エ) $(a\times3-b\times4)\div5=(3a-4b)\div5$

$=\dfrac{3a-4b}{5}$　　答 $\dfrac{3a-4b}{5}$

(2) (ア) $6ab^2=6\times a\times b\times b$　　答 $6\times a\times b\times b$

(イ) $\dfrac{x}{y+z}=x\div(y+z)$　← $\dfrac{\square}{\bigcirc}=\square\div\bigcirc$　　答 $x\div(y+z)$

(ウ) $\dfrac{x^2}{3y}=x^2\times\dfrac{1}{3y}=x\times x\times\dfrac{1}{3}\times\dfrac{1}{y}$

$=x\times x\div3\div y$　　答 $x\times x\div3\div y$

⚠

(1) (イ) $(a-b)\div4$ とのちがいに注意。

$(a-b)\div4=\dfrac{a-b}{4}$

$a-b\div4=a-\dfrac{b}{4}$

(2) (イ) かっこをつけずに $x\div y+z$ とすると，$\dfrac{x}{y}+z$ を表すことになる。分母 $y+z$ は，ひとかたまりで見る。

参考 (2)の答えは，1つに決まらない。たとえば，(ア)は $a\times b\times6\times b$ などでもよい。また，(ウ)は $x\times x\div(3\times y)$ でもよい。ただし，$x\times x\div3\times y$ **は誤り。**

└→これは $\dfrac{x^2y}{3}$ の意味

解答➡別冊 p. 12

練習 43 次の式を，文字式の表し方にしたがって書きなさい。

(1) $x+y\times(-7)$　　(2) $a\div(-3)-b$

(3) $8-x\times y\times y$　　(4) $(a\div2+b\div3)\div\dfrac{1}{5}$

例題 44 代金，割合

≫p. 50 3 レベル 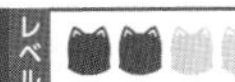

次の数量を文字式で表しなさい。

(1) 1個a円のケーキを3個買って，b円を支払ったときのおつり

(2) x g の5%の重さ

(3) 定価a円の商品を2割引きで買ったときの商品の代金

考え方 文字式の表し方にしたがって，式をたてる。
このとき，**図をかくと考えやすい**。

(2) 1%は $\frac{1}{100}$ であるから，5%は $\frac{5}{100}$

(3) 2割は $\frac{2}{10}$ である。2割**引き**であるから，$1-\frac{2}{10}$ を考える。

解答

(1) ケーキの代金は　$a\times3=3a$ (円)
よって，b円支払ったときのおつりは　$(\boldsymbol{b-3a})$ **円** …答

(2) 5%は $\frac{5}{100}$ であるから　$\frac{5}{100}\times x=\boldsymbol{\frac{1}{20}x}$ **(g)** …答
（約分を忘れずに）

(3) 定価の2割引きは，定価の8割のことであるから

$$a\times\left(1-\frac{2}{10}\right)=a\times\frac{8}{10}=\boldsymbol{\frac{4}{5}a}\ \textbf{(円)}\ \cdots 答$$
（約分を忘れずに）

確認 割合

1割は $\frac{1}{10}$ または 0.1

1%は $\frac{1}{100}$ または 0.01

(3) $\frac{2}{10}\times a$ としやすいので注意。

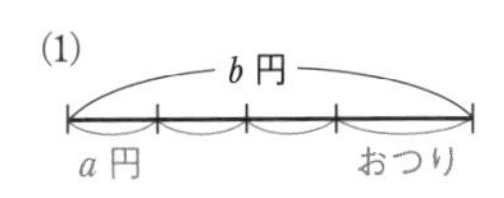

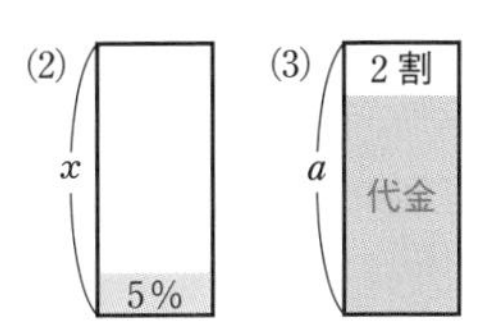

参考　分数，小数，歩合 (割，分(ぶ)，厘(りん))，百分率の関係は右の表のようになる。

分数	1	$\frac{1}{10}$	$\frac{1}{100}$	$\frac{1}{1000}$
小数	1	0.1	0.01	0.001
歩合	10割	1割	1分	1厘
百分率	100%	10%	1%	0.1%

解答➡別冊 p. 12

練習 44 次の数量を文字式で表しなさい。

(1) x cm の6割の長さ

(2) 1000円で，1冊a円のノート3冊と1本b円の鉛筆5本買ったときのおつり

(3) 40人の生徒のうち，x%が男子のときの女子の人数

例題 45 速さの問題（単位をそろえる）

>>p. 50 3

(1) 時速 a km で 2 時間歩いたときの道のりは何 km ですか。

(2) x km の道のりを，分速 150 m で走ったときにかかる時間は何分ですか。

(3) a km の道のりを，15 分走ったときの速さは時速何 km ですか。

考え方 単位が異なるときは，**単位をそろえる**

(1) は km で単位はそろっているが，(2) は km と m，(3) は 分 と 時間 の 2 つの単位が混ざっている。このようなときは **単位をそろえて** 文字式をつくる。

小学校の復習

(速さ)＝(道のり)÷(時間)
(道のり)＝(速さ)×(時間)
(時間)＝(道のり)÷(速さ)

解答

(1) $a\times2=2a$ ← (道のり)＝(速さ)×(時間)　　答 **$2a$ km**

(2) x km は $1000x$ m であるから

$$1000x\div150=\frac{1000}{150}x=\frac{20}{3}x$$

└ (時間)＝(道のり)÷(速さ)　　答 **$\frac{20}{3}x$ 分**

(3) 15 分は $\frac{15}{60}=\frac{1}{4}$ 時間であるから

$$a\div\frac{1}{4}=4a$$ ← (速さ)＝(道のり)÷(時間)　　答 **時速 $4a$ km**

確認 単位について

1 km＝1000 m であるから
x km＝$1000x$ m
「k」は 1000 倍の意味。
(例：1 kg＝1000 g)

参考 速さの単位

時速 a km は a km/h と表すことがある。h は時間を表す「hour」の頭文字。
km/h を $\frac{\text{km}}{\text{h}}$ とみて

$$(速さ)=\frac{(道のり)}{(時間)}$$

とおさえてもよい。

基本 が大切！ 速さについて（速さ・道のり・時間の関係）

時速 10 km というのは，**1 時間に 10 km 進む** 速さのことである。
2 時間で 20 km (＝10×2 km)，3 時間で 30 km (＝10×3 km) 進むことになるから，**(道のり)＝(速さ)×(時間)** となる。
この関係式だけおさえておけば，あとは式を変形することで
(速さ)＝(道のり)÷(時間)，(時間)＝(道のり)÷(速さ)
が得られる。
[補足] 分速 10 m は，1 分間に 10 m 進む速さのことである。

練習 45 次の問いに答えなさい。

解答➡別冊 p. 13

(1) 時速 a km は分速何 m ですか。

(2) A さんは家からバス停まで時速 4 km で a 時間歩き，さらに，時速 30 km のバスに b 時間乗って駅に着いた。A さんの家から駅までの道のりは何 km ですか。

例題 46 図形の数量を式で表す

>>p. 50 3 レベル 

(1) 半径が r cm の円の周の長さと面積を求めなさい。

(2) 底面の半径が 4 cm，高さが h cm の円柱の体積を求めなさい。

考え方 円周率を π で表す

(1) (円周)＝(直径)×π，(円の面積)＝(半径)×(半径)×π

(2) (円柱の体積)＝(底面積)×(高さ)

解答

(1) 直径は $2r$ cm であるから，円周は

$2r\times\pi=2\pi r$ (cm)　← (円周)＝(直径)×(円周率)

また，円の面積は

$r\times r\times\pi=\pi r^2$ (cm^2)　← (円の面積)＝(半径)×(半径)×(円周率)

指数で表す

答　**円周は $2\pi r$ cm，円の面積は πr^2 cm^2**

(2) 底面は，半径 4 cm の円であるから，底面積は

$4\times4\times\pi=16\pi$ (cm^2)　← 円の面積

したがって，円柱の体積は

$16\pi\times h=16\pi h$ (cm^3)　← (円柱の体積)＝(底面積)×(高さ)

答　**$16\pi h$ cm^3**

小学校の復習

(円周率)＝(円周)÷(直径)

円周率は 3.141592 …

この値を 文字 π で表す。

(円周)＝(直径)×(円周率)

(円の面積)

＝(半径)×(半径)×(円周率)

π は 3.14 … という **数を表す文字** であるから，数とほかの文字の 間に書く。

(2)

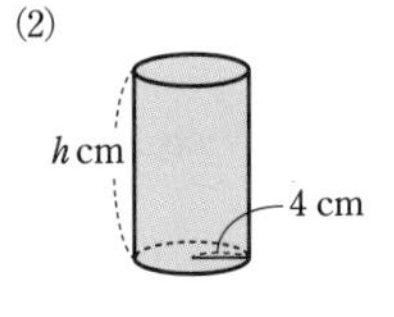

解答➡別冊 p. 13

練習 46 (1) 円周の長さが ℓ cm のときの円の半径を求めなさい。

(2) 底面の半径が r cm，高さが 7 cm の円柱の体積を求めなさい。

円周率の不思議

円周率は，現在，コンピュータを使って，小数点以下 30 兆けたをこえる値が求められていますが，その中には「999999」と 9 が 6 個続くところや「123456789」と 1 から 9 まで順に並ぶところがあることがわかっています。

それぞれ，小数点以下何けたから始まるのでしょうか。

例題 47 式の値

≫p. 50 4 

(1) $a=-3$ のとき，次の式の値を求めなさい。

(ア) $2a+8$　　(イ) $7-a$　　(ウ) $-a^2$

(2) $x=3$，$y=-1$ のとき，次の式の値を求めなさい。

(ア) $2x+5y$　　(イ) $-\dfrac{x}{6y}$

確認 **代入，式の値**

式の中の文字を数におきかえることを，文字に数を**代入する**といい，その計算結果を，**式の値**という。

考え方 式の中の文字に数を代入する

(例) $a=2$ のとき　$-5a+3$ の値は

$-5a+3=-5\times 2+3=-10+3=-7$

（$-5a+3$ ＝ $-5\times a+3$）

なお，負の数を代入するときは，(　) **をつけて代入する。**

(2) 2種類の文字がある場合は，それぞれの文字に数を代入する。

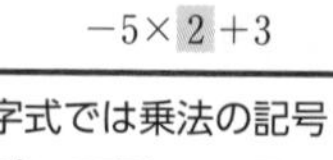

文字式では乗法の記号×をはぶいて表していることに気をつけよう。

解答

(1) (ア) $2a+8=2\times(-3)+8$　← $2a+8=2\times a+8$

$=-6+8=2$　　答 **2**

(イ) $7-a=7-(-3)=7+3=10$　　答 **10**

(ウ) $-a^2=-(-3)^2=-9$　← 符号に注意　　答 **−9**

(2) (ア) $2x+5y=2\times 3+5\times(-1)$　← x に 3，y に -1 を代入

$=6-5=1$　　答 **1**

(イ) $-\dfrac{x}{6y}=-\dfrac{3}{6\times(-1)}=-\dfrac{3}{-6}$　← −が2個だから符号は＋

$=\dfrac{3}{6}=\dfrac{1}{2}$　　答 $\dfrac{1}{2}$

$2a+8$ の a をそのまま -3 におきかえて $2-3+8$ と書くのはダメ。

(ウ) 累乗を先に計算。
$(-3)^2=9$ に符号−がつく。

解答➡別冊 p. 13

練習 47 (1) $a=-2$ のとき，次の式の値を求めなさい。

(ア) $3a-5$　　(イ) $-1-4a$　　(ウ) $-a^3$

(2) $x=2$，$y=-3$ のとき，次の式の値を求めなさい。

(ア) $5x-3y$　　(イ) x^2+2y^2　　(ウ) $-\dfrac{8y}{x}$

例題 48 きまりを見つけて文字式で表す

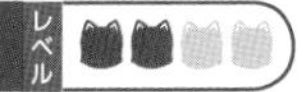

右の図のように，同じ大きさの石を等しい間隔（かんかく）で正三角形の形に並べる。

(1)　1 辺に x 個の石を並べるときに必要な石の個数を，x の式で表しなさい。

(2)　1 辺に 50 個の石を並べるときに必要な石の個数を求めなさい。

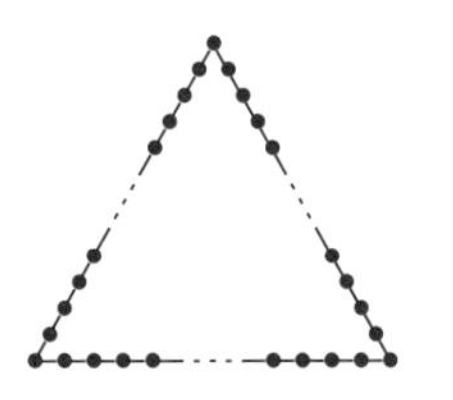

考え方　簡単な例からきまりを見つける

(1)　いきなり個数を求めるのが難しい場合は，1 辺の石の個数が 3 個の場合，4 個の場合，… と試していき，きまりがないかを考える。

(2)　(1) で求めた x の式に $x=50$ を代入する。

解答

(1)　1 辺に石が x 個あるから，3 辺では $(x\times3)$ 個。

このうち，頂点にある石は 2 回ずつ数えているから，頂点の 3 個分をひいて　$x\times3-3=\mathbf{3x-3}$ (個) … 答

別解 1　1 辺に並べられた石のうち，頂点にある石の片方をのぞくと

$(x-1)$ 個

これが 3 つあるから　$(x-1)\times3=\mathbf{3x-3}$ (個) … 答

別解 2　1 辺に並べられた石のうち，頂点にある石をのぞくと

$(x-2)$ 個

よって，3 辺の頂点以外に並べられた石の個数は

$(x-2)\times3$ 個

頂点にある石の個数 3 個を加えると

$(x-2)\times3+3=3x-6+3=\mathbf{3x-3}$ (個) … 答

(2)　(1) の結果 $3x-3$ に $x=50$ を代入すると

$3\times50-3=150-3=147$　　答　**147 個**

問題を整理しよう！

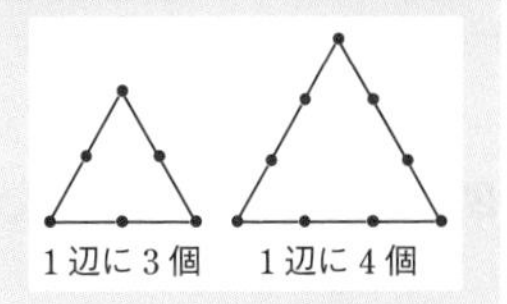

頂点が重なるように数え，あとから頂点の個数をひく。

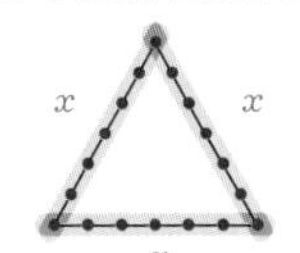

別解 1　頂点が重ならないように数える。

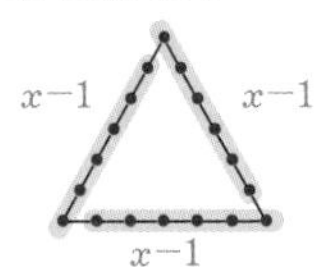

別解 2　頂点をのぞいて数え，あとから頂点の個数を加える。

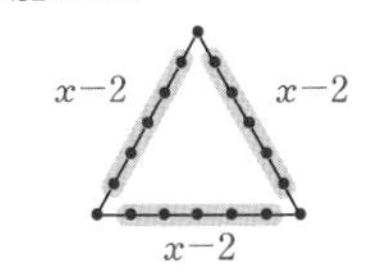

解答➡別冊 p. 13

練習 48　同じ大きさの石を等しい間隔で正方形の形に並べる。ただし，正方形の頂点に石をおくとする。

(1)　1 辺に x 個の石を並べるときに必要な石の個数を，x の式で表しなさい。

(2)　1 辺に 25 個の石を並べるときに必要な石の個数を求めなさい。

EXERCISES

解答➡別冊 p. 16

27 次の式を，文字式の表し方にしたがって書きなさい。 >>例題 40～43

(1) $a\times(-4)\times b$　(2) $c\times(-1)\times c$　(3) $-3\times x\div 5$

(4) $y\times y\times x\times 2$　(5) $(a+4)\times(-3)$　(6) $a\div b+(x-y)\div 3$

(7) $y\div x\div 2\times 3$　(8) $a\div b\div c\div d$　(9) $a\div b\div(c\div d)$

28 次の式を，記号×や÷を使って表しなさい。 >>例題 43

(1) $100-5a$　(2) $2(x+y)-\frac{z}{3}$　(3) $-a^2b$　(4) $\frac{x^2}{y^2}$

29 次の数量を文字式で表しなさい。ただし，(3)は単位を m とする。 >>例題 44, 45

(1) 500 円の p % の金額，　500 円の q 割の金額

(2) A さんの 4 回のテストの平均点は a 点であった。5 回目のテストで b 点をとった。この結果，A さんの 5 回のテストの平均点

(3) 分速 x m で 2 時間 30 分歩いたときの道のり

(4) ある学校の今年の生徒数は，昨年の生徒数より 10 % 増えた。昨年の生徒数を y 人とするとき，今年の生徒数

30 (1) 長いすが 20 脚(きゃく)ある。この長いすに，生徒が 1 脚に x 人ずつ座っていくと，最後の 20 脚目だけは y 人になった。生徒の人数を x，y の式で表しなさい。

(2) 1 本 a 円のジュースを 3 本，1 箱 b 円のお菓子を 4 箱買った。合計金額を 7 人で等分するとき，1 人あたりの代金を a，b の式で表しなさい。 >>例題 39, 44

31 次の式の値を求めなさい。 >>例題 47

(1) $a=-1$ のとき　$3a+7$

(2) $y=\frac{1}{2}$ のとき　$1-2y^2$

(3) $a=-4$，$b=-12$ のとき　$a^2+\frac{1}{4}b$

(4) $x=\frac{2}{3}$，$y=-6$ のとき　$-\frac{y}{x}$

32 同じ長さの棒(ぼう)を使って正方形をつくる。たとえば，正方形が 3 個のときは，必要な棒の本数は 10 本である。正方形の数が n 個のとき，必要な棒の本数を n の式で表しなさい。 >>例題 48

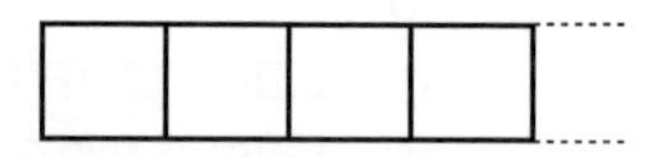

要点のまとめ

6 文字式の計算（加減）

1 1次式

❶ たとえば，式 $2x-3$ は $2x+(-3)$ のことである。このように $+$ で結ばれた $2x$，-3 を，それぞれ式 $2x-3$ の **項**（こう）という。
また，$2x$ の数の部分 2 を x の **係数**（けいすう）という。

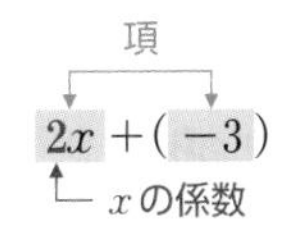

例
$3a-b+5$ の項は　$3a$，$-b$，5
$3a$ の係数は 3，$-b$ の係数は -1

$3a-b+5=3a+(-b)+5$
$-b$ は $-1\times b$ とみる。

❷ 0 でない数と 1 つの文字の積で表される項を **1次の項**（いちじ）といい，1 次の項だけの式か，1 次の項と数の項の和で表される式を **1 次式** という。

例
$2x$，$-3a+1$，$x+2y$ などは 1 次式。
$4xy$，a^2，-7 は 1 次式でない。

$-3a=-3\times a$
$-3a+1$ ➡ 1 次式
1 次の項
$a^2=a\times a$ ➡ 1 次式でない
2 つの文字の積

2 1次式の加法，減法

❶ 文字の部分が同じ項は，まとめることができる。
文字の項と数の項が混じった式は，同じ文字の項どうしを 1 つにまとめ，数の項どうしを計算する。

例
$2x+3x=(2+3)x=5x$
$3a-4-6a+2=3a-6a-4+2=(3-6)a+(-4+2)$
$=-3a-2$

$2x+3y=(2+3)xy$ は誤り。
文字が異なるからまとめることはできない。
$ax+bx=(a+b)x$，
$ax-bx=(a-b)x$ を使ってまとめる。これは，係数の和や差を考えている。

❷ ［加法］　かっこをはずして，❶ と同じように計算する。
［減法］　ひく式の **各項の符号を変えてたす**。

例
$(3x+2)+(4x-7)=3x+2+4x-7=(3+4)x+(2-7)$
$=7x-5$
$(3x+2)-(4x-7)=3x+2-4x+7=(3-4)x+(2+7)$
$=-x+9$

$-1x$ は $-x$ と書く。

例題 49 項と係数

>>p. 61 1 レベル

次の式の項と，文字をふくむ項の係数を答えなさい。

(1) $-3x-4$　(2) $\frac{x}{4}+5$　(3) $a-b+2$

確認 項，係数
$3x+2$ において，＋で結ばれた $3x$，2 を式の**項**という。
また，$3x$ の数の部分 3 を x の**係数**という。

考え方 加法だけの式になおす

係数は，文字の前にある数の部分。

解答

(1) $-3x-4=-3x+(-4)$

よって　**項は $-3x$，-4；x の係数は -3** …答

⚠ x は $1x$ と考えて，係数は 1 である。

(2) $\frac{x}{4}+5=\frac{1}{4}x+5$

よって　**項は $\frac{x}{4}$，5；x の係数は $\frac{1}{4}$** …答

(2) $\frac{x}{4}=\frac{1}{4}\times x$（$\frac{1}{4}$：係数）

(3) $a-b+2=a+(-b)+2=1\times a+(-1)\times b+2$

よって　**項は a，$-b$，2；**
a の係数は 1，b の係数は -1 …答

(3) $a=1\times a$，$-b=-1\times b$ とみる。

解答➡別冊 p. 13

練習 49 次の式の項と，文字をふくむ項の係数を答えなさい。

(1) $3x+5$　(2) $-5x-4$　(3) $\frac{2}{3}x-\frac{1}{6}$　(4) $\frac{x}{3}-2y$

例題 50 1次式をまとめる

>>p. 61 2 レベル

次の計算をしなさい。

(1) $-5x+3x$　(2) $\frac{x}{2}-\frac{2}{3}x$　(3) $6x+3+4x-2$

考え方

$ax+bx=(a+b)x$，
$ax-bx=(a-b)x$　**でまとめる**

係数の和や差を考えて文字 x をつけたす。

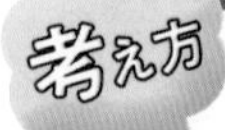

(3) 同じ文字の項どうしをまとめ，数の項どうしを計算する。

$$6x+3+4x-2=6x+4x+3-2=(6+4)x+(3-2)$$

（$6x+4x$：文字の項，$3-2$：数の項）

◀加法の交換法則
$a+b=b+a$ を利用。

解答

(1) $-5x+3x=(-5+3)x=-2x$ 　　答 $\boldsymbol{-2x}$

(2) $\dfrac{x}{2}-\dfrac{2}{3}x=\dfrac{1}{2}x-\dfrac{2}{3}x=\left(\dfrac{1}{2}-\dfrac{2}{3}\right)x$

$=-\dfrac{1}{6}x$ 　　答 $\boldsymbol{-\dfrac{1}{6}x}$

(3) $6x+3+4x-2=\underline{6x+4x}\ \underline{+3-2}$ ←項を並びかえる

$=(6+4)x+(3-2)$

$=10x+1$ 　　答 $\boldsymbol{10x+1}$

(2) $\dfrac{1}{2}-\dfrac{2}{3}=\dfrac{3}{6}-\dfrac{4}{6}$

$=-\dfrac{1}{6}$

(3) 文字の項，数の項をそれぞれまとめる。

解答➡別冊 p. 13

練習 50 次の計算をしなさい。

(1) $-5x+4x$ 　　(2) $-a+\dfrac{3}{5}a$ 　　(3) $7x-5-2x+9$

例題 51 1次式の加法

>>p. 61 2 レベル

次の計算をしなさい。

(1) $(5a-1)+(7a+2)$ 　　(2) $(-3a+7)+(a-7)$

考え方 ＋(　　)は　そのままかっこをはずす

かっこをはずしたら，例題 50 (3) と同様，同じ文字の項どうしをまとめ，数の項どうしを計算する。

⚠ $+(-x)$ の，かっこをはずすと　$-x$
これを $+-x$ と書かない。

解答

(1) $(5a-1)+(7a+2)=5a-1+7a+2$ ←かっこをはずす

$=\underline{5a+7a}\ \underline{-1+2}$ ←$(5+7)a+(-1+2)$

$=\boldsymbol{12a+1}$ …答

(2) $(-3a+7)+(a-7)=-3a+7+a-7$ ←かっこをはずす

$=\underline{-3a+a}\ \underline{+7-7}$ ←$(-3+1)a+(7-7)$

$=\boldsymbol{-2a}$ …答

参考 次のように，縦に書いて計算してもよい。

(1)
$$\begin{array}{rr} & 5a-1 \\ +) & 7a+2 \\ \hline & 12a+1 \end{array}$$
文字の項　　数の項

(2) $-2a+0$ の $+0$ は書かなくてよい。

解答➡別冊 p. 14

練習 51 次の計算をしなさい。

(1) $(2x-5)+(3x+4)$ 　　(2) $(3a+5)+(-5a-6)$

(3) $(7x-9)+(-11x+9)$ 　　(4) $(-a+3)+(a+3)$

例題 52 1次式の減法

>>p. 61 2 レベル

次の計算をしなさい。

(1) $(5x-7)-(4x+3)$　(2) $(8x-7)-(3x-6)$　(3) $(-3x+1)-(-6x+4)$

考え方 $-(\quad)$ は　かっこ内の各項の符号を変えてはずす

ある数をひくことは，**符号を変えた数をたすこと** と同じであった。
これと同じように，**ひく式の各項の符号を変えてたす。**

$-(a+b)=-a-b$
$-(a-b)=-a+b$

解答

(1) $(5x-7)-(4x+3)=5x-7-4x-3$　← かっこをはずす
$=5x-4x-7-3$　← $(5-4)x+(-7-3)$
$=\boldsymbol{x-10}$ … 答

5x−7 から 4x+3 をひくことは，5x から 4x を，−7 から 3 をひくこと。そのために，かっこ内の符号を変えてかっこをはずす。

(2) $(8x-7)-(3x-6)=8x-7-3x+6$　← かっこをはずす
$=8x-3x-7+6$　← $(8-3)x+(-7+6)$
$=\boldsymbol{5x-1}$ … 答

(3) $(-3x+1)-(-6x+4)=-3x+1+6x-4$　← かっこをはずす
$=-3x+6x+1-4$　← $(-3+6)x+(1-4)$
$=\boldsymbol{3x-3}$ … 答

(3) $-(-6x+4)=+6x-4$
かっこ内の符号が変わる。

参考　縦書きで計算すると，次のようになる。

(1)
$$\begin{array}{r} 5x\ -7 \\ -)\ 4x\ +3 \\ \hline x-10 \end{array}$$

(2)
$$\begin{array}{r} 8x-7 \\ -)\ 3x-6 \\ \hline 5x-1 \end{array}$$

(3)
$$\begin{array}{r} -3x+1 \\ -)\ -6x+4 \\ \hline 3x-3 \end{array}$$

(1)
$$\begin{array}{r} 5x\ -7 \\ +)\ -4x\ -3 \\ \hline x-10 \end{array}$$
← ひく式の符号を変えて加法に

●かっこのはずし方について，CHART としておさえておこう。

CHART　かっこのはずし方　**符号 ＋（プラス） そのまま　−（マイナス） 変わる**

解答➡別冊 p. 14

練習 52 次の計算をしなさい。

(1) $(4x-2)-(6x+7)$　(2) $(-x+2)-(5-3x)$　(3) $\left(\frac{2}{3}x-1\right)-\left(\frac{1}{2}x+3\right)$

要点のまとめ

7 文字式の計算（乗除），文字式の利用

1 1次式の乗法と除法

❶ 項が1つの1次式と数の乗法，除法

［乗法］ 数どうしの積を求める。

［除法］ 乗法になおして計算する。

例

$5x\times(-2)=5\times x\times(-2)=5\times(-2)\times x=-10x$

$6a\div3=6a\times\frac{1}{3}=6\times\frac{1}{3}\times a=2a$

乗法の交換法則
$a\times b=b\times a$
を利用する。

わる数が整数のときは，下のようにしてもよい。

$6a\div3=\frac{\overset{2}{\cancel{6}}a}{\underset{1}{\cancel{3}}}=2a$

❷ 項が2つある1次式と数の乗法，除法

［乗法］ 分配法則を使って計算する。

［除法］ 乗法になおして計算する。

$\boldsymbol{a(b+c)=ab+ac}$

$\boldsymbol{(a+b)c=ac+bc}$

例

$4(2x+3)=4\times2x+4\times3=8x+12$

$(x+2)\times(-3)=x\times(-3)+2\times(-3)=-3x-6$

$(10x-5)\div5=(10x-5)\times\frac{1}{5}=10x\times\frac{1}{5}-5\times\frac{1}{5}=2x-1$

$(10x-5)\div5=\frac{\overset{2}{\cancel{10}}x-\overset{1}{\cancel{5}}}{\underset{1}{\cancel{5}}}$ としてもよい。

⚠

$\frac{\cancel{10}x-5}{\cancel{5}}$，$\frac{10x-\cancel{5}}{\cancel{5}}$ のように，片方のみの約分はダメ。

2 文字式の利用

❶ 文字式はいろいろな数量を表すことができる。

例

nを自然数とするとき，$2n$は偶数，$2n-1$は奇数を表す。

❷ 関係を表す式

数量が等しいという関係を，等号＝を使って表した式を**等式**（とうしき）という。

また，数量の大小関係を，不等号 ≧，≦，>，< を使って表した式を**不等式**（ふとうしき）という。

等式，不等式において，等号・不等号の左側の式を**左辺**（さへん），右側の式を**右辺**（うへん）といい，左辺と右辺を合わせて**両辺**（りょうへん）という。

等式　$3x-2=5y$
不等式　$2x-1<1$
左辺　右辺
両辺

$x\geqq a$ …… xがa以上
$x\leqq a$ …… xがa以下
を表す。

例題53 項が1つの1次式と数の乗法 >>p. 65 1 レベル

次の計算をしなさい。

(1) $6a\times 2$ (2) $\frac{5}{6}\times(-4x)$

> 確認 乗法の計算法則
> **交換法則**
> $a\times b=b\times a$
> **結合法則**
> $(a\times b)\times c=a\times(b\times c)$

考え方 **数どうしの積を求め，文字をつける**

解答

(1) $6a\times 2=6\times a\times 2=6\times 2\times a=12a$ （交換法則） 答 $\mathbf{12a}$

(2) $\frac{5}{6}\times(-4x)=\frac{5}{6}\times(-4)\times x=-\frac{10}{3}x$ 答 $\mathbf{-\frac{10}{3}x}$

> 乗法の記号×を書くと考えやすい。
> (2) $\frac{5}{6}\times(-4)$ （4を2に，6を3に約分）

解答➡別冊 p. 14

練習53 次の計算をしなさい。

(1) $2x\times 3$ (2) $(-15a)\times 4$ (3) $\left(-\frac{1}{3}x\right)\times\left(-\frac{6}{5}\right)$

例題54 項が1つの1次式と数の除法 >>p. 65 1 レベル

次の計算をしなさい。

(1) $12x\div 6$ (2) $24y\div\left(-\frac{2}{3}\right)$

> 確認 除法
> ある数でわることは，その数の逆数をかけることと同じ。
> ÷○ は $\times\frac{1}{○}$
> $\div\frac{□}{○}$ は $\times\frac{○}{□}$

考え方 除法は **乗法になおして計算する**

解答

(1) $12x\div 6=12x\times\frac{1}{6}=12\times\frac{1}{6}\times x=2x$ 答 $\mathbf{2x}$

(2) $24y\div\left(-\frac{2}{3}\right)=24y\times\left(-\frac{3}{2}\right)=24\times\left(-\frac{3}{2}\right)\times y$

$=-36y$ 答 $\mathbf{-36y}$

> 別解 (1) 分数になおして
> $12x\div 6=\frac{12x}{6}=2x$ （12を2に，6を1に約分）
> (2) $24\times\left(-\frac{3}{2}\right)$ （24を12に，2を1に約分）

解答➡別冊 p. 14

練習54 次の計算をしなさい。

(1) $8x\div(-2)$ (2) $6x\div\frac{3}{2}$ (3) $\left(-\frac{3}{4}a\right)\div\left(-\frac{9}{10}\right)$

例題 55 項が2つある1次式と数の乗法，除法

>>p. 65 1 レベル 

次の計算をしなさい。

(1) $5(2x+3)$　　(2) $(6a-7)\times(-2)$

(3) $(20a+15)\div5$　　(4) $(7x-9)\div\left(-\frac{1}{2}\right)$

考え方 分配法則を利用する

(3), (4) 除法は乗法になおして，分配法則を利用する。

確認 分配法則

$a(b+c)=ab+ac$

$(a+b)c=ac+bc$

解答

(1) $5(2x+3)=5\times2x+5\times3$

$=10x+15$

答 $\mathbf{10x+15}$

⚠ $5(2x+3)=10x+3$ ×
後ろの項を忘れないように！

(2) $(6a-7)\times(-2)=6a\times(-2)+(-7)\times(-2)$

$=-12a+14$

答 $\mathbf{-12a+14}$

(2) $(a-b)c=ac-bc$ から

$6a\times(-2)-7\times(-2)$

としてもよい [(4)も同様]。

(3) $(20a+15)\div5=(20a+15)\times\frac{1}{5}$ ← 乗法になおす

$=20a\times\frac{1}{5}+15\times\frac{1}{5}$

$=4a+3$

答 $\mathbf{4a+3}$

(3) $\div○$ は $\times\frac{1}{○}$

別解 分数になおして

$\frac{\overset{4}{\cancel{20}}a+\overset{3}{\cancel{15}}}{\underset{1}{\cancel{5}}}=4a+3$

(4) $(7x-9)\div\left(-\frac{1}{2}\right)=(7x-9)\times(-2)$ ← 乗法になおす

$=7x\times(-2)+(-9)\times(-2)$

$=-14x+18$

答 $\mathbf{-14x+18}$

(4) $\div\frac{□}{○}$ は $\times\frac{○}{□}$

$-\frac{1}{2}$ の逆数は -2

解答➡別冊 p. 14

練習 55 次の計算をしなさい。

(1) $4(3x-1)$　　(2) $(4a+3)\times(-6)$　　(3) $-\frac{2}{5}(10x-25)$

(4) $(16b-8)\div4$　　(5) $(-9x+1)\div(-3)$　　(6) $(2y-6)\div\left(-\frac{2}{5}\right)$

例題 56 分数の形の式と数の乗法

レベル 

$\dfrac{5x+3}{6}\times(-12)$ を計算しなさい。

考え方

CHART ×□ は分子に，÷□ は分母に

であるから，-12 は分子にかける。このとき，-12 は分子全体にかけるから，分子 $5x+3$ にかっこをつける。

解答

$$\frac{5x+3}{6}\times(-12)=\frac{(5x+3)\times(-12)}{6}$$

（かっこをつける）

$$=(5x+3)\times(-2)$$
$$=5x\times(-2)+3\times(-2)$$
$$=-10x-6$$

$$\frac{(5x+3)\times(-\overset{2}{\cancel{12}})}{\underset{1}{\cancel{6}}}$$

答 $\boldsymbol{-10x-6}$

式の意味を考えよう！

$\dfrac{5x+3}{6}=(5x+3)\times\dfrac{1}{6}$

であるから，問題の式は

$(5x+3)\times\dfrac{1}{6}\times(-12)$

⚠ $\dfrac{5x+\overset{1}{\cancel{3}}}{\underset{2}{\cancel{6}}}=\dfrac{5x+1}{2}$ は誤り（片方のみの約分はダメ）。

$\dfrac{(5x+3)}{6}$ 見えないかっこがついていると考える。

$\dfrac{5x+3}{\underset{1}{\cancel{6}}}\times(-\overset{2}{\cancel{12}})$

$=(5x+3)\times(-2)$ としてもよい。ただし，かっこのつけ忘れに注意。

解答➡別冊 p. 15

練習 56 次の計算をしなさい。

(1) $\dfrac{2x-3}{8}\times24$　　(2) $(-6)\times\dfrac{-a+7}{3}$

例題 57 1 次式のいろいろな計算 (1)

≫p. 61 2，p. 65 1

レベル 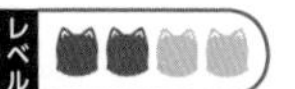

次の計算をしなさい。

(1) $2(a+3)+4(3a-1)$　　(2) $5(2x-3)-3(-x+4)$

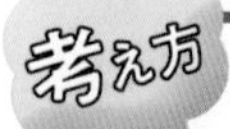

分配法則でかっこをはずし，同じ文字の項どうし，数の項どうしを計算する。

解答

(1) $2(a+3)+4(3a-1)=2a+6+12a-4$
$=14a+2$　　答 $\boldsymbol{14a+2}$

(2) $5(2x-3)\underline{-3(-x+4)}=10x-15\underline{+3x-12}$ ← 符号に注意
$=13x-27$　　答 $\boldsymbol{13x-27}$

(1) $\underline{2a+12a}$ $\underline{+6-4}$
文字の項　数の項

(2) $\underline{10x+3x}$ $\underline{-15-12}$
文字の項　数の項

解答➡別冊 p. 15

練習 57 次の計算をしなさい。

(1) $2(3x-6)+3(-x-3)$　　(2) $2(3+x)-3(4-5x)$

例題 58 1次式のいろいろな計算 (2)

レベル 

$\dfrac{5x+1}{2}-\dfrac{6x-4}{3}$ を計算しなさい。

考え方 2通りの計算方法がある。

① $\dfrac{5x+1}{2}=\dfrac{1}{2}(5x+1)$, $\dfrac{6x-4}{3}=\dfrac{1}{3}(6x-4)$ であるから，前の例題 57 と同様，**分配法則でかっこをはずし，同じ文字の項どうし，数の項どうしを計算する。**

② 通分して1つの分数にまとめる。このとき，分子にかっこをつけ忘れないよう注意する。

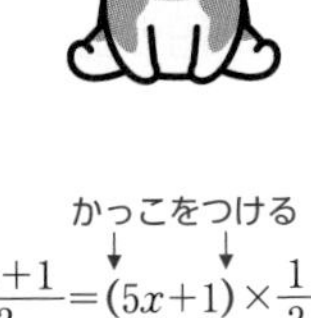

◀ $\dfrac{5x+1}{2}=(5x+1)\times\dfrac{1}{2}$（かっこをつける）
$=\dfrac{1}{2}(5x+1)$

解答

[① の方法]

$$\frac{5x+1}{2}-\frac{6x-4}{3}=\frac{1}{2}(5x+1)-\frac{1}{3}(6x-4)$$
$$=\frac{5}{2}x+\frac{1}{2}-2x+\frac{4}{3}$$ ←符号に注意
$$=\left(\frac{5}{2}-2\right)x+\frac{1}{2}+\frac{4}{3}$$
$$=\boldsymbol{\frac{1}{2}x+\frac{11}{6}}$$ …答

◀ $-\dfrac{1}{3}\times 6x=-2x$

◀ $\dfrac{5}{2}-2=\dfrac{5}{2}-\dfrac{4}{2}=\dfrac{1}{2}$
$\dfrac{1}{2}+\dfrac{4}{3}=\dfrac{3}{6}+\dfrac{8}{6}=\dfrac{11}{6}$

[② の方法]

$$\frac{5x+1}{2}-\frac{6x-4}{3}=\frac{(5x+1)\times 3}{6}-\frac{(6x-4)\times 2}{6}$$
$$=\frac{15x+3}{6}-\frac{12x-8}{6}$$
$$=\frac{(15x+3)-(12x-8)}{6}$$ ←分子にかっこをつけて1つの分数にまとめる
$$=\frac{15x+3-12x+8}{6}$$ ←符号に注意
$$=\boldsymbol{\frac{3x+11}{6}}$$ …答

◀ 分子にかっこをつける。

⚠
$\dfrac{3x+11}{6}=\dfrac{3}{6}x+\dfrac{11}{6}$
$=\dfrac{1}{2}x+\dfrac{11}{6}$
であるから，答えは同じ。

解答➡別冊 p. 15

練習 58 次の計算をしなさい。

(1) $\dfrac{x-2}{2}+\dfrac{2x-1}{3}$ (2) $\dfrac{3x+1}{2}-\dfrac{5x-3}{4}$ (3) $\dfrac{-x+4}{3}-\dfrac{2x+3}{5}$

例題 59 関係を等式で表す

次の数量の関係を，等式で表しなさい。

(1) x 円の品物を買うのに，6 人で 1 人 y 円ずつ出しあうと，50 円たりない。

(2) 出発地から目的地までの道のりを，最初の x km は時速 25 km で自転車で移動し，残りの y km は時速 4 km で歩くと，2 時間かかる。

問題を整理しよう！

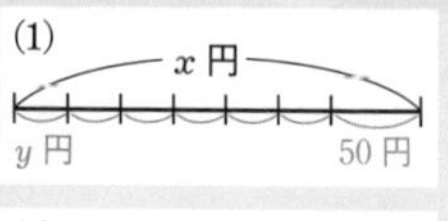

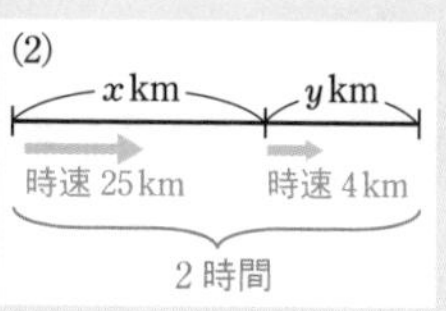

考え方 等しい数量を見つけて，＝ で結ぶ

(1) 50 円たすと，品物が買えると考えて

(品物の代金)＝(6 人の総額)＋50

(2) かかった時間に注目して

(自転車での移動時間)＋(歩いた時間)＝2

このように，まずは，言葉で等式をつくると考えやすい。

なお，等式に単位は不要である。

解答

(1) (品物の代金)＝(6 人の総額)＋50 であるから

$$x \quad = \quad y\times 6 \quad +50$$

← 品物の代金についての等式

答 $\boldsymbol{x=6y+50}$

(2) 自転車での移動時間は　$x\div 25=\dfrac{x}{25}$

歩いた時間は　$y\div 4=\dfrac{y}{4}$

(自転車の移動時間)＋(歩いた時間)＝2 であるから

$$\frac{x}{25} \quad + \quad \frac{y}{4} \quad =2$$

答 $\boldsymbol{\dfrac{x}{25}+\dfrac{y}{4}=2}$

別解 (1) たりない金額について，等式で表すと

$x-6y=50$

これでもよい。

(2) (時間)＝(道のり)÷(速さ)

単位に注意。たとえば，かかった時間が「○分」の場合，単位をそろえる。 ≫例題 45

(例) 2 時間 30 分は

$2+\dfrac{30}{60}=2\dfrac{1}{2}=\dfrac{5}{2}$ (時間)

練習 59 次の数量の関係を，等式で表しなさい。 解答➡別冊 p. 16

(1) x の 5 倍から 3 をひくと，y になる。

(2) 鉛筆 a 本を 1 人 3 本ずつ b 人に配ると，2 本たりない。

(3) 1 個 x g のおもり 4 個と，1 個 y g のおもり 5 個の合計の重さは 2 kg である。

例題 60 関係を不等式で表す

>>p. 65 2

次の数量の関係を，不等式で表しなさい。

(1) 1個 x 円のケーキ3個と1個 y 円のプリン5個を買うと，代金の合計は1500円以上であった。

(2) a m のひもを b cm ずつ3本に切ると，残りのひもは10 cmより短い。

問題を整理しよう！

図で，大小関係を確認する。

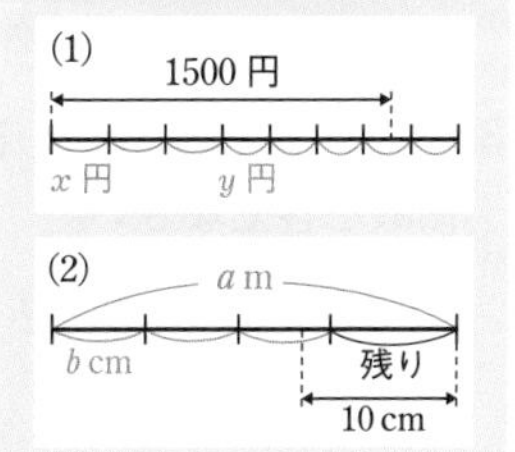

考え方 数量の大小関係を見つけて，不等号 ≧，≦，＞，＜ で結ぶ

等式と同じように，まずは言葉で不等式をつくるとよい。

(1) 代金の合計は1500円以上であるから

(代金の合計)≧1500

(2) **単位に注意。**単位をそろえる必要がある。

残りのひもの長さが10 cmより短いから

(もとのひもの長さ)−(切ったひもの長さ)＜10

（残りのひもの長さ）

確認 不等号

$a \geqq b$ …a は b 以上

$a \leqq b$ …a は b 以下

$a > b$ …a は b より大きい

$a < b$ …a は b より小さい

a は b 未満

解答

(1) (代金の合計)≧1500 であるから

$x \times 3 + y \times 5 \geqq 1500$

答 $\boldsymbol{3x+5y \geqq 1500}$

(2) 単位を cm にそろえると，a m は $(100 \times a)$ cm

(もとのひもの長さ)−(切ったひもの長さ)＜10 であるから

$100 \times a \quad - \quad b \times 3 \quad < 10$

答 $\boldsymbol{100a-3b<10}$

不等号の向きに注意。

大＞小，小＜大

≧，≦も同様。

(2) 1 m = 100 cm

単位は m にそろえてもよいが，問題文の中で多く現れる方にそろえた方が，式は簡単になることが多い。

別解 (2) 単位を m にそろえると，b cm は $\frac{1}{100}b$ m，10 cm は $\frac{10}{100}$ m である。

したがって $a-\frac{1}{100}b \times 3 < \frac{10}{100}$ 　よって $\boldsymbol{a-\frac{3}{100}b<\frac{1}{10}}$ …答

解答➡別冊 p. 16

練習 60 次の数量の関係を不等式で表しなさい。

(1) 鉛筆 x 本を1人5本ずつ y 人に配ると，1本以上余る。

(2) ある道のりを進むのに，最初の x km を時速4 kmで歩き，残りの y km を分速200 mで走ると，1時間かからなかった。

EXERCISES

解答➡別冊 p. 17

33 次の式のうち，1次式はどれですか。また，1次式について，その項と文字をふくむ項の係数を答えなさい。

>>例題 49

① $-\dfrac{x}{3}$　② 2　③ $-x+1$　④ $3-4a$　⑤ x^2+2　⑥ $\dfrac{3}{2}a+8$

34 次の2つの式をたしなさい。また，左の式から右の式をひきなさい。

(1) $8x+7$，$-10x+11$　(2) $2x-\dfrac{3}{2}$，$\dfrac{2}{3}x-\dfrac{5}{3}$

>>例題 51, 52

35 次の計算をしなさい。

>>例題 50, 54, 55

(1) $-7x+3x$　(2) $\dfrac{a}{4}-\dfrac{a}{3}$　(3) $-\dfrac{9}{4}x\div\left(-\dfrac{15}{8}\right)$

(4) $(2x-3)\times(-3)$　(5) $-12\left(\dfrac{3}{4}x-\dfrac{2}{3}\right)$　(6) $(2x+6)\div\dfrac{4}{3}$

36 次の計算をしなさい。

>>例題 57, 58

(1) $3a+2(4-5a)$　(2) $2(3x-1)-(5x+3)$　(3) $\dfrac{5x-3}{6}-\dfrac{2x+1}{3}$

37 $A=3x-2$，$B=3x+5$，$C=-5x+4$ とするとき，次の計算をしなさい。

>>例題 57

(1) $-2A$　(2) $3A+B$　(3) $A-2B$　(4) $2A+B+3C$

38 次の数量の関係を，等式または不等式で表しなさい。

>>例題 59, 60

(1) 上底 a cm，下底 b cm，高さ h cm の台形の面積が S cm^2 である。

(2) 自然数 n を3でわると，商が q で，余りが r となった。

(3) A，B，C の身長は，それぞれ x cm，y cm，z cm で，3人の身長の平均は 160 cm より大きい。

(4) 1個 x 円のパン4個と1個 y 円のパン5個買うと，1000円でおつりがある。

39 (1) 縦 a cm，横 b cm，高さ c cm の直方体について，次の式はどのような数量を表しているか答えなさい。また，単位もあわせて答えなさい。

(ア) abc　(イ) $4(a+b+c)$

(2) 1冊 a 円のノートと1本 b 円の鉛筆があるとき，次の等式，不等式はどのようなことを表しているか答えなさい。

(ア) $a=3b$　(イ) $5a+12b\geqq1000$

定期試験対策問題 解答➡別冊 p. 18

14 次の数量を文字式で表しなさい。 >>例題 39, 44

(1) x kg の 7 % の重さ

(2) a 円の品物の 3 割引き

(3) 1 個 x 円のボールを 5 個買って，1000 円支払ったときのおつり

(4) 上底が a cm，下底が 8 cm，高さが b cm の台形の面積

15 (1) $7\times a+b\div 2$ を，×，÷の記号を使わないで表した式はどれか。記号で答えなさい。

(ア) $\dfrac{7(a+b)}{2}$　(イ) $\dfrac{7a+b}{2}$　(ウ) $\dfrac{7}{2}a+b$　(エ) $7a+\dfrac{b}{2}$

(2) $\dfrac{ab}{cd}$ を表すものをすべて選び，記号で答えなさい。

(ア) $a\div d\times c\times b$　(イ) $a\times b\div c\div d$　(ウ) $a\div c\div b\div d$

(エ) $a\times b\div c\times d$　(オ) $a\div(c\times d)\times b$　(カ) $a\div b\div c\times d$

>>例題 43

16 次の式の値を求めなさい。 >>例題 47

(1) $x=-3$ のとき　$6x-2$，$(-2x)^2$

(2) $a=-2$ のとき　$3a^2-2a+1$

(3) $x=5$，$y=-4$ のとき　$2x-4y+1$

17 次の 2 つの式をたしなさい。また，左の式から右の式をひきなさい。 >>例題 51, 52

(1) $11x+8$，$-8x+7$

(2) $-5x+6$，$7+x$

(3) $\dfrac{x}{2}-1$，$-\dfrac{x}{6}+2$

(4) $\dfrac{x}{3}-\dfrac{1}{4}$，$-\dfrac{3}{2}x+\dfrac{2}{3}$

18 次の計算をしなさい。 >>例題 55〜58

(1) $2(7a-6)$

(2) $(9a-3)\div 3$

(3) $\dfrac{5x-2}{4}\times(-10)$

(4) $3(3a-1)-2(a-2)$

(5) $(4x+6)\div 2-(-x-3)$

(6) $\dfrac{1}{5}(6x+1)+\dfrac{1}{2}(x-3)$

(7) $\dfrac{6x+3}{8}-\dfrac{x+3}{2}$

(8) $6\left(\dfrac{2x-3}{3}-\dfrac{3x-2}{2}\right)$

19 次の数量の関係を等式で表しなさい。 >>例題 59

(1) ある数 x の 3 倍から 7 をひいたら，11 になった。

(2) 長さ 5 m のひもで，1 辺が a cm の正方形をつくったところ，ひもが b cm 残った。

(3) 男子 3 人の体重の平均が a kg，女子 4 人の体重の平均が b kg であり，この 7 人の体重の平均が c kg である。

20 次の数量の関係を不等式で表しなさい。 >>例題 60

(1) 1 個 x 円のケーキ 2 個と 1 個 y 円のケーキ 3 個を買ったら，代金の合計は 2000 円以下になった。

(2) a 円では，1 本 b 円のボールペン 4 本を買うことができなかった。

21 図のように，横の長さが 9 cm の長方形の紙を，のりしろの幅が 2 cm となるようにつないで横に長い長方形をつくっていく。
このとき，紙を n 枚使ってできる長方形の横の長さを，n を用いて表しなさい。 >>例題 48

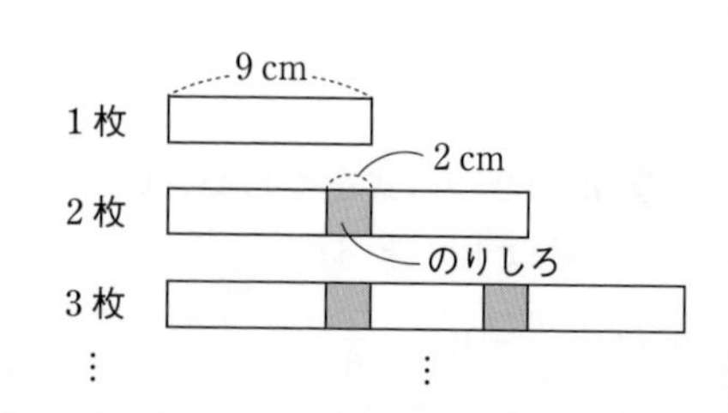

第3章

1次方程式

8 1次方程式

1 方程式とその解

文字をふくみ，その文字の値によって成り立ったり成り立たなかったりする等式を，その文字についての **方程式**（ほうていしき）という。
また，方程式を成り立たせる文字の値を，その方程式の **解**（かい）といい，方程式の解を求めることを，方程式を **解く**（と）という。

文字 x をふくむ場合は，「x **についての方程式**」という。
（例） x についての方程式
$2x-1=x-4$
この方程式を解くと
$x=-3$ ←解

例
x についての方程式 $3x-4=2$ について
$x=1$ のとき，左辺の値は -1 になるから，等式が成り立たない。
よって，1 はこの方程式の解ではない。
$x=2$ のとき，左辺の値は 2 になるから，等式が成り立つ。
よって，2 はこの方程式の解である。

$x=1$ のとき，左辺は
$3\times1-4=3-4=-1$
$x=2$ のとき，左辺は
$3\times2-4=6-4=2$

2 等式の性質

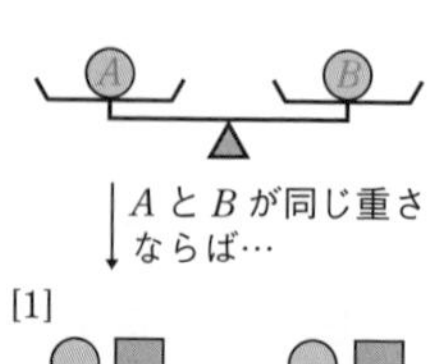

[1] 等式の両辺に同じ数をたしても，等式は成り立つ。
$A=B$ ならば $A+C=B+C$

[2] 等式の両辺から同じ数をひいても，等式は成り立つ。
$A=B$ ならば $A-C=B-C$

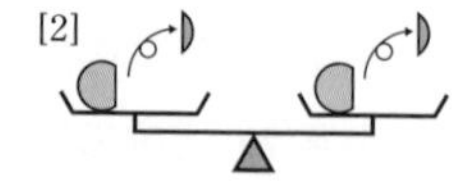

[3] 等式の両辺に同じ数をかけても，等式は成り立つ。
$A=B$ ならば $AC=BC$
$A\times C=B\times C$

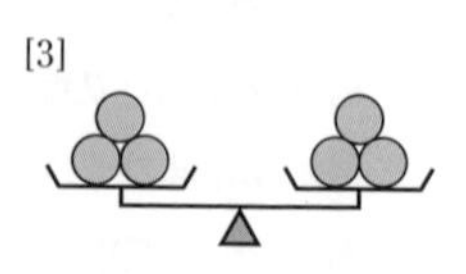

[4] 等式の両辺を同じ数でわっても，等式は成り立つ。
$A=B$ ならば $\dfrac{A}{C}=\dfrac{B}{C}$ ただし，$C\neq0$
$A\div C=B\div C$
$\div0$ は考えない
（$\neq$ は等しくないことを表す）

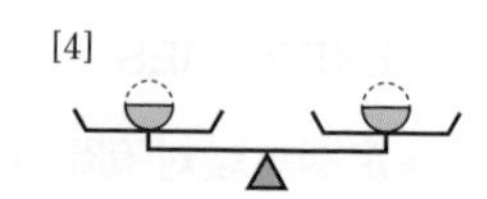

[5] 等式の両辺を入れかえても，等式は成り立つ。
$A=B$ ならば $B=A$

3 1次方程式

❶ 等式では，一方の辺の項を，符号を変えて他方の辺に移すことができる。このことを **移項**（いこう）という。

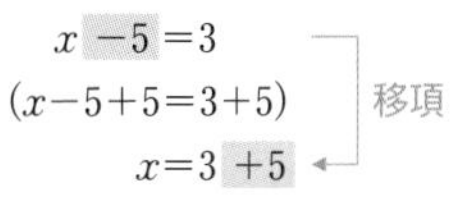

左辺にあった -5 が，符号を変えて右辺に移ったとみることができる。

❷ 移項して整理すると $ax+b=0$（ただし，$a \neq 0$）の形になる方程式を，x についての **1次方程式** という。

❸ x についての1次方程式を解くには，

[1]　移項を利用して，$ax=b$ の形に整理する。

[2]　両辺を x の係数 a でわる。 ←等式の性質 [4]

例

$3x-4=2$

-4 を移項すると　$3x=2+4$

$3x=6$

両辺を3でわると　$\boldsymbol{x=2}$　…答

⚠ 移項したら，符号が変わる。方程式を解くときは，= を縦にそろえて書くとよい。

❹ いろいろな1次方程式

①　**かっこのある1次方程式**

分配法則などを利用してかっこをはずしてから❸へ。

②　**係数に小数をふくむ1次方程式**

両辺に10や100などをかけて，係数を整数にしてから❸へ。

③　**係数に分数をふくむ方程式**

両辺に分母の最小公倍数をかけて，係数を整数にしてから❸へ。

③　分数をふくまない式に変形することを **分母をはらう** という。

4 比例式

❶ 比 $a:b$ と $c:d$ が等しいことを表す等式

$$a:b=c:d \quad \cdots\cdots (*)$$

を **比例式**（ひれいしき）という。比が等しいとき，比の値も等しく，

$$\frac{a}{b}=\frac{c}{d}$$

は，$(*)$ と同じことを表している。

❷ 比例式の性質

$a:b=c:d$　のとき　$ad=bc$

小学校の復習

$\frac{a}{b}$ を $a:b$ の **比の値** という。

外側の項の積

$a:b=c:d$

内側の項の積

第3章　1次方程式

例題 61 方程式の解

>>p. 76 1

(1) x が 1，2 の値をとるとき，等式 $5x-2=3x+2$ がそれぞれ成り立つかどうかを調べなさい。

(2) 1，2，3 のうち，方程式 $2x-3=-x+6$ の解になるものを求めなさい。

数を代入して，(左辺)＝(右辺) となるかを調べる

(左辺)＝(右辺) となれば，その数は方程式の解である。

解答

(1) $x=1$ のとき　(左辺)$=5\times1-2=5-2=3$　◀ $5x-2$ の x に 1 を代入。
(右辺)$=3\times1+2=3+2=5$　◀ $3x+2$ の x に 1 を代入。
等しくない

(左辺)≠(右辺) であるから，等式は成り立たない。
↑ 左辺と右辺の値が等しくないことを表す記号

$x=2$ のとき　(左辺)$=5\times2-2=10-2=8$　◀ $5x-2$ の x に 2 を代入。
(右辺)$=3\times2+2=6+2=8$　◀ $3x+2$ の x に 2 を代入。
等しい

(左辺)＝(右辺) であるから，等式は成り立つ。

答 **$x=1$ のとき，等式は成り立たない。**
$x=2$ のとき，等式は成り立つ。

(2) $x=1$ のとき　(左辺)$=2\times1-3=2-3=-1$
(右辺)$=-1+6=5$
等しくない

$x=2$ のとき　(左辺)$=2\times2-3=4-3=1$
(右辺)$=-2+6=4$
等しくない

$x=3$ のとき　(左辺)$=2\times3-3=6-3=3$
(右辺)$=-3+6=3$
等しい

よって，1，2，3 のうち，この方程式の解になるものは
3 …答

⚠ 左辺と右辺の x には，同じ数が入る。
たとえば，左辺の x に 2，右辺の x に 5 を代入するというのはダメ。

練習 61 解答➡別冊 p. 21

(1) x が 3，4 の値をとるとき，等式 $2x+5=4x-3$ が，それぞれ成り立つかどうかを調べなさい。

(2) 次の方程式のうち，-2 が解であるものを選びなさい。

(ア) $x+5=-3$　　(イ) $3x+1=2x-3$

(ウ) $4x+7=-x-3$　　(エ) $-5x-2=3x+1$

例題 62 1次方程式（等式の性質）

≫p. 76 2 レベル 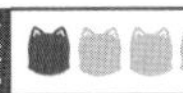

等式の性質を使って，次の方程式を解きなさい。

(1) $x-4=-3$　　(2) $x+2=5$

(3) $\dfrac{x}{3}=-4$　　(4) $-3x=9$

確認 等式の性質

$A=B$ ならば

[1] $A+C=B+C$

[2] $A-C=B-C$

[3] $AC=BC$

[4] $\dfrac{A}{C}=\dfrac{B}{C}$ $(C \neq 0)$

考え方 等式の性質を利用して，「$x=$ 　」の形にする

(1) 左辺を x だけの式にするために，両辺に 4 をたす。

$x-4+4=-3+4$ ⟶ $x=-3+4$

このように，等式の性質を利用して，「$x=$ 　」の形をつくりだす。

(2) 両辺から 2 をひく　(3) 両辺に 3 をかける

(4) 両辺を -3 でわる　と，それぞれ左辺が x だけの式になる。

左辺を x だけ，右辺を数だけの式にしよう。

解答

(1) $x-4=-3$

両辺に 4 をたすと　$x-4+4=-3+4$　（必ず両辺に同じことをする）

$x=1$ …答

(2) $x+2=5$

両辺から 2 をひくと　$x+2-2=5-2$

$x=3$ …答

(3) $\dfrac{x}{3}=-4$

両辺に 3 をかけると　$\dfrac{x}{3}\times 3=-4\times 3$

$x=-12$ …答

(4) $-3x=9$

両辺を -3 でわると　$\dfrac{-3x}{-3}=\dfrac{9}{-3}$

$x=-3$ …答

●**解が正しいことは，もとの方程式に代入して，(左辺)＝(右辺) となるかどうかで確かめる。**

(1) は $x=1$ を $x-4=-3$ の左辺に代入すると，

(左辺)$=1-4=-3$

(右辺)$=-3$

となるから OK！

(4) 両辺を 3 でわると $-x=3$ となるが，左辺に $-$ が残り「$x=$ 　」の形にならない。

解答➡別冊 p. 21

練習 62 等式の性質を使って，次の方程式を解きなさい。

(1) $x-2=5$　(2) $x-3=-4$　(3) $x+3=1$　(4) $x+1=0$

(5) $4x=16$　(6) $\dfrac{x}{3}=-2$　(7) $-\dfrac{x}{5}=2$　(8) $-5x=10$

例題 63　1次方程式（移項を利用）

>>p. 77 3

次の方程式を解きなさい。

(1)　$3x-10=5$　　(2)　$7x=2x-15$

(3)　$5x-4=5+7x$

確認 移項
一方の辺の項を，符号を変えて他方の辺に移すことを**移項**という。

考え方　移項を利用して，$ax=b$ の形に整理する

文字をふくむ項は左辺，数だけの項は右辺に移項する。
なお，1次方程式の解き方の基本は，$ax=b$ の形にすることなので，これを CHART としておさえておこう。

CHART　1次方程式　$ax=b$ の形にする

$ax=b$ の形に整理したら，両辺を a でわる。

移項すると，符号が変わることに注意する。

解答

(1)　$3x-10=5$

-10 を移項すると

$3x=5+10$　← 符号が変わる

$3x=15$

$x=5$　…答　（両辺を3でわる）

(2)　$7x=2x-15$

$2x$ を移項すると

$7x-2x=-15$　← 符号が変わる

$5x=-15$

$x=-3$　…答　（両辺を5でわる）

(3)　$5x-4=5+7x$

-4，$7x$ をそれぞれ移項すると

$5x-7x=5+4$

$-2x=9$

$x=-\frac{9}{2}$　…答　（両辺を -2 でわる　$\left(\frac{9}{-2}\right.$ は $-\frac{9}{2}$ になおす$\left.\right)$）

⚠

それぞれの式を＝で結んではいけない！

(1)　$3x-10=5$
$=3x=5+10$
$=3x=15$
$=x=5$
×

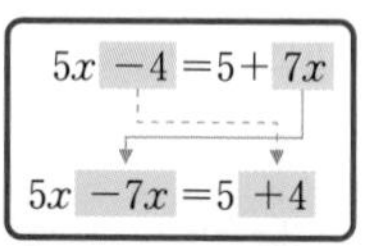

解は整数とは限らない。

練習 63　次の方程式を解きなさい。

解答➡別冊 p. 21

(1)　$2x-5=7$　　(2)　$3x-4=2x-8$　　(3)　$8x=5x+21$

(4)　$x+9=2x-5$　　(5)　$7x-3=13x+27$　　(6)　$-23=5-7x$

例題 64 かっこのある1次方程式

>>p. 77 3

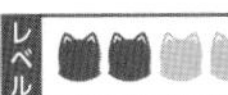

次の方程式を解きなさい。

(1) $3(x-4)=x+2$　　(2) $4-(2x+1)=7$

(3) $5(x-2)-2x=3(2x+1)-1$

かっこをはずして $ax=b$ の形へ

解答

(1) $3(x-4)=x+2$

かっこをはずすと

$3x-12=x+2$

$3x-x=2+12$　（-12, x をそれぞれ移項する）

$2x=14$

$x=7$ …答　（両辺を2でわる）

(2) $4-(2x+1)=7$

かっこをはずすと

$4-2x-1=7$

$3-2x=7$　（左辺を整理する）

$-2x=7-3$　（3を移項する）

$-2x=4$

$x=-2$ …答　（両辺を -2 でわる）

(3) $5(x-2)-2x=3(2x+1)-1$

かっこをはずすと

$5x-10-2x=6x+3-1$

$3x-10=6x+2$　（両辺を整理する）

$3x-6x=2+10$　（-10, $6x$ をそれぞれ移項する）

$-3x=12$

$x=-4$ …答　（両辺を -3 でわる）

確認 分配法則

$a(b+c)=ab+ac$

$(a+b)c=ac+bc$

参考

$-(a+b)=-a-b$ は,
$(-1)\times(a+b)$
$=(-1)\times a+(-1)\times b$
とみることもできる。

(1) $3(x-4)$
$=3\times x-3\times 4$
$=3x-12$

(2) $-(2x+1)=-2x-1$
$-(\ \ )$ は, かっこ内の各項の符号を変えてはずす。 >>例題 52

(3) かっこをはずしてすぐ
$5x-2x-6x=3-1+10$
と移項してもよいが, 両辺を整理してから移項した方が, ミスを防ぎやすい。

第3章 1次方程式

解答➡別冊 p. 22

練習 64 次の方程式を解きなさい。

(1) $-(4x-3)=7$　(2) $2(x-1)=5x-8$　(3) $3(x-2)=-2(7-x)$

(4) $4(x-1)=12-3(x+3)$　(5) $5(3x+7)+25=3(2-x)$

例題 65 小数をふくむ1次方程式

>>p. 77 3

次の方程式を解きなさい。

(1) $0.8x+4=1.5x-0.2$　　(2) $0.1x-0.12=0.16x+0.3$

(3) $0.07(3x+2)=0.2(x+1)$

ここに注目!

小数の，小数点以下のけた数 に注目。
(1) 1けた (小数第1位)
(2), (3) 1けたと2けた (小数第1位と第2位)

考え方　両辺に10の累乗をかけて，係数を整数に

係数の小数が，小数第1位までなら $10^1=10$，小数第2位までなら $10^2=100$ を両辺にかける。その後は CHART $ax=b$ の形にする

等式の性質 [3]
$A=B$ ならば $AC=BC$
を利用して，両辺に10や100などをかける。

解答

(1)　$0.8x+4=1.5x-0.2$

両辺に10をかけると

$(0.8x+4)\times10=(1.5x-0.2)\times10$

$8x+40=15x-2$

かっこをはずす $(a+b)c=ac+bc$

$8x-15x=-2-40$

$-7x=-42$

$\boldsymbol{x=6}$　…答

(2)　$0.1x-0.12=0.16x+0.3$

両辺に100をかけると

$(0.1x-0.12)\times100=(0.16x+0.3)\times100$

$10x-12=16x+30$

かっこをはずす

$10x-16x=30+12$

$-6x=42$

$\boldsymbol{x=-7}$　…答

(3)　$0.07(3x+2)=0.2(x+1)$

両辺に100をかけると

$0.07(3x+2)\times100=0.2(x+1)\times100$

$7(3x+2)=20(x+1)$

$21x+14=20x+20$

かっこをはずす

$21x-20x=20-14$

$\boldsymbol{x=6}$　…答

別解 (1) 小数のまま解くと　$0.8x+4=1.5x-0.2$

$0.8x-1.5x=-0.2-4$

$-0.7x=-4.2$

$\boldsymbol{x=6}$

しかし，小数があると計算ミスをしやすいので，左の解答の方がオススメ。

⚠ 両辺にかける10の累乗は，小数点以下のけた数が大きい方にあわせる。
(2), (3) は小数第2位までの数があるから100をかける (**両辺に同じ数をかける**)。

(3) $0.07(3x+2)\times100$
$=0.07\times(3x+2)\times100$
$=0.07\times100\times(3x+2)$
$=7\times(3x+2)$
$0.2(x+1)\times100$ も同様。

練習 65 次の方程式を解きなさい。

解答➡別冊 p. 22

(1) $0.2x-0.8=1.3x-3$　(2) $0.05+0.28x=0.2x-0.35$　(3) $0.3(x+1)=0.04(7x+5)$

例題 66 分数をふくむ1次方程式

≫p. 77 3

レベル 

次の方程式を解きなさい。

(1) $\frac{1}{4}x+2=\frac{1}{2}$　　(2) $\frac{2x+1}{3}=\frac{3x+4}{5}$

ここに注目！

分母の **最小公倍数** に注目。

(1) 分母 4, 2 の最小公倍数は 4

(2) 分母 3, 5 の最小公倍数は 15

考え方 分母をはらって，係数を整数に

両辺に分母の **最小公倍数** をかける。

必ず両辺に同じ数をかける。

解答

(1) $\frac{1}{4}x+2=\frac{1}{2}$

両辺に 4 をかけると

$$\left(\frac{1}{4}x+2\right)\times 4=\frac{1}{2}\times 4$$

分配法則 $(a+b)c=ac+bc$

$$x+8=2$$
$$x=2-8$$
$$\boldsymbol{x=-6} \quad \cdots \text{答}$$

小数のときと同様，分数のまま解いてもよいが，係数を整数にした方がらく。

$\left(\frac{1}{4}x+2\right)\times 4$

$=\frac{1}{4}x\times 4+2\times 4$

後ろの整数の項のかけ忘れに注意

(2) $\frac{2x+1}{3}=\frac{3x+4}{5}$

両辺に 15 をかけると

$$\frac{2x+1}{3}\times 15=\frac{3x+4}{5}\times 15$$
$$(2x+1)\times 5=(3x+4)\times 3$$

← かっこをつける

$$10x+5=9x+12$$
$$10x-9x=12-5$$
$$\boldsymbol{x=7} \quad \cdots \text{答}$$

$\frac{2x+1}{3}\times 15=\frac{3x+4}{5}\times 15$（15と3，15と5を約分）

● **1次方程式の解き方のまとめ**

[1] かっこがあれば，かっこをはずす。小数や分数は，**両辺を何倍かして**，係数を整数にする。

[2] **移項を利用して $ax=b$ の形に整理**。…… CHART 1次方程式 **$ax=b$ の形にする**

[3] 整理したら両辺を a でわる。

解答➡別冊 p. 22

練習 66 次の方程式を解きなさい。

(1) $\frac{1}{3}x=x-6$　(2) $\frac{x-1}{2}=\frac{x}{4}-1$　(3) $\frac{5x-6}{4}=\frac{x+4}{6}$　(4) $\frac{2x+1}{9}=\frac{7}{12}x-\frac{4}{3}$

例題 67 方程式の解から係数を求める

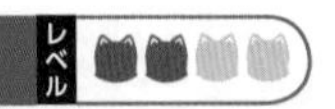

x についての1次方程式 $2x+a=5(a-x)-9$ の解が1のとき，a の値を求めなさい。

考え方　解が○ ⟶ 方程式に $x=$○ を代入

x についての方程式の解が1ということは，式に **$x=1$ を代入すると，等式が成り立つ** ということ。

$x=1$ を $2x+a=5(a-x)-9$ に代入すると

$$2+a=5(a-1)-9$$

これは，a についての1次方程式である。これを解く。

方程式の **解** とは，方程式を成り立たせる文字の値のこと。

解答

x についての方程式の解が1であるから，$x=1$ を方程式に代入すると

$$2\times1+a=5(a-1)-9$$
$$2+a=5a-5-9$$
$$2+a=5a-14$$
$$a-5a=-14-2$$
$$-4a=-16$$
$$\boldsymbol{a=4} \quad \cdots 答$$

別解

$$2x+a=5(a-x)-9$$
$$2x+a=5a-5x-9$$
$$2x+5x=5a-9-a$$
$$7x=4a-9$$
$$x=\frac{4a-9}{7} \quad ← 方程式の解$$

これが，$x=1$ と一致するから　$\frac{4a-9}{7}=1$

両辺に7をかけると　$4a-9=7$

$$4a=16 \quad ← 4a=7+9$$
$$\boldsymbol{a=4} \quad \cdots 答$$

参考　a の値を求めたら確認してみよう。
$a=4$ のとき，方程式は
$2x+4=5(4-x)-9$
整理すると
$2x+4=-5x+11$
$7x=7$
$x=1$　…正しい

別解　x についての方程式を解き，その解が $x=1$ と一致すると考える。

これだと，方程式を2回解くことになるね…

CHART　方程式の解　**代入すると成り立つ**

解答➡別冊 p. 23

練習 67　x についての方程式 $5(a+2x)-3(2a-x)=a+1$ の解が -1 のとき，a の値を求めなさい。

例題 68 比例式

≫p. 77 4

次の比例式について，x の値を求めなさい。

(1) $8:7=x:42$　　(2) $(5x+4):6=3:2$

(3) $(6-x):(3x+5)=4:11$

確認 比例式

比 $a:b$ と $c:d$ が等しいことを表す式 $a:b=c:d$ を **比例式** という。

考え方

$a:b=c:d$ のとき，次のことが成り立つ。

① $\dfrac{a}{b}=\dfrac{c}{d}$ [比の値が等しい]

② $ad=bc$ [比例式の性質]

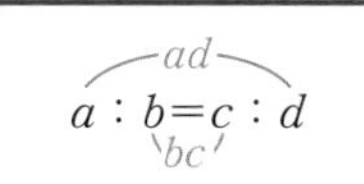

(1) は ① を，(2)，(3) は，② を使うとよい。

① の両辺に bd をかけると

$\dfrac{a}{b}\times bd=\dfrac{c}{d}\times bd$

$ad=bc$　← ②

解答

(1) $8:7=x:42$

比の値が等しいから

$$\frac{8}{7}=\frac{x}{42}$$

両辺に 42 をかけて　$\boldsymbol{x=48}$　… 答

$\dfrac{8}{7}\times 42=\dfrac{x}{42}\times 42$

$48=x$　つまり $x=48$

別解

(1) $8:7=x:42$　（×6）

よって　$\boldsymbol{x=8\times 6=48}$

(2) $(5x+4):6=3:2$

比例式の性質から

$$(5x+4)\times 2=6\times 3$$
$$10x+8=18$$
$$10x=10$$
$$\boldsymbol{x=1}\quad \cdots 答$$

別解

(2) $(5x+4):6=3:2$　（×3）

よって　$5x+4=3\times 3$

$5x=5$

$\boldsymbol{x=1}$

(3) $(6-x):(3x+5)=4:11$

比例式の性質から

$$(6-x)\times 11=(3x+5)\times 4$$
$$66-11x=12x+20$$
$$-23x=-46$$
$$\boldsymbol{x=2}\quad \cdots 答$$

$-11x-12x=20-66$

参考

$a:b=c:d$ において，

a と d を **外項**（がいこう），

b と c を **内項**（ないこう） という。

比例式は，**外項の積と内項の積が等しい** といえる。

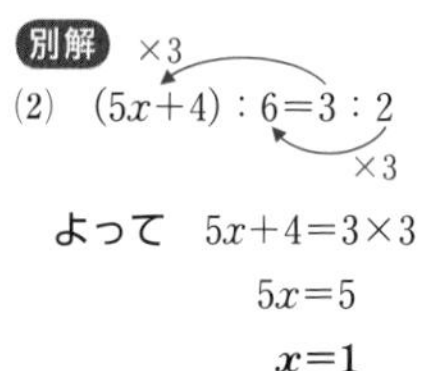

練習 68 次の比例式について，x の値を求めなさい。

解答➡別冊 p. 23

(1) $21:x=3:5$　　(2) $(8-x):5=x:3$　　(3) $7:(8-3x)=5:(x+12)$

EXERCISES

解答➡別冊 p. 25

40 下の(ア)〜(オ)の方程式のうち，$x=2$ が解になるものはどれですか。すべて選び，その記号を書きなさい。
>>例題 61

(ア) $x-3=1$ (イ) $3x=6$ (ウ) $2x+1=5$

(エ) $2x-3=x$ (オ) $\frac{1}{2}x=1$

41 次の方程式を解きなさい。
>>例題 63〜65

(1) $5x-16=14$ (2) $7x=3x-20$

(3) $12x-5=16x+3$ (4) $9(x-6)=11x+2$

(5) $-4(x+3)=5(6-x)$ (6) $0.2x+1.8=3-0.4x$

(7) $0.5(x+1)=0.2x+2$ (8) $0.4(x-2)=0.1x+0.7$

42 次の方程式を解きなさい。
>>例題 66

(1) $\frac{2}{5}x-3=\frac{3}{10}x+\frac{1}{2}$ (2) $\frac{3}{5}x+\frac{7}{6}=\frac{1}{3}x-\frac{3}{2}$

(3) $\frac{1}{8}x+1=\frac{5}{2}-\frac{3}{4}x$ (4) $\frac{1-2x}{2}+\frac{x-5}{3}=-\frac{1}{2}-3x$

43 x についての 1 次方程式 $(5a-1)x+a-7=0$ の解が $x=-1$ のとき，a の値を求めなさい。
〔三重〕 >>例題 67

44 次の比例式について，x の値を求めなさい。
>>例題 68

(1) $(x+6):28=2:7$ (2) $(x-1):(2x+1)=5:13$

(3) $(x-1):3=(x+3):5$ (4) $2:3=(3x-4):(5x+2)$

ヒント **42** (2) 分母の 5，6，3，2 の最小公倍数は　30
(4) 両辺に 6 をかけると　$3(1-2x)+2(x-5)=-3-18x$

9 1次方程式の利用

1 文章題を解く手順

方程式を利用して文章題を解くとき，次の手順で進める。

└─ おもに文章で与えられている問題のこと

手順1 数量を文字で表す

求める数量を x とすることが多いが，それ以外の数量を x とおいた方が，式が簡単になることもある。

▼

手順2 方程式をつくる

等しい数量を見つけて，方程式に表す。

▼

手順3 方程式を解く

▼

手順4 解を確認する

解が問題に適しているかを確かめる。

例

1個 80 g のおもりAが 8 個，1個 120 g のおもりBが何個かある。これらのおもりの重さの合計が 1960 g であるとき，おもりBの個数を求めなさい。

[解答]

おもりBの個数を x 個とする。

1個 80 g のおもりAの 8 個の重さは　80×8 (g)

1個 120 g のおもりBの x 個の重さは　$120x$ (g)

この合計が 1960 g であるから

$$80\times8+120x=1960$$
$$640+120x=1960$$
$$120x=1960-640$$
$$120x=1320$$
$$x=11$$

おもりBの個数 11 個は，問題に適している。

答 **11個**

問題文を読むコツ

問題文を読むときに，

- **求めるものは何か**
- **問題文に与えられているものは何か**

をおさえる。**図をかいて，情報を整理することも大事。**

たとえば，値段を x 円としたら，x は 0 以上の整数。

手順を [1]～[4] で表すと…

[1] **数量を文字で表す**
求める数量を文字で表す。

[2] **方程式をつくる**
等しい数量を見つけて方程式に表す。

[3] **方程式を解く**

[4] **解を確認する**
個数であるから，解は自然数になる。

例題 69 整数の問題

≫p. 87 1 レベル 

2 つの異なる自然数がある。その 2 つの数の差が 5，和が 39 のとき，2 つの数をそれぞれ求めなさい。

問題を整理しよう！

●求めるもの
2 つの異なる自然数
●与えられているもの
2 つの数の差が 5
和が 39

考え方 求める数量を x として，方程式をつくる

手順 1 数量を文字で表す

……2 つの数の差が 5 であるから，大きい方の数を x とすると，小さい方の数は $x-5$

◀小さい方の数を x とすると，大きい方の数は
$x+5$
このようにしてもよい。

手順 2 方程式をつくる

……$x+(x-5)=39$　（2 つの数の和が 39）

手順 3 方程式を解く

手順 4 解を確認する

……2 つの数は **異なる自然数** であることを確認する。

◀同じ数であったり，分数や小数，負の数であると問題に適さない。

解答

大きい方の数を x とする。

[1] **数量を文字で表す**

2 つの数の差が 5 であるから，小さい方の数は $x-5$ と表すことができる。2 つの数の和が 39 であるから

[2] **方程式をつくる**

[3] **方程式を解く**

$$x+(x-5)=39$$

← $x-5$ を 1 つの数と見るためにかっこをつけている

$$x+x-5=39$$
$$2x-5=39$$
$$2x=39+5$$
$$2x=44$$
$$x=22$$

⚠ x を求めて終わりではない。

大きい方の数を 22 とすると，小さい方の数は　$22-5=17$

これは，問題に適している。

[4] **解を確認する**
2 つの数は，確かに異なる自然数であり，差は 5，和は 39 である。

答　**17 と 22**

別解

和が 39 であるから，大きい方の数を x，小さい方の数を $39-x$ として，方程式　$x-(39-x)=5$　← 2 つの数の差が 5　を解いてもよい。

解答➡別冊 p. 23

練習 69 1，2，3 や 10，11，12 のように，1 ずつ増えていく 3 つの数を「3 つの連続した整数」という。3 つの連続した整数の和が 51 のとき，これらの数を求めなさい。

例題 70 代金の問題

>>p. 87 1 レベル 

鉛筆 8 本と 180 円のボールペン 1 本の代金の合計は，同じ鉛筆 2 本と 100 円の消しゴム 1 個の代金の合計の 3 倍である。
このとき，この鉛筆 1 本の値段を求めなさい。

問題を整理しよう！

●求めるもの
鉛筆 1 本の値段

●与えられているもの
代金の関係
○は，□の 3 倍
(○＝□×3)

考え方 前の例題 69 と同様の手順で解いてみよう。

手順 1　数量を文字で表す
……鉛筆 1 本の値段を x 円とする。

◀求める数量を x とする。

手順 2　方程式をつくる
……(鉛筆 8 本と 180 円のボールペン 1 本の代金)＝(鉛筆 2 本と 100 円の消しゴム 1 個の代金)×3

◀等しい数量の関係を見つける。

手順 3　方程式を解く

手順 4　解を確認する

◀ x は鉛筆の値段であるから自然数。

解答

鉛筆 1 本の値段を x 円とする。

[1]　**数量を文字で表す**

鉛筆 8 本と 180 円のボールペン 1 本の代金は

$(8x+180)$ 円　……①　← $x\times8+180\times1$

(代金)＝(1 個の値段)×(個数)

鉛筆 2 本と 100 円の消しゴム 1 個の代金は

$(2x+100)$ 円　……②　← $x\times2+100\times1$

① は ② の 3 倍であるから

[2]　**方程式をつくる**

[3]　**方程式を解く**

$$8x+180=3(2x+100)$$
$$8x+180=6x+300$$
$$8x-6x=300-180$$
$$2x=120$$
$$x=60$$

(鉛筆 1 本の値段を 60 円とすると，代金の合計は
① は　$60\times8+180=660$ (円)
② は　$60\times2+100=220$ (円)
よって，① は ② の 3 倍になっている。)

鉛筆 1 本の値段 60 円は問題に適している。　　**答　60 円**

[4]　**解を確認する**
x は値段であるから，自然数であることを確認。
なお，左の (　) の部分は，確認のみして解答では，はぶいてもよい。

解答➡別冊 p. 24

練習 70　A さんは 1000 円，B さんは 800 円を持って同じ本を 1 冊ずつ買ったところ，A さんの残金は B さんの残金の 2 倍であった。この本の 1 冊の値段を求めなさい。

例題 71 過不足と分配の問題

ノートをあるクラスの生徒に配るのに，1人3冊ずつ配ると22冊余り，4冊ずつ配ると6冊たりない。このとき，生徒の人数とノートの冊数を求めなさい。

問題を整理しよう！

図を使って整理すると，次のようになる。

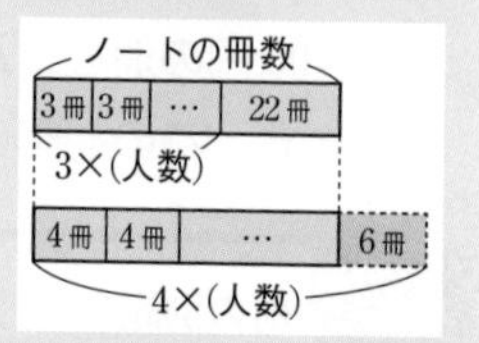

求める数量は，生徒の人数とノートの冊数。

考え方 1つの数量を2通りに表す

どちらの配り方をしても，**生徒の人数やノートの冊数は同じ**であることがポイント。そこで，どの数量をxとするかを考える。

生徒の人数をxとすると，ノートの冊数を2通りに表すことができる。

ノートの冊数をxとすると，生徒の人数を2通りに表すことができる。

解答

生徒の人数をx人とすると

$$3x+22=4x-6$$ ← ノートの冊数についての等式

$$3x-4x=-6-22$$

$$-x=-28$$

$$x=28$$

生徒の人数を28人とすると，ノートの冊数は

$$3\times28+22=84+22=106\ (\text{冊})$$

これは問題に適している。

答 **生徒の人数は28人，ノートの冊数は106冊**

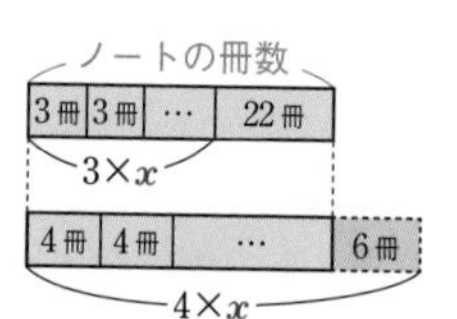

x人に3冊ずつ配ると22冊余る。x人に4冊ずつ配ると6冊たりない。
(ノートの冊数は同じ)

別解

ノートの冊数をx冊とすると

$$\frac{x-22}{3}=\frac{x+6}{4}$$ ← 人数についての等式

両辺に12をかけると $4(x-22)=3(x+6)$

$$4x-88=3x+18$$

$$4x-3x=18+88$$

$$x=106 \quad (\mathbf{106冊})$$

生徒の人数は $\dfrac{106-22}{3}=\dfrac{84}{3}=28$ **(人)** 答

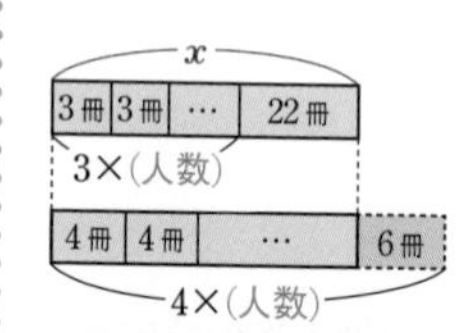

x冊から22冊をひくと，3冊ずつ配ることができる。x冊に6冊たすと，4冊ずつ配ることができる。
(生徒の人数は同じ)

練習 71 クラス会の費用を1人あたり500円集めると800円たりない。そこで，1人あたり550円集めると1000円余る。クラスの人数と，クラス会の総費用を求めなさい。

解答➡別冊 p. 24

例題 72 速さの問題 (1) … 追いつく

レベル 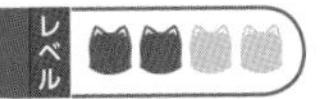

兄は 1.8 km 離れた駅に向かって徒歩で家を出発した。
その 14 分後に，弟が同じ道を自転車で追いかけた。
兄は分速 60 m，弟は分速 200 m で進むとすると，弟が家を出発して何分後に兄に追いつきますか。

問題を整理しよう！

図を使って整理すると，次のようになる。

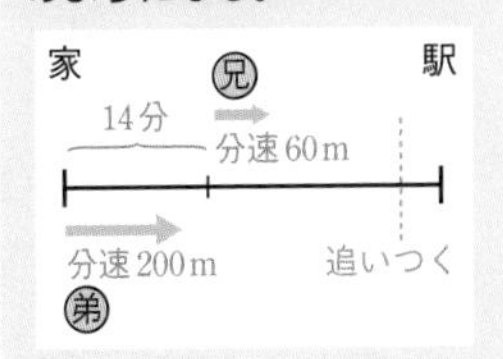

考え方 図をかいて，等しい数量を見つける

弟が家を出発して x **分後に追いつく** とすると

(兄が進んだ道のり)＝(弟が進んだ道のり)

が成り立つ。なお，方程式を解いたら，その進んだ道のりが，家から 1.8 km 以内であるかどうかを確かめる。

弟が兄に追いついたとき，**2 人の進んだ道のりは等しくなる。**

解答

弟が家を出発して x 分後に兄に追いつく とする。

兄が進んだ道のりは　　$60(14+x)$ m

弟が進んだ道のりは　　$200x$ m

(道のり)＝(速さ)×(時間)

これが等しいから

$$60(14+x)=200x$$
$$840+60x=200x$$
$$60x-200x=-840$$
$$-140x=-840$$
$$x=6$$

6 分後に追いつくとすると，2 人が進んだ道のりはともに

$200\times6=1200$ (m)　← $200x$ に $x=6$ を代入

家から駅までの道のり 1.8 km より短いから，問題に適している。

1800 m

答　**6 分後**

弟に追いつかれるまでに兄が歩いた時間は $(14+x)$ 分間 である。

参考

$60(14+x)=200x$ は，先に両辺を 20 でわって

$3(14+x)=10x$

としてから解いてもよい。

◀ $60(14+x)$ に $x=6$ を代入してもよい。

もし，進んだ道のりが 1.8 km より長い場合，家から駅までの道のりでは追いついていないことになる（詳しくは次のページ）。

解答➡別冊 p. 24

練習 72 妹は自転車で家を出発し，分速 180 m の速さで 5 km 離れた図書館へ向かった。
姉は妹より 10 分遅(おく)れて自転車で家を出発し，分速 300 m の速さで妹のあとを追いかけた。
妹は家を出発して何分後に姉に追いつかれますか。

第3章 1次方程式

解の確認

次の問題を考えてみましょう。

家から 1425 m 離れたところに駅がある。 8 時 20 分に出発する電車に乗るために，弟は 8 時に歩いて家を出た。兄は弟より 6 分遅れて家を出て，歩いて弟を追いかけた。
弟の歩く速さが分速 75 m，兄の歩く速さが分速 100 m のとき，兄が弟に追いつくのは兄が家を出発して何分後ですか。

前の例題と同じように解いてみましょう。
兄が家を出発してから x 分後に弟に追いつくとすると

弟が進んだ道のりは　$75(6+x)$ (m)
兄が進んだ道のりは　$100x$ (m)

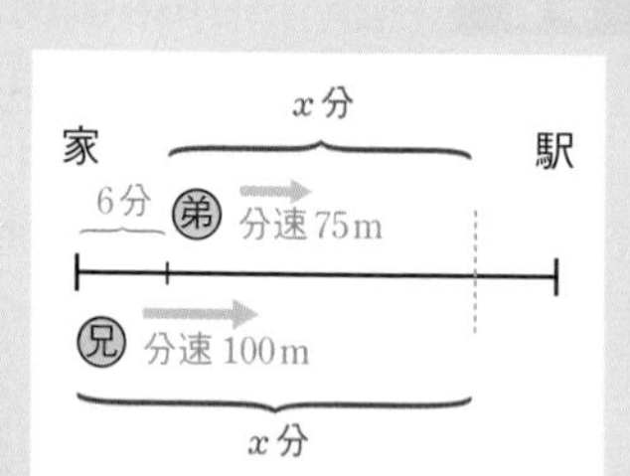

これが等しいから　$75(6+x)=100x$

$$450+75x=100x$$
$$75x-100x=-450$$
$$-25x=-450$$
$$x=18$$

兄が家を出発してから 18 分後に追いつくとすると， 2 人が進んだ道のりは

$$100\times18=1800 \text{ (m)}$$

これは，家から駅までの道のりより長いです。
つまり，家から駅までの道のりでは **兄は弟に追いつくことができない** ということになります。

時間で考えてみましょう。兄は 8 時 6 分に家を出発しているので，その 18 分後に追いつくとすると， 8 時 24 分に弟に追いつくことになります。
しかし，弟は 8 時 20 分に出発する電車に乗るので，その時，弟はすでに電車に乗っていることになります (弟は，駅に $1425\div75=19$ (分)，つまり 8 時 19 分に着きます)。
└─(家から駅までの道のり)÷(弟の歩く速さ)

なお，兄は $100\times(20-6)=1400$ (m) より， 8 時 20 分時点で駅に着いていません。

このように，x の値が求まっても問題に適さないことがありますので，必ず解の確認をしましょう。

例題 73 速さの問題(2)… 向かい合う

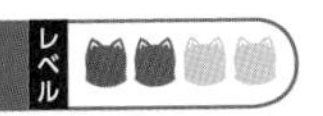

池のまわりに1周 3 km の道がある。その道を，Aさんは分速 65 m の速さで歩き，BさんはAさんと反対の向きに分速 185 m の速さで走るとする。
2人が地点Pを同時に出発するとき，2人が初めて出会うのは何分後か答えなさい。

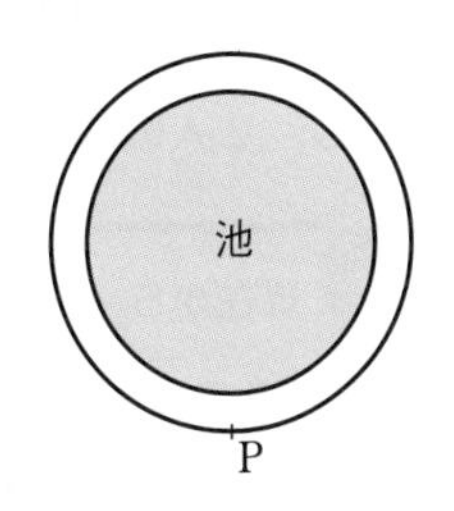

考え方 図をかいて，等しい数量を見つける

右の図から

(Aさんの歩いた道のり)＋(Bさんの走った道のり)＝(池1周の道のり)

が成り立つことがわかる。
そこで，x **分後に初めて出会う** とし，それぞれの道のりを x で表す。

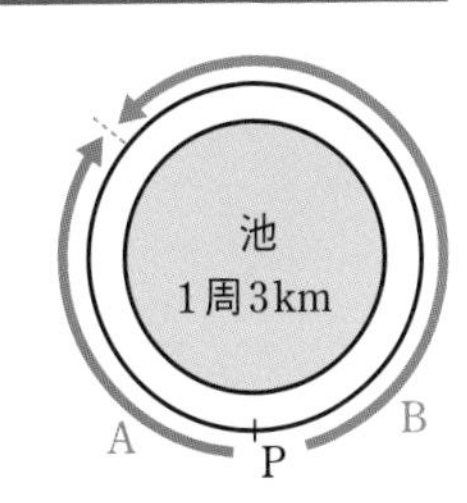

解答

2人が x 分後に初めて出会う とする。
このとき，Aさんの歩いた道のりは　$65x$ (m)
　　　　　Bさんの走った道のりは　$185x$ (m)
この和が，池1周の道のりに等しい。
3 km は 3000 m であるから

$$65x+185x=3000$$
$$250x=3000$$
$$x=12$$

12 分後は，問題に適している。

答　**12 分後**

(道のり)＝(速さ)×(時間)

3 km＝3000 m に注意。
この問題の場合，単位は m にそろえるのがらく。

Aさんの歩いた道のりは
　$65\times12=780$ (m)
Bさんの走った道のりは
　$185\times12=2220$ (m)
ともに 3 km より短い。

解答➡別冊 p. 25

練習 73 1周 450 m の円形のコースがあり，スタート地点をOとする。このコースを，弟は秒速 1 m で歩き，兄は秒速 4 m で走るとする。2人が地点Oを同時にスタートするとき，次の問いに答えなさい。

(1) 兄が弟と反対向きに回るとき，初めて出会うのは何秒後ですか。
(2) 兄が弟と同じ向きに回るとき，初めて追いこすのは何秒後ですか。

例題 74 解の解釈

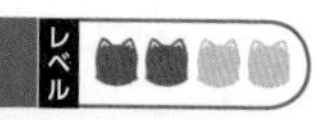

現在46歳(さい)の父の年齢(ねんれい)が，現在13歳の子どもの年齢のちょうど4倍になるのはいつですか。ただし，2人の誕生日はともに1月1日とする。

考え方 現在から x 年後 に，父の年齢が子どもの年齢の4倍になるとして方程式をつくる。

(x 年後の父の年齢)=(x 年後の子どもの年齢)×4

x 年後の年齢
父　$(46+x)$ 歳
子ども　$(13+x)$ 歳

解答

現在から x 年後 に，父の年齢が子どもの年齢の4倍になるとすると

$$46+x=4(13+x)$$
$$46+x=52+4x$$
$$x-4x=52-46$$
$$-3x=6$$
$$x=-2$$

-2 年後とは2年前のことである。
その当時，父は44歳，子どもは11歳であり，父の年齢が子どもの年齢の4倍になっているから，問題に適している。

答　**2年前**

みんな1年後には1歳年を重ねるね。

⚠ x の値が負であるため，「問題に適さない」と早とちりしてはいけない。

●このように，方程式の解が負の数である場合は注意する必要がある。
第1章で学んだ，反対の性質をもつ数量（例題4）は特に注意しよう。
（例）　東へ a m 進む　＝　西へ $-a$ m 進む　（方向を表す数量）
　　　　a 分前　＝　$-a$ 分後　（時間を表す数量）
最後に，1次方程式の文章題について，CHART としてまとめておく。

> **CHART**　等式のつくり方　**等しい数量を見つけて ＝ で結ぶ**
> ① **等しい関係にある2つの数量をさがす**
> ② **1つの数量を2通りに表す**

解答➡別冊 p. 25

練習 74 現在60歳の祖母の年齢が，現在12歳の孫の年齢のちょうど7倍になるのはいつですか。ただし，2人の誕生日はともに1月1日とする。

EXERCISES

解答➡別冊 p. 26

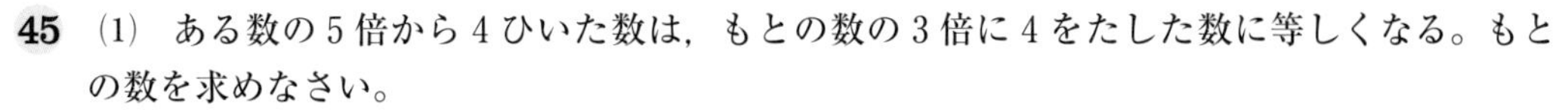

45 (1) ある数の 5 倍から 4 ひいた数は，もとの数の 3 倍に 4 をたした数に等しくなる。もとの数を求めなさい。

(2) 右の図のように，長さ 27 m の金網を 3 つに折り，横が縦より 3 m 長い囲いをつくるには，縦，横の長さをそれぞれ何 m にするとよいですか。

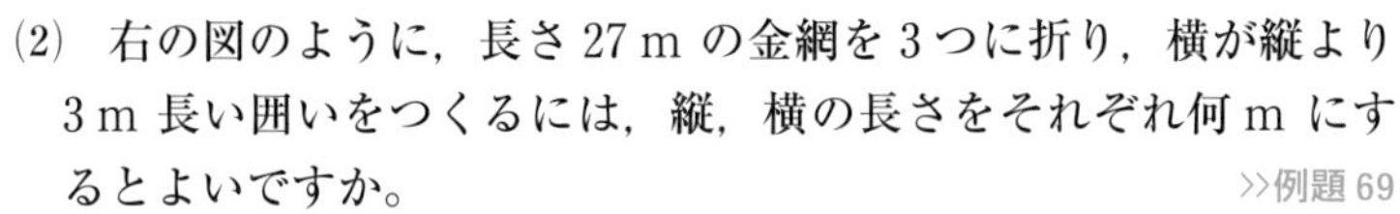

>>例題 69

46 100 円の箱に，1 個 80 円のゼリーと 1 個 120 円のプリンをあわせて 24 個つめて買ったところ，代金の合計は 2420 円であった。このとき，買ったゼリーの個数を求めなさい。
ただし，品物の値段には，消費税が含まれているものとする。〔千葉〕

>>例題 70

47 1 本の値段は，色鉛筆の方が鉛筆より 20 円高い。鉛筆 10 本と色鉛筆 4 本を買ったときの代金の合計は 1200 円である。色鉛筆 1 本の値段はいくらですか。

>>例題 70

48 右はある月のカレンダーである。図と同じようにして，十字の形にある部分を囲んだとき，囲まれた数の和が 110 になった。このとき，中央の数は何ですか。

日	月	火	水	木	金	土
					1	2
3	4	5	6	7	8	9
10	11	12	13	14	15	16
17	18	19	20	21	22	23
24	25	26	27	28	29	30

49 ある動物園の大人 1 人の入園料は，子ども 1 人の入園料の 3 倍である。大人 2 人と子ども 4 人の入園料の合計が 2800 円になるとき，子ども 1 人の入園料はいくらですか。

>>例題 70

50 あるクラスで調理実習をするのに，材料費を集めることになった。1 人 300 円ずつ集めると，材料費が 1300 円不足し，1 人 400 円ずつ集めると，2000 円余る。このクラスの人数を求めなさい。〔大分〕

>>例題 71

51 A 地と B 地との間を歩いて往復した。行きにかかった時間は 14 分で，帰りは行きより毎分 10 m 遅く歩いたため，かかった時間は行きより 2 分長かった。A 地から B 地までの道のりは何 m ですか。〔愛知〕

>>例題 72, 73

定期試験対策問題 （解答➡別冊 p. 28）

22 次の方程式を解きなさい。 >>例題 63～66

(1) $3x+2=x+1$
(2) $3-2x=3x-17$
(3) $8x-2=3(x+2)$
(4) $0.2(x+4)=x-1.2$
(5) $-5(2x+3)+6x=8x+21$
(6) $\frac{x+2}{2}=\frac{4x-7}{3}$
(7) $\frac{x-1}{2}+\frac{x}{3}=1$
(8) $\frac{2-5x}{3}+3=\frac{7x-3}{9}$

23 xについての方程式 $4x-a=6x+7$ の解が -3 であるとき，aの値を求めなさい。 >>例題 67

24 次の比例式を満たすxの値を求めなさい。 >>例題 68

(1) $x:18=5:3$
(2) $(2x+1):6=7:2$
(3) $(x-4):x=5:4$
(4) $3x:(2x-3)=11:6$

25 1本50円の鉛筆と，1本90円のボールペンを何本かずつ買った。その合計金額は720円で，鉛筆の本数はボールペンの本数の3倍であった。
このとき，鉛筆の本数とボールペンの本数をそれぞれ求めなさい。 >>例題 70

26 何人かの子どもにみかんを配る。1人に5個ずつ配ると9個余り，1人に7個ずつ配ると21個たりない。このとき，みかんの個数を求めなさい。 >>例題 71

27 午前8時に家から3km 離れた学校へ兄が出かけ，兄が家を出発してから6分後に妹が走って同じ道を追いかけた。兄が歩く速さが分速80m，妹が走る速さが分速120mであるとき，妹が兄に追いつく時刻を求めなさい。 >>例題 72

比例と反比例

10 比　例

1 関　数

❶ ともなって変わる2つの数量 x，y があり，x の値が1つ決まると，それに対応して y の値がただ1つに決まるとき，**y は x の関数（かんすう）である** という。

1個100円の品物を x 個買ったときの代金を y 円とすると，y は x の関数である。

❷ ❶の x，y のように，いろいろな値をとる文字を **変数（へんすう）** といい，変数のとりうる値の範囲を **変域（へんいき）** という。

［変域の表し方］

表し方	意味	変域を表す図
$x>2$	x が2より大きい	2（○，右側が太線）
$x \leqq 2$	x が2以下	2（●，左側が太線）
$0 \leqq x \leqq 2$	x が0以上2以下	0（●）から2（●）まで太線

変域は，不等号 <，>，≦，≧ を用いて表すことが多い。

図の太線は，x の変域の部分を表し，○は端の数をふくまない，●は端の数をふくむことを表す。

2 比　例

❶ y が x の関数で，x と y の関係が $y=ax$ $(a \neq 0)$ の形で表されるとき，**y は x に比例する** という。

$y = ax$（y：変数，x：変数，a：定数（比例定数））

変数は　**変**わる**数**
定数は　**定**まった**数**

❷ 一定の数やそれを表す文字のことを **定数（ていすう）** という。$y=ax$ の a は定数であり，この定数のことを **比例定数** という。

例
1個100円の品物を x 個買うときの代金を y 円とすると，
$y=100x$ と表される。
このとき，y は x に比例し，比例定数は100である。

◀ x の変域は $x \geqq 0$
（x は個数であるから，負の値をとらない）

❸ 比例の性質

① x の値が2倍，3倍，4倍，…… になると
y の値も2倍，3倍，4倍，…… になる。

◀ x が p 倍なら，y も p 倍。
p は分数や小数，負の数でもよい。

② 比例 $y=ax$ では，$x \neq 0$ のとき，$\dfrac{y}{x}$ **は一定** であり，その値は **比例定数 a に等しい**。

比例定数は，分数や小数，負の数の場合もある。

例題 75 関数の例

>>p. 98 1

レベル ■□□□

次のうち，y が x の関数であるものをすべて選びなさい。

(1) 1個 50 g のボールが x 個の全体の重さ y g

(2) 自然数 x の約数 y

(3) 1本 40 円の鉛筆を x 本買い，1000 円出したときのおつり y 円

(4) 周の長さが x cm である長方形の面積 y cm^2

確認 関数

x の値が 1 つ決まると，それに対応して y の値がただ 1 つに決まるとき，y は x の関数である という。

考え方

x の値を 1 つ決めたとき，それにともなって y の値も 1 つに決まるかどうかを調べる

わかりにくいときは，x に具体的な数をあてはめて考えてみるとよい。

◀ y の値がなかったり，2 つ以上ある場合は，関数ではない。

解答

(1) ボールの個数（x）を 1 つ決めると，全体の重さ（y）は 1 つに決まる。

よって，y は x の関数である。

(2) たとえば，自然数 6 の約数は 1，2，3，6

自然数（x）を 1 つ決めても，約数（y）は 1 つに決まらない。

よって，y は x の関数でない。

(3) 鉛筆の本数（x）を 1 つ決めると，おつり（y）の金額は 1 つに決まる。

よって，y は x の関数である。

(4) たとえば，周の長さを 10 cm とすると

縦 3 cm，横 2 cm の場合　長方形の面積は $3\times2=6$ (cm^2)

縦 1 cm，横 4 cm の場合　長方形の面積は $1\times4=4$ (cm^2)

周の長さ（x）を 1 つ決めても，面積（y）は 1 つに決まらない。

よって，y は x の関数でない。

答 (1)，(3)

(1) ボールの個数を 2 個とすると，全体の重さは $50\times2=100$ (g)

(2) 自然数 2 の約数は 1，2

この場合も，約数は 1 つに決まらない。

(3) 鉛筆の本数を 10 本とすると，おつりは $1000-40\times10=600$ (円)

(4)

2cm
3cm
6cm²
4cm
1cm
4cm²

練習 75 次のうち，y が x の関数であるものをすべて選びなさい。

解答➡別冊 p. 30

(1) りんごが x 個，みかんが y 個あり，その個数の合計が 10 個

(2) 10 km の道のりを時速 x km で進んだときのかかった時間 y 時間

(3) 年齢が x 歳の人の身長 y cm

例題 76 変域を不等式で表す

>>p. 98 1

変数 x が次の範囲の値をとるとき，x の変域を不等号を使って表しなさい。

(1) 3 以上　　(2) -4 未満

(3) -1 以上 5 以下　　(4) 0 より大きく 6 より小さい

(5) 正の数

確認 変数，変域
いろいろな値をとる文字を **変数** といい，変数のとりうる値を **変域** という。

考え方

$x \geqq a$ …… x は a 以上の値をとる
$x \leqq a$ …… x は a 以下の値をとる
（a をふくむ）

$x > a$ …… x は a より大きい値をとる
$x < a$ …… x は a より小さい値をとる（a 未満）
（a をふくまない）

確認 不等号の向き
小 < 大
< の開いた方に大きい数

⚠ $x \geqq a$ は「$x>a$ または $x=a$」の意味。

解答

(1) x が 3 以上の値をとるから　← $x>3$ または $x=3$

$\boldsymbol{x \geqq 3}$ …答

(2) x が -4 未満の値をとるから　← -4 をふくまない

$\boldsymbol{x < -4}$ …答

(3) x が -1 以上の値をとるから　$x \geqq -1$
また，5 以下の値をとるから　$x \leqq 5$
これらをあわせて

$\boldsymbol{-1 \leqq x \leqq 5}$ …答

(4) (3) と同じように考えて

$\boldsymbol{0 < x < 6}$ …答

(5) 正の数は 0 より大きい数であるから

$\boldsymbol{x > 0}$ …答

（数直線）
(1) 2　3　4　5　6
(2) -7　-6　-5　-4　-3
(3) -1　5 ／ -2　0　2　4　6
(4) 0　2　4　6
(5) 0　2　4　6

練習 76 変数 x が次の範囲の値をとるとき，x の変域を不等号を使って表しなさい。

解答➡別冊 p. 30

(1) 7 以下　　(2) 6 より大きい　　(3) -5 より大きく -2 より小さい

(4) 1 以上 3 未満　　(5) 負の数

例題 77 比例の関係と変域

≫p. 98 2

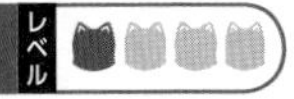

10 L の水が入る空のタンクに一定の割合で水を入れると，5 分で満水になる。この空のタンクに水を入れ始めてから，x 分後の水の量を y L とする。

(1) x と y の関係を式で表しなさい。また，y は x に比例するかどうかを答えなさい。

(2) 対応する x と y の値の表をつくりなさい。

(3) x の変域を不等式で答えなさい。

x (分)	0	1	2	3	4	5
y (L)	0					

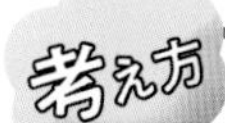

x と y の関係式が

$y=ax$ の形ならば　y は x に比例

(1) 1 分間に入る水の量を求め，x と y の関係を式で表す。

(2) $x=1, 2, 3, 4, 5$ を (1) で求めた式に代入する。

(3) x のとりうる値の範囲を考える。

確認 比例

y が x の関数で，x と y の関係が $y=ax$ $(a \neq 0)$ の形で表されるとき，**y は x に比例する** という。

解答

(1) 5 分で 10 L の水が入るから，1 分間に $10 \div 5 = 2$ L ずつ水が入る。

よって，x 分後に $\underset{y}{\underline{2x}}$ L の水が入るから　$y=2x$ …答

x と y の関係が $y=ax$ の形で表されるから

y は x に比例する …答

参考

比例定数は　2

(2) 答

x (分)	0	1	2	3	4	5
y (L)	0	2	4	6	8	10

(3) 水を入れ始めて 5 分後に満水になるから，x は 0 以上 5 以下の値をとる。

答　$0 \leqq x \leqq 5$

確認 比例の性質

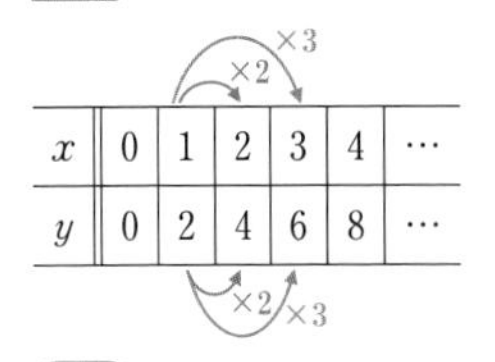

x	0	1	2	3	4	…
y	0	2	4	6	8	…

参考

y の変域は　$0 \leqq y \leqq 10$

解答➡別冊 p. 30

練習 77 60 L の水が入る空の水そうに，毎分 4 L ずつ水を入れる。水を入れ始めてから x 分後の水の量を y L とする。

(1) x と y の関係を式で表しなさい。また，y は x に比例するかどうかを答えなさい。

(2) 水を入れ始めてから 5 分後の水の量を求めなさい。

(3) x の変域を不等式で答えなさい。

例題 78 比例定数

>>p. 98 2

(1) 次の x，y について，y は x に比例することを示し，比例定数を答えなさい。

(ア) 底辺が x cm，高さが 5 cm の三角形の面積 y cm^2

(イ) 底面の半径が 3 cm，高さが x cm の円柱の体積 y cm^3

(2) 比例の関係 $y=-\dfrac{x}{3}$ について，次の問いに答えなさい。

(ア) 比例定数を答えなさい。

(イ) 対応する x と y の値の表をつくりなさい。

x	…	-3	-2	-1	0	1	2	3	…
y	…								…

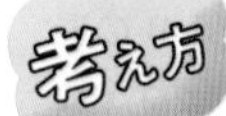

x と y の関係式が

$y=ax$ の形ならば　y は x に比例
比例定数は a

$y=ax$
比例定数

比例定数 a は正の整数に限らないことに注意。分数や小数，負の数であってもよい。

解答

(1) (ア) $y=x\times5\div2=\dfrac{5}{2}x$ ← (底辺)×(高さ)÷2

$y=\dfrac{5}{2}x$ より，y は x に比例し，**比例定数は** $\dfrac{5}{2}$ …答

(イ) $y=3\times3\times\pi\times x=9\pi x$ ← (底面積)×(高さ)

$y=9\pi x$ より y は x に比例し，**比例定数は** 9π …答

(2) (ア) $y=-\dfrac{x}{3}=-\dfrac{1}{3}x$ より，**比例定数は** $-\dfrac{1}{3}$ …答

(イ) 答

x	…	-3	-2	-1	0	1	2	3	…
y	…	1	$\dfrac{2}{3}$	$\dfrac{1}{3}$	0	$-\dfrac{1}{3}$	$-\dfrac{2}{3}$	-1	…

◀ $y=ax$ の形であるから，y は x に比例する。

◀ 円周率 π は**数を表す文字**であるから定数。

◀ $y=\dfrac{x}{○}$ は $y=\dfrac{1}{○}x$ と考える。

◀ x の値が 2 倍，3 倍になると，y の値も 2 倍，3 倍になっている。

練習 78 次の問いに答えなさい。

解答➡別冊 p. 30

(1) 半径 x cm の円の周の長さを y cm としたとき，y は x に比例することを示し，比例定数を答えなさい。

(2) 比例 $y=-0.2x$，$y=\dfrac{3x}{2}$ について，比例定数をそれぞれ答えなさい。

例題 79 比例の式の求め方

>>p. 98 2 レベル

y は x に比例し，$x=-6$ のとき $y=12$ である。

(1) y を x の式で表しなさい。

(2) $x=2$ のときの y の値を求めなさい。

(3) $y=-6$ となる x の値を求めなさい。

$y=ax$ とおいて，a についての方程式を解く

「**y は x に比例**」とあるから，$y=ax$ と表すことができる。
1 組の x と y の値が与えられているから，$y=ax$ に代入する。
a についての 1 次方程式となるから，これを解くと a の値がわかる。

y が x に比例するとき，
$\dfrac{y}{x}$ が一定 $\left(\dfrac{y}{x}=a\right)$
であることを利用して a の値を求めてもよい。

解答

(1) y は x に比例するから，比例定数を a とすると

$$y=ax$$

と表すことができる。
$x=-6$ のとき $y=12$ であるから

$$12=a\times(-6) \qquad a=-2$$

したがって　$\boldsymbol{y=-2x}$ …答

(2) $x=2$ を $y=-2x$ に代入して

$$\boldsymbol{y=-2\times2=-4}$$ …答

(3) $y=-6$ を $y=-2x$ に代入して

$$-6=-2x$$

したがって　$\boldsymbol{x=3}$ …答

別解 (1) y が x に比例するとき，$\dfrac{y}{x}$ は一定であるから　$\dfrac{12}{-6}=-2$
これが比例定数に等しいから　$y=-2x$

(2)，(3) 代入する文字をまちがえないように！

●比例について，CHART としてまとめておこう。

> **CHART**　**y が x に比例** $\overset{①}{\underset{②}{\rightleftarrows}}$ $\boldsymbol{y=ax}$ $(a\neq0)$　［x の値が p 倍になると y の値も p 倍になる］
>
> ① y が x に比例するとき，$y=ax$ と表される
> ② $y=ax$ と表されるとき，y は x に比例する

解答➡別冊 p. 30

練習 79 右の表で，y が x に比例するとき，(ア)〜(ウ) にあてはまる数を答えなさい。

x	…	-3	…	(イ)	…	2	…	(ウ)	…
y	…	(ア)	…	-3	…	6	…	15	…

第 4 章 比例と反比例

EXERCISES

解答➡別冊 p. 32

52 次のうち，y が x の関数であるものはどれですか。また，y が x に比例するものはどれですか。

>>例題 75, 77

(1) 1 辺 x cm の正方形の周の長さが y cm である。

(2) 毎分 70 m の速さで x 分歩いたときの道のりが y m である。

(3) 面積 20 cm^2 の長方形の縦の長さが x cm，横の長さが y cm である。

(4) 数直線上で 3 からの距離が x である点が y である。

(5) 5000 円で買い物をしたとき，品物の値段が x 円でおつりが y 円である。

53 変数 x が次の範囲の値をとるとき，x の変域を不等号を使って表しなさい。

(1) 0 以上 15 以下

(2) 3 以上 10 未満

(3) −1 より大きく 0 より小さい

>>例題 76

54 ちょうど 100 L 入る空の水そうに毎分 5 L ずつ水を入れる。この空の水そうに水を入れ始めてから，x 分後の水そうの中の水の量 y L とする。

(1) y を x の式で表しなさい。また，比例定数を答えなさい。

(2) x の変域と y の変域を，不等号を使って表しなさい。

>>例題 77, 78

55 y は x に比例し，$x=6$ のとき $y=-9$ である。

(1) y を x の式で表しなさい。

(2) $x=-8$ のときの y の値を求めなさい。

(3) $y=2$ となる x の値を求めなさい。

>>例題 79

56 右の表で，y は x に比例するとき，空らん (ア)〜(ウ) にあてはまる数を求めなさい。

x	…	−2	−1	…	1	…	3	…	(ウ)	…
y	…	(ア)	−6	…	(イ)	…	18	…	36	…

>>例題 79

要点のまとめ

11 座標，比例のグラフ

1 座　標

点Oで垂直に交わる 2 つの数直線を考える。

❶ 横の数直線を x 軸（横軸）
縦の数直線を y 軸（縦軸）
x 軸と y 軸を合わせて **座標軸**
座標軸の交点Oを **原点** という。

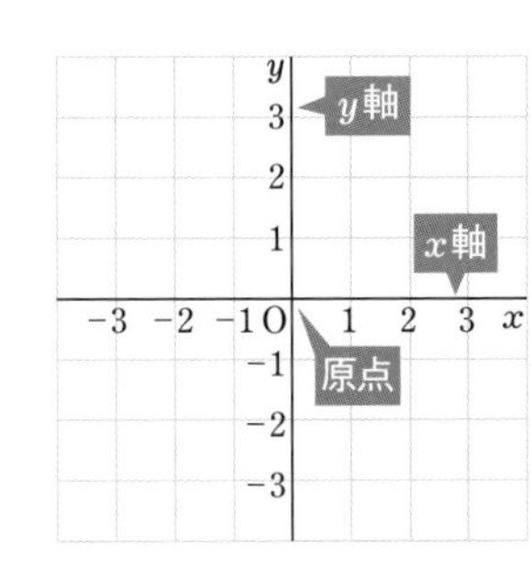

⚠ 点を示すOは英字のオーであり，0（ゼロ）ではない。

このようにして座標を定めた平面を **座標平面** という。

❷ 右の図の点Pの位置を (4, 3) と表す。このとき
4 を点Pの **x 座標**
3 を点Pの **y 座標**
(4, 3) を点Pの **座標** という。

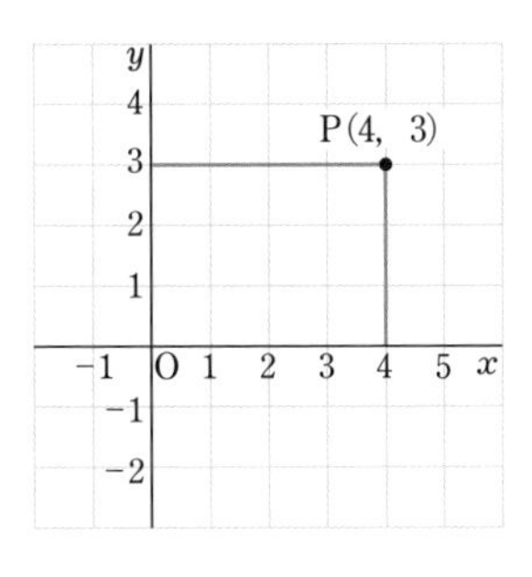

点Pを P(4, 3) と表すこともある。

x座標　y座標
P(4, 3)
座標

原点の座標は　(0, 0)

2 比例のグラフ

❶ 比例 $y=ax$ のグラフは **原点を通る直線** である。

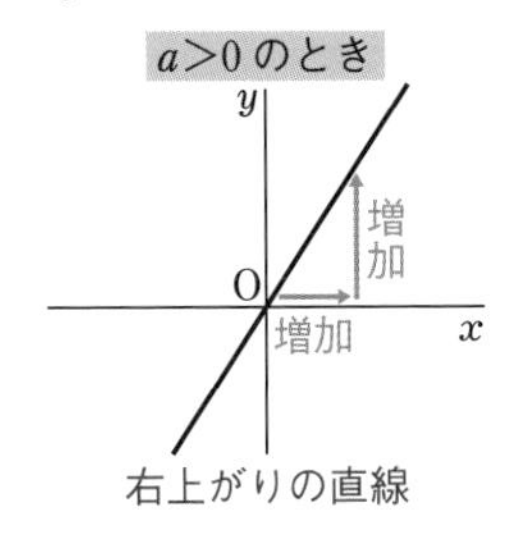

右上がりの直線

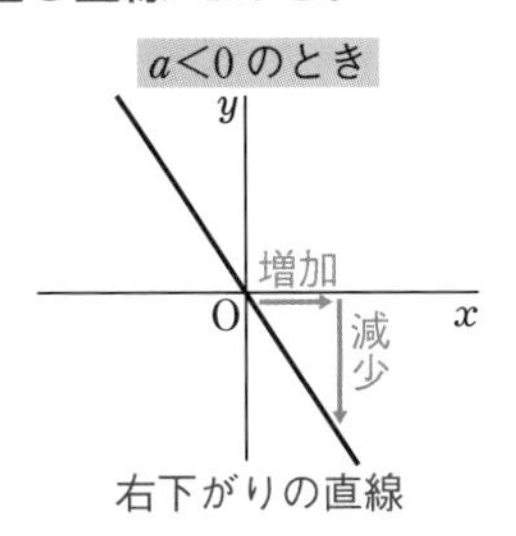

右下がりの直線

$a>0$ のとき
x が増加すると y は増加する。
$a<0$ のとき
x が増加すると y は減少する。

❷ **グラフをかく**
原点と原点以外のもう 1 点をとって直線で結ぶ。

点が 2 つあれば，直線が 1 本ひけるね。

❸ **グラフから比例の式を求める**
グラフが通る点のうち，x 座標，y 座標がともに整数である点に注目する。≫例題 83

例題 80 座　標

>>p. 105 1

レベル

(1) 右の図で，A，B，C，D，E の座標を答えなさい。

(2) 次の点を，右の図にかき入れなさい。

P$(-3,\ 2)$　Q$(-4,\ -1)$

R$(2,\ -5)$　S$(0,\ 3)$

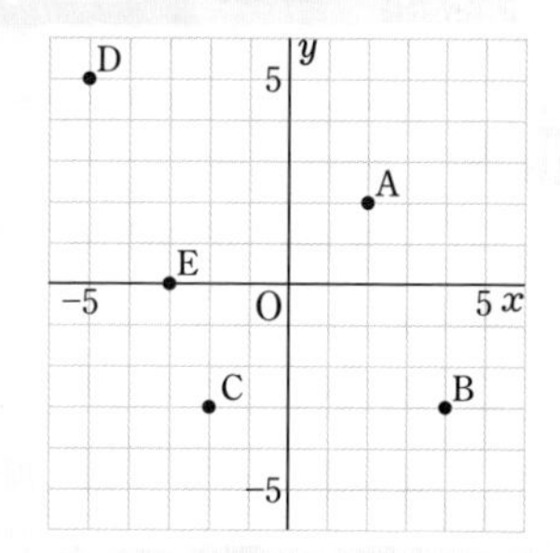

点 $(a,\ b)$ の座標　**x 座標が a，y 座標が b**

(1) それぞれの点から x 軸，y 軸に垂直な直線をひいて，x 座標，y 座標を読みとる。

(2) 点 $(4,\ 3)$ の場合：x 軸上の 4 の点と y 軸上の 3 の点から，それぞれの軸に垂直にひいた直線の交点

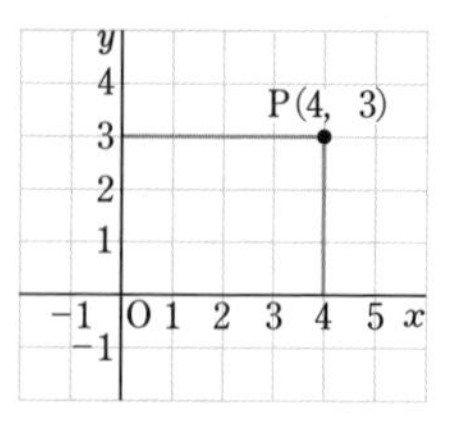

解答

(1) 答 **A(2, 2)，**
B(4, −3)，
C(−2, −3)，
D(−5, 5)，
E(−3, 0)

(2) 答

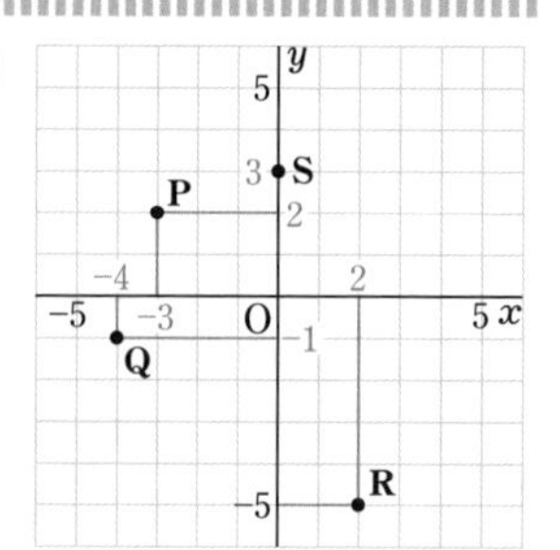

参考 **x，y 座標の符号**

下の図のようになる。

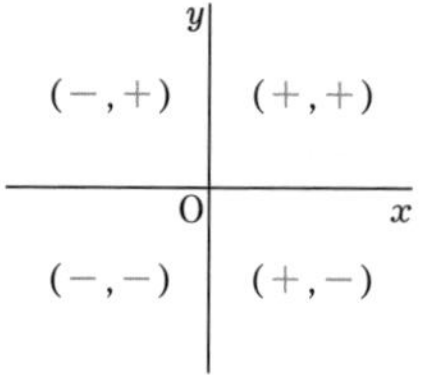

参考

x 軸上の点の座標は $(a,\ 0)$

y 軸上の点の座標は $(0,\ b)$

の形で表される。

解答➡別冊 p. 30

練習 80 (1) 右の図で，A，B，C，D，E の座標を答えなさい。

(2) 次の点を，右の図にかき入れなさい。

P$(3,\ 4)$，Q$(2,\ -3)$，R$(-3,\ -5)$，S$(2,\ 0)$，T$(0,\ -4)$

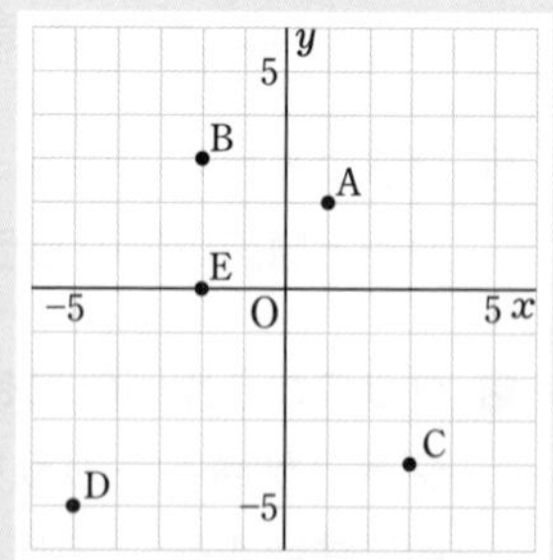

例題 81 対称な点の座標

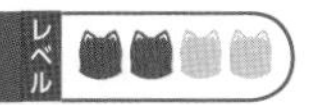

点 A(4, 3) について，次の点の座標を求めなさい。

(1) x 軸に関して対称な点B

(2) y 軸に関して対称な点C

(3) 原点に関して対称な点D

考え方 図をかいて考える

(1), (2) x 軸，y 軸に関して対称

それぞれの軸を折り目として折ると，ぴったり重なる位置にある。

(3) 原点に関して対称

原点を中心に 180° 回転させると，ぴったり重なる位置にある。

小学校の復習

線対称

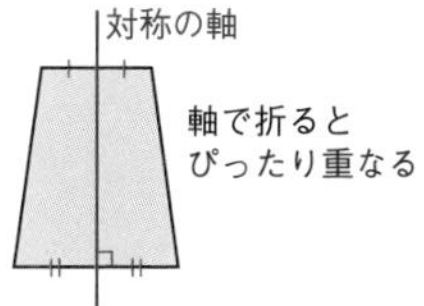

点対称

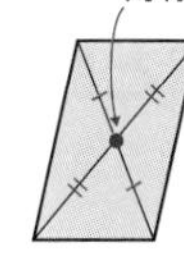

解答

(1) 答 **B(4, −3)**

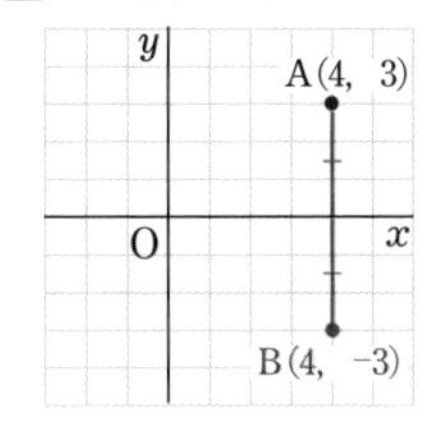

(2) 答 **C(−4, 3)**

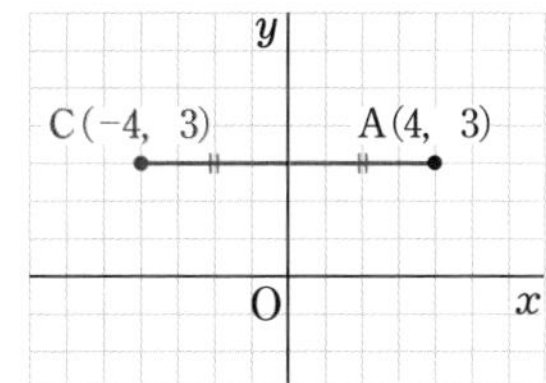

(3) 答 **D(−4, −3)**

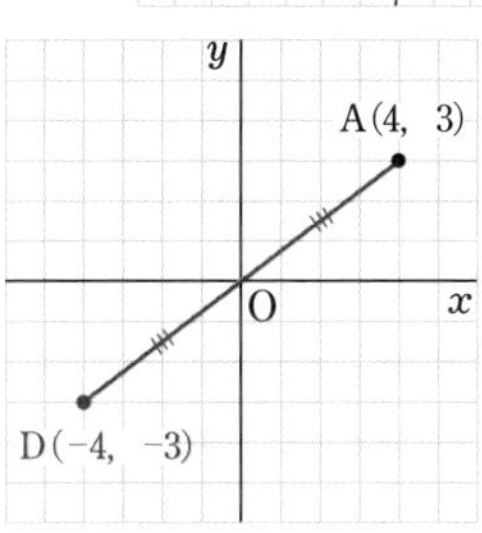

●点 (a, b) について

x 軸に関して対称な点 $(a, -b)$ ← y 座標の符号が変わる

y 軸に関して対称な点 $(-a, b)$ ← x 座標の符号が変わる

原点に関して対称な点 $(-a, -b)$ ← 両方の座標の符号が変わる

「〜に関して」をはぶいて，x 軸対称，y 軸対称，原点対称とよぶことがある。

A(4, 3)
x 軸対称 → **B(4, −3)**
y 軸対称 → **C(−4, 3)**
原点対称 → **D(−4, −3)**

⚠ ✖
「x 軸に関して対称」
→ x 座標の符号を変える

解答➡別冊 p. 30

練習 81 点 A(−2, 4) について，次の点の座標を求めなさい。

(1) x 軸に関して対称な点B　　(2) y 軸に関して対称な点C

(3) 原点に関して対称な点D

例題 82 比例のグラフのかき方

>>p. 105 2 レベル

次の比例のグラフをかきなさい。

(1) $y=2x$　　(2) $y=-x$

(3) $y=\frac{1}{2}x$　　(4) $y=-\frac{3}{4}x$

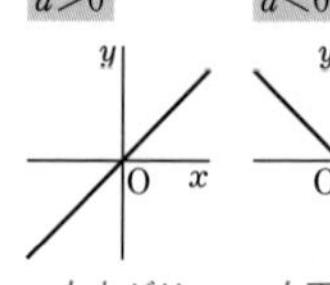

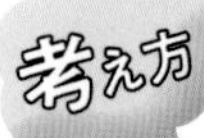

比例 $y=ax$ のグラフのかき方

原点と原点以外の通る 1 点を直線で結ぶ

◀直線は 2 点で決まる

原点以外の通る点は，x 座標，y 座標がともに整数であるものがよい。

たとえば　(1) 原点と点 (1, 2)　(2) 原点と点 (1, −1)

(3) 原点と点 (2, 1)　(4) 原点と点 (4, −3)

を直線で結ぶ。

◀通る 1 点は，自分で求める。比例定数が分数の場合は，x の値を分母の数にすると，y の値が整数になる。

解答

(1) 答

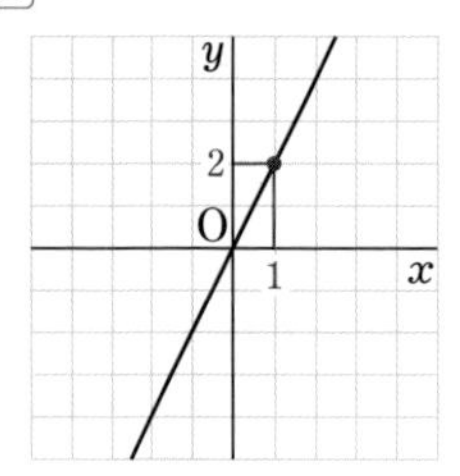

(2) 答

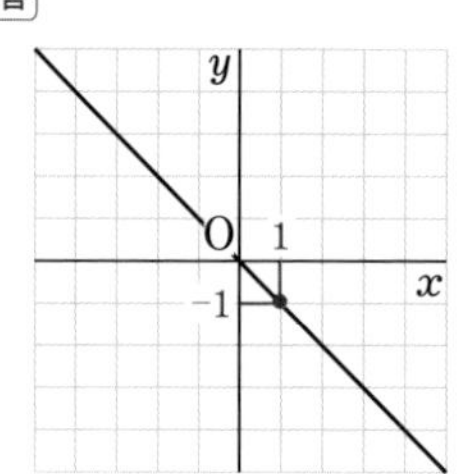

(3) 答

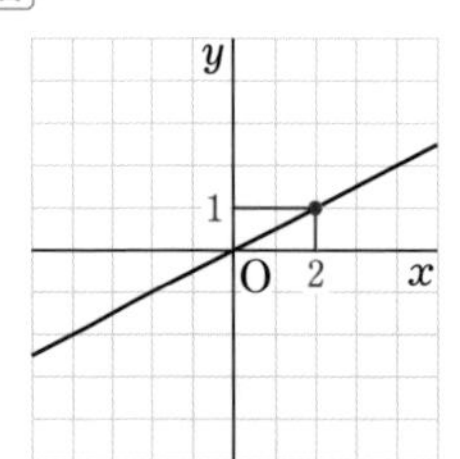

(4) 答

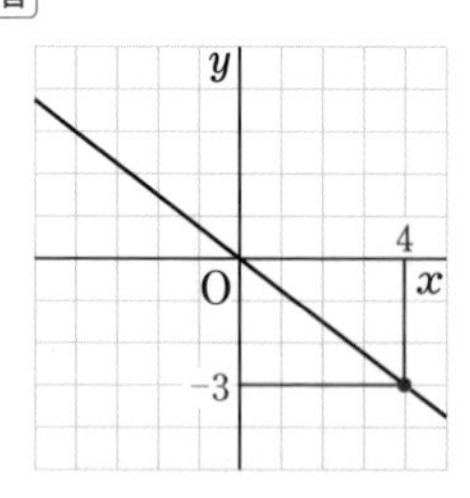

グラフが通る点は，左の他に

(1) (2, 4), (3, 6), …

(2) (2, −2), (3, −3), …

(3) (4, 2), (6, 3), …

(4) (8, −6), (−4, 3), …

これらの点と原点を結んで直線をひいてもよい。

→それぞれのグラフがこれらの点を通っていることを確認しよう。

参考

原点と原点からなるべく離れた 2 点（点対称な 2 点）を結ぶと，きれいな直線がひける。

解答➡別冊 p. 30

練習 82 次の比例のグラフをかきなさい。

(1) $y=x$　(2) $y=\frac{3}{2}x$　(3) $y=-2x$　(4) $y=-\frac{2}{3}x$

例題 83 グラフから比例の式を求める

>>p. 105 2

グラフが右の ①～③ の直線になる比例の式をそれぞれ求めなさい。

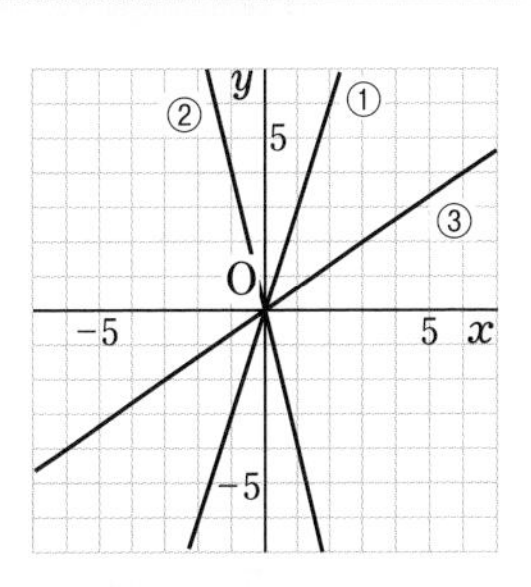

考え方

グラフから比例の式を求める

原点以外の通る点を見つける

比例の式を $y=ax$ とおき，通る点の x 座標，y 座標を $y=ax$ に代入することで，比例定数 a の値を求める。

◀ 1 組の x，y の値がわかれば，比例定数がわかる。

解答

比例の式を $y=ax$ とおく。

① 点 (1, 3) を通る から

$3=a\times1$　　$a=3$　（$x=1$，$y=3$ を $y=ax$ に代入）

よって　　$\boldsymbol{y=3x}$ …答

② 点 (−1, 4) を通る から

$4=a\times(-1)$　　$a=-4$

よって　　$\boldsymbol{y=-4x}$ …答

③ 点 (3, 2) を通る から

$2=a\times3$　　$a=\frac{2}{3}$

よって　　$\boldsymbol{y=\frac{2}{3}x}$ …答

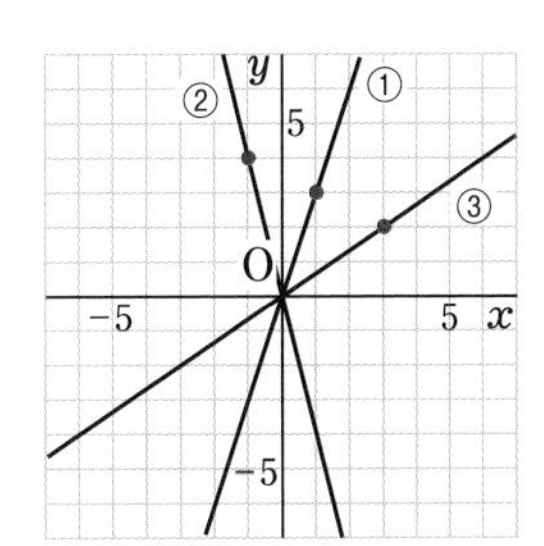

別解

(1) $\frac{y}{x}$ は一定で $\frac{3}{1}=3$

これが比例定数に等しいから　$y=3x$

確認 比例定数 a の符号

①，③ のグラフは右上がりの直線であるから　$a>0$

② のグラフは右下がりの直線であるから　$a<0$

解答➡別冊 p. 31

練習 83 グラフが右の ①～④ の直線になる比例の式をそれぞれ求めなさい。

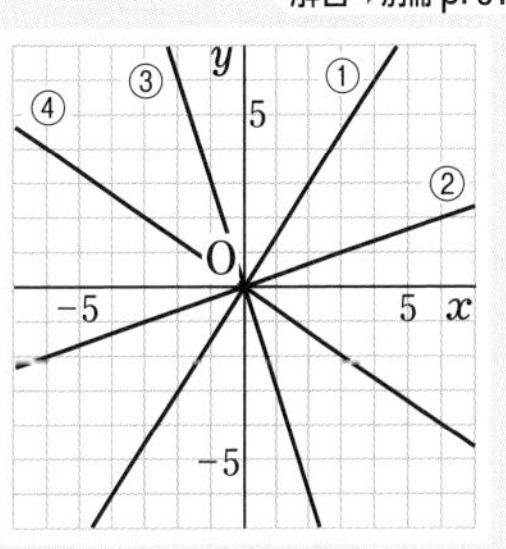

EXERCISES

（解答➡別冊 p. 33）

57 右の図について，次の問いに答えなさい。

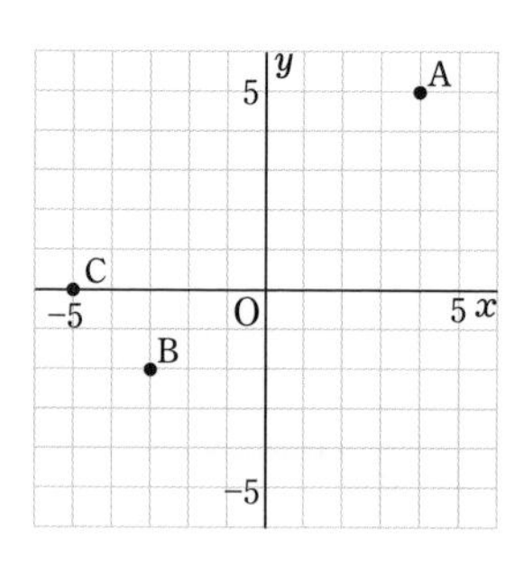

(1) 点 A，B，C の座標を答えなさい。

(2) 点 D(3, −5)，E(−2, 5)，F(0, −3)，G(1, 0) をかき入れなさい。

(3) 三角形 ABC の面積を求めなさい。ただし，座標の 1 めもりを 1 cm とする。

>>例題 80

58 点 A(3, −5) について，次の点の座標を求めなさい。

(1) x 軸に関して対称な点B　　(2) y 軸に関して対称な点C

(3) 原点に関して対称な点D

>>例題 81

59 点 P(1, 2) を，次のように移動した点の座標を求めなさい。

(1) 右に 5 だけ移動した点Q　　(2) 下に 4 だけ移動した点R

(3) 左に 2，上に 3 だけ移動した点S

60 下の 5 点について，それぞれ (1) $y=2x$　(2) $y=-3x$ のグラフ上にある点を答えなさい。

A(1, 3)，　B(2, −6)，　C(−2, −4)，　D(2, 6)，　$\mathrm{E}\left(-\frac{5}{3},\ 5\right)$

61 次の比例のグラフをかきなさい。

>>例題 82

(1) $y=\frac{2}{3}x$　　(2) $y=-3x$　　(3) $y=-\frac{5}{2}x$

62 次の文章について，空らんにあてはまる数または言葉を答えなさい。ただし，ア，ウ，エ，カには「増加」または「減少」のどちらかを，イとオには正の数を答えなさい。

$y=3x$ について，x が増加すると y は ア□ する。x が 1 増加すると y は イ□ だけ ウ□ する。$y=-2x$ について，x が増加すると y は エ□ する。x が 2 増加すると y は オ□ だけ カ□ する。

要点のまとめ

12 反比例とそのグラフ

1 反比例

❶ y が x の関数で，x と y の関係が $y=\dfrac{a}{x}$ $(a \neq 0)$ の形で表されるとき，**y は x に反比例する** という。$y=\dfrac{a}{x}$ の a は定数であり，この定数のことを **比例定数** という。

↑反比例定数とはいわない

$y=\dfrac{x}{a}$ の形は比例 ($p.102$)。
また，反比例では $x=0$ に対応する y の値は考えない。

参考
反比例に対して，比例のことを **正比例** とよぶことがある。

❷ 反比例の性質

① x の値が 2 倍，3 倍，4 倍，……になると，y の値は $\dfrac{1}{2}$ 倍，$\dfrac{1}{3}$ 倍，$\dfrac{1}{4}$ 倍，……になる。

◀ x が p 倍なら，y は $\dfrac{1}{p}$ 倍。
p の逆数

② 反比例 $y=\dfrac{a}{x}$ では，**xy は一定** であり，その値は **比例定数 a に等しい**。

2 反比例のグラフ

❶ 反比例 $y=\dfrac{a}{x}$ のグラフは **原点について対称** で **なめらかな 2 つの曲線** になる

$a>0$ のとき

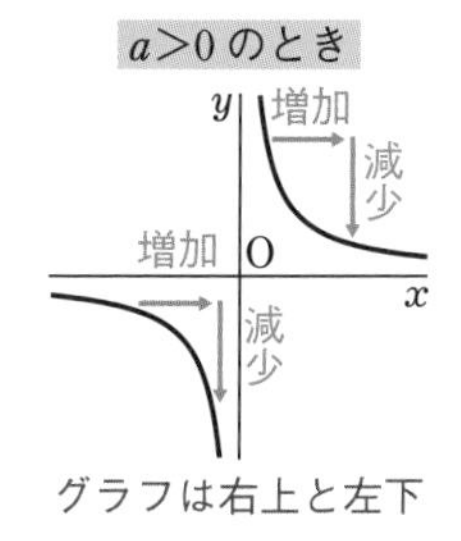

グラフは右上と左下

$a<0$ のとき

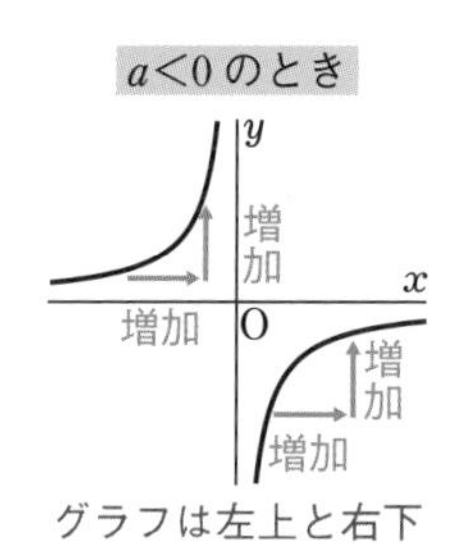

グラフは左上と右下

この曲線を **双曲線** という。

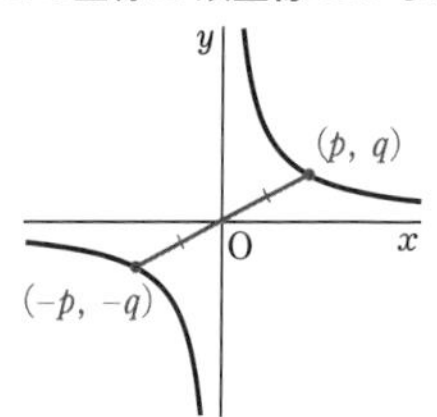

点 $(p,\ q)$ がグラフ上にあれば，点 $(-p,\ -q)$ もこのグラフ上にある。

❷ **グラフをかく**
通る点をいくつかとって，**なめらかな線で結ぶ**。

反比例のグラフは，x 軸，y 軸と重ならない。

❸ **グラフから反比例の式を求める**
比例の場合と同じ。>>例題 87

第4章 比例と反比例

例題 84 反比例と比例定数

>>p. 111 1

(1) 面積が $7\,\text{cm}^2$ の三角形の底辺を x cm，高さを y cm とする。
y は x に反比例することを示し，比例定数を答えなさい。

(2) 反比例の関係 $y=-\dfrac{4}{x}$ について

(ア) 比例定数を答えなさい。

(イ) 対応する x と y の値の表をつくりなさい。

x	…	-3	-2	-1	0	1	2	3	…
y	…				×				…

考え方

x と y の関係式が

$y=\dfrac{a}{x}$ の形ならば　y は x に反比例
比例定数は a

$y=\dfrac{a}{x}$ ← 比例定数

解答

(1) $x\times y\div 2=7$ であるから　$\dfrac{1}{2}xy=7$

$xy=14$　　$y=\dfrac{14}{x}$

よって，y は x に反比例し，**比例定数は**　14　…答

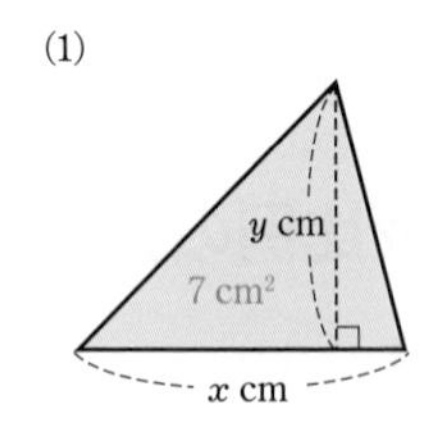

(2) (ア) $y=-\dfrac{4}{x}=\dfrac{-4}{x}$ より，**比例定数は**　-4　…答

(イ) 答

x	…	-3	-2	-1	0	1	2	3	…
y	…	$\dfrac{4}{3}$	2	4	×	-4	-2	$-\dfrac{4}{3}$	…

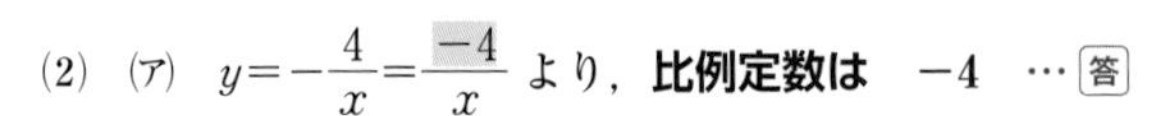

分数の分母は 0 にならないから，$x=0$ に対応する y の値は考えない

◀ x の値が 2 倍，3 倍になると，y の値は $\dfrac{1}{2}$ 倍，$\dfrac{1}{3}$ 倍になっている。

解答➡別冊 p. 31

練習 84 (1) 縦 x cm，横 y cm の長方形の面積が $12\,\text{cm}^2$ のとき，y は x に反比例することを示し，比例定数を答えなさい。

(2) 反比例の関係 $y=-\dfrac{6}{x}$ について，次の問いに答えなさい。

(ア) 比例定数を答えなさい。　(イ) $x=3$ のときの y の値を求めなさい。

例題 85 反比例の式の求め方

>>p. 111 1 レベル

y は x に反比例し，$x=4$ のとき $y=3$ である。

(1) y を x の式で表しなさい。　(2) $x=-2$ のときの y の値を求めなさい。

$y=\dfrac{a}{x}$ とおいて，a についての方程式を解く

「y は x に反比例」とあるから，$y=\dfrac{a}{x}$ と表すことができる。

1組の x と y の値が与えられているから，$y=\dfrac{a}{x}$ に代入する。

a についての1次方程式となるから，これを解いて a の値を求める。

y が x に反比例するとき，
　xy が一定　$(xy=a)$
であることを利用して a の値を求めてもよい。

解答

(1) y は x に反比例するから，比例定数を a とすると，$y=\dfrac{a}{x}$ と表すことができる。

$x=4$ のとき $y=3$ であるから　$3=\dfrac{a}{4}$　$a=12$

したがって　$y=\dfrac{12}{x}$ …答

(2) $x=-2$ を $y=\dfrac{12}{x}$ に代入して　$y=\dfrac{12}{-2}=-6$

答 $y=-6$

別解

(1) y が x に反比例するとき，xy は一定であるから　$4\times3=12$
これが比例定数に等しいから　$y=\dfrac{12}{x}$

●反比例について，CHART としてまとめておこう。

CHART　y が x に反比例 $\overset{①}{\underset{②}{\rightleftarrows}}$ $y=\dfrac{a}{x}$ $(a\neq0)$　または　$xy=a$

① y が x に反比例するとき，$y=\dfrac{a}{x}$ と表される

② $y=\dfrac{a}{x}$ と表されるとき，y は x に反比例する

［x の値が p 倍になると y の値は $\dfrac{1}{p}$ 倍になる］

解答➡別冊 p. 31

練習 85 右の表で，y が x に反比例するとき，(ア)，(イ) にあてはまる数を答えなさい。

x	…	-4	…	(イ)	…	2	…
y	…	(ア)	…	8	…	-4	…

例題86 反比例のグラフのかき方

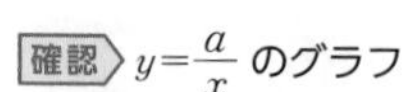

次の反比例のグラフをかきなさい。

(1) $y=\dfrac{6}{x}$　　(2) $y=-\dfrac{8}{x}$

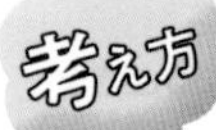

反比例 $y=\dfrac{a}{x}$ のグラフのかき方

通る点の座標を求め，なめらかな曲線で結ぶ

確認 $y=\dfrac{a}{x}$ のグラフ

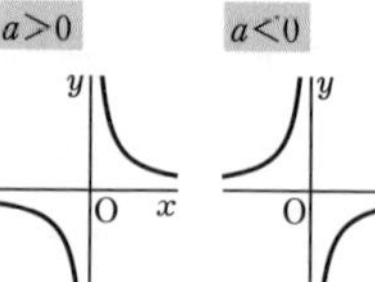

原点対称

点 $(p,\ q)$ がグラフ上にあれば点 $(-p,\ -q)$ もこのグラフ上にある。

解答

(1) 対応する x と y の値は，次の表のようになる。

x	…	−6	−3	−2	−1	0	1	2	3	6	…
y	…	−1	−2	−3	−6	×	6	3	2	1	…

(2) 対応する x と y の値は，次の表のようになる。

x	…	−8	−4	−2	−1	0	1	2	4	8	…
y	…	1	2	4	8	×	−8	−4	−2	−1	…

◀できるだけ多く通る点の座標を求める。また，x 座標，y 座標がともに整数である点を選ぶ。

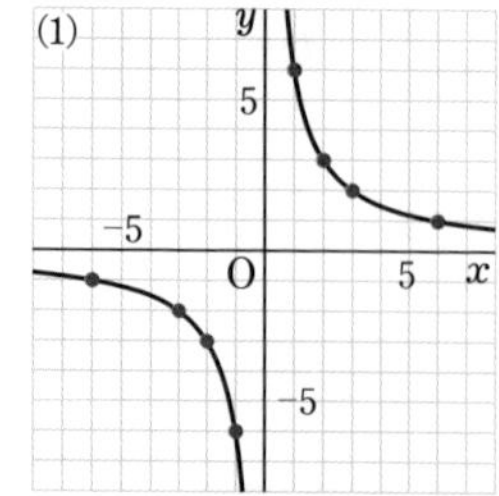

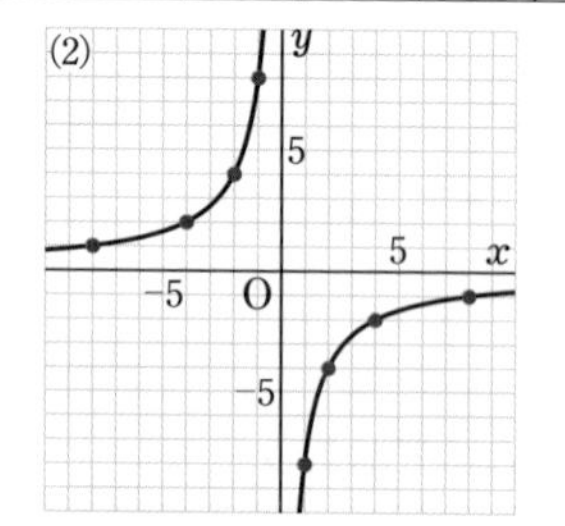

よくないグラフ

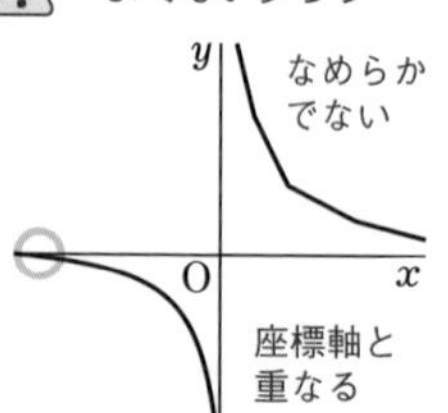

確認 たとえば，反比例 $y=\dfrac{1}{x}$ は，x の値が 1，10，100，1000 … となると，y の値はそれぞれ 1，0.1，0.01，0.001，…… となる。x の値が大きくなるほど，y の値は 0 に近づく。しかし **0 になることはない**。よって，反比例のグラフは x 軸と交わらない。

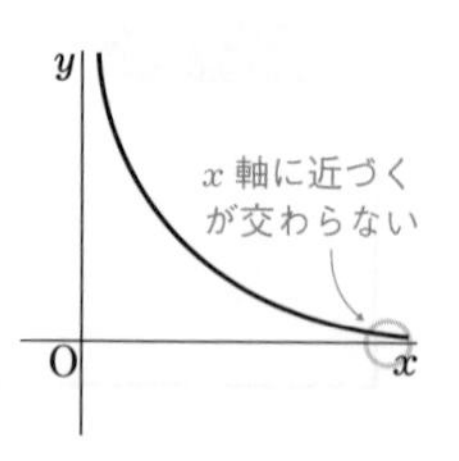

練習86 次の反比例のグラフをかきなさい。

解答➡別冊 p. 31

(1) $y=\dfrac{8}{x}$　　(2) $y=-\dfrac{12}{x}$

例題 87 グラフから反比例の式を求める

≫p. 111 2 レベル

グラフが右の ①，② の双曲線になる反比例の式をそれぞれ求めなさい。

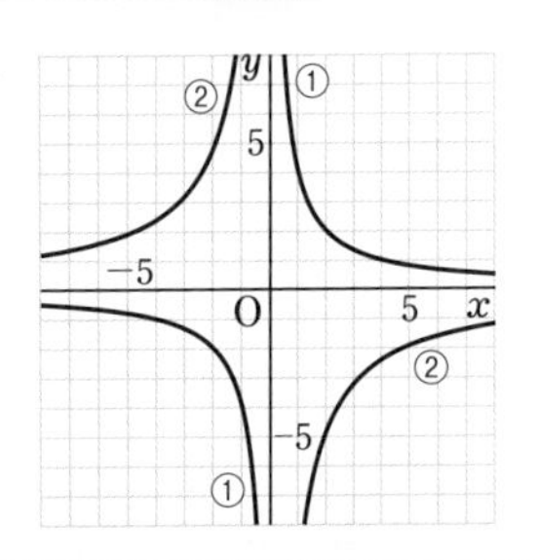

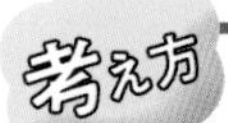

グラフから反比例の式を求める

通る点を見つけ，$xy=a$ を利用して a を求める

比例と同様，反比例の式を $y=\dfrac{a}{x}$ とおき，通る点の x 座標，y 座標を $y=\dfrac{a}{x}$ に代入してもよい。

解答

① 点 $(1,\ 4)$ を通るから

$a=1\times4=4$

よって　$y=\dfrac{4}{x}$ …答

② 点 $(-5,\ 2)$ を通るから

$a=-5\times2=-10$

よって　$y=-\dfrac{10}{x}$ …答

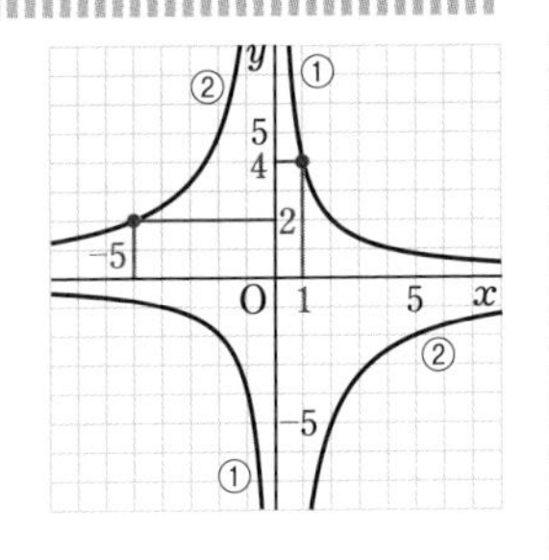

◀ $y=\dfrac{a}{x}$ とおいて，$4=\dfrac{a}{1}$ から $a=4$ と求めてもよい。

確認 比例定数 a の符号
① は右上と左下にグラフがあるから　$a>0$
② は左上と右下にグラフがあるから　$a<0$

解答➡別冊 p. 31

練習 87 グラフが次の (1)，(2) の双曲線になる反比例の式をそれぞれ求めなさい。

(1)

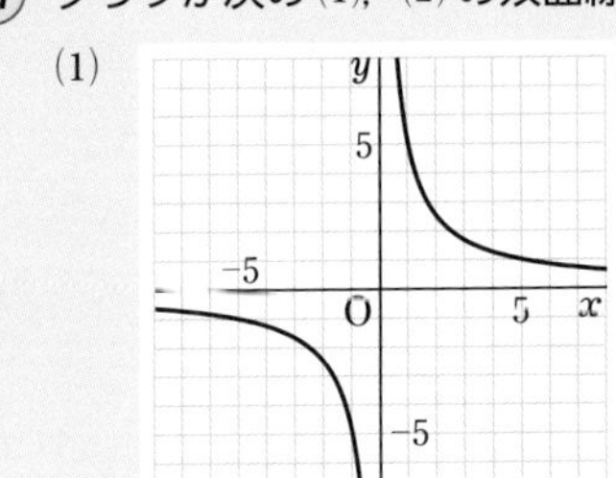

(2)

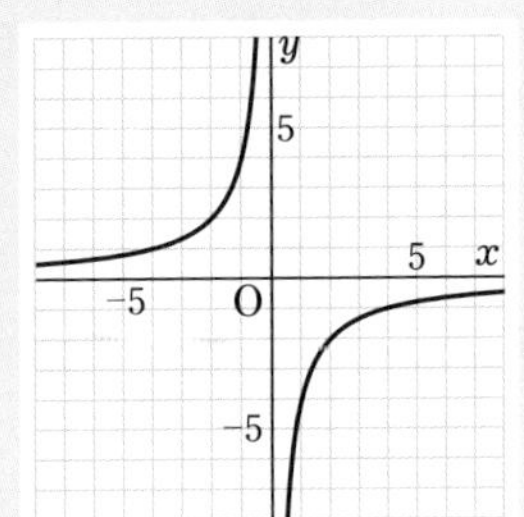

EXERCISES

解答➡別冊 p. 34

63 次の x, y について，y が x に反比例するものを選びなさい。

(1) x g の水の 10 % の重さが y g である。

(2) 100 ページの本を x ページ読んだとき，残りが y ページである。

(3) 20 L 入る容器に，1 分間に x L ずつ水を入れていくとき，いっぱいになるまで y 分かかった。

(4) 1 辺の長さが x cm の立方体の体積が y cm^3 である。

>>例題 84

64 (1) y は x に反比例し，$x=4$ のとき $y=\frac{1}{2}$ である。y を x の式で表しなさい。

(2) y が x に反比例し，$x=2$ のとき $y=10$ である。$y=8$ のときの x の値を求めなさい。

>>例題 85

65 y が x に反比例するときの 2 つの変数 x, y のとる値は，右の表のようになった。空らん (ア)〜(ウ) をうめなさい。

x	-3	(イ)	4	7
y	(ア)	9	$-\frac{9}{2}$	(ウ)

>>例題 85

66 次の反比例のグラフをかきなさい。

>>例題 86

(1) $y=-\frac{24}{x}$

(2) $y=\frac{2}{x}$

67 グラフが次の (1), (2) の双曲線になる反比例の式をそれぞれ求めなさい。

(1)

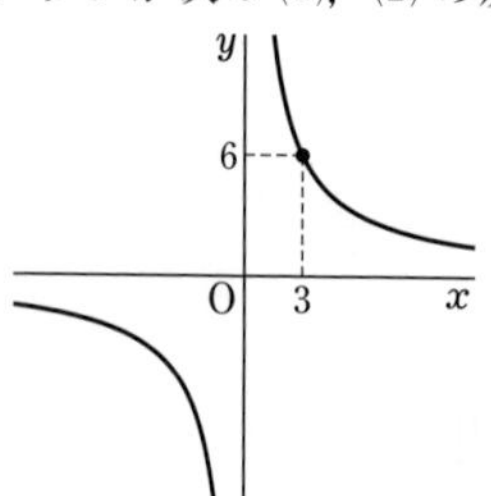

(2)

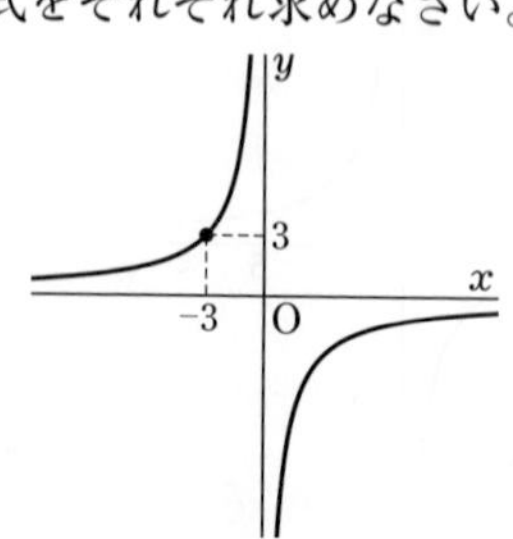

>>例題 87

13 比例と反比例の利用

例題 88 比例の応用

レベル 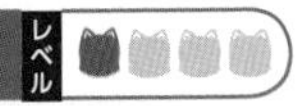

25 L のガソリンで 350 km の距離を走る自動車がある。

(1) この自動車が x L のガソリンで y km の距離を走るとして，y を x の式で表しなさい。

(2) この自動車は 30 L のガソリンで何 km 走りますか。

(3) 630 km の距離を走るには，何 L のガソリンが必要ですか。

考え方 走る距離は，ガソリンの量に比例する

(1) ガソリンの量が 2 倍になれば，2 倍の距離を走ることができる。
よって，**走る距離 y は，ガソリンの量 x に比例する。**
したがって，比例定数を a とすると，$y=ax$ と表すことができる。

CHART **y が x に比例 ⇄ $y=ax$** ($a \neq 0$)

(2)，(3) (1) で求めた式に (2) $x=30$，(3) $y=630$ を代入する。

25 L のガソリンで 350 km 走るということは
(25×2) L で (350×2) km，
(25×3) L で (350×3) km，
……
走る。つまり，走る距離はガソリンの量に **比例** する。

$\dfrac{\text{走る距離 } y\,(\text{km})}{\text{ガソリンの量 } x\,(\text{L})}$ は一定

解答

(1) y は x に比例するから，比例定数を a とすると，$y=ax$ と表すことができる。

$x=25$，$y=350$ を $y=ax$ に代入すると

$350=a\times25$　　　$a=14$

よって　**$y=14x$** …答

(2) $y=14x$ に $x=30$ を代入すると

$y=14\times30=420$

よって　**420 km** …答

(3) $y=14x$ に $y=630$ を代入すると

$630=14x$　　　$x=\dfrac{630}{14}=45$

よって　**45 L** …答

別解 比例の性質を利用

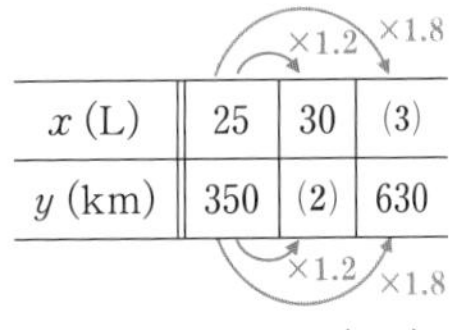

x (L)	25	30	(3)
y (km)	350	(2)	630

(2) $350\times1.2=$**420 (km)**

(3) $25\times1.8=$**45 (L)**

解答➡別冊 p. 32

練習 88 長さが 10 m 以上の針金がある。この針金 360 cm の重さが 15 g であったとき，針金 9 m の重さは何 g ですか。また，針金の重さが 120 g のとき，この針金の長さは何 cm ですか。

例題 89 反比例の応用

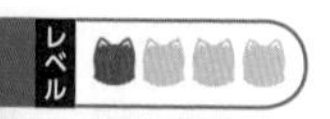

自宅から図書館へ行くのに，自転車を使って分速 200 m で進むと 10 分かかる。

(1) 分速 x m で進むときにかかる時間を y 分としたとき，y を x の式で表しなさい。

(2) 分速 80 m で徒歩で進むときにかかる時間を求めなさい。

考え方 かかる時間は，進む速さに反比例する

(1) 一定の道のりに対し，進む速さが 2 倍になれば，$\frac{1}{2}$ 倍の時間で目的地に着くことができる。

よって，**かかる時間 y は，進む速さ x に反比例する。**

したがって，比例定数を a とすると，$xy=a$ と表すことができる。

CHART **y が x に反比例 ⇄ $xy=a$** $(a \neq 0)$

(2) (1) で求めた式に $x=80$ を代入する。

(速さ)×(時間) は一定
道のり

解答

(1) y は x に反比例するから，比例定数を a とすると，$xy=a$ と表すことができる。

$x=200$，$y=10$ を $xy=a$ に代入すると

$200 \times 10 = a$　　　$a=2000$

よって　$y=\frac{2000}{x}$ …答　← $xy=2000$

(2) $y=\frac{2000}{x}$ に $x=80$ を代入すると　$y=\frac{2000}{80}=25$

よって　**25 分** …答

別解 反比例の性質を利用

x (分速；m)	200	80
y (分)	10	(2)

(x: ×0.4，y: ×2.5)

(2) $10 \times 2.5 = $ **25 (分)**

$0.4=\frac{2}{5}$ の逆数は

$\frac{5}{2}=2.5$

参考 (速さ)×(時間)＝(道のり)，$\frac{(道のり)}{(時間)}$＝(速さ)，$\frac{(道のり)}{(速さ)}$＝(時間) であるから，

道のりが一定 なら，**速さ（時間）は時間（速さ）に反比例する。**

速さが一定 なら，**道のり（時間）は時間（道のり）に比例する。** ← 道のりが長いほど時間がかかる

時間が一定 なら，**道のり（速さ）は速さ（道のり）に比例する。** ← 速さが速いほど，進む道のりは長い

練習 89 解答➡別冊 p. 32

歯車Aと歯車Bがかみ合っている。歯の数が 30 である歯車Aを 12 回転させると，歯の数が x である歯車Bが y 回転する。

(1) y を x の式で表しなさい。

(2) 歯車Bの歯の数が 40 であるとき，歯車Bは何回転しますか。

例題 90 グラフの応用

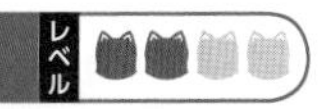

姉と妹が同時に家を出発し，家から 750 m 離れた駅に向かう。出発してから x 分後に，家から y m 離れるとして，姉と妹が駅に着くまでの x と y の関係をグラフに表すと，右の図のようになる。

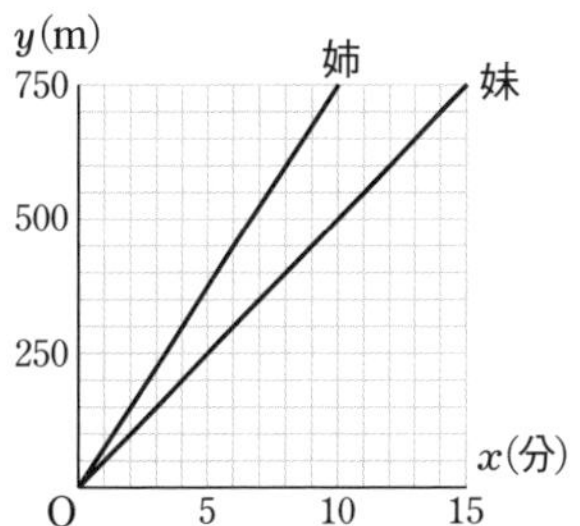

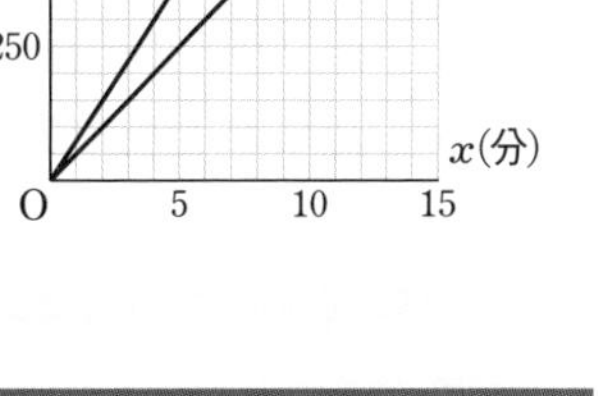

(1) 姉が駅に着いたとき，妹は家から何 m のところにいますか。

(2) 姉と妹それぞれについて，y を x の式で表しなさい。

(3) 姉と妹の間が 200 m 離れるのは，家を出発してから何分後ですか。

考え方 グラフを読みとり，比例の式を求める

(1) 姉が駅に着いたのは出発してから何分後かを，グラフから読みとる。
……そのときまでに妹の進んだ距離を調べる。

(2) グラフから式を求める。姉のグラフは，点 (10，750) と原点を，妹のグラフは，点 (15，750) と原点を通る。

(3) (2) で求めた式を利用する。

前ページの参考にあるように，一定の速さで進むとき，**道のりは時間に比例する。**

解答

(1) グラフより，姉が駅に着いた時間は，家を出発してから 10 分後で，そのとき妹は家から 500 m のところにいる。 答 **500 m**

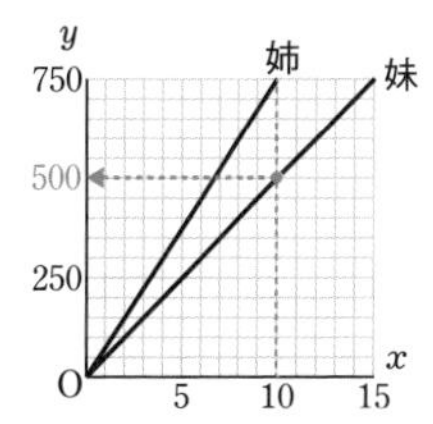

(2) y は x に比例する。

姉は，10 分で 750 m 進むから，比例定数は $\dfrac{750}{10}=75$

妹は，15 分で 750 m 進むから，比例定数は $\dfrac{750}{15}=50$

よって　**姉：$y=75x$　妹：$y=50x$** …答

◀ $\dfrac{y}{x}=a$（一定）を利用している。

(3) x 分後の 2 人の距離の差が 200 m になればよい。

(2) より　$75x-50x=200$　$25x=200$

$x=8$ 答 **8 分後**

参考 (2) 式と変域をあわせて $y=75x\ (0\leqq x\leqq 10)$
$y=50x\ (0\leqq x\leqq 15)$
と表すこともある。

解答➡別冊 p. 32

練習 90 上の例題について，次の問いに答えなさい。

(1) 妹は，姉から何分遅れて駅に着きますか。

(2) 家を出発してから 6 分後の，2 人の間の距離は何 m ですか。

例題 91 点の移動

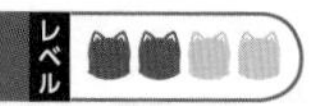

右の図のような1辺が 10 cm の正方形 ABCD があり，点P は，点Bから出発して辺 BC 上を点Cまで動くとする。
点PがBから x cm 進んだときの三角形 ABP の面積を $y\ \mathrm{cm}^2$ とするとき，次の問いに答えなさい。
ただし，点PがBの位置にあるとき，$y=0$ とする。

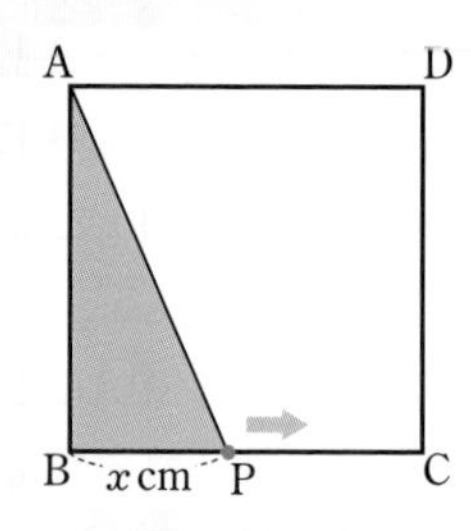

(1) x の変域を不等式で表しなさい。
(2) y を x の式で表しなさい。
(3) y の変域を不等式で表しなさい。

考え方 $x=1,\ 2,\ \cdots\cdots$ のときの y の変化を考える

点が図形の辺上を動く問題は，具体的に考えてみるとよい。
(1) x の値がもっとも小さくなるのは，点PがBに一致するとき，x の値がもっとも大きくなるのは，点PがCに一致するとき。
(3) (1) と (2) を利用して，x の変域に対して，y のとりうる値の範囲を考える。

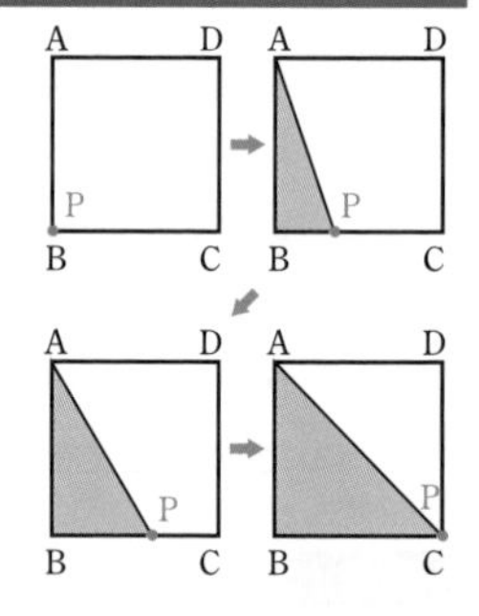

解答

(1) 点Pは，点Bから点Cまで動くから，x の変域は
$\mathbf{0 \leqq x \leqq 10}$ …答

(2) 三角形 ABP は，底辺が x cm，高さが 10 cm で，その面積が $y\ \mathrm{cm}^2$ であるから
$y=x\times10\div2=5x$ 答 $\boldsymbol{y=5x}$

(3) y の値は，0 からだんだん大きくなり，$x=10$ のとき，もっとも大きくなる。このとき $y=5\times10=50$
よって，y の変域は $\mathbf{0 \leqq y \leqq 50}$ …答

(2) x の変域とあわせると
$y=5x\ (0\leqq x\leqq10)$
変域をふくめてグラフをかくときは，変域外を実線でかかないようにする。

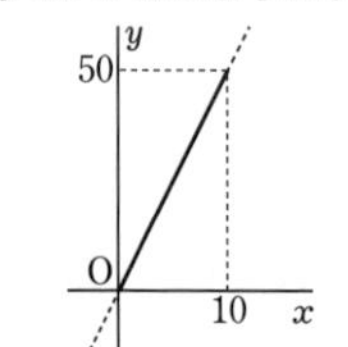

解答➡別冊 p. 32

練習 91 右の図のような長方形 ABCD があり，点Pは，点Bから出発して辺 BC 上を秒速 3 cm で点Cまで動くとする。
点PがBを出発して x 秒後の三角形 ABP の面積を $y\ \mathrm{cm}^2$ とする。ただし，点PがBの位置にあるとき，$y=0$ とする。

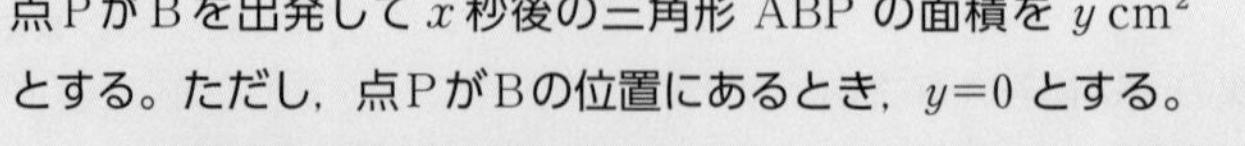

A 12 cm D
4 cm
B P C

(1) x の変域を不等式で表しなさい。 (2) y を x の式で表しなさい。
(3) y の変域を不等式で表しなさい。

EXERCISES

解答➡別冊 p. 35

68 y は x に比例し，x は z に反比例するとき，次の問いに答えなさい。

(1) y は z に比例するか，反比例するか答えなさい。

(2) $x=-1$ のとき，$y=3$，$z=-5$ である。$y=-3$ のときの z の値を求めなさい。

69 天びんが図のようにつり合っているとき，支点からの距離を x cm，y cm とし，物の重さをそれぞれ z g，w g とすると，$xz=yw$ という関係が成り立つ。

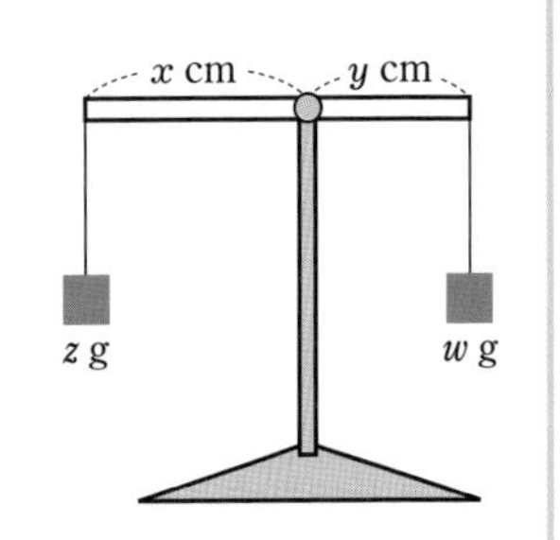

(1) x，y が一定で，$x=10$，$y=8$ であるとき，z と w の関係を調べなさい。

(2) y，w が一定で，$y=8$，$w=100$ であるとき，x と z の関係を調べなさい。

>>例題 88, 89

70 ある駅の通路に，ふつうの歩道 60 m と動く歩道 60 m が並んでいる。この通路を，A さんはふつうの歩道を歩いて 40 秒かかった。B さんは動く歩道で歩かずに進むと 60 秒かかった。また，C さんは動く歩道を A さんと同じ速さで歩いて進むとする。A さん，B さん，C さんが同時に進み始めたとき，次の問いに答えなさい。

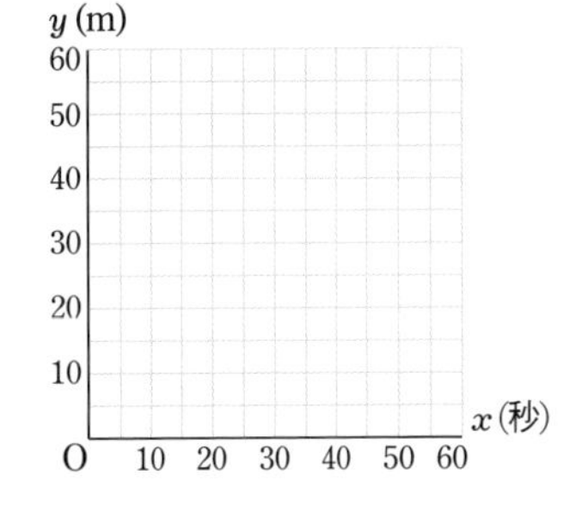

(1) ふつうの歩道で止まっている人から見た，C さんの進む速さを求めなさい。

(2) 20 秒後には，A さん，B さん，C さんは，それぞれどれだけ進んでいますか。

(3) A さん，B さん，C さんのそれぞれについて，x 秒間に進む距離を y m として，x と y の関係を求め，グラフに表しなさい。

>>例題 88, 90

ヒント 70 (1) C さんの進む速さは （A さんの速さ）＋（動く歩道の速さ）

71 次の関数の中から，(1)～(4) のそれぞれにあてはまる関数をすべて選びなさい。

① $y=4x$　② $y=-\dfrac{x}{4}$　③ $y=\dfrac{4}{x}$　④ $y=-\dfrac{4}{x}$

(1) y が x に比例する。

(2) グラフが点 (1, 4) を通る。

(3) グラフは双曲線である。

(4) $x>0$ において，x が増加すると y も増加する。

72 点Pは，右の図のような長方形 ABCD の辺 BC 上を，BからCまで秒速 2 cm で動く。点PがBを出発して x 秒後の三角形 ABP の面積を y cm^2 とする。 ≫例題 91

(1) x の変域を求めなさい。

(2) y を x の式で表し，そのグラフをかきなさい。ただし，変域は考えなくてよい。

(3) PがBから 2 cm の点から 8 cm の点まで動くとき，y の変域を求めなさい。

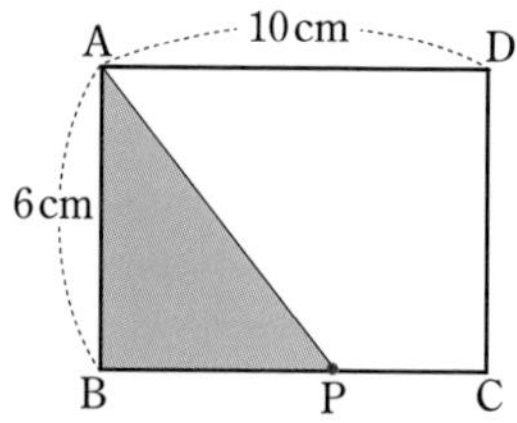

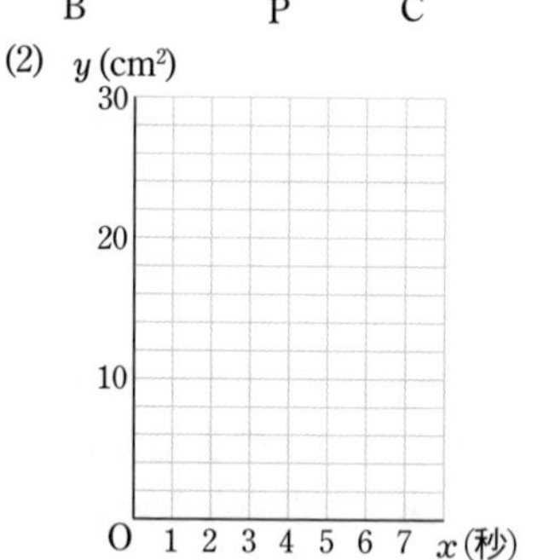

定期試験対策問題

28 次の ①〜⑤ のうち，y が x に比例するもの，y が x に反比例するものを，それぞれすべて選びなさい。

① 50 枚の画用紙から x 枚を使ったときの残りの画用紙の枚数 y 枚

② 時速 4 km で x 時間歩いたときの進んだ道のり y km

③ 10 L 入る水そうに毎分 x L ずつ水を入れるとき，空の状態からいっぱいになるまでにかかる時間 y 分

④ 半径 x cm の円の面積 $y\ \mathrm{cm}^2$

⑤ 体積が $20\ \mathrm{cm}^3$ である直方体の縦の長さ x cm，横の長さ y cm，高さ 5 cm

>>例題 77, 84

29 次の問いに答えなさい。

(1) y は x に比例し，$x=10$ のとき $y=15$ である。y を x の式で表しなさい。
また，その比例定数を答えなさい。

(2) y は x に反比例し，$x=5$ のとき $y=-4$ である。y を x の式で表しなさい。
また，その比例定数を答えなさい。

>>例題 79, 85

30 右の図で，点 A，B，C の座標を答えなさい。
また，次の点 P，Q，R を右の図にかき入れなさい。

P$(-1,\ 0)$，　Q$(2,\ -6)$，　R$(0,\ 5)$

>>例題 80

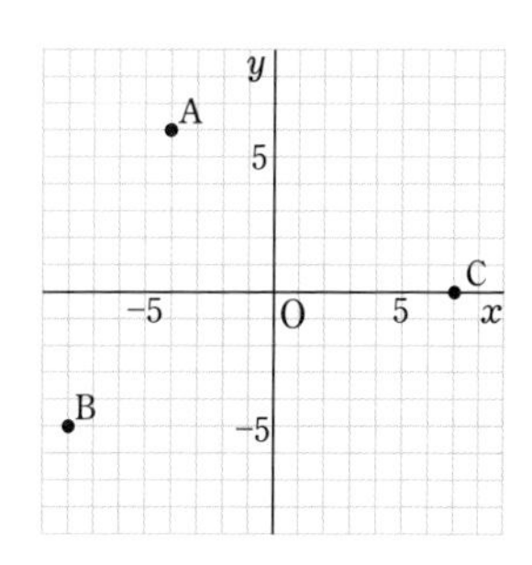

31 次のグラフをかきなさい。

(1) $y=3x$　(2) $y=-\dfrac{3}{2}x$　(3) $y=\dfrac{9}{x}$　(4) $y=-\dfrac{15}{x}$

>>例題 82, 86

32 右の ①～③ は比例または反比例のグラフです。
それぞれのグラフの式を求めなさい。 >>例題 83, 87

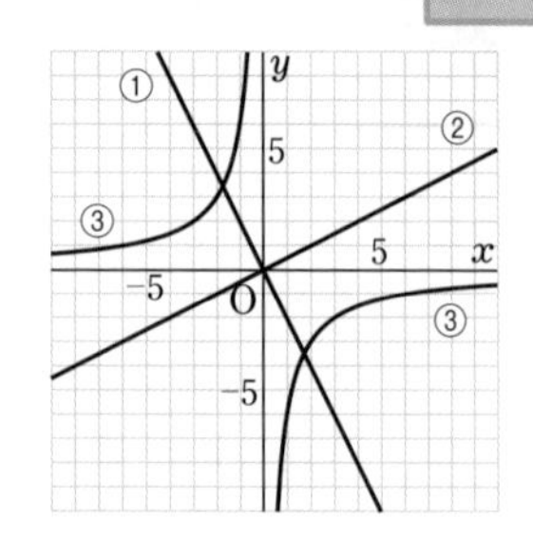

33 同じくぎの山がある。このくぎ 15 本の重さを量ると 27 g であった。

(1) くぎの本数を x 本，その重さを y g として，y を x の式で表しなさい。

(2) 何本あるかわからないように取り出したくぎの山の重さが 225 g であった。くぎは何本ありますか。

>>例題 88

34 ある問題集を 1 日に 6 ページずつ進めていくと 20 日間かかります。この問題集を 1 日に x ページずつ進めていくと y 日間かかるとして，次の問いに答えなさい。

(1) y を x の式で表しなさい。

(2) 1 日に 8 ページずつ進めていくと，問題集を終わらせるのに何日間かかるか求めなさい。

>>例題 89

35 兄と弟が同時に家を出発し，家から 1200 m 離れた公園に向かう。出発してから x 分後に，家から y m 離れるとして，兄と弟が公園に着くまでの x と y の関係をグラフに表すと，右の図のようになる。

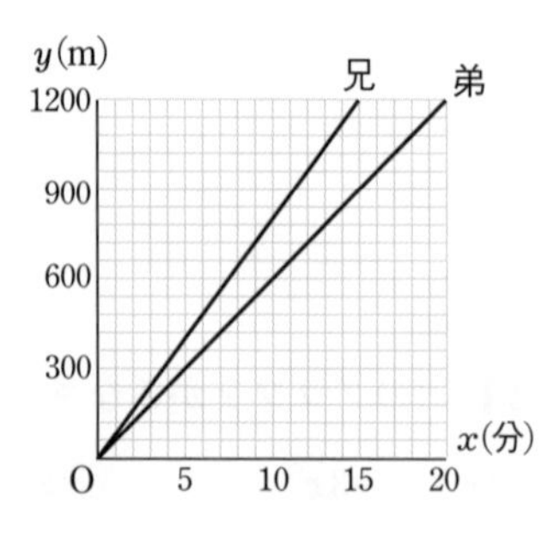

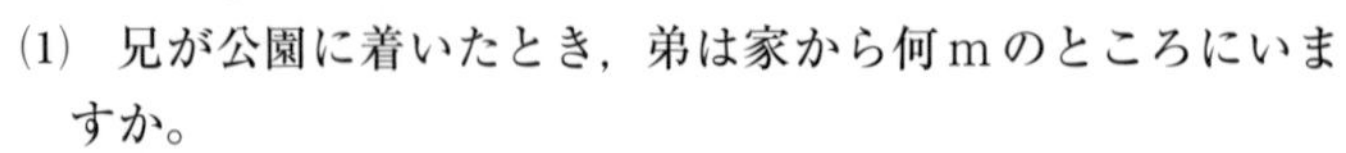

(1) 兄が公園に着いたとき，弟は家から何 m のところにいますか。

(2) 兄と弟それぞれについて，y を x の式で表しなさい。
また，x の変域もそれぞれ答えなさい。

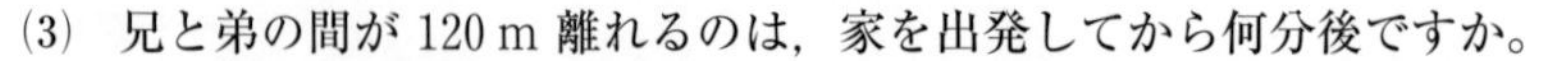

(3) 兄と弟の間が 120 m 離れるのは，家を出発してから何分後ですか。 >>例題 90

第5章

平面図形

14 平面上の直線

1 直線と線分

❶ 両方向に限りなくのびたまっすぐな線を **直線** といい，
2点A，Bを通る直線を **直線AB** という。
直線ABのうち，点Aから点Bまでの部分を **線分**（せんぶん） **AB** といい，点Aから点Bの方向に限りなくのびた部分を
半直線（はんちょくせん） **AB** という。

直線AB
線分AB
半直線AB

❷ 2点A，Bを結ぶいろいろな線のうち，もっとも短いものは線分ABである。線分ABの長さを，2点A，B間の **距離**（きょり） という。

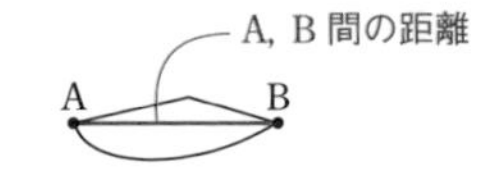

2 角

半直線BA，BCによってできる角を **∠ABC** と表す。
∠ABCは，∠Bや∠bで表すこともある。
「角ABC」と読む

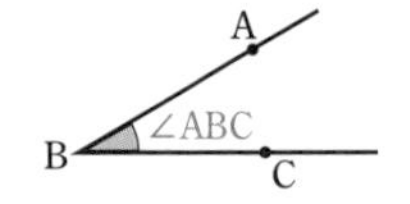

3 2直線の関係

❶ 2直線AB，CDが垂直に交わるとき，**AB⊥CD** と表す。
「AB垂直CD」と読む
2直線が垂直に交わるとき，一方の直線を他方の直線の **垂線**（すいせん） という。

直角を表す
交点

❷ 2つの線が交わる点を **交点**（こうてん） という。

❸ 右の図において，点Cと直線AB上の点を結ぶ線分のうち，もっとも短い線分CHの長さを，点Cと直線ABとの距離という。

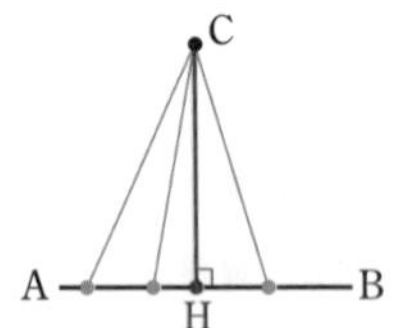
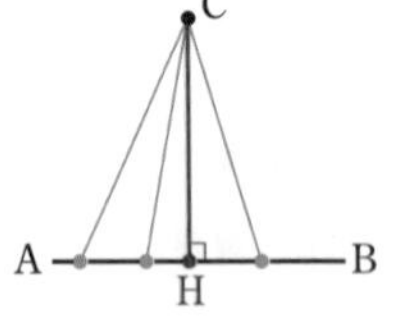

◀赤い線が，点Cと直線ABの距離を表す。

❹ 2直線AB，CDが平行であるとき，**AB∥CD** と表す。
「AB平行CD」と読む
AB∥CDのとき，直線AB上のどの点をとっても，その点と直線CDとの距離は等しい。
このときの距離を，平行な2直線AB，CD間の距離という。

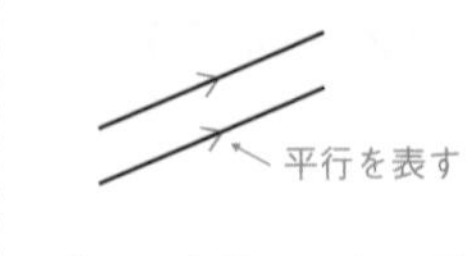

◀逆に，直線AB上のどの点をとっても，その点と直線CDとの距離が等しいとき　AB∥CD

例題 92 直線・線分・半直線

>>p. 126 1 レベル

右の図のように 3 点 A，B，C がある。

(1) 次のものを図にかき入れなさい。

① 直線 AB　　② 線分 BC　　③ 半直線 CA

(2) 3 点 A，B，C のうち，2 点を通る直線はいくつあるか答えなさい。

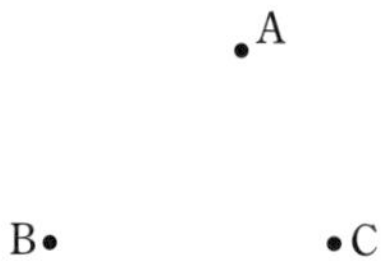

A

B　　C

用語の意味をしっかりつかむ。

直線 PQ　2 点 P，Q を通り，両方向に限りなくのびたまっすぐな線。

線分 PQ　直線 PQ のうち，点 P から点 Q までの部分。

半直線 PQ　点 P から点 Q の方向に限りなくのびた部分。

(半直線 QP は点 Q から点 P の方向に限りなくのびた部分)

直線 PQ　P　Q

線分 PQ　P　Q

半直線 PQ　P　Q

半直線 QP　P　Q

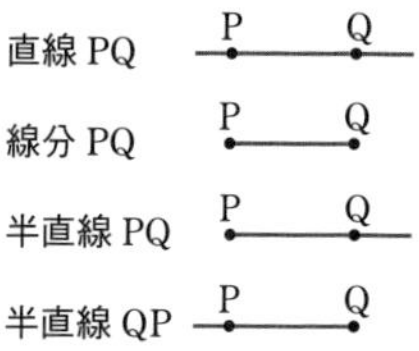

解答

(1) 答 ①

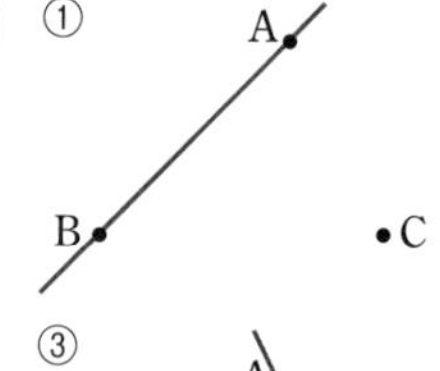

②

③

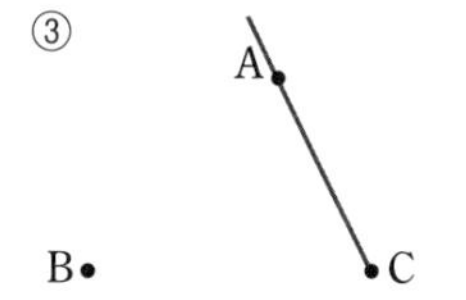

(2) 直線 AB，直線 BC，直線 CA の

3 本　…答

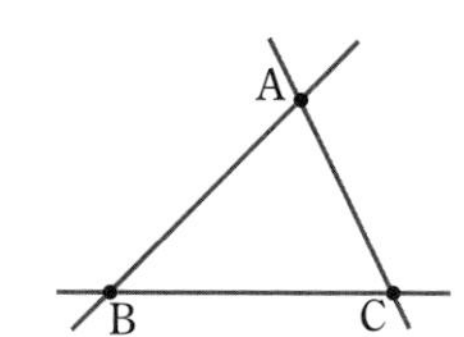

⚠

直線 PQ と直線 QP，線分 PQ と線分 QP は同じであるが，半直線 PQ と半直線 QP は異なるので注意。

参考

1 点を通る直線は無数にひけるが，2 点を通る直線は 1 本しかひけない。

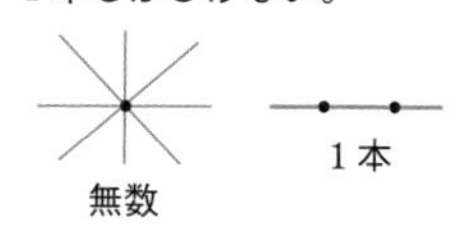

練習 92

解答➡別冊 p. 37

右の図のように 4 点 A，B，C，D がある。

(1) 次のものを図にかき入れなさい。

① 直線 BC　　② 線分 AB

③ 半直線 AC　　④ 半直線 DB

(2) 4 点 A，B，C，D のうち 2 点を通る直線はいくつあるか答えなさい。

A

D

B

C

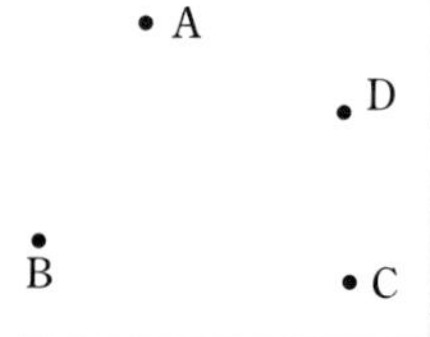

例題 93 角の表し方，角の大きさ

>>p. 126 2 レベル 

(1) 右の図(1)において，次の角をそれぞれ A，B，C，D を用いて表しなさい。

(ア) $\angle a$　　(イ) $\angle b$　　(ウ) $\angle c$

(2) 右の図(2)において，次の角の大きさを求めなさい。

(ア) ∠AOC　　(イ) ∠COD

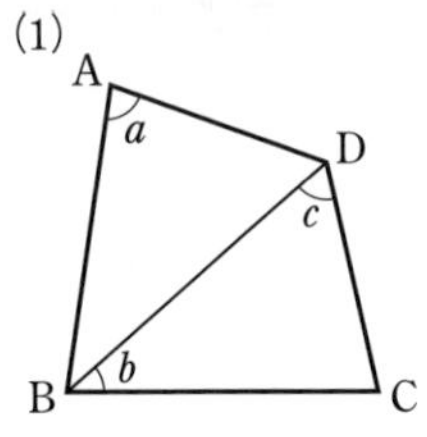

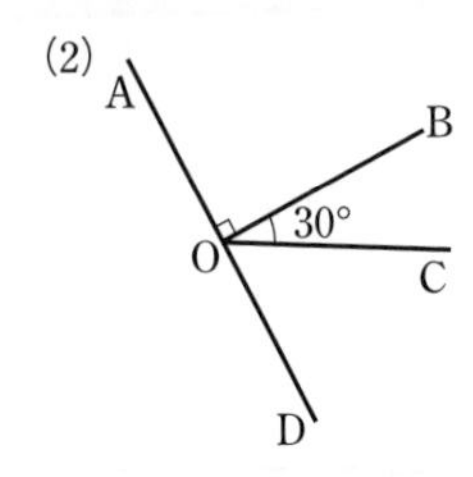

考え方

半直線 OP，OQ によってできる角を **∠POQ** と表す。

（∠QOP でもよい。頂点を中央にかく）

この半直線は，辺や線分でもあてはまる。

(2) ∠AOB＝90°，∠BOD＝90° である。

（∠AOB の大きさが 90° であることをこのように表す）

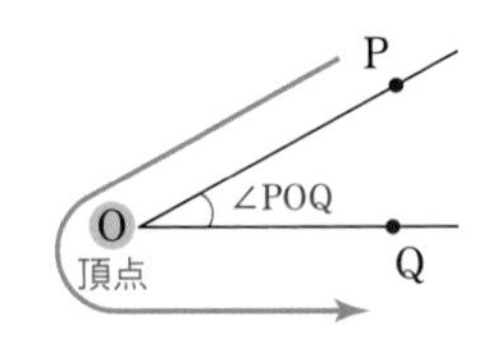

解答

(1) 答 (ア) **∠BAD または ∠DAB または ∠A**

(イ) **∠DBC または ∠CBD** (ウ) **∠BDC または ∠CDB**

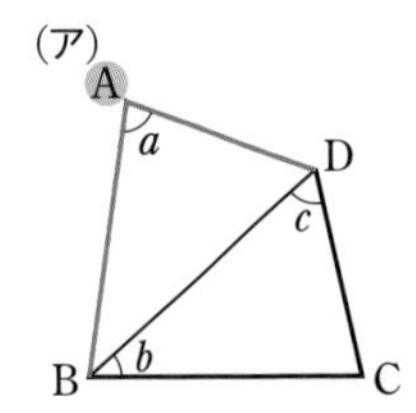

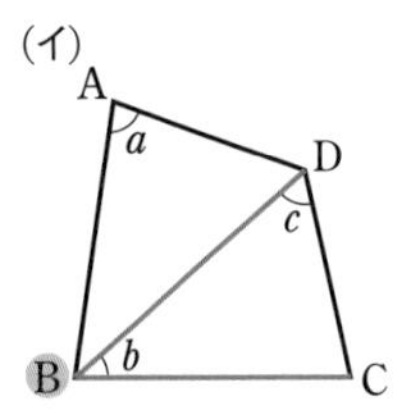

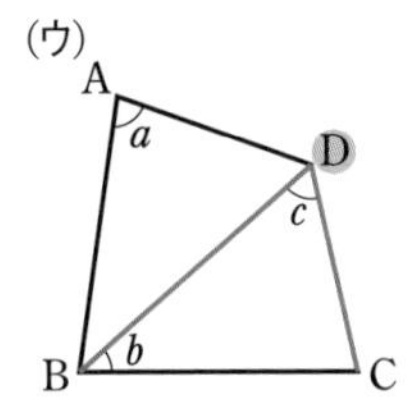

(2) (ア) ∠AOC＝∠AOB＋∠BOC

＝90°＋30°＝120°　　答 **120°**

(イ) ∠COD＝∠BOD－∠BOC

＝90°－30°＝60°　　答 **60°**

⚠ 図の $\angle b$ を ∠B と表すと，∠ABC，∠ABD，∠DBC の**どの角を指しているのかわからない**。このような場合は，半直線 BD，BC によってできる角であることがわかるように ∠DBC の形で表す。

参考

∠ABC と ∠DEF の大きさが等しいことを

∠ABC＝∠DEF

と書く。(2)では

∠AOB＝∠BOD＝90°

解答➡別冊 p. 38

練習 93 次の問いに答えなさい。

(1) 右の図(1)において，次の角をそれぞれ A，B，C，D を用いて表しなさい。

(ア) $\angle a$　　(イ) $\angle b$

(ウ) $\angle c$　　(エ) $\angle d$

(2) 右の図(2)において，

∠AOB＝∠COD＝90° である。次の角の大きさを求めなさい。

(ア) ∠AOC　　(イ) ∠BOE

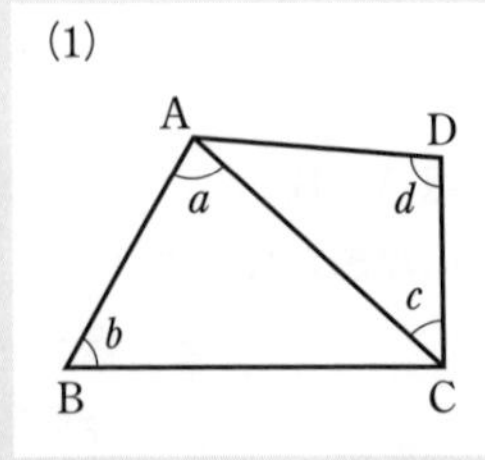

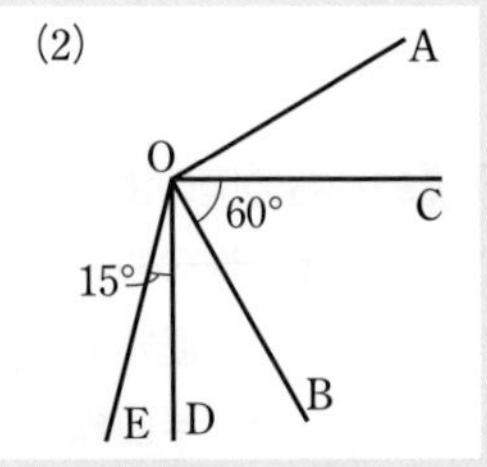

例題 94　2直線の関係

≫p. 126 3

レベル

右の図において，次の2つの直線の関係を，記号⊥または∥を使って表しなさい。

(1)　直線 AB と直線 CD

(2)　直線 CD と直線 EF

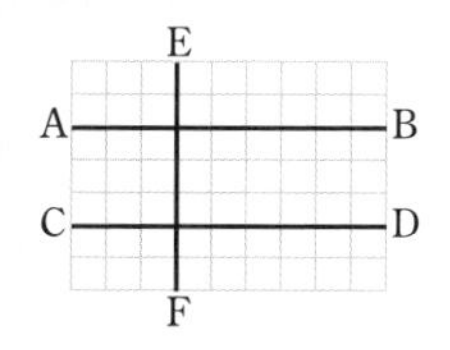

垂直の記号は ⊥，平行の記号は ∥

解答

(1)　**AB∥CD**　…答　　(2)　**CD⊥EF**　…答

小学校の復習

2つの直線が直角に交わるとき，2つの直線は垂直であるという。また，1つの直線に垂直な2つの直線は平行であるという。

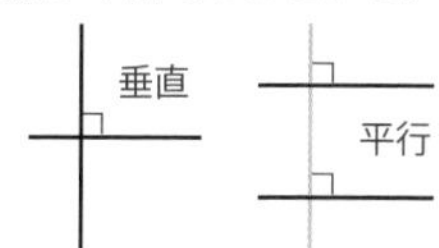

参考

直線 AB と直線 EF は垂直であるから　AB⊥EF

練習 94　右の図のような長方形 ABCD がある。次の2つの辺の関係を，記号⊥または∥を使って表しなさい。

(1)　辺 AB と辺 DC　　(2)　辺 AB と辺 BC

解答➡別冊 p. 38

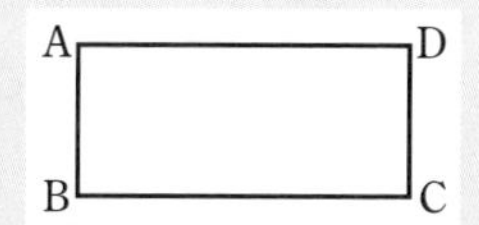

例題 95　距離

≫p. 126 3

レベル

右の図において，次の距離を求めなさい。
ただし，方眼の1めもりは1cm とする。

(1)　2点 A，B 間の距離　　(2)　点Aと直線 CE の距離

(3)　平行な2直線 AB，DE 間の距離

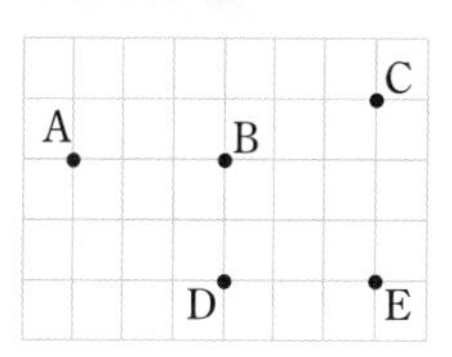

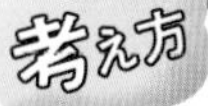

(1)　2点 A，B 間の距離 … 線分 AB の長さ

(2)　点Aと直線 CE の距離 … 点Aから直線 CE にひいた垂線の長さ

(3)　平行な2直線 AB，DE 間の距離 … 2直線 AB と DE をつなぐ垂線の長さ

解答

(1)　**3 cm**　…答

(2)　**6 cm**　…答

(3)　**2 cm**　…答

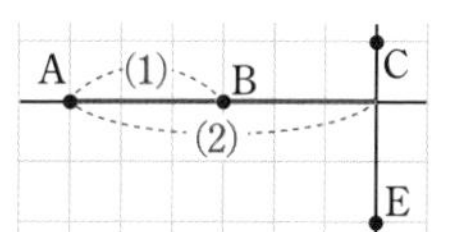

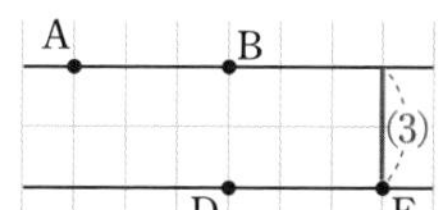

参考　線分 AB の長さを AB=3 (cm) のように書き，線分 AB と線分 DE の長さが等しいことを AB=DE と書く。

練習 95　例題 95 の図において，次の距離を求めなさい。

(1)　2点 C，E 間の距離　　(2)　点Bと直線 CE の距離

解答➡別冊 p. 38

15 図形の移動

図形を，その形と大きさを変えずにほかの位置に動かすことを **移動** という。移動によって，ぴったりと重なる点を，**対応する点** という。

以下，三角形 ABC を △ABC と表し，「三角形 ABC」と読む。

1 平行移動

❶ 図形を，一定の方向に一定の距離だけずらすことを **平行移動** という。

❷ **平行移動の性質**

対応する 2 点を結ぶ線分は，どれも平行で長さが等しい。

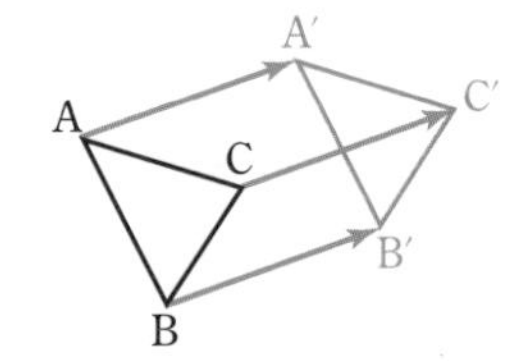

左の図において，
AA′∥BB′∥CC′
AA′＝BB′＝CC′
AB∥A′B′,
BC∥B′C′，CA∥C′A′
A′ は「Aダッシュ」と読む。

2 回転移動

❶ 図形を，ある点Oを中心にして一定の角度だけ回すことを **回転移動** といい，点Oを **回転の中心** という。

❷ **回転移動の性質**

① 回転の中心と対応する 2 点をそれぞれ結んでできる角はすべて等しい。

② 回転の中心は対応する 2 点から等しい距離にある。

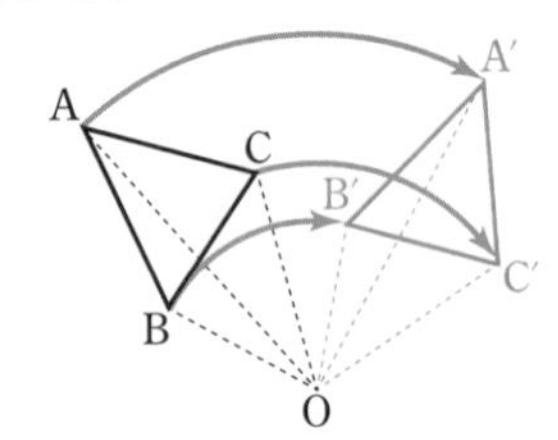

左の図において，
① ∠AOA′＝∠BOB′
＝∠COC′
② OA＝OA′,
OB＝OB′，OC＝OC′
特に，180° の回転移動を **点対称移動** という。

3 対称移動

❶ 図形を，ある直線 ℓ を折り目として折り返すことを **対称移動** といい，直線 ℓ を **対称の軸** という。

❷ **対称移動の性質**

対応する 2 点を結ぶ線分は，対称の軸によって，垂直に 2 等分される。

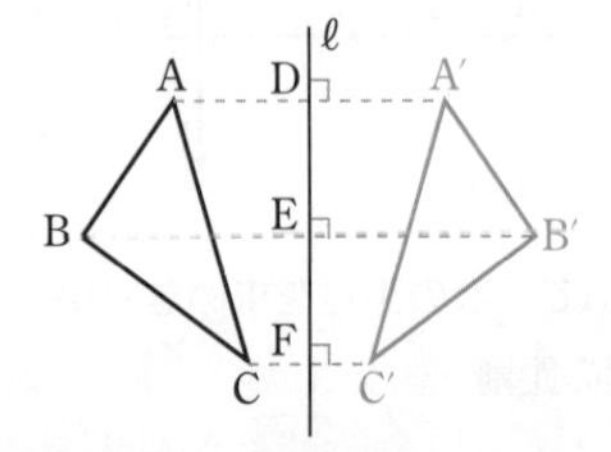

左の図において，
AD＝A′D，AA′⊥ℓ
BE＝B′E，BB′⊥ℓ
CF－C′F，CC′⊥ℓ

例題 96 平行移動

>>p. 130 1 レベル 

右の図の △ABC を，矢印 PQ の方向に線分 PQ の長さだけ平行移動させてできる △A′B′C′ をかきなさい。

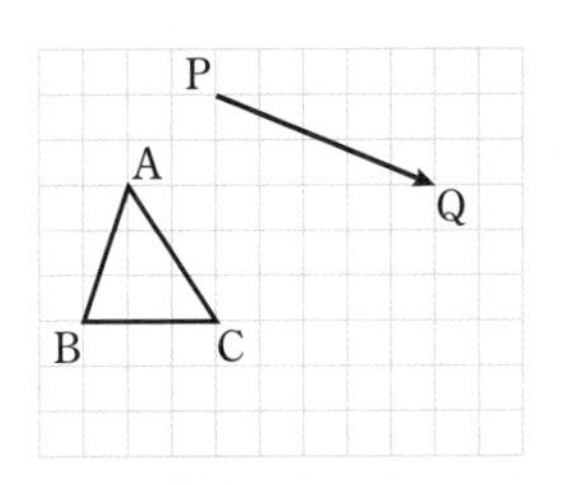

確認 平行移動

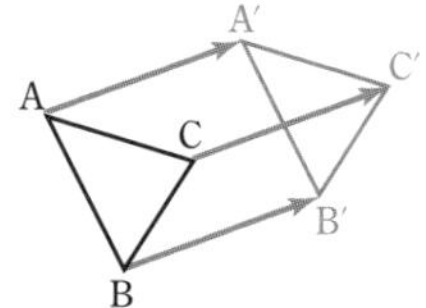

AA′ // BB′ // CC′

AA′＝BB′＝CC′

考え方 対応する 2 点を結ぶ線分は，平行で長さが等しい

点Qは，点Pを右へ 5，下へ 2 だけ移動させた点である。
したがって，同じように △ABC の 3 頂点 A，B，C を右へ 5，下へ 2，**同じ距離だけ** 移動させ，移動後の点を線で結ぶ。

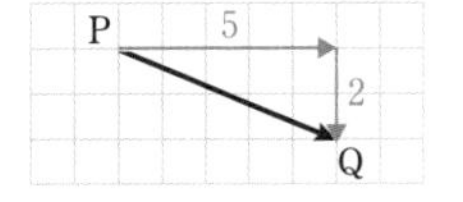

解答

△ABC の 3 頂点 A，B，C をそれぞれ右へ 5，下へ 2 だけ移動させた点を A′，B′，C′ とする。
この 3 点 A′，B′，C′ を結ぶと下の図のようになる。

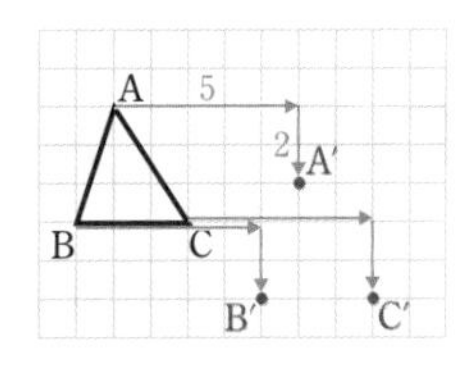

答

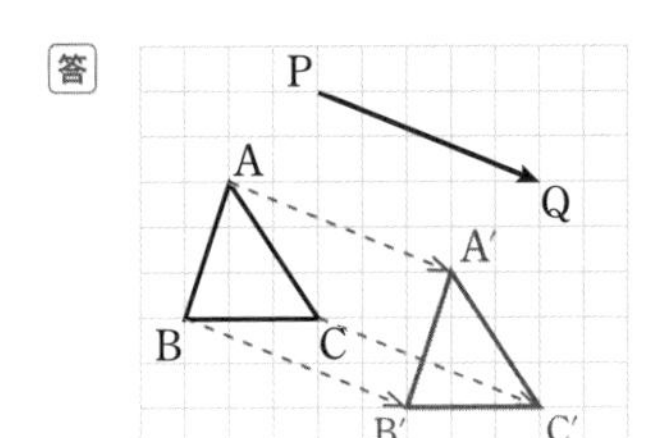

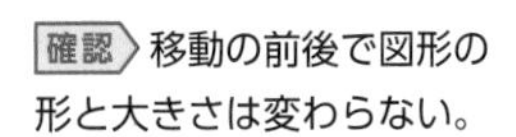
確認 移動の前後で図形の形と大きさは変わらない。

練習 96

解答➡別冊 p. 38

右の図の △ABC を，矢印 PQ の方向に線分 PQ の長さだけ平行移動させてできる △A′B′C′ をかきなさい。

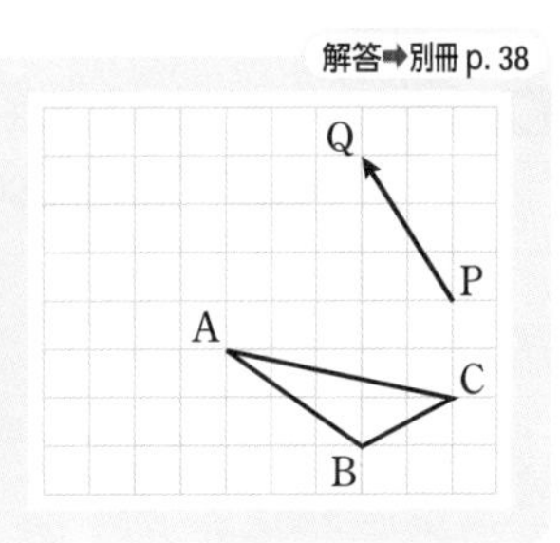

例題 97 回転移動

≫p. 130 2 レベル ■□□□

右の図の △ABC を，点 O を回転の中心にして，時計の針の回転と同じ方向に 90° 回転移動させてできる △A′B′C′ をかきなさい。

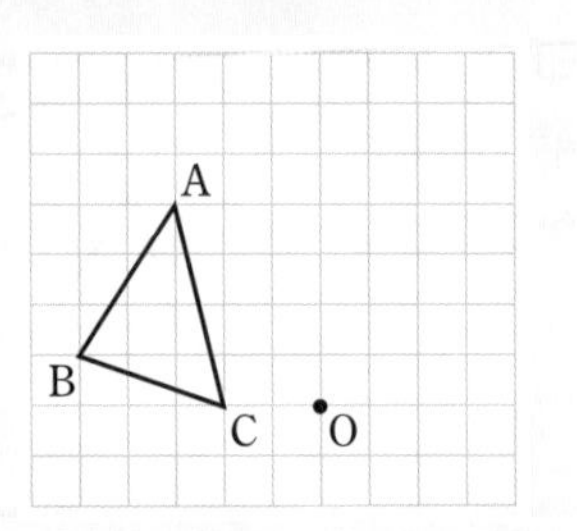

考え方　対応する点は，回転の中心から等しい距離にある

△ABC の 3 頂点 A，B，C を点 O を回転の中心にして，90° 回転移動させる。移動後の点を線で結ぶ。

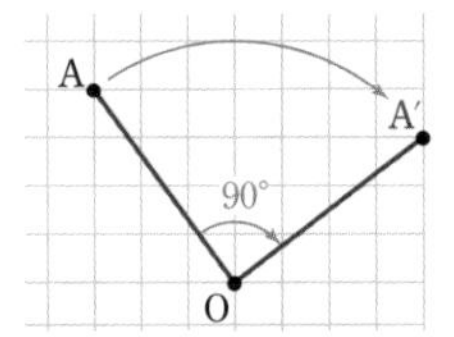

解答

△ABC の 3 頂点 A，B，C を点 O を回転の中心にして，時計の針の回転と同じ方向に 90° 回転移動させた点を A′，B′，C′ とする。

この 3 点 A′，B′，C′ を結ぶと下の図のようになる。

答

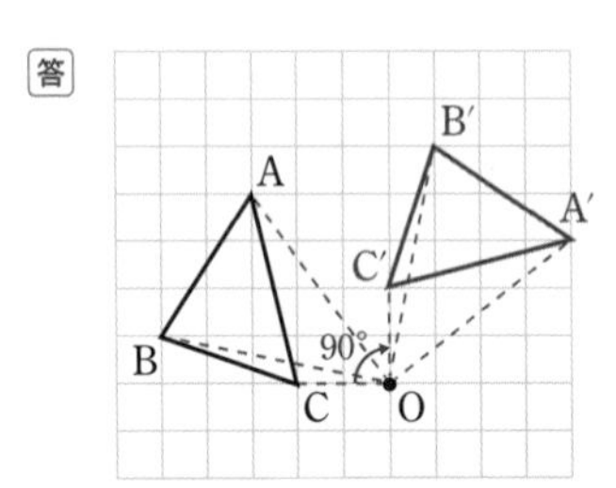

確認 回転移動

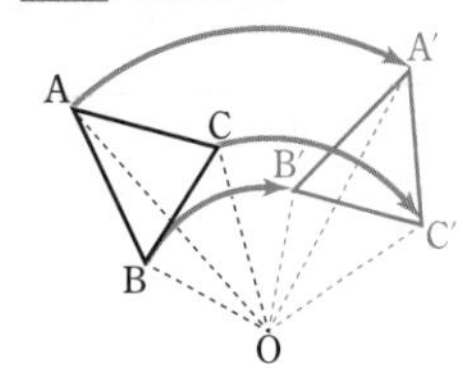

OA＝OA′，OB＝OB′，
OC＝OC′
∠AOA′＝∠BOB′
＝∠COC′

参考 180° 回転の場合
（点対称移動）

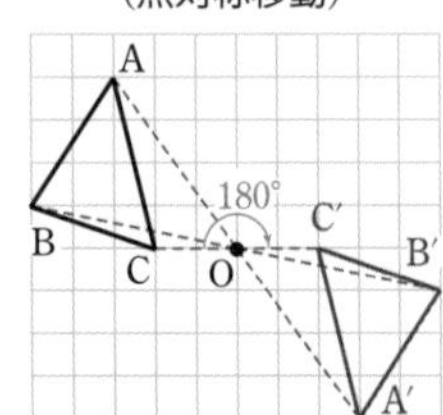

練習 97 右の図の △ABC を，点 O を回転の中心にして，時計の針の回転と反対方向に 90° 回転移動させてできる △A′B′C′ をかきなさい。

解答➡別冊 p. 38

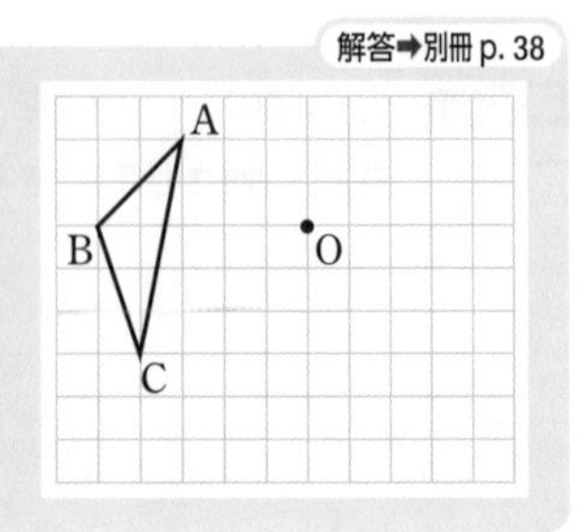

例題 98 対称移動

>>p. 130 3 レベル

右の図の △ABC を，直線 ℓ を対称の軸として，対称移動させた △A′B′C′ をかきなさい。

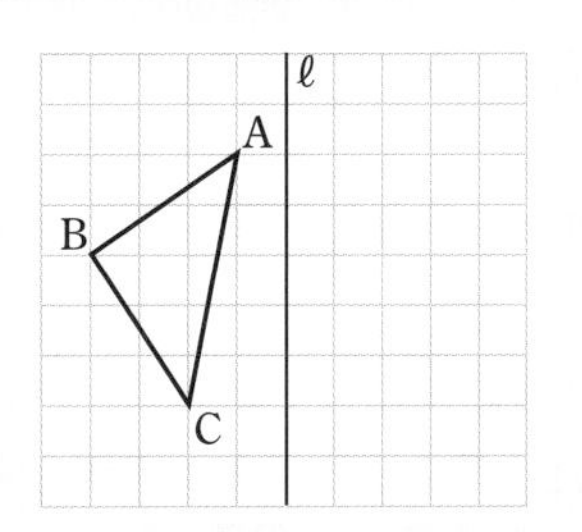

考え方 対応する 2 点を結ぶ線分は，

対称の軸によって，垂直に 2 等分される

△ABC の 3 頂点 A，B，C を，直線 ℓ を対称の軸として対称移動させる。
そして，移動後の点を線で結ぶ。

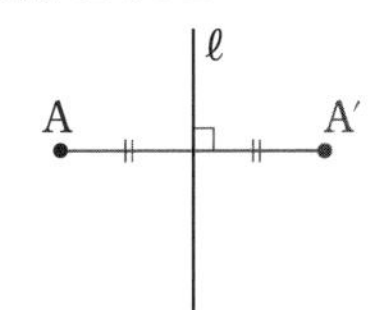

解答

△ABC の 3 頂点 A，B，C を，直線 ℓ を対称の軸として対称移動させた点を A′，B′，C′ とする。
この 3 点 A′，B′，C′ を結ぶと下の図のようになる。

答

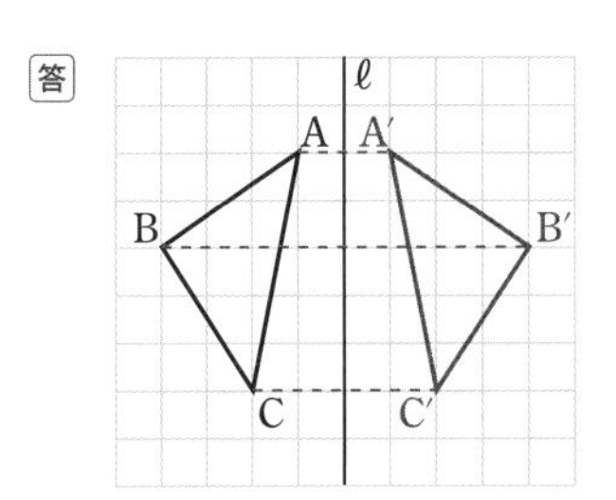

確認 対称移動

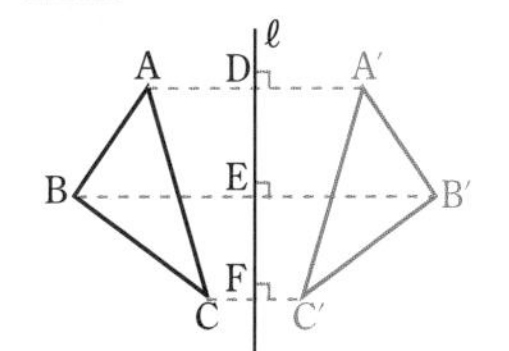

AD＝A′D，AA′⊥ℓ
BE＝B′E，BB′⊥ℓ
CF＝C′F，CC′⊥ℓ

例題 81を確認しておこう。

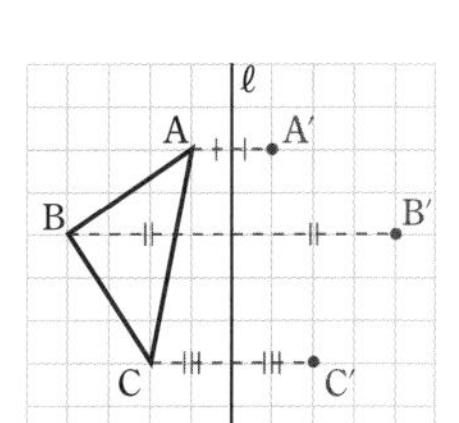

直線 ℓ を折り目として折ると，△ABC と △A′B′C′ がぴったり重なる。

練習 98 右の図の △ABC を，直線 ℓ を対称の軸として，対称移動させた △A′B′C′ をかきなさい。

解答➡別冊 p. 38

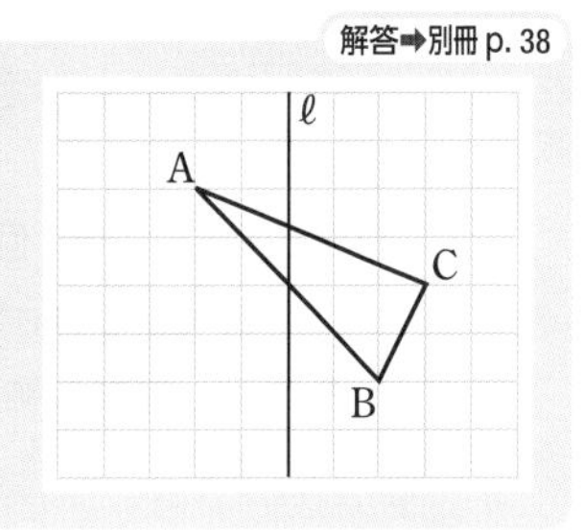

例題 99 移動で重なる図形

>>p. 130 1 3 レベル

右の図は，長方形 ABCD を 8 個の合同な三角形に分けたものである。

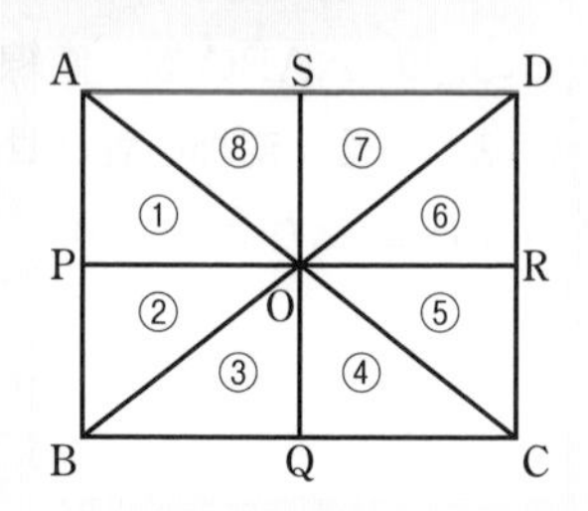

(1) 三角形 ① を平行移動して重なる三角形の番号を答えなさい。

(2) 三角形 ① を 1 回だけ対称移動して重なる三角形の番号をすべて答えなさい。また，そのときの対称の軸を答えなさい。

考え方

平行移動　図形をずらす

一定の方向に一定の距離だけ図形をずらす。
図形の向きは変わらない。

対称移動　図形を対称の軸で折り返す

対称の軸を折り目として折り返す。

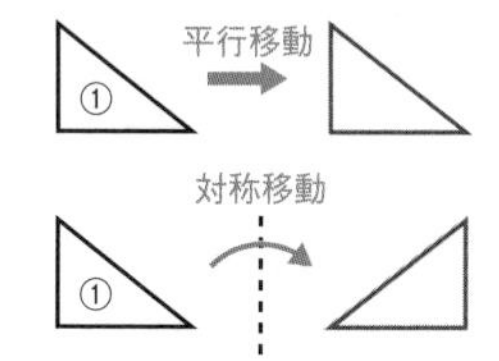

解答

(1) 三角形 ① を頂点Aから C の方向に，線分 AO の長さだけ平行移動すると三角形 ④ に重なる。

答 ④

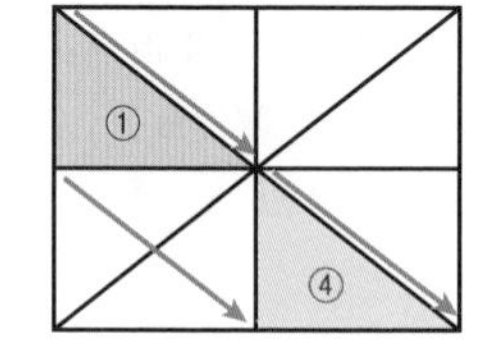

(2) 直線 PR を対称の軸とすると　　直線 QS を対称の軸とすると

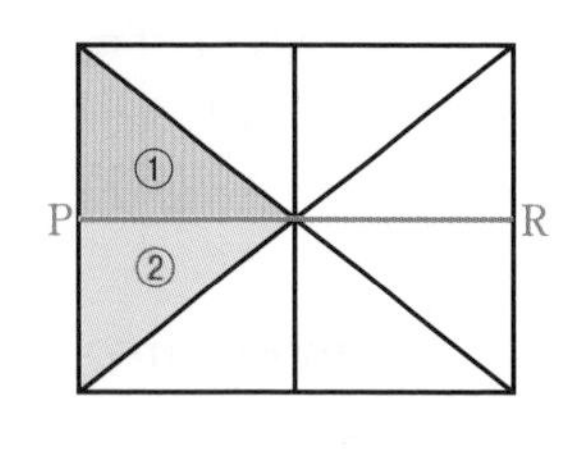

答 ②，**対称の軸は直線 PR**；　⑥，**対称の軸は直線 QS**

解答➡別冊 p. 38

練習 99 右の図は，正八角形を 8 個の合同な三角形に分けたものである。

(1) 三角形 ① を，点Oを回転の中心にして，時計の針の回転と反対方向に 135° 回転移動して重なる三角形の番号を答えなさい。

(2) 三角形 ① を 1 回だけ対称移動して重なる三角形の番号をすべて答えなさい。また，そのときの対称の軸を答えなさい。ただし，対称の軸となる直線は，正八角形の頂点を通るものとする。

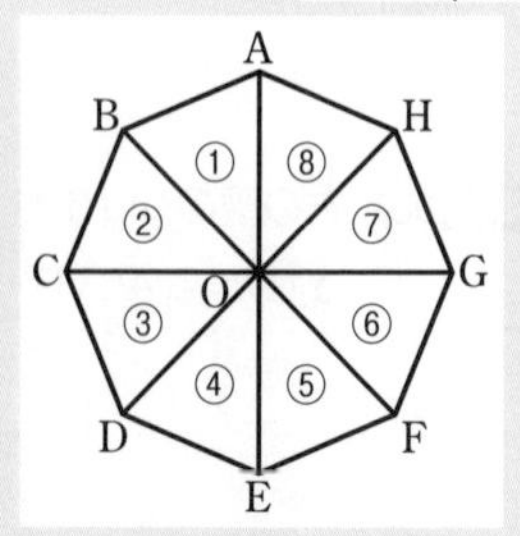

例題 100 対称移動と回転移動

>>p. 130 2 3

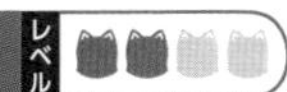

右の図において，$\triangle A'B'C'$ は，直線 OX を対称の軸として $\triangle ABC$ を対称移動したものであり，$\triangle A''B''C''$ は，直線 OY を対称の軸として $\triangle A'B'C'$ を対称移動したものである。
$\angle XOY=60^\circ$ とするとき，$\angle AOA''$ は何度ですか。また，$\triangle ABC$ を1回で $\triangle A''B''C''$ に移す移動はどのような移動ですか。

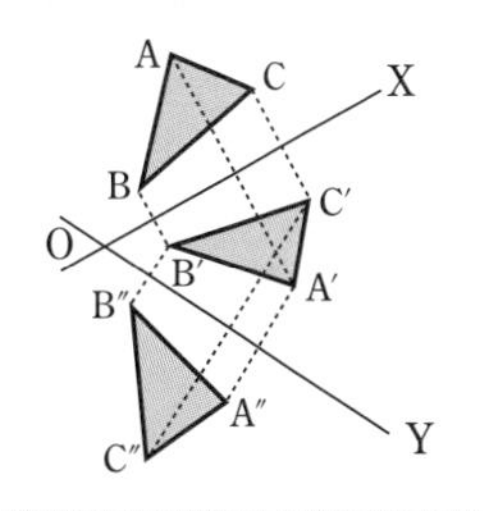

考え方 図形上のある1点の移動について考える

$\triangle ABC$ の頂点Aに注目 すると，$A \longrightarrow A' \longrightarrow A''$ の移動において
点Aと点 A′ は，直線 OX について対称であるから

$OA=OA'$，　$\angle AOX=\angle A'OX$

点 A′ と点 A″ は，直線 OY について対称であるから

$OA'=OA''$，　$\angle A'OY=\angle A''OY$

← A″ は「Aツーダッシュ」と読む。

対称移動

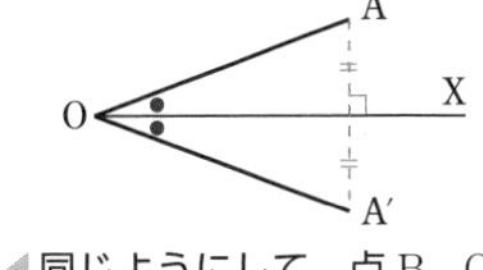

◀同じようにして，点B，C の移動を調べる。

解答

点Aと点 A′ は 直線 OX を対称の軸として対称 であるから

$OA=OA'$，　$\angle AOX=\angle A'OX$

点 A′ と点 A″ は 直線 OY を対称の軸として対称 であるから

$OA'=OA''$，　$\angle A'OY=\angle A''OY$

よって，$OA=OA'=OA''$ であるから，点Oを中心とする 回転移動 で点Aは点 A″ に重なり

$$\angle AOA''=\angle AOA'+\angle A'OA''=2\times\angle A'OX+2\times\angle A'OY$$
$$=2\times\angle XOY=2\times60^\circ=\mathbf{120^\circ}$$ …答

点B，点Cについても，それぞれ点Aと同じように点 B″，点 C″ に回転移動をするから，$\triangle ABC$ を $\triangle A''B''C''$ に移す移動は，**点Oを中心として時計の針の回転と同じ方向に 120° 回転させる移動である。** …答

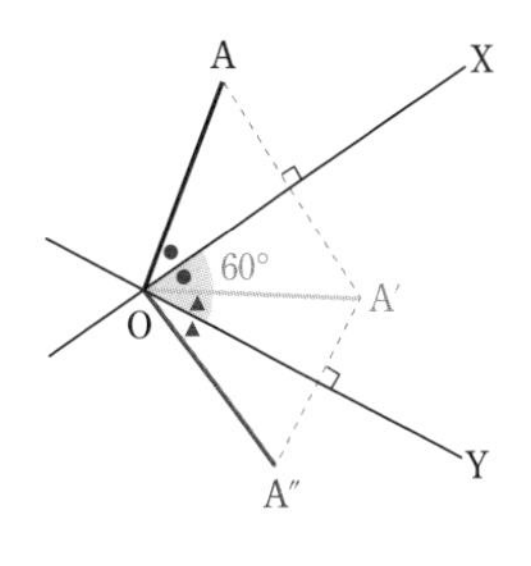

●＋▲＝60° であるから
●＋●＋▲＋▲
＝(●＋▲)×2
＝120°

解答➡別冊 p. 39

練習 100 右の図において，$\triangle A'B'C'$ は，直線 OX を対称の軸として $\triangle ABC$ を対称移動したものであり，$\triangle A''B''C''$ は，直線 OY を対称の軸として $\triangle A'B'C'$ を対称移動したものである。$\angle XOY=65^\circ$ とするとき，$\triangle ABC$ を1回で $\triangle A''B''C''$ に移す移動は，どのような移動であるか答えなさい。

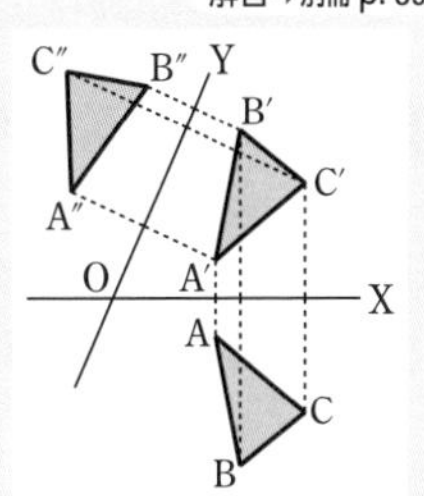

EXERCISES

解答➡別冊 p. 41

73 同じ直線上にない 3 点 A，B，C がある。これらの点で，次の図形はいくつできるか答えなさい。

(1) 直線　　(2) 線分　　(3) 半直線

>>例題 92

74 2 直線 AB と CD が垂直であるとき，AB に平行な直線 ℓ と CD に平行な直線 m がある。ℓ と m の位置関係を記号で答えなさい。また，CD に垂直な直線 n があるとき，ℓ と n の位置関係を記号で答えなさい。

>>例題 94

75 右の図の四角形を，次のように移動させてできる四角形をかきなさい。

(1) 矢印 PQ の方向に線分 PQ の長さだけ平行移動

(2) 点 O を回転の中心にして，時計の針の回転と同じ方向に 90° 回転移動

(3) 直線 ℓ を対称の軸として対称移動

>>例題 96～98

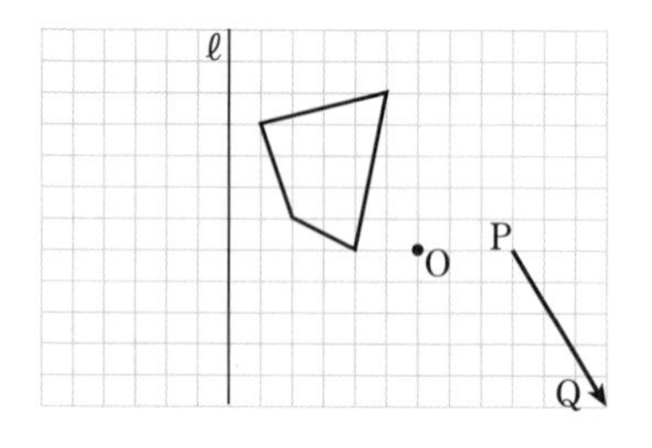

76 右の図の △ABC を，次の ①，② の順で移動させてできる △A′B′C′ をかきなさい。

① 直線 ℓ を対称の軸として対称移動

② 点 O を対称の中心にして点対称移動

>>例題 97，98

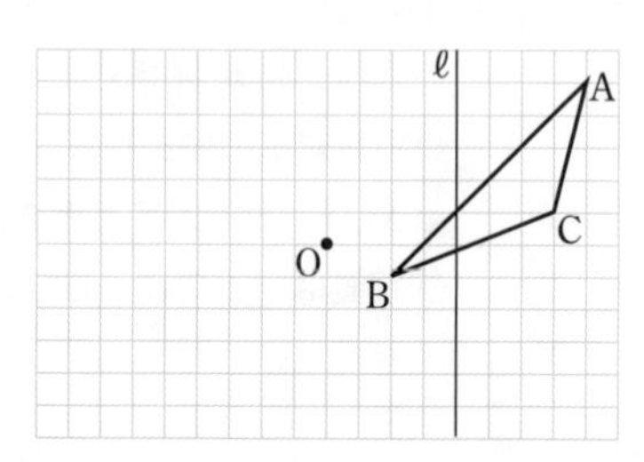

77 右の図のように，6個の合同なひし形がある。

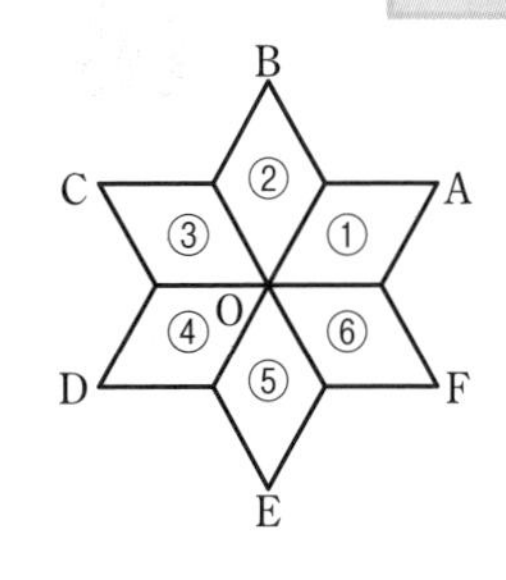

(1) ひし形①を平行移動して重なるひし形の番号を答えなさい。

(2) ひし形①を，点Oを回転の中心にして，時計の針の回転と同じ方向に60°回転して重なるひし形の番号を答えなさい。

(3) ひし形①を1回だけ移動させて，ひし形③に重ねる。どのように移動させればよいか答えなさい。

>>例題 99

78 右の図において，線分ABを，直線ℓを対称の軸として対称移動させたものが線分A′B′，直線mを対称の軸として対称移動させたものが線分A″B″である。$\ell \perp m$のとき，線分A″B″は線分A′B′をどのように移動したものですか。

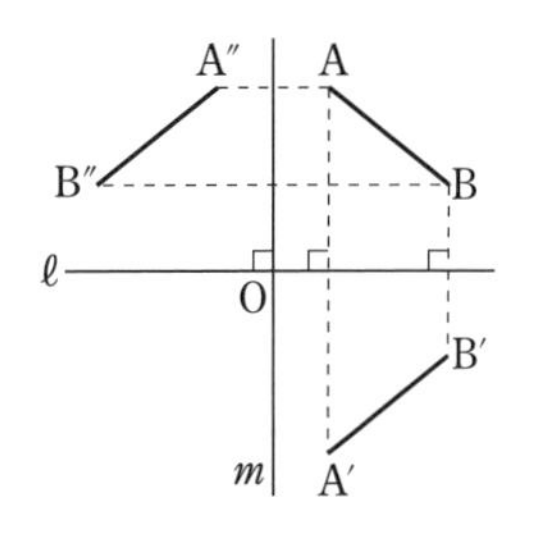

>>例題 100

79 右の図は，正方形ABCDを8個の合同な直角二等辺三角形に分けたものである。この正方形ABCDの紙を，下のように3回折って，直角二等辺三角形をつくった。

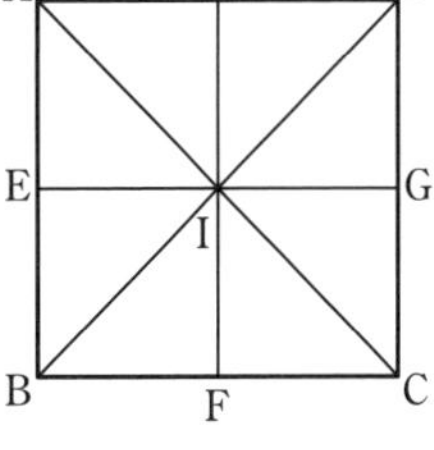

(1) 点Aに重なる点をすべて答えなさい。

(2) 線分EIに重なる線分をすべて答えなさい。

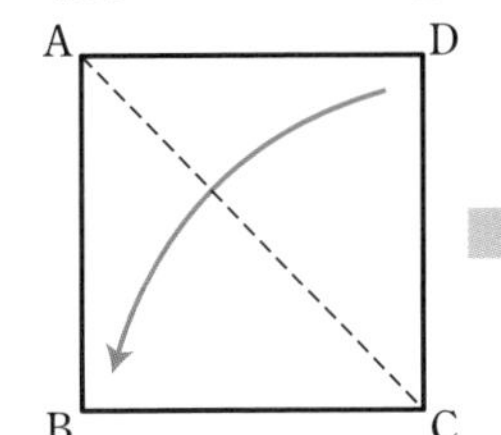

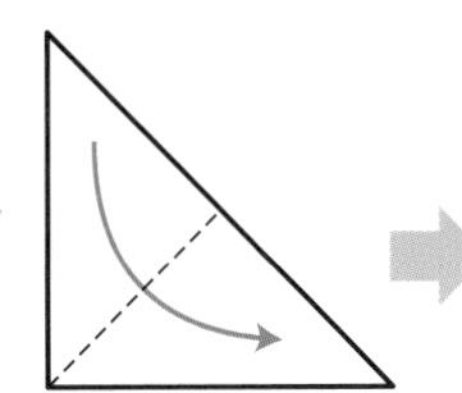

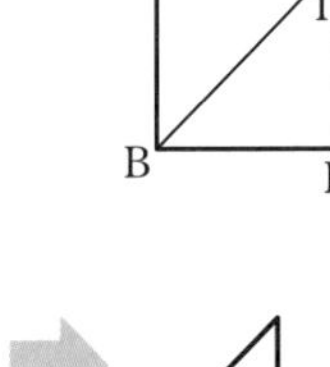

>>例題 99

第5章 平面図形

16 作　図

定規とコンパスだけを使って図をかくことを **作図** という。
定規は，直線や線分をひくために用いる。
コンパスは，円をかいたり，線分の長さを移すために用いる。

⚠ 作図の過程でひいた線は消さずに残しておく。

1 垂直二等分線

❶ 線分 AB 上の点で，2 点 A，B から等しい距離にある点を，線分 AB の **中点**（ちゅうてん）という。線分 AB の中点を通り，線分 AB に垂直な直線を，線分 AB の **垂直二等分線** という。

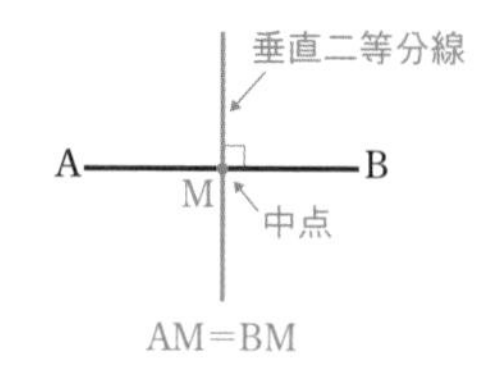

❷ 垂直二等分線の作図 >>例題 102

① 点 A，B を中心とする同じ半径の円をかく。
② ① の交点 P，Q を通る直線をひく。
→ この直線が線分 AB の垂直二等分線

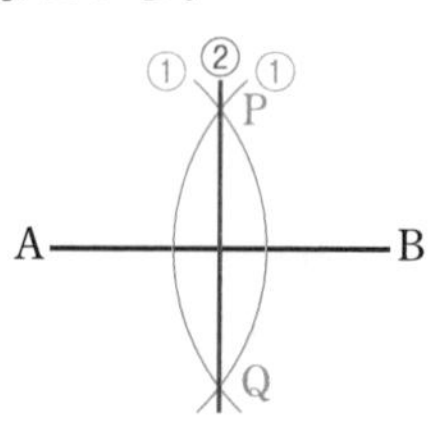

◀左に示した作図の手順は大まかなもの。詳しくは例題で解説する。

2 角の二等分線

❶ 1 つの角を 2 等分する半直線を，その角の **二等分線** という。

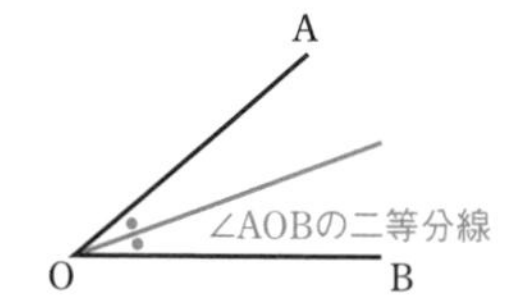

❷ 角の二等分線の作図 >>例題 103

① 点Oを中心とする適当な円をかく。
② ① の円と半直線 OA，OB の交点 P，Q を中心とする，同じ半径の円をかく。
③ O と ② の交点 R を通る半直線をひく。→ この直線が ∠AOB の二等分線

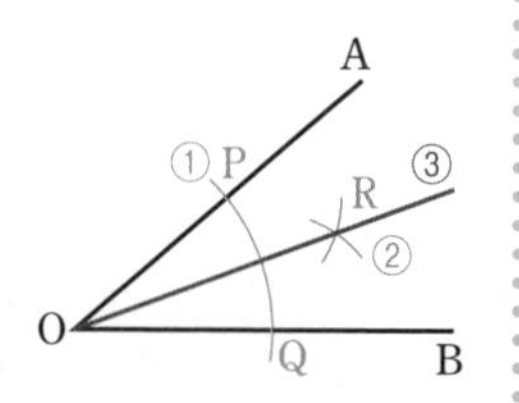

3 垂　線

直線上にない点を通る垂線の作図 >>例題 104

① 点Aを中心とする適当な円をかく。
② 直線 ℓ との交点 P，Q を中心とする，同じ半径の円をかく。
③ A と ② の交点R を通る直線をひく。
→ この直線が点Aを通る垂線

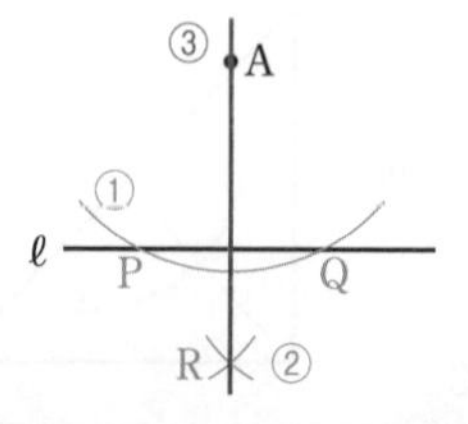

●作図の問題は，作図できたとして考えると，進めやすい。

例題 101 線分を移す・三角形の作図

次の図形を作図しなさい。

(1) 線分 AB と長さが等しい線分

(2) 線分 AB を 1 辺とする正三角形

A ―――――――― B

考え方 **直線をひくときは定規，長さを測りとるときはコンパス**

(1) **定規を使って** 適当な半直線をひき，**コンパスを使って** 線分 AB の長さと同じ長さの線分を半直線上にとる。

(2) 正三角形のもう 1 つの頂点は，2 点 A，B から等しい距離のところにあり，この距離は線分 AB の長さである。

……**コンパスを使って**，点 A，B をそれぞれ中心とする半径 AB の円をかく。

解答

(1) ① 半直線 PQ をひく。← 定規を使う

② 線分 AB の長さを測りとる。
└ コンパスを使う

③ 点 P を中心として，半径 AB の円をかき，半直線 PQ との交点を R とする。

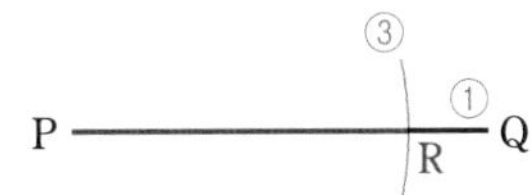

線分 PR が線分 AB と長さが等しい線分である。 …答

(2) ① 点 A を中心として，半径 AB の円をかく。

② 点 B を中心として，半径 AB の円をかく。① と ② の円の交点を C とする。

③ 線分 AC と線分 BC をひく。

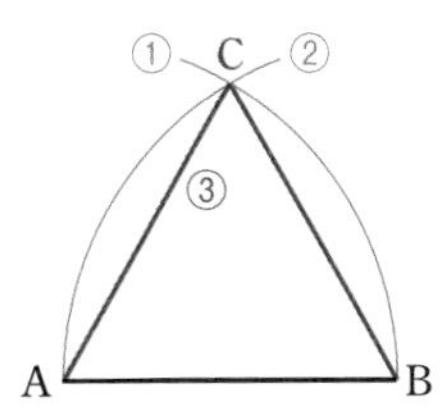

△ABC が線分 AB を 1 辺とする正三角形である。 …答

①，②，③ は作図の手順を表している。

参考
(1) の作業を，線分を移すという。

(2) 線分 AB の下側に頂点 C をとってもよい。

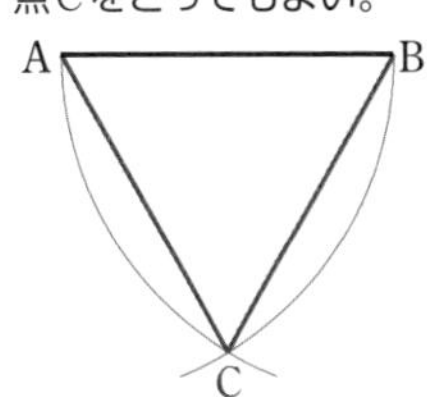

解答➡別冊 p. 39

練習 101 3 辺 AB，BC，CA が右の図に示された長さとなるような △ABC を作図しなさい。

A ―――――――― B

B ―――――――― C

C ―――――― A

例題 102 垂直二等分線の作図

≫p. 138 1 レベル

右の図において，線分 AB の垂直二等分線を作図しなさい。

考え方 ひし形の性質を利用する

線分 AB を対角線とする ひし形を考える。

確認 **ひし形**

4 つの辺の長さが等しい四角形を **ひし形** という。

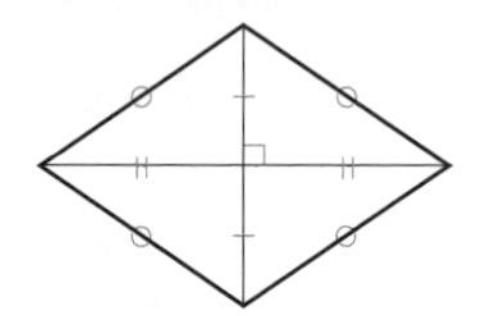

対角線はそれぞれの中点で垂直に交わる。

解答

① 点Aを中心とする適当な半径の円をかく。

② 点Bを中心として，① と同じ半径の円をかき，2 つの円の交点を P，Q とする。

③ 直線 PQ をひく。

直線 PQ が線分 AB の垂直二等分線である。 …答

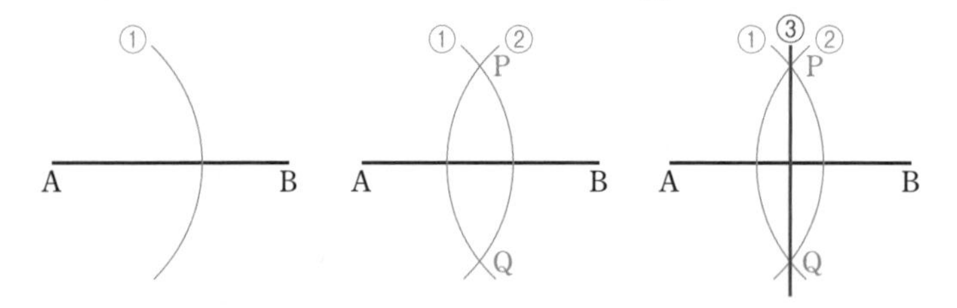

参考

中点を作図したい場合は，垂直二等分線の作図をすればよい。

確認 上で示した 4 点 P，A，Q，B を，順に線で結ぶとひし形になる。

ひし形の対角線は，もう一方の対角線の垂直二等分線になる

垂直二等分線の作図は，この性質を利用している。

↑ 線分 AB を対角線とするひし形を作図しているともいえる

重要 垂直二等分線の性質

線分 AB の垂直二等分線上の点は，2 点 A，B から等しい距離にある。
また，2 点 A，B からの距離が等しい点は，線分 AB の垂直二等分線上にある。

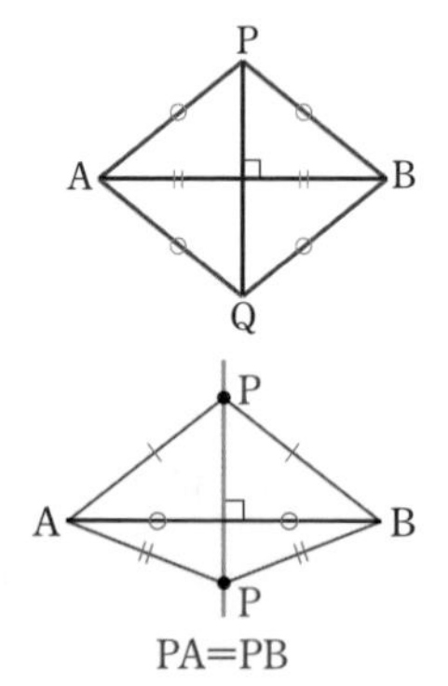

解答➡別冊 p. 39

練習 102 右の図の △ABC について，次の作図をしなさい。

(1) 辺 BC の垂直二等分線

(2) 辺 AB の中点

例題 103 角の二等分線の作図

>>p. 138 2 レベル

右の図において，∠AOB の二等分線を作図しなさい。

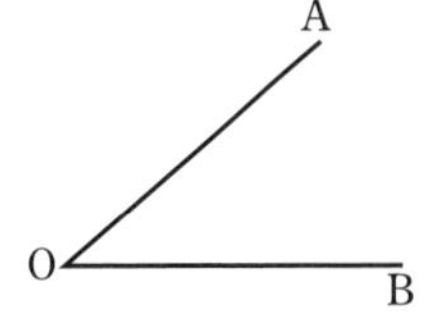

たこ形の性質を利用する

Oを頂点として OP＝OQ となる 2 点 P，Q を，半直線 OA，OB 上にとる。そして，PR＝QR となる点Rをとる。

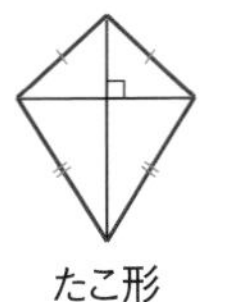
たこ形

左の図のように，2 組のとなり合う辺の長さがそれぞれ等しい四角形を **たこ形** とよぶことにする。ひし形もたこ形の1つ。

解答

① 点Oを中心とする適当な半径の円をかき，半直線 OA，OB との交点を，それぞれ P，Q とする。

② 2 点 P，Q をそれぞれ中心として，同じ半径の円をかき，2 つの円の交点の 1 つをRとする。

③ 半直線 OR をひく。

半直線 OR が ∠AOB の二等分線である。 …答

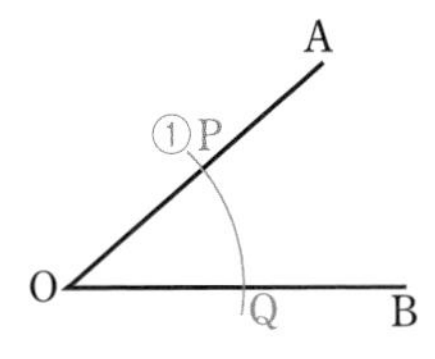

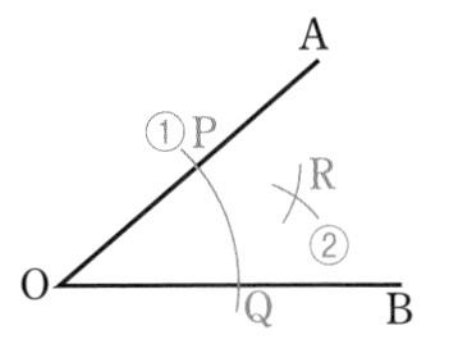

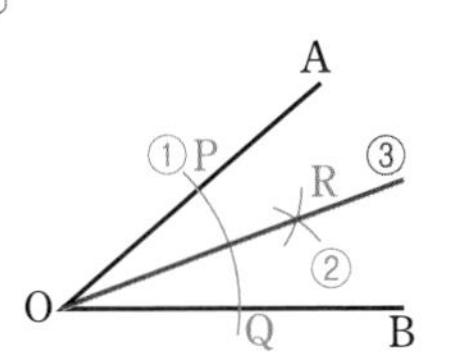

◀② でかく円の半径は，① でかいた円と同じでもよい。

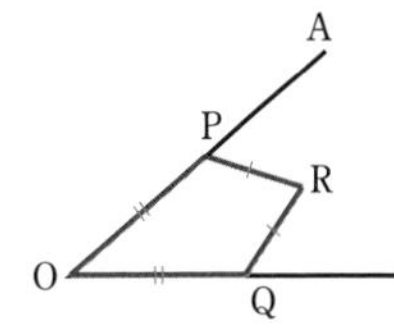

四角形 OQRP はたこ形である。② で ① と同じ半径の円をかいた場合は，四角形 OQRP はひし形になる。

確認 たこ形は線対称な図形であるから，対称の軸は，
それが通る頂点の角を 2 等分する
角の二等分線の作図は，この性質を利用している。

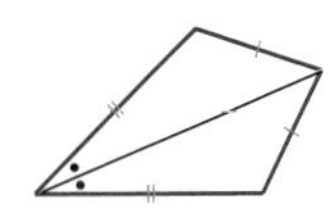

重要 **角の二等分線の性質**

∠AOB の二等分線上の点は，半直線 OA，OB から等しい距離にある。
また，半直線 OA，OB からの距離が等しい点は，∠AOB の二等分線上にある。

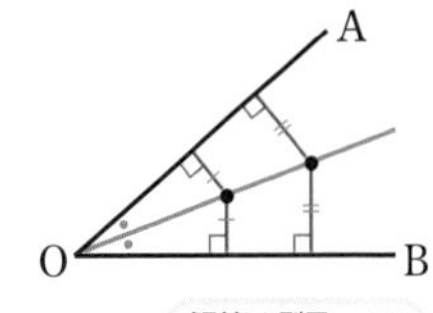

解答➡別冊 p. 39

練習 103 右の図において，∠AOB の二等分線を作図しなさい。

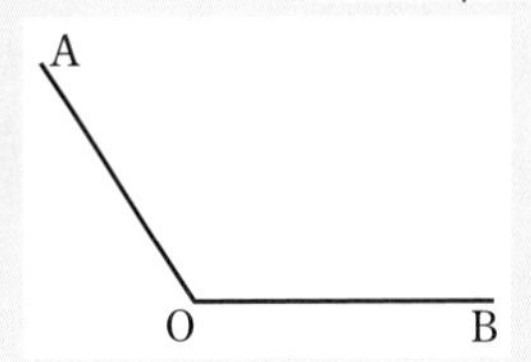

例題 104 垂線の作図

>>p. 138 3

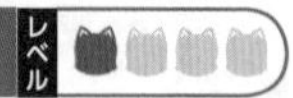

次の作図をしなさい。

(1) 直線 ℓ 上にある点Aを通る ℓ の垂線

(2) 直線 ℓ 上にない点Aを通る ℓ の垂線

(1) ℓ ——A——

(2) ・A

ℓ ————

考え方

(1) **180° の角の二等分線と考える。**

(2) **たこ形の性質を利用する**

たこ形の対角線は垂直に交わる から，点Aを通る垂線が，たこ形の対角線になるような作図を考える。

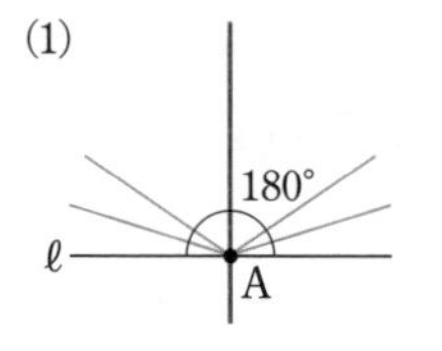

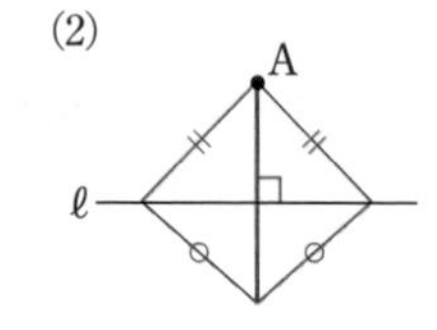

解答

① 点Aを中心とする適当な半径の円をかき，直線 ℓ との交点をP，Qとする。

② 2点P，Qを，それぞれ中心として，同じ半径の円をかき，2つの円の交点の1つをRとする。

③ 直線ARをひく。

直線ARが，点Aを通る ℓ の垂線である。 …答

(1)

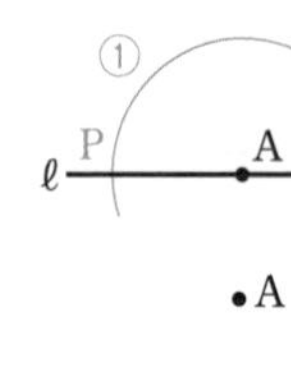

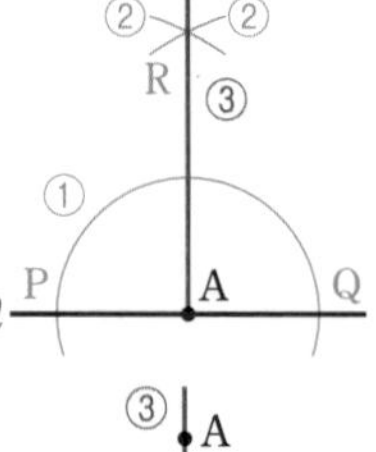

(2)

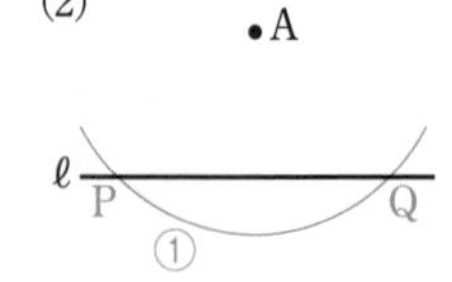

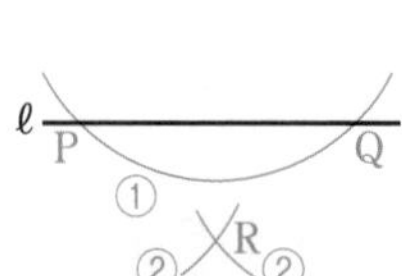

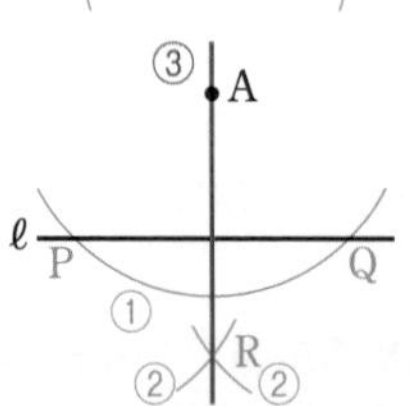

どちらも同じ手順で作図できるよ。

(1) 線分PQの垂直二等分線とみることもできる。

(2)

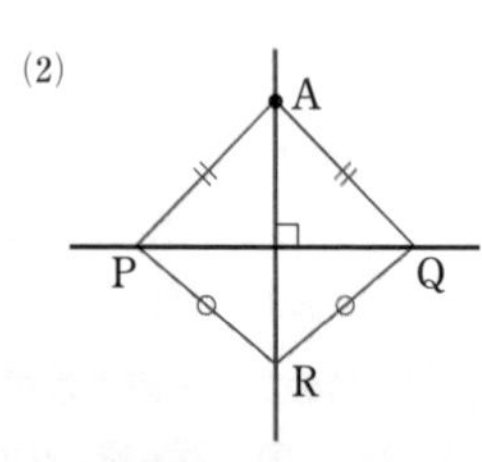

四角形APRQはたこ形

練習 104

解答➡別冊 p. 39

次の作図をしなさい。

(1) △ABCの頂点Bを通る辺BCの垂線

(2) △ABCの頂点Aから辺BCにひいた垂線

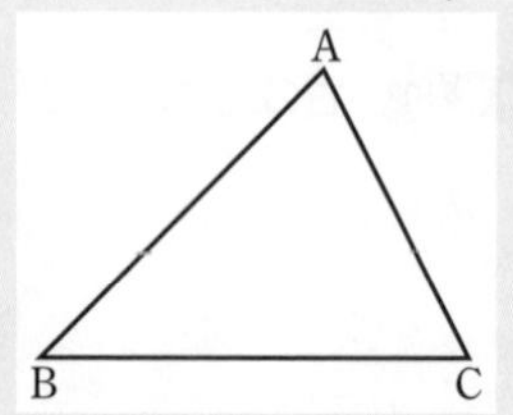

例題 105 特別な角の作図

レベル 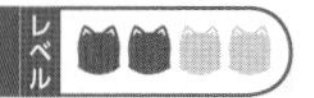

次の大きさの角を作図しなさい。

(1) 45°　　　　(2) 120°

分度器を使わないでできるかな…

考え方 90° や 60° の角の作図を利用する

(1) 45° は 90° の半分であるから，90° の作図を考える。

⟶ 90° は垂線の作図，角度の半分は角の二等分線の作図

(2) 120°＝180°－60° である。

⟶ 180° は直線，60° は正三角形の作図

◀ p. 139 例題 101 (2)

解答

(1) まず，90° の角の作図をし，次に 90° の二等分線の作図をすると，45° の角が作図できる。

① 右の図のように，直線 AB をひき，直線 AB 上に点Oをとる。

② 点Oを通る直線 AB の垂線 OC をひく。← ∠AOB＝180° の二等分線

③ ∠COB の二等分線 OD をひく。

∠DOB または ∠COD が 45° の角である。 …答

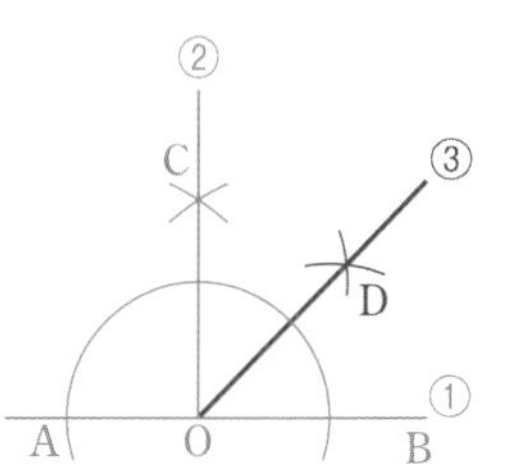

(1)

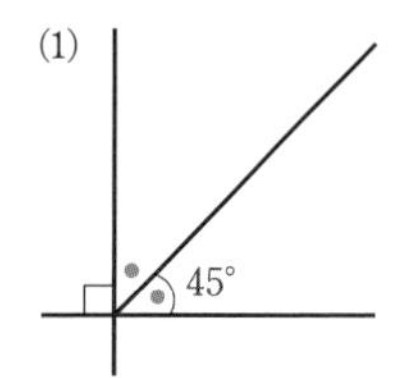

◀垂線の作図，角の二等分線の作図は，例題 103，104 を確認。

(2) 直線をひき，直線上に 1 辺がある正三角形を作図すると，120° の角の作図ができる。

① 右の図のように，直線 AB をひき，直線 AB 上に点Oをとる。

② 線分 OB を 1 辺とする正三角形 OBC を作図する。← 線分 BC はひかなくてもよい

∠AOC が 120° の角である。 …答

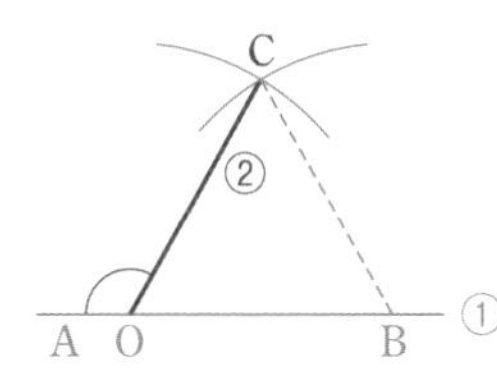

(2)

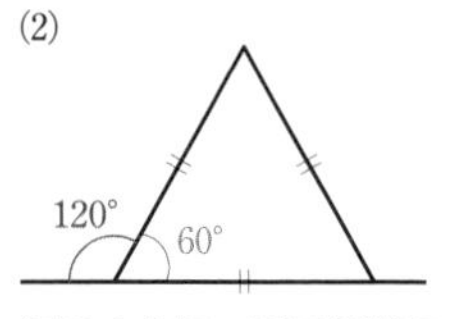

下のように，正三角形を 2 つ作図してもよい。

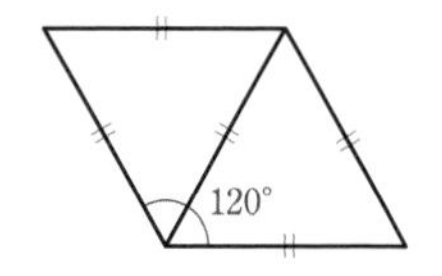

解答➡別冊 p. 40

練習 105 次の大きさの角を作図しなさい。

(1) 30°　　　　(2) 135°

例題 106 等しい距離にある点の作図

>>p. 138 1 2 レベル

右の図の △ABC について，次の点の作図をしなさい。

(1) 3点A，B，Cから等しい距離にある点P

(2) 3辺AB，BC，CAから等しい距離にある点Q

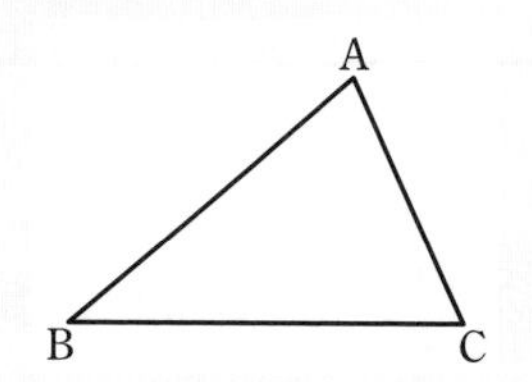

考え方 2点，2辺から等しい距離にある点を考える

(1) **2点からの距離が等しい** …… **垂直二等分線の性質**

2点A，Bから等しい距離にある点は，線分ABの垂直二等分線上にあり，2点A，Cから等しい距離にある点は線分ACの垂直二等分線上にある。⟶ **2直線の交点**

(2) **2辺からの距離が等しい** …… **角の二等分線の性質**

(1)と同じように考え，∠Bの二等分線と∠Cの二等分線の交点を作図によって求める。

p. 140 重要

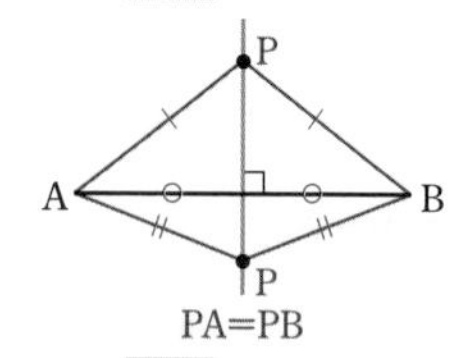

p. 141 重要

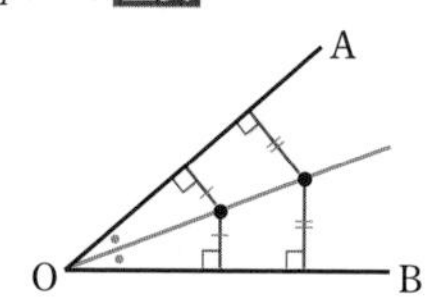

解答

(1) ① 線分ABの垂直二等分線をひく。

② 線分ACの垂直二等分線をひく。

①，②の直線の交点がPである。 …答

(2) ① ∠Bの二等分線をひく。

② ∠Cの二等分線をひく。

①，②の直線の交点がQである。 …答

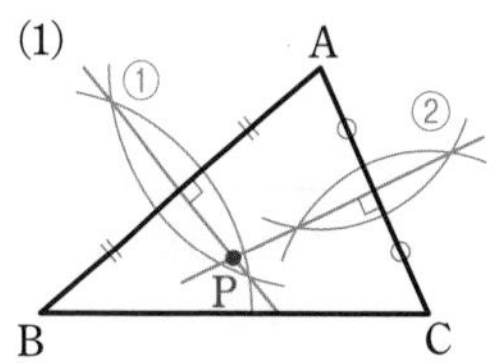

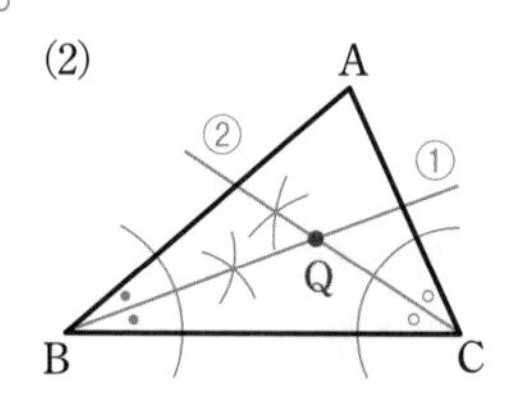

参考

点Pを △ABC の外心，点Qを △ABC の内心という（詳しくは *p*. 148）。

練習 106 右の図のような四角形 ABCD がある。

解答➡別冊 p. 40

(1) 辺BC上にあり，2点A，Dから等しい距離にある点Pを作図しなさい。

(2) 3辺AB，BC，CDから等しい距離にある点Qを作図しなさい。

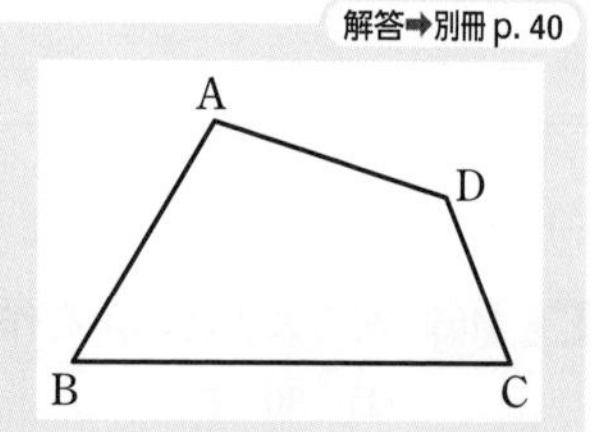

例題 107 折り目の作図

>>p. 138 1 2

右の図のような三角形 ABC の紙と，2点P，Qがある。
次のように折ったとき，折り目となる線を作図しなさい。

(1) 頂点Aが点Pに重なるように折る。

(2) 辺ACが2点P，Qを通るように折る。

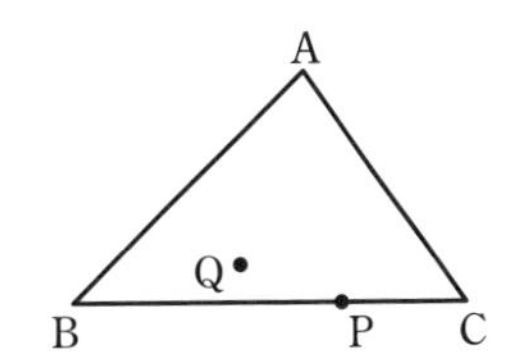

考え方 折り目は 対称の軸

折る とは **対称移動する** ということ。そこで，作図できたとして，対称な図形と折り目の関係を考える。

(1) 点Aと点Pが対称
⟶ 折り目は **線分 AP の垂直二等分線**

(2) 直線 AC と直線 QP が対称
⟶ 直線 AC と直線 QP の交点をRとすると，
折り目は **∠ARQ の二等分線**

(1)

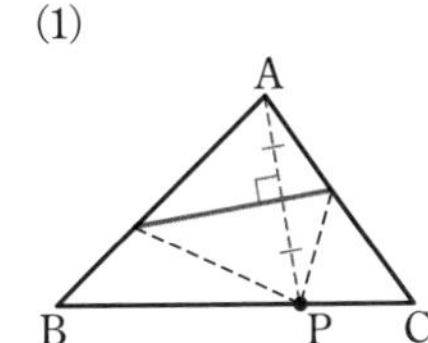

(2)

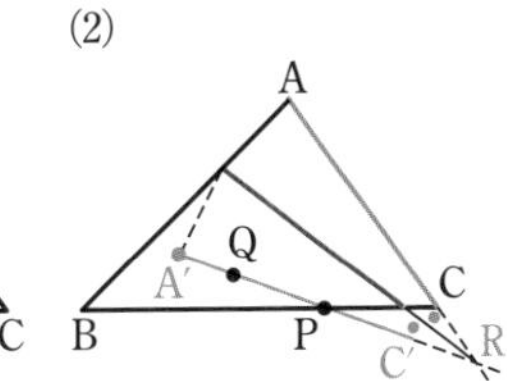

解答

(1) 線分 AP の垂直二等分線をひく。
この直線と辺 AB，CA の交点をそれぞれ D，E とすると，線分 DE が折り目となる線である。 …答

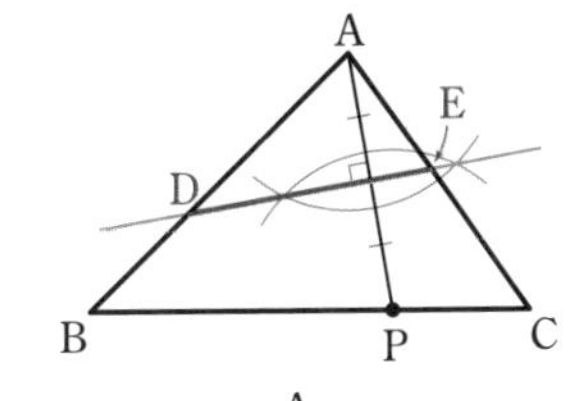

(2) ① 直線 AC と直線 QP をひき，
2直線の交点をRとする。
② ∠ARQ の二等分線をひく。
② の直線と辺 AB，BC の交点をそれぞれ F，G とすると，線分 FG が折り目となる線である。 …答

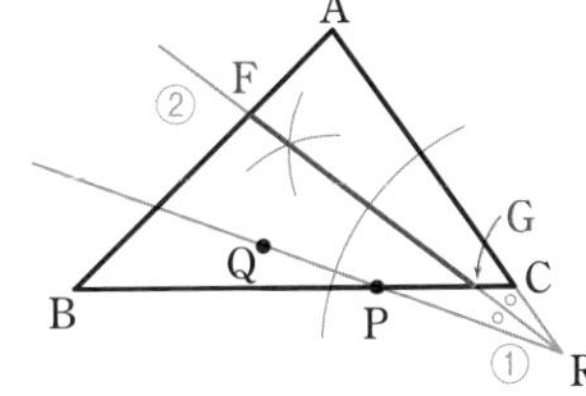

(1) 線分 AP の垂直二等分線が折り目となる。

(2) 直線 AC と直線 QP によってできる角の二等分線が折り目となる。

解答➡別冊 p. 40

練習 107 右のような四角形の紙 ABCD を，次のように折ったとき，折り目となる線を作図しなさい。

(1) 点Aが点Cに重なるように折る。

(2) 辺 AD が辺 BC に重なるように折る。

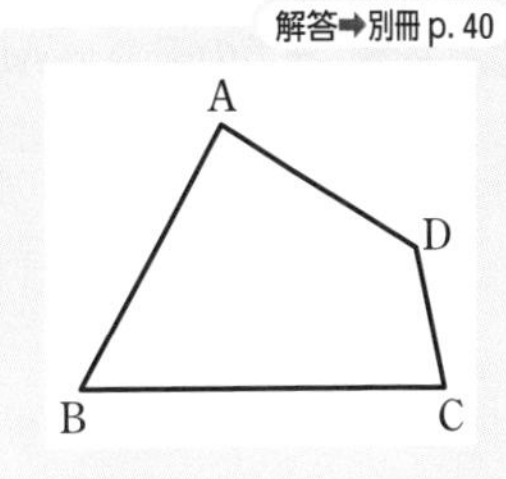

例題 108 角を移す

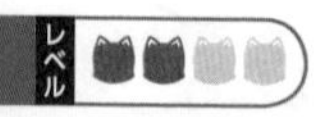

左下の図の △ABC について，∠A と等しい ∠P を右下の図に作図しなさい。

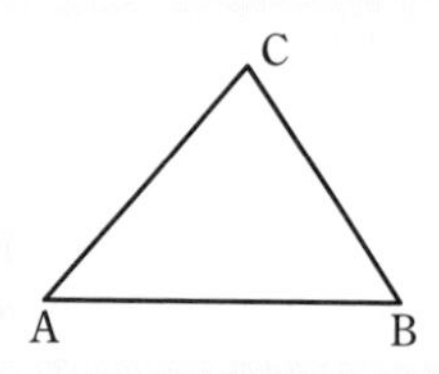

考え方　△ABC と合同な三角形を作図する

△ABC の頂点Aと対応する点がPである 合同な △PQR を作図する。
⟶ 点Bに対応する点Qを，与えられた直線上に PQ=AB となるようにとり，点Cに対応する点Rを，PR=AC，QR=BC となるようにとる。

確認 合同
2つの図形がぴったり重なるとき，2つの図形は合同であるという。

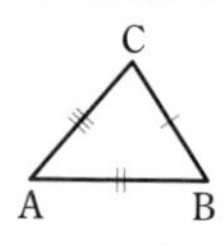

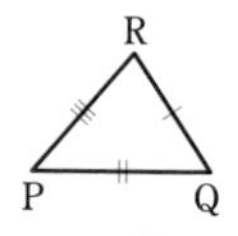

△ABC と △PQR が合同のとき，AB=PQ，BC=QR，CA=RP

解答

△ABC と合同な △PQR を作図する。

① 与えられた直線上に，PQ=AB となる点Qをとる。
② 点Pを中心とする半径 AC の円をかく。
③ 点Qを中心とする半径 BC の円をかく。②，③ の2つの円の交点の1つをRとする。
④ 線分 RP をひく。

∠P (∠RPQ) が ∠A と等しい角である。 …答

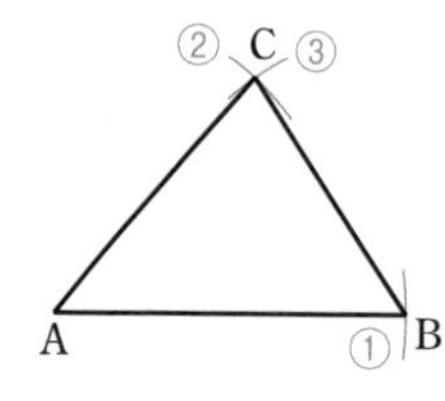

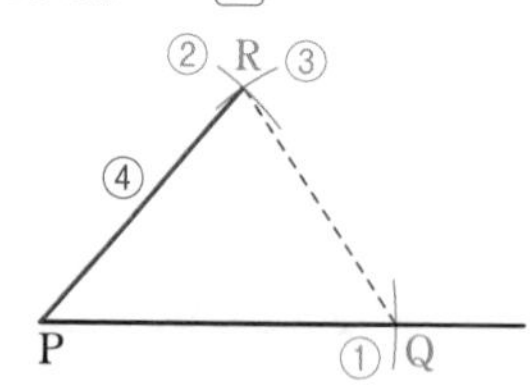

参考
線分を移す，垂直二等分線，角の二等分線，垂線，角を移す といった作図は **基本作図** とよばれる。

練習 108 左下の図の △ABC について，∠B と等しい ∠Q を右下の図に作図しなさい。 解答⇒別冊 p. 41

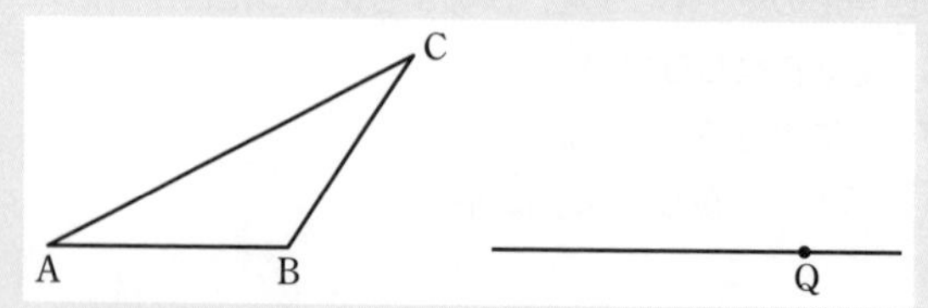

EXERCISES

解答➡別冊 p. 43

80 底辺が右の線分の長さに等しく，他の 2 辺の長さがこの線分の長さの 2 倍に等しい三角形を作図しなさい。

>>例題 101

81 右の図の線分 AB を直径とする円を作図しなさい。〔兵庫〕

A B

>>例題 102

82 右の図において，直線 ℓ 上にあって，2 点 A，B から等しい距離にある点 P を作図しなさい。〔類 長崎〕

A ℓ B

>>例題 102

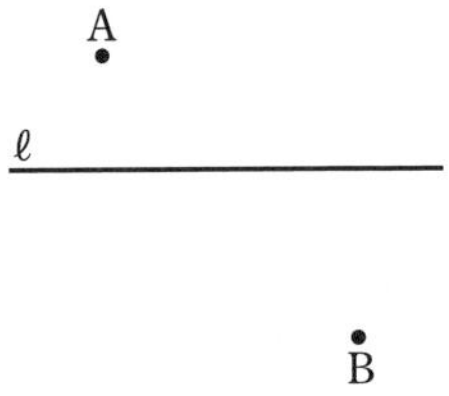

83 右の図 1 において，△ABP は，頂点 P が △ABC の角である ∠BAC の二等分線上にあり，AB＝AP の二等辺三角形である。
右に示した図 2 をもとにして，△ABP を作図しなさい。〔東京〕

>>例題 101，103

図1 A B C P

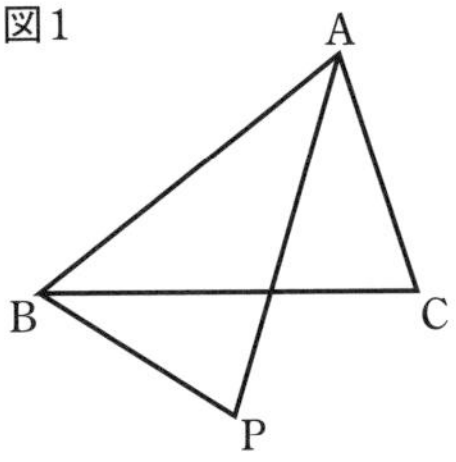

図2 A B C

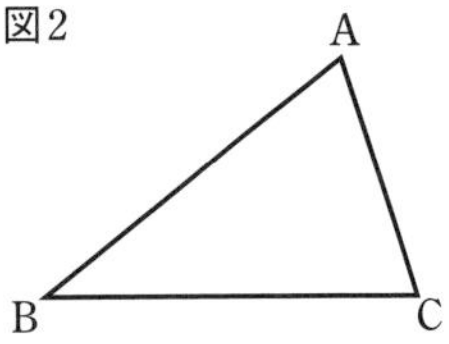

84 右の図において，点 P を通り直線 ℓ に平行な直線を作図しなさい。

P ℓ

>>例題 104

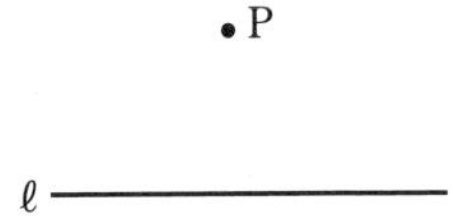

85 右の図のように，点 O を中心とする円の周上に点 P，内部に点 Q がある。
点 P が点 Q に重なるように 1 回だけ折るとき，折り目と重なる直線 ℓ を作図しなさい。〔類 東京〕

Q O P

>>例題 107

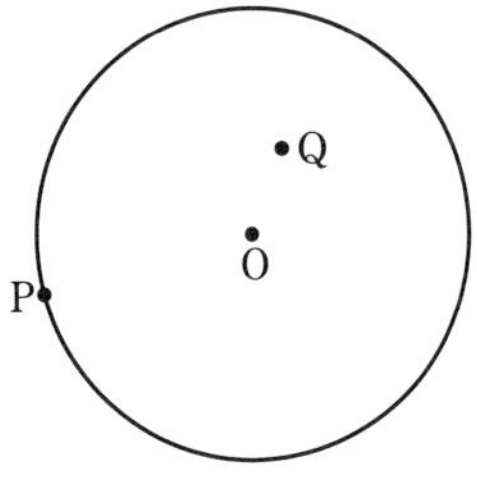

17 円

1 円

❶ 中心がOである円を，**円O** という。円周上のどこに点をとっても，その点と中心の距離は一定になる。
円周のことを単に円とよぶこともある。

❷ 円周の一部を **弧**（こ）という。円周上の2点A，Bを両端とする弧を，**弧AB** といい，$\overset{\frown}{\mathrm{AB}}$ と表す。

❸ 円周上の2点を結ぶ線分を **弦**（げん）といい，両端がA，Bである弦を，**弦AB** という。

❹ 円の弦の垂直二等分線は，円の対称の軸となり，円の中心を通る。

❺ 半径 r の円の周の長さを ℓ，面積を S とすると

$$\ell=2\pi r$$ ← 直径 $2r$×円周率 π

$$S=\pi r^2$$ ← 半径 r×半径 r×円周率 π

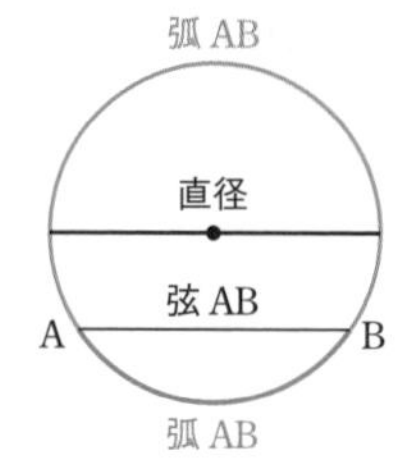

円の弦のうち，もっとも長いものは，円の直径である。

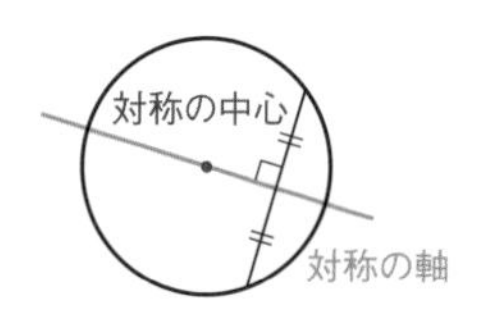

円は直径を対称の軸とする線対称な図形であり，中心を対称の中心とする点対称な図形でもある。

例

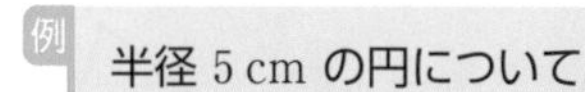

半径5cmの円について
円周の長さ ℓ　　$\ell=2\times\pi\times5=10\pi$ (cm)
円の面積 S　　$S=\pi\times5^2=25\pi$ (cm²)

2 円の接線

❶ 円と直線が1点だけを共有するとき，円と直線は **接する**（せっする）といい，接する直線を **接線**（せっせん），共有する点を **接点**（せってん）という。

❷ 円の接線は，接点を通る半径に **垂直** である。

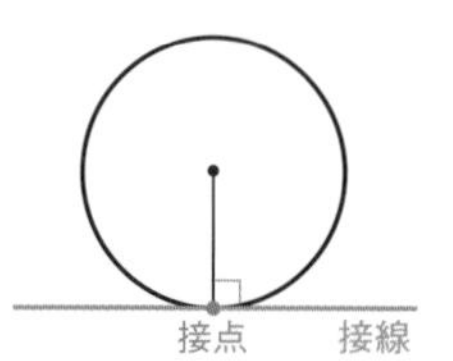

参考 **三角形の外心，内心**

① 三角形の3つの頂点を通る円を，その三角形の **外接円**（がいせつえん）といい，外接円の中心を **外心**（がいしん）という。

② 三角形の3つの辺に接する円を，その三角形の **内接円**（ないせつえん）といい，内接円の中心を **内心**（ないしん）という。

①

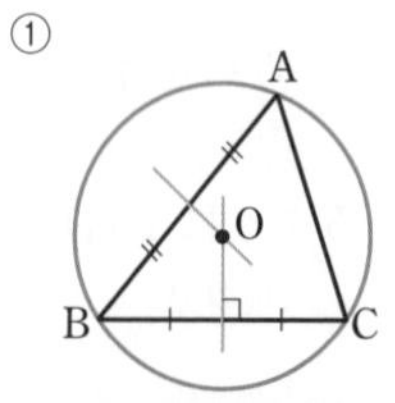

外心Oは辺の垂直二等分線の交点

②

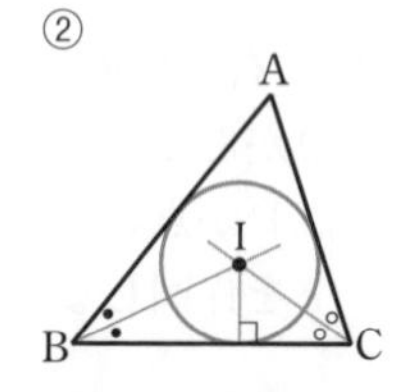

内心Iは角の二等分線の交点

例題 109 円の中心の作図

>>p. 148 1 レベル 

右の図において，円の中心Oを作図によって求めなさい。

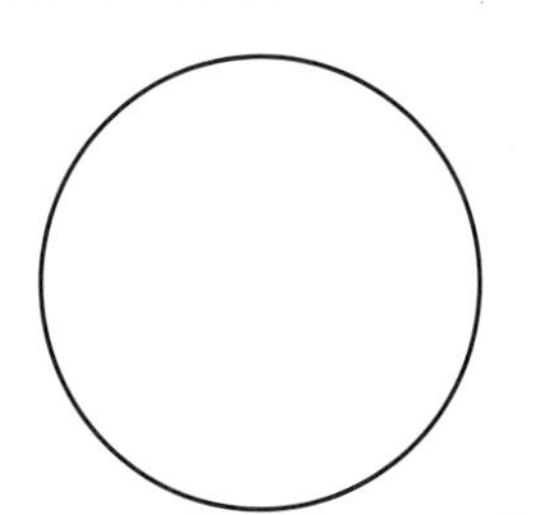

> **確認 円の性質**
> 円周上の点は，円の中心から等しい距離にある。
>
> 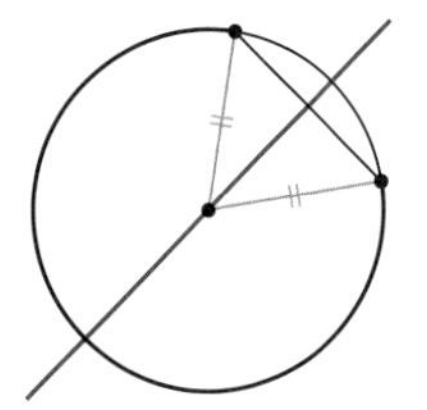
>
> 2点からの距離が等しい点は，線分の垂直二等分線上にある。

考え方 円の中心は，弦の垂直二等分線上にある

したがって，適当な弦の垂直二等分線を2本ひき，その交点が円の中心となる。

解答

① 適当な弦 AB，BC をひく。
② 弦 AB の垂直二等分線をひく。
③ 弦 BC の垂直二等分線をひく。
② の直線と ③ の直線の交点が円の中心Oである。 …答

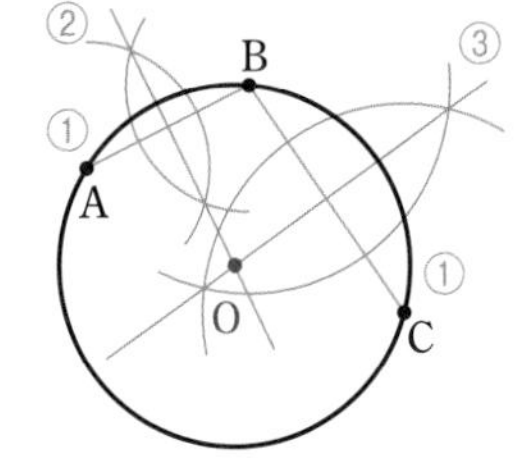

> 2つの弦は，下の図のように離れてとってもよい。
>
> 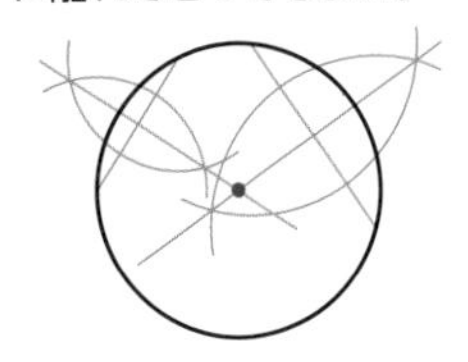

参考

3点が決まると，円が1つかける。

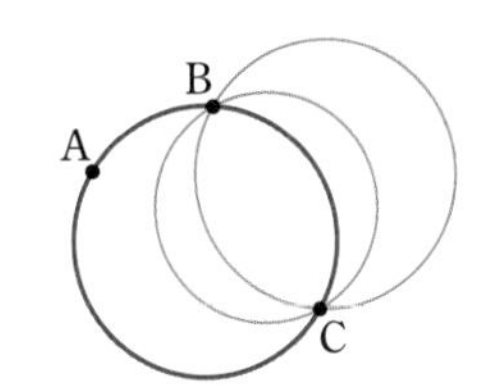

> ◀ 2点を通る円は無数にあるが，3点を通る円は1つしかない。

解答➡別冊 p. 41

練習 109 右の図において，3点 A，B，C を通る円を作図しなさい。

A
C
B

第5章 平面図形

例題 110 円の接線の作図

右の図の円Oにおいて，周上の点Aを通る円Oの接線を作図しなさい。

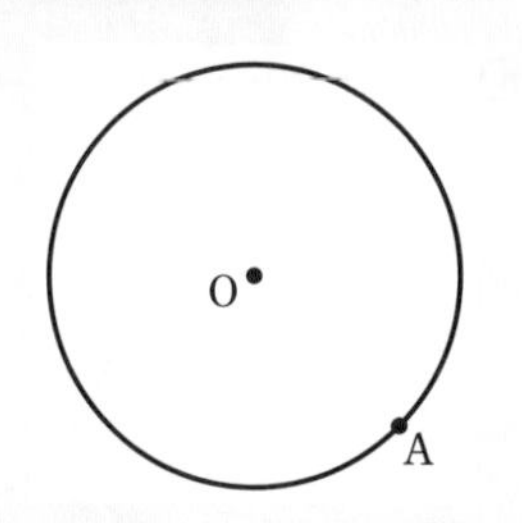

確認 円の接線

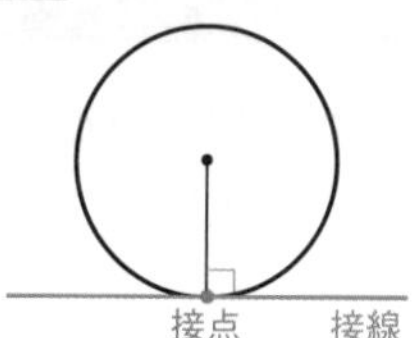

円の接線は，接点を通る半径に垂直である。

考え方 円の接線は，接点を通る半径に垂直

半直線 OA と点Aを通る接線は **垂直** になる。
よって，点Aを通る半直線 OA の垂線の作図をすればよい。

解答

① 半直線 OA をひく。
② 点Aを通る直線 OA の垂線をひく。
この直線が，点Aを通る円Oの接線である。 …答

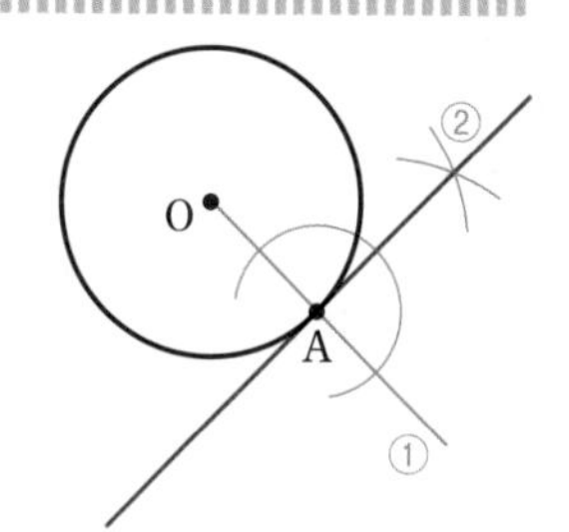

◀② の作図は，例題 104 で学んだ。

確認 (円の接線)⊥(接点を通る円の半径)

右の図の円Oで，半径 OP に垂直な直線 ℓ と円周との交点を A，B とする。
ℓ をPの方向に近づけると，A，B は互いに近づいていき，Pで重なる。
したがって，
(円の接線)⊥(接点を通る円の半径)
となる。

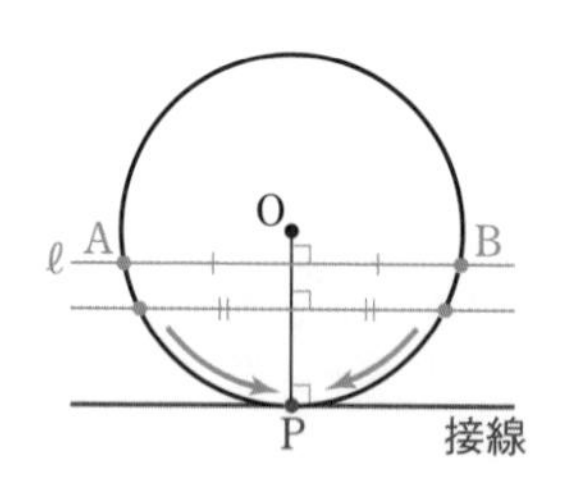

Pで重なったとき，直線は円の接線になるね。

練習 110 右の図において，直線 ℓ 上の点Aで ℓ に接し，半径の長さが線分 AB と等しい円を作図しなさい。

解答➡別冊 p. 41

例題 111　2辺に接する円の作図

>>p. 148 2

レベル 

右の図のように，∠AOB の辺 OB 上に点Cがある。点Cで辺 OB に接し，辺 OA にも接する円を作図しなさい。

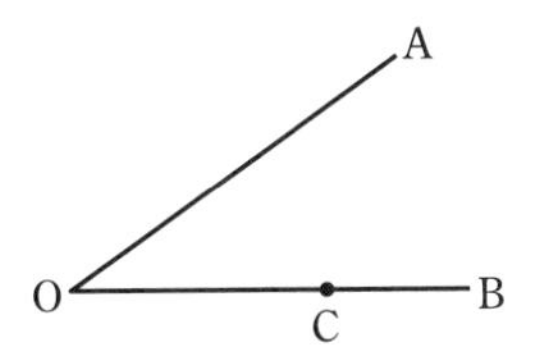

確認 2辺からの等しい距離にある点は，2辺がつくる角の二等分線上にある。

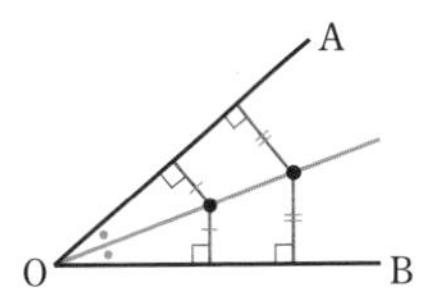

考え方

作図できたとすると，右の図のようになる。

[1]　円は点Cで辺 OB に接するから，中心は **点Cを通る辺 OB の垂線上** にある。

[2]　円の中心は2辺 OA，OB から等しい距離にあるから，**∠AOB の二等分線上** にある。

この2つの直線の交点が，作図する円の中心になる。

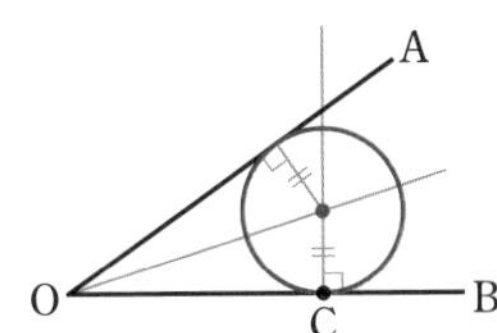

解答

①　点Cを通る辺 OB の垂線をひく。

②　∠AOB の二等分線をひく。

　① の直線と ② の直線の交点をPとする。

③　点Pを中心として，半径 PC の円をかく。

この円Pが，点Cで辺 OB に接し，辺 OA にも接する円である。　…答

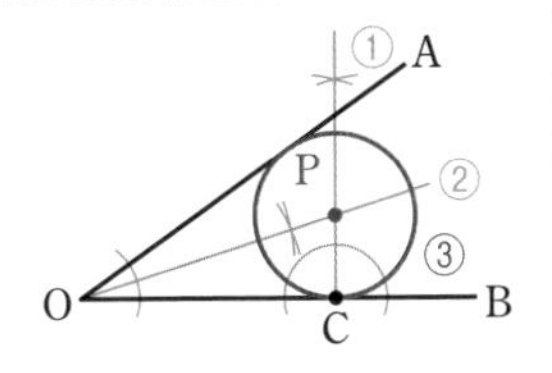

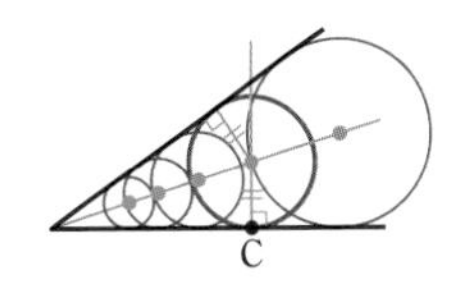

● 2点からの距離が等しい ⟶ **垂直二等分線**

2辺からの距離が等しい ⟶ **角の二等分線**　とおさえておこう。

また，作図の問題は，**作図できたとして考える** と，進めやすい。

解答➡別冊 p. 41

練習 111　右の図において，3つの線分 AB，BC，CD に接する円を作図しなさい。

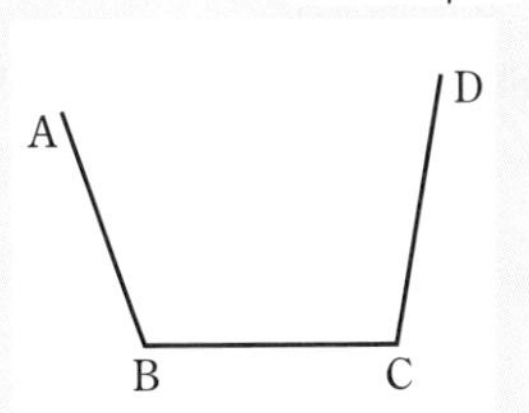

EXERCISES

解答➡別冊 p. 44

86 右の図のように，線分 AB と点Cがある。
この線分 AB を弦にもち，点Cを通る円を作図しなさい。〔大分〕

>>例題 109

87 右の図において，点Pを通り，直線 ℓ 上の点Qで直線 ℓ に接する円を作図しなさい。〔三重〕

>>例題 109

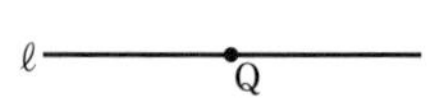

88 右の図のように，直線 ℓ と円Oが与えられている。
直線 ℓ に平行な円Oの 2 本の接線を作図しなさい。

>>例題 110

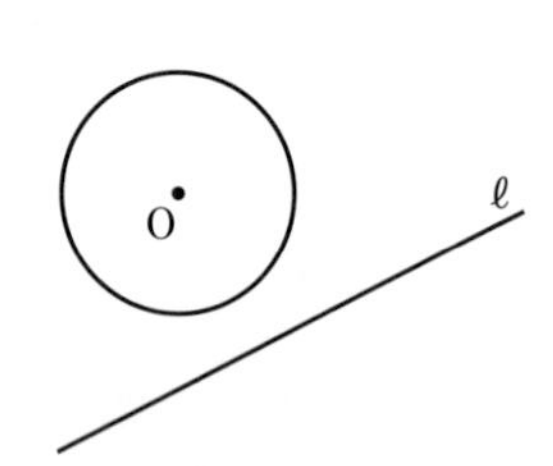

89 右の図のように，線分 AB と線分 BC があり，線分 BC 上に点Pがある。点Pで線分 BC に接し，線分 AB にも接する円の中心Oを作図しなさい。〔愛媛〕

>>例題 111

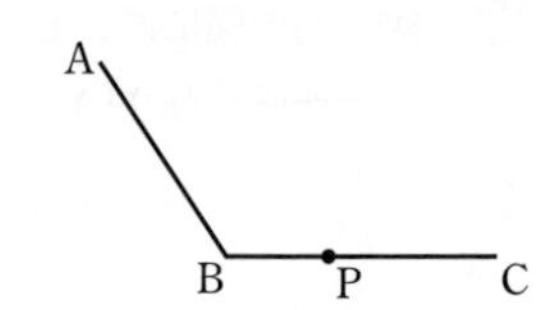

定期試験対策問題

解答➡別冊 p. 45

36 右の図の長方形 ABCD について，次の問いに答えなさい。

(1) 辺 AB と平行または垂直な辺をすべて記号で表しなさい。

(2) 図の $\angle a$ を A，B，C を使って表しなさい。

(3) 2点 A，C 間の距離を求めなさい。

(4) 点Dと直線 AB の距離を求めなさい。

(5) 2直線 AD，BC 間の距離を求めなさい。 >>例題 93〜95

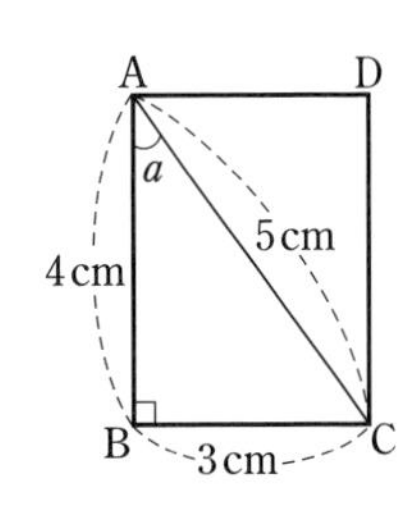

37 右の図の三角形を，次のように移動させてできる三角形をかきなさい。

(1) 直線 ℓ を対称の軸として対称移動

(2) 点Oを回転の中心にして，時計の針の回転と反対方向に 90° 回転移動 >>例題 97, 98

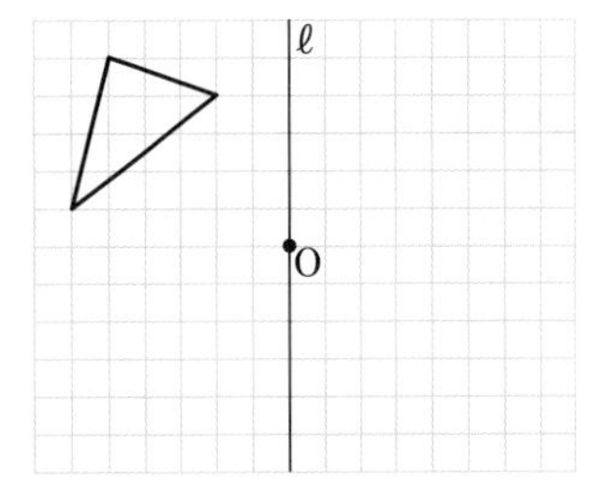

38 右の図のように，正方形 ABCD を 8 個の合同な直角二等辺三角形に分ける。次の三角形を答えなさい。

(1) △OAE を平行移動して重なる三角形

(2) △OAE を点Oを回転の中心として回転移動して重なる三角形 >>例題 99

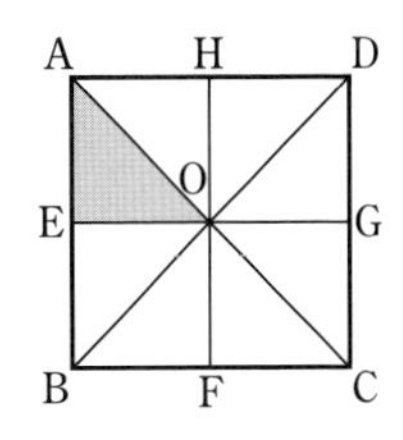

39 右の図のように，∠AOB と点Pがある。直線 OA を対称の軸として，点Pと対称な点をQ，直線 OB を対称の軸として，点Pと対称な点をRとする。∠AOB=50° のとき，∠QOR の大きさを求めなさい。 >>例題 100

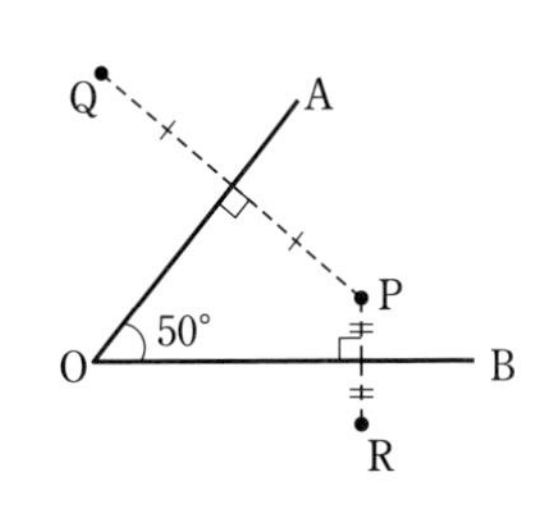

40 右の図において，直線 ℓ 上にあって，AP＝BP となるような点Pを作図しなさい。 >>例題 102

41 75° の角を作図しなさい。 >>例題 105

42 右の図のように，線分 AB がある。線分 AB を1辺とする正方形を作図しなさい。 >>例題 101，104

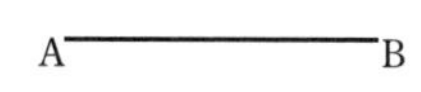

43 右の図において，2辺 OA，OB から等しい距離にあり，2点 P，Q から等しい距離にある点Rを作図しなさい。 >>例題 106

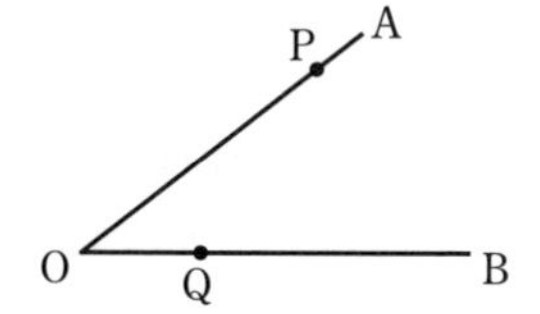

44 右の図のような四角形の紙 ABCD を，次のように折ったとき，折り目となる線を作図しなさい。

(1) 点Bが点Dに重なるように折る。

(2) 辺 AB が辺 CD に重なるように折る。 >>例題 107

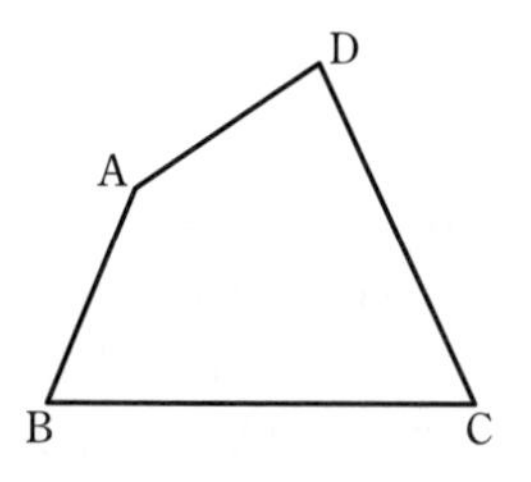

45 右の図は円の一部である。この円の中心を作図により求め，円を完成させなさい。 >>例題 109

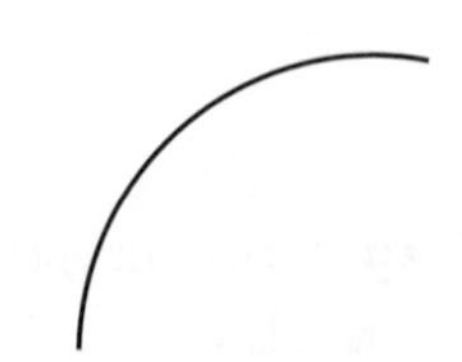

ヒント **41** $75^\circ=60^\circ+15^\circ=60^\circ+30^\circ\div 2$ と考える。

第6章

空間図形

要点のまとめ

18 いろいろな立体

1 正多面体

❶ 平面だけで囲まれた立体を **多面体**（ためんたい）という。多面体は，その面の数によって，**五面体**，**六面体** などという。

❷ すべての面が合同な正多角形で，どの頂点にも同じ数の面が集まる，へこみのない多面体を **正多面体** という。
正多面体は，次の 5 **種類** しかない。

平面とは平らな面のこと。下の円柱や円錐は曲がった面（曲面）があるから，多面体ではない。

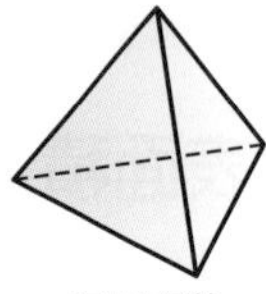
正四面体

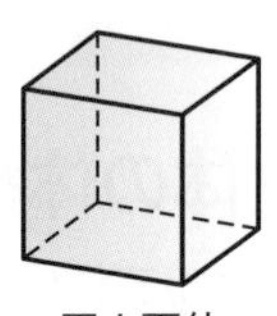
正六面体
（立方体）

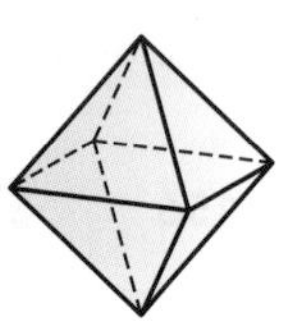
正八面体

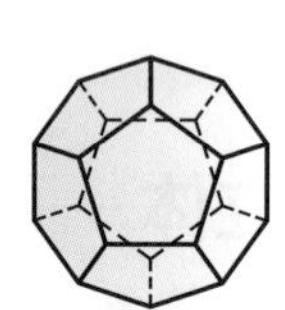
正十二面体

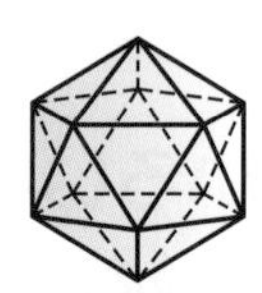
正二十面体

2 角　錐

❶ 右の図のような立体を **角錐**（かくすい）という。
角錐は，1 つの多角形とその各辺を底辺とする三角形で囲まれている。

❷ 角錐は底面が三角形であれば **三角錐**，四角形であれば **四角錐** という。
また，底面が正三角形，正方形で，側面がすべて合同な二等辺三角形である角錐をそれぞれ **正三角錐**，**正四角錐** という。

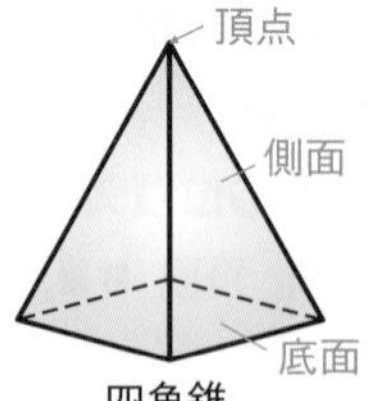

四角錐

小学校の復習

左下の図のような立体を **角柱** といい，右下の図のような立体を **円柱** という。

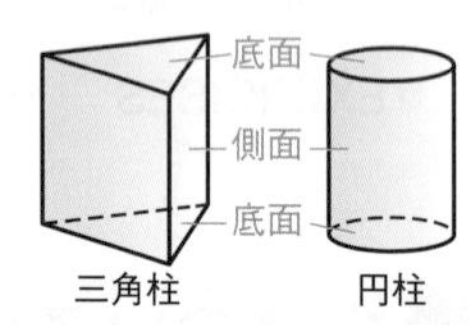

三角柱　円柱

角柱は，底面が三角形であれば **三角柱**，四角形であれば **四角柱** という。

3 円　錐

右の図のような立体を **円錐**（えんすい）という。
円錐は，円と曲面で囲まれている。

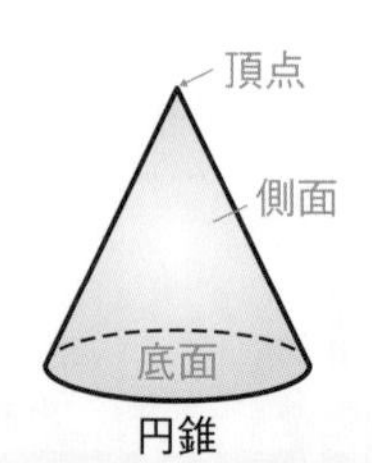

円錐

例題 112 いろいろな立体

>>p. 156 レベル

下の ①〜⑤ の立体について，次の問いに答えなさい。

①

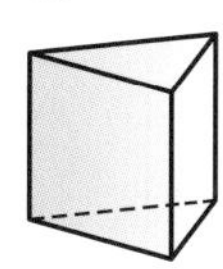

②

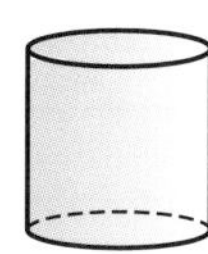

③

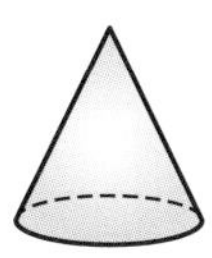

④

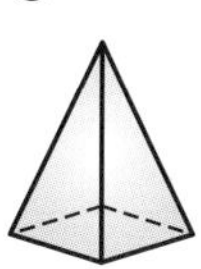

⑤

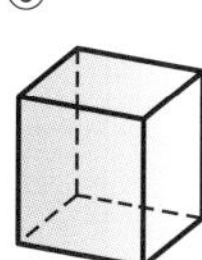

(1) 次の (ア)〜(ウ) にあてはまる立体の番号をすべて答えなさい。

(ア) 多面体　　(イ) 角柱　　(ウ) 円錐

(2) ① と ④ の立体について，面の数を答えなさい。

考え方

用語の意味・特徴をしっかりつかむ。

多面体　平面（多面体）だけで囲まれた立体。

角柱・円柱　底面は 2 つ。底面が 多角形 ⟶ 角柱，円 ⟶ 円柱

角錐・円錐　底面は 1 つ。底面が 多角形 ⟶ 角錐，円 ⟶ 円錐

角柱　円柱

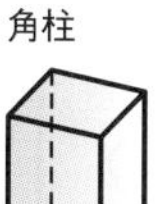

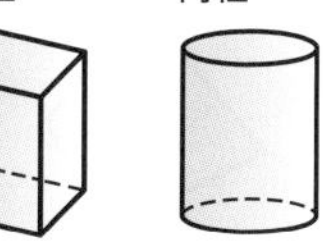

角錐　円錐

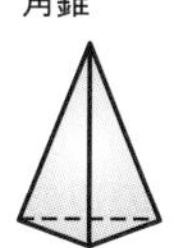

解答

(1) 答 (ア) ①，④，⑤　(イ) ①，⑤
(ウ) ③

(2) ①　底面が 2 つ，側面が 3 つで，面の数は　5　…答
④　底面が 1 つ，側面が 4 つで，面の数は　5　…答

(2) ① は底面が三角形の角柱で **三角柱** である。
④ は底面が四角形の角錐で **四角錐** である。

解答➡別冊 p. 47

練習 112 次の問いに答えなさい。

(1) 下の立体の名称を答えなさい。

①

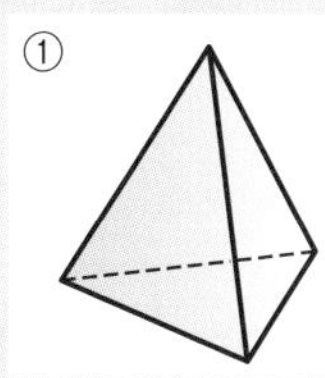

②

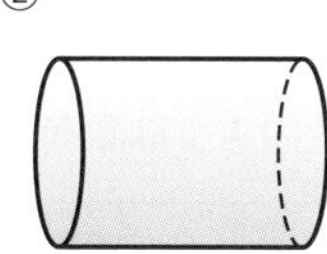

③

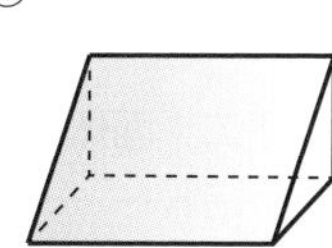

(2) 次の ①，② の立体について，面の数を答えなさい。また，② は底面と側面の形を答えなさい。

①　五角柱　　②　正四角錐

例題 113 正多面体の性質

>>p. 156 1

レベル 

正四面体，正六面体，正十二面体について，次のような表を完成させなさい。

	面の数	面の形	1つの頂点に集まる面の数	頂点の数	辺の数
正四面体					
正六面体					
正十二面体					

考え方 正多面体は，次の 5 **種類だけ** である。

正四面体　正六面体　正八面体　正十二面体　正二十面体

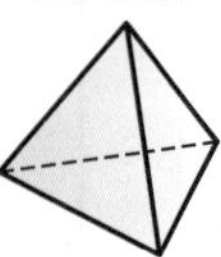

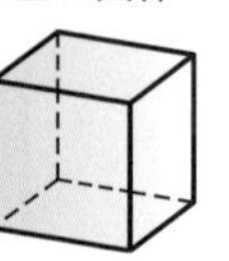

頂点の数

(1つの面の頂点の数)×(面の数)÷(1つの頂点に集まる面の数)

← 複数回数えている分をわる。

辺の数

(1つの面の辺の数)×(面の数)÷2 ← 1つの辺には2つの面が重なる。

確認 正多面体

すべての面が合同な正多角形で，どの頂点にも同じ数の面が集まるへこみのない多面体。

頂点の数と辺の数は，数えてもよいが，左の式で求められる。

解答

答

	面の数	面の形	1つの頂点に集まる面の数	頂点の数	辺の数
正四面体	4	**正三角形**	3	4	6
正六面体	6	**正 方 形**	3	8	12
正十二面体	12	**正五角形**	3	20	30

参考 多面体について，

(頂点の数)−(辺の数)+(面の数)=2

という関係が成り立つ。これを **オイラーの多面体定理** という。

解答➡別冊 p. 47

練習 113 正八面体，正二十面体について，次のような表を完成させなさい。

	面の数	面の形	1つの頂点に集まる面の数	頂点の数	辺の数
正八面体					
正二十面体					

正多面体の種類について

正多面体は，**すべての面が合同な正多角形で，どの頂点にも同じ数の面が集まる**へこみのない多面体です。そして，正多面体は，正四面体，正六面体（立方体），正八面体，正十二面体，正二十面体の 5 種類しかありません。なぜでしょうか。

多面体の 1 つの頂点には，3 つ以上の面が集まります。1 点のまわりの角は 360° ですから，正多面体の面になる正多角形の 1 つの角は 360°÷3＝120° より小さくなくてはいけません。←面が正六角形では立体が作れない
よって，正多面体の面の形は，**正三角形**（1 つの角が 60°），**正方形**（1 つの角が 90°），**正五角形**（1 つの角が 108°）以外はありません。

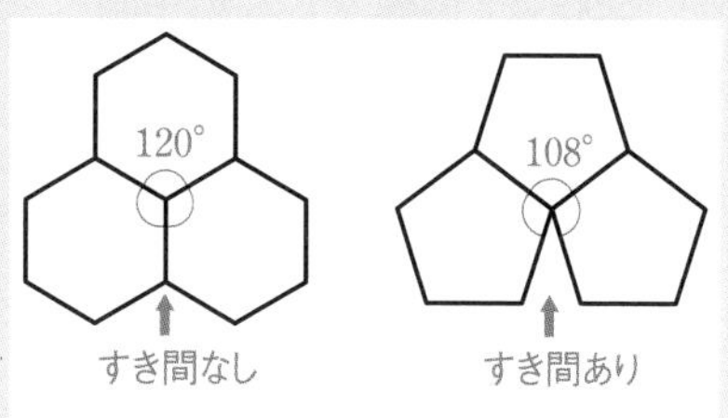

展開図を考えたとき，すき間がないと，立体がつくれない。

では，それぞれの面の形について見ていきましょう。

[1]　**面の形が正三角形のとき**

1 つの頂点に正三角形が 6 つ集まると，
60°×6＝360° より，立体がつくれなくなるので，
1 つの頂点に集まる正三角形の数は
3 つか 4 つか 5 つ
3 つの場合は **正四面体**　4 つの場合は **正八面体**
5 つの場合は **正二十面体**

正四面体　正八面体　正二十面体

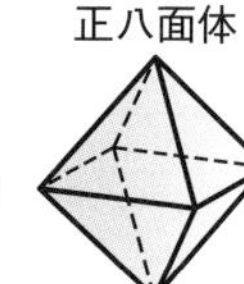

[2]　**面の形が正方形のとき**

1 つの頂点に正方形が 4 つ集まると，90°×4＝360° より，立体がつくれなくなるので，1 つの頂点に集まる正方形の数は
3 つ　　この場合は　**正六面体**

正六面体

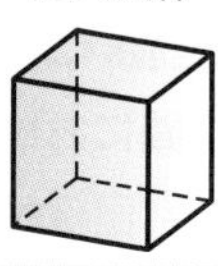

[3]　**面の形が正五角形のとき**

1 つの頂点に正五角形が 4 つ集まると，108°×4＝432°＞360° より，立体がつくれなくなるので，1 つの頂点に集まる正五角形の数は
3 つ　　この場合は　**正十二面体**

正十二面体

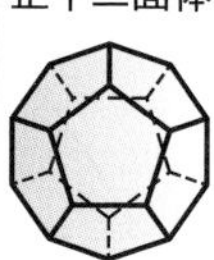

要点のまとめ

19 直線や平面の位置関係

1 平面の決定

限りなく広がっている平らな面を **平面** という。 ←平面Pなどという

次のような平面はただ1つに決まる。

① **同じ直線上にない3点** をふくむ平面

② **交わる2直線** をふくむ平面

③ **平行な2直線** をふくむ平面

①

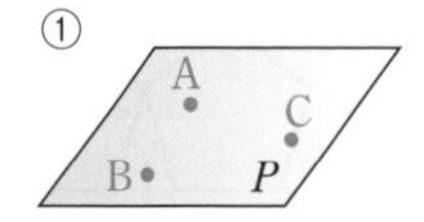

②

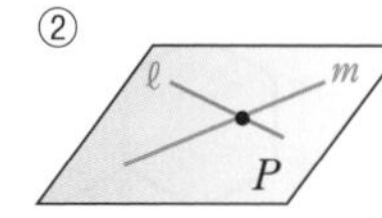

③

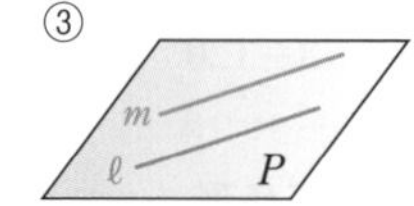

これまでは，単に平らな面を平面とよんでいたが，これからは，左のような面を平面とよぶ。

①で，2点から直線が1本ひけるので，**1直線とその上にない1点をふくむ平面** も，ただ1つに決まる。

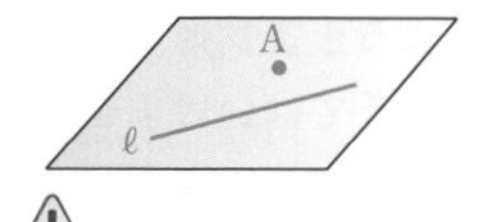

⚠ 異なる4点をふくむ平面はただ1つに決まるとはいえない。

2 2直線の位置関係

空間における2直線の位置関係には，次の3つの場合がある。

① **交わる**

② **平行**

③ **ねじれの位置にある** ←平行でなく，しかも交わらない2直線の位置関係

同じ平面上にある　　同じ平面上にない

① ℓ m P 交わる

②

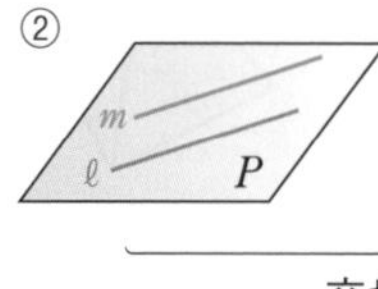

③

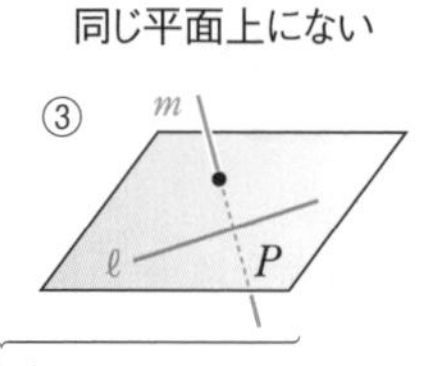

交わらない

交わる2直線や平行な2直線は同じ平面上にあるが，ねじれの位置にある2直線は同じ平面上にない。

3 直線と平面の位置関係

空間における直線と平面の位置関係には，次の3つの場合がある。

① **直線が平面にふくまれる**

② **1点で交わる**

③ **平行**（交わらない）

③ 直線ℓと平面Pが平行のとき，$\ell /\!/ P$ と表す。

①

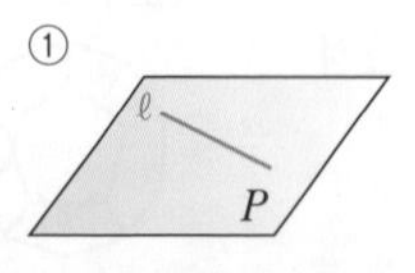

②

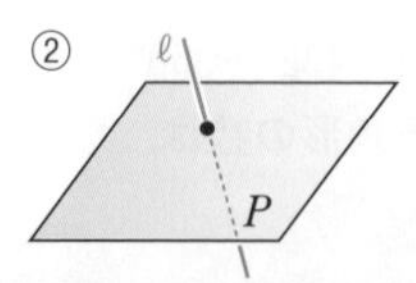

③

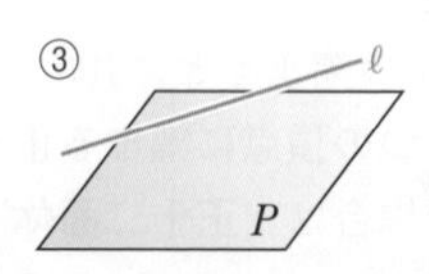

直線 ℓ が平面 P と交わり，その交点 A を通る P 上のすべての直線と垂直であるとき，ℓ と P は **垂直** であるといい，$\boldsymbol{\ell \perp P}$ と表す。

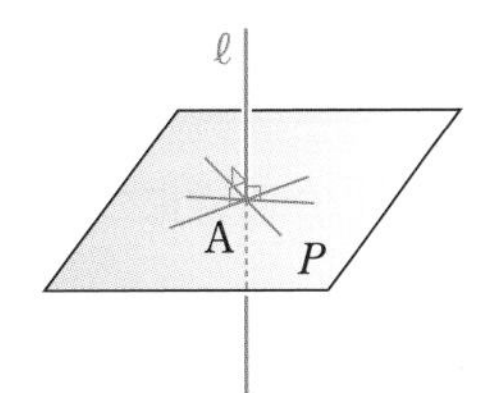

ℓ と P の交点を通る P 上の 2 本の直線と ℓ が垂直であれば，$\ell \perp P$ である。
→ 交わる 2 直線をふくむ平面はただ 1 つに決まるため。

4 2 平面の位置関係

❶ 2 平面の位置関係には，次の 2 つの場合がある。

① **交わる**

② **平行**（交わらない）

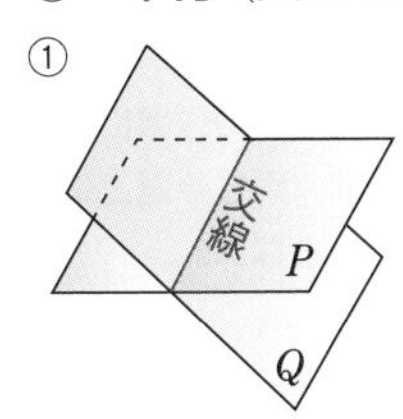

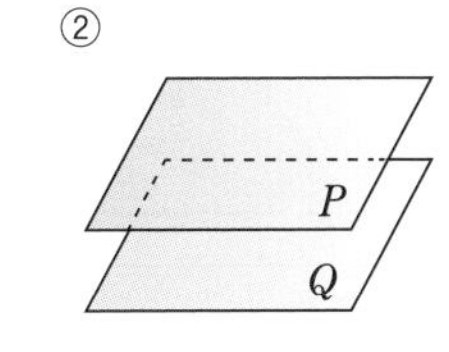

① 2 平面が交わるときにできる直線を **交線** という。
② 2 平面 P，Q が交わらないとき，P と Q は **平行** であるといい，$\boldsymbol{P /\!/ Q}$ と表す。

❷ 2 平面のなす角

右の図において，$\angle$BAC を 2 平面 **P と Q のなす角** という。

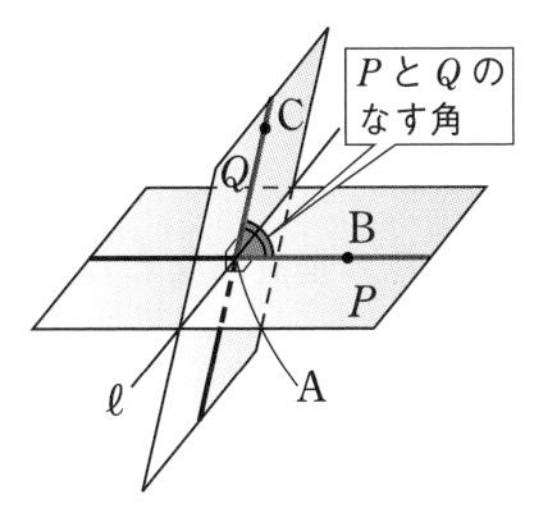

◀ ℓ は 2 平面 P，Q の交線。A は ℓ 上の点であり，B は $\ell \perp$ AB となる P 上の点，C は $\ell \perp$ AC となる Q 上の点である。

P と Q のなす角が 90° のとき，P と Q は **垂直** であるといい，$\boldsymbol{P \perp Q}$ と表す。

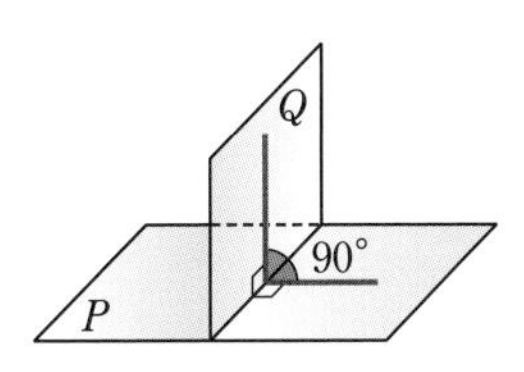

❸ 2 平面 P，Q が平行で，平面 R がこの 2 平面に交わるとき，できる交線 m，n は **平行** である。

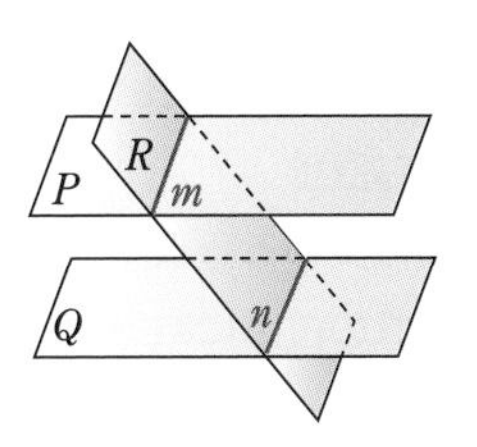

◀ $P /\!/ Q$，$m /\!/ n$

第 6 章 空間図形

例題 114 2 直線の位置関係

≫p. 160 2

右の図の三角柱の各辺を延長した直線について，次の位置関係にある直線をすべて答えなさい。

(1) 直線 AB と平行な直線

(2) 直線 AB と垂直に交わる直線

(3) 直線 AB とねじれの位置にある直線

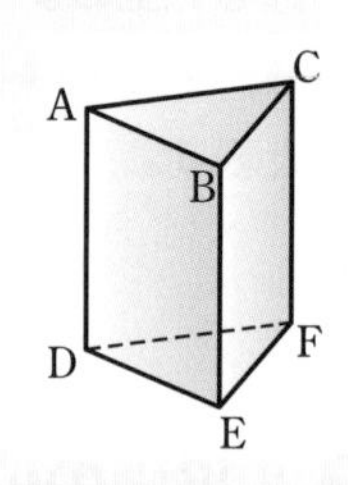

考え方

空間における 2 直線の位置関係は，次の 3 つ。

① **交わる**　② **平行**　③ **ねじれの位置**

同じ平面上にある　同じ平面上にない

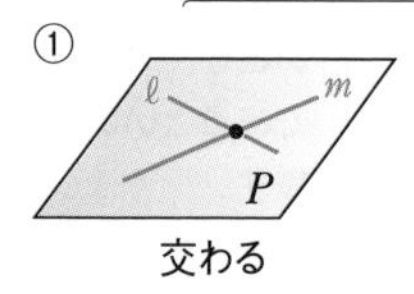

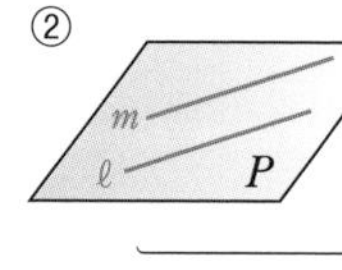

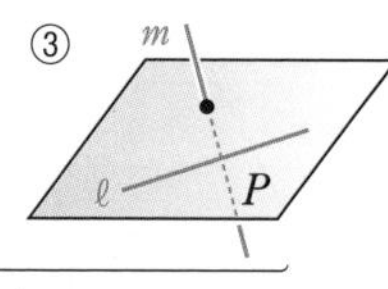

交わらない

(1)，(2) は直線 AB と同じ平面上にある直線，(3) は直線 AB と同じ平面上にない直線である。

ねじれの位置にある 2 直線は，**同じ平面上になく，交わらない。**

解答

(1) 直線 AB と同じ平面上にあり，交わらない直線であるから

直線 DE …答

(2) 直線 AB と同じ平面上にあり，垂直に交わる直線であるから

直線 AD，BE …答

(3) 直線 AB と交わらず，平行でもない直線であるから

直線 CF，DF，EF …答

(1)，(2)

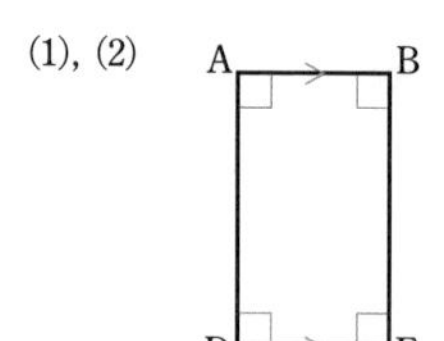

(3)

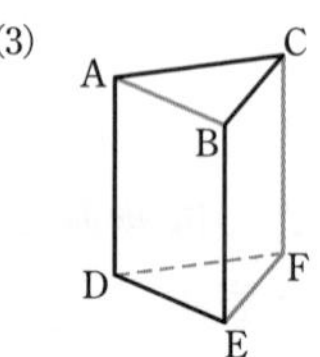

練習 114

解答➡別冊 p. 47

右の図の直方体の各辺を延長した直線について，次の位置関係にある直線をすべて答えなさい。

(1) 直線 AB と平行な直線

(2) 直線 AB と垂直に交わる直線

(3) 直線 AB とねじれの位置にある直線

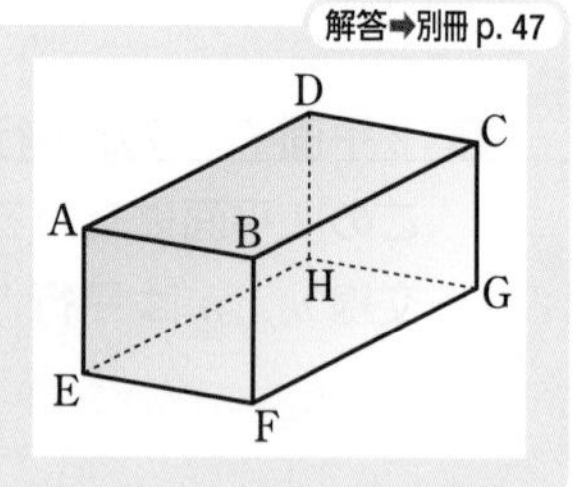

例題 115 直線と平面，2平面の位置関係

≫p. 160 3，p. 161 4

右の図の三角柱において，面を平面とみるとき，平面および各辺を延長した直線について，次の位置関係にあるものをすべて答えなさい。

(1) 平面 ABC と平行な平面
(2) 直線 AD と平行な平面
(3) 平面 ABC と垂直な直線

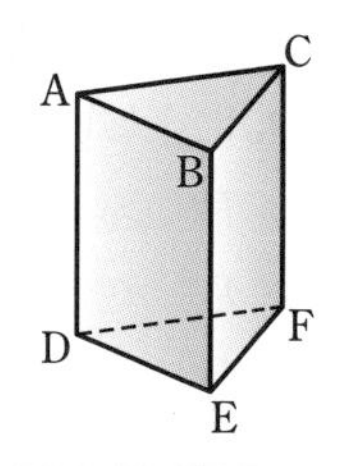

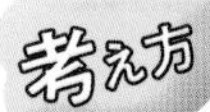

空間における直線と平面，2平面の位置関係は，次の通り。

直線と平面の位置関係

① 直線が平面にふくまれる　② 1点で交わる　③ 平行

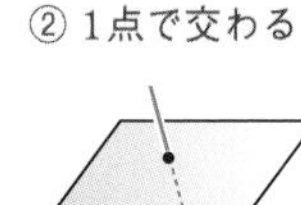

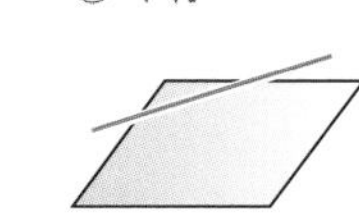

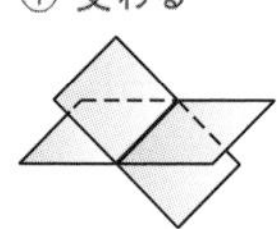

2平面の位置関係

① 交わる　② 平行

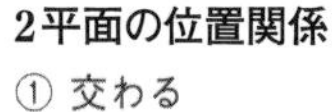

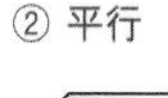

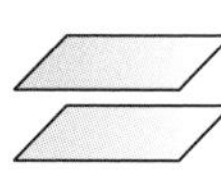

解答

(1) 三角柱の底面は平行であるから

平面 ABC∥平面 DEF　　　答 **平面 DEF**

(2) 直線 AD と交わらない平面であるから

平面 BEFC　…答

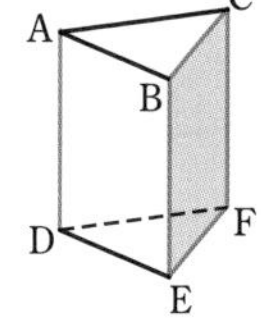

(3) 直線 AB に垂直な直線は　直線 AD，BE
直線 BC に垂直な直線は　直線 BE，CF
直線 CA に垂直な直線は　直線 CF，AD
よって，平面 ABC に垂直な直線は

直線 AD，BE，CF　…答

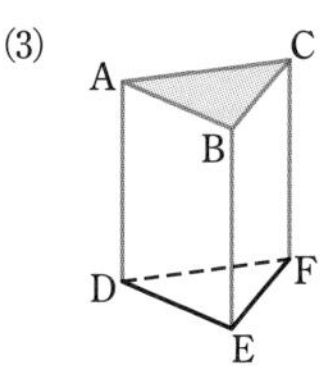

解答➡別冊 p. 47

練習 115 右の図の直方体において，面を平面とみるとき，平面および各辺を延長した直線について，次の位置関係にあるものをすべて答えなさい。

(1) 平面 ABCD と平行な平面　(2) 平面 ABCD と垂直な直線
(3) 直線 AD と平行な平面　(4) 直線 AD と垂直な平面

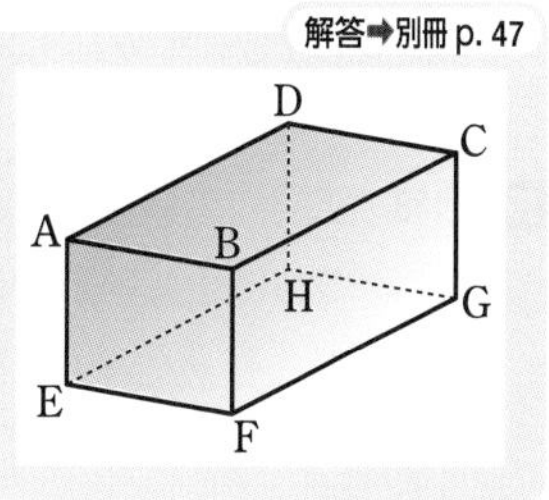

第6章 空間図形

例題 116 直線と平面の平行，垂直

>>p. 160 2 3，p. 161 4

レベル 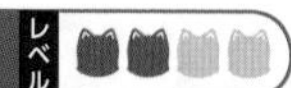

空間内の異なる 3 直線 ℓ，m，n と，異なる 3 平面 P，Q，R がある。次の (1)〜(6) について，つねに正しいものには○を，正しくないものには×をつけなさい。

(1) $P\perp Q$，$Q\perp R$ ならば $P /\!/ R$　　(2) $P\perp Q$，$Q /\!/ R$ ならば $P\perp R$

(3) $\ell\perp m$，$P /\!/ \ell$ ならば $P\perp m$　　(4) $P /\!/ \ell$，$Q /\!/ \ell$ ならば $P /\!/ Q$

(5) $P\perp \ell$，$Q /\!/ \ell$ ならば $P\perp Q$　　(6) $\ell\perp m$，$m\perp n$ ならば $\ell /\!/ n$

考え方　図をかいて考える

なれないうちは，直線は鉛筆，平面はノートや下じきを使って考えてみるとよい。

なお，正しくないものは，**正しくない例が 1 つだけあればよい。**

また，正しいものは，**どんな場合についても成り立たないといけない。**

解答

(1)

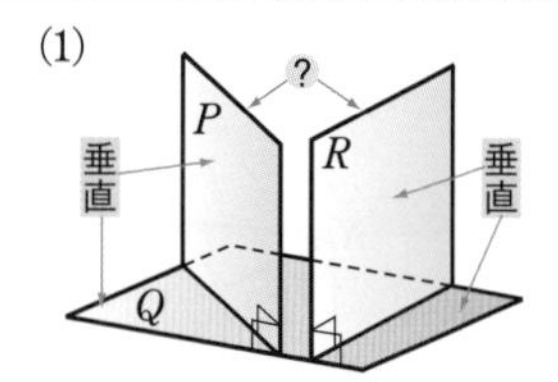

(2)

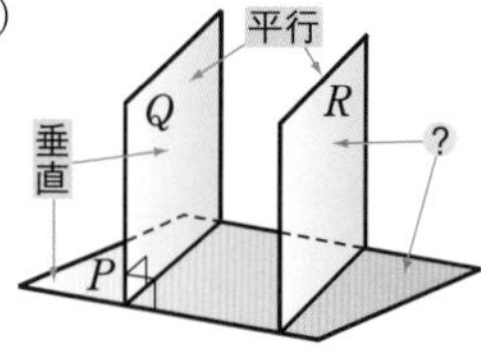

(3)

(4)

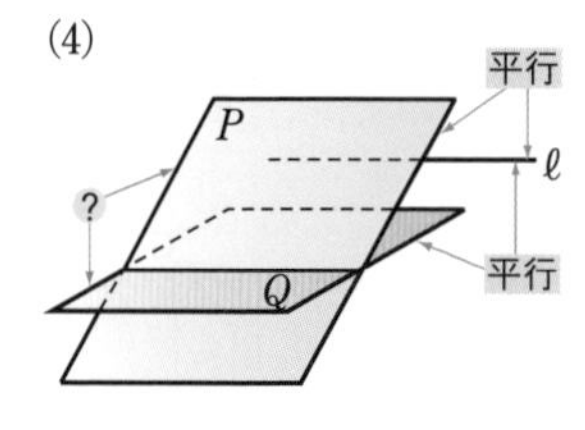

(5)

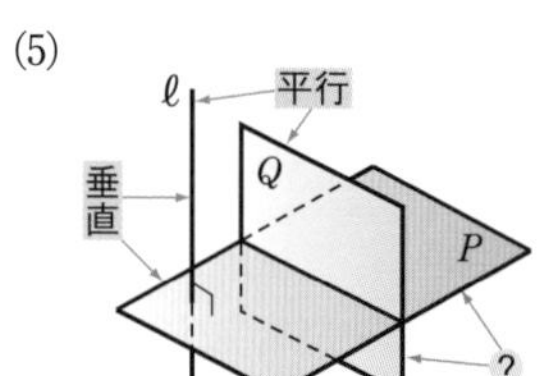

(6)

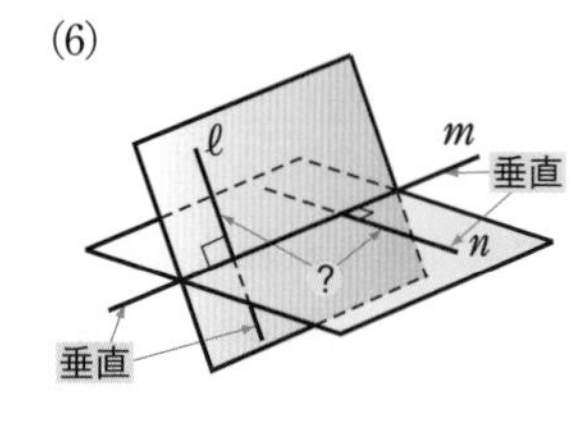

答　(1) ×　　(2) ○　　(3) ×

　　(4) ×　　(5) ○　　(6) ×

解答➡別冊 p. 48

練習 116 空間内の異なる 3 直線 ℓ，m，n と，異なる 3 平面 P，Q，R がある。次の (1)〜(3) について，つねに正しいものには○を，正しくないものには×をつけなさい。

(1) $\ell\perp m$，$\ell\perp n$ ならば $m /\!/ n$　　(2) $\ell\perp P$，$P /\!/ Q$ ならば $\ell\perp Q$

(3) $P /\!/ Q$，$P\perp R$ ならば $Q\perp R$

EXERCISES

解答➡別冊 p. 51

90　正多面体について，次の □ をうめなさい。
正多面体は，全部で ア□ 種類しかない。このうち，面の形が イ□ である立体は立方体で，頂点の数は ウ□，辺の数は エ□ である。また，面の形が正五角形である立体は オ□ で，頂点の数は カ□，辺の数は キ□ である。

>>例題 113

91　空間において，次の ①～④ の点や直線をふくむ平面のうち，ただ1つに決まるものをすべて選びなさい。

① 交わる2直線　　② 平行な2直線
③ 異なる3点　　④ ねじれの位置にある2直線

>>p. 160

92　右の図は，直方体から三角柱を切り取った立体である。
この立体の面を平面とみるとき，平面および各辺を延長した直線について，次の位置関係にあるものをすべて答えなさい。

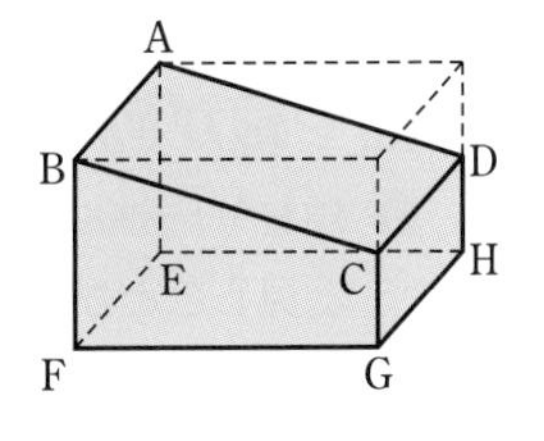

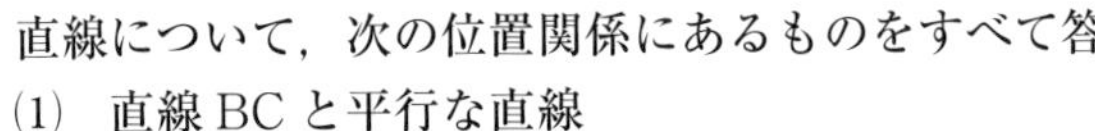
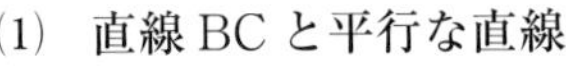

(1) 直線 BC と平行な直線
(2) 直線 BC とねじれの位置にある直線
(3) 平面 ABFE に平行な平面
(4) 平面 ABFE に垂直な平面

>>例題 114, 115

93　空間において，次の ①～③ のうち，つねに正しいものをすべて選びなさい。

>>例題 116

① 1つの平面に平行な2つの平面は平行である。
② 1つの直線に平行な2つの平面は平行である。
③ 1つの平面に垂直な2つの直線は平行である。

94　図のように，正四角柱のすべての辺を両方向に同じ長さだけ延長して得られる線分の両端の点は全部で24個ある。これらすべての点を頂点とする多面体の面の数を求めなさい。〔佐賀〕

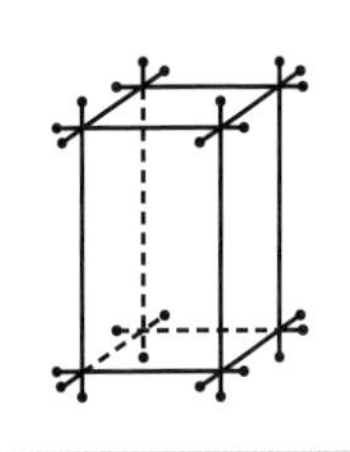

20 立体のいろいろな見方

1 平面の距離，2 平面の距離

❶ 平面 P 上にない点Aと P 上の点Hを結んだ線分 AH の長さがもっとも短くなるのは，AH⊥P となる場合である。
このとき，線分 AH の長さを
点Aと平面 P の距離 という。

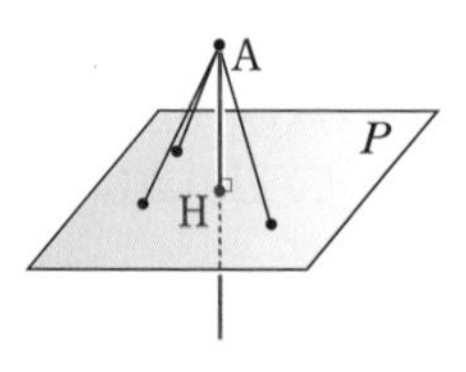

角錐や円錐において，頂点と底面の距離を，角錐や円錐の 高さ という。

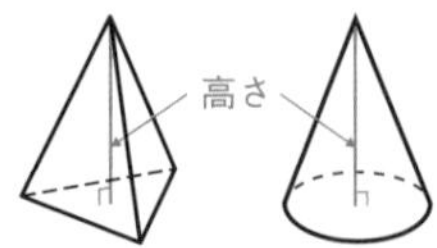

❷ 平行な 2 平面 P，Q において，P 上のどこに点Aをとっても，Aと Q の距離は一定である。この距離を，
2 平面 P，Q 間の距離 という。

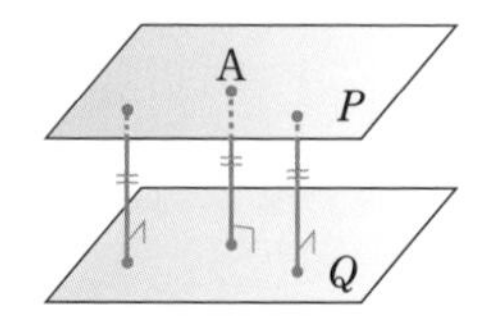

角柱や円柱において，底面間の距離を，角柱や円柱の 高さ という。

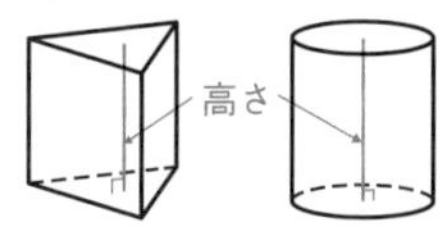

2 面や線が動いてできる立体

❶ 角柱や円柱は，底面がそれと垂直な方向に動いてできた立体と見ることができる。動いた距離が立体の高さである。

❷ 多角形や円に垂直である線分を，その周にそってひとまわりしてできる図形は，角柱や円柱の側面である。

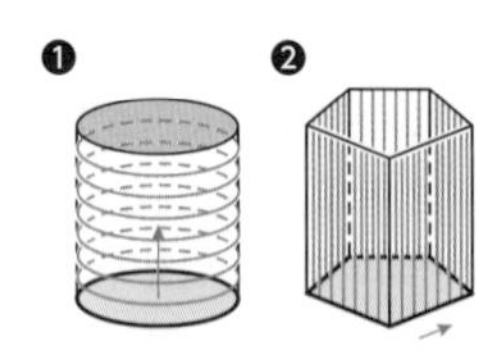

3 回転体

円柱や円錐のように，直線 ℓ を軸として，図形を 1 回転させてできる立体を **回転体**（かいてんたい） といい，直線 ℓ を **回転の軸** という。
このとき，円柱や円錐の側面をえがく線分を **母線**（ぼせん） という。

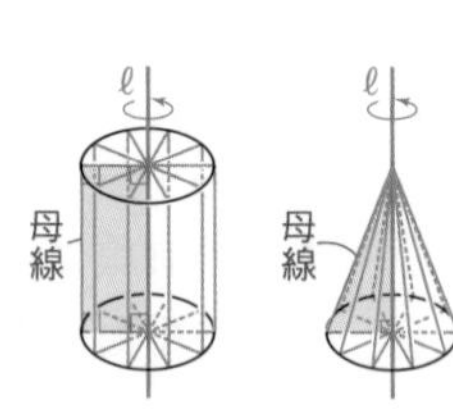

4 投影図

立体を，正面から見た図を **立面図**（りつめんず），
真上から見た図を **平面図**（へいめんず） といい，
これらをあわせて **投影図**（とうえいず） という。

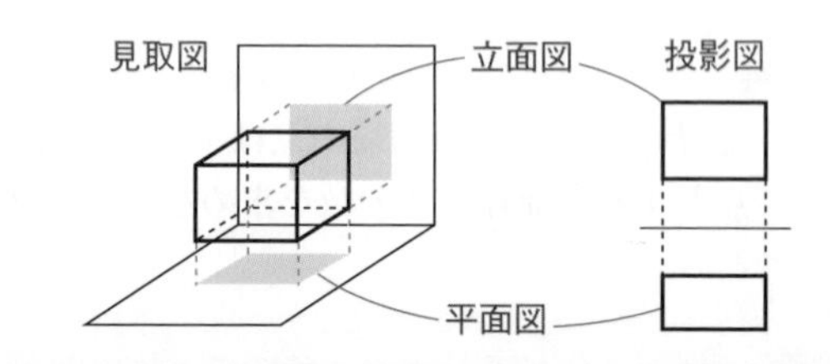

例題 117 面や線が動いてできる立体

>>p. 166 2

(1) 次の図形を，その面に垂直な方向に 5 cm だけ動かすと，それぞれどのような立体ができるか答えなさい。

(ア) 半径が 3 cm の円　　(イ) 1 辺が 5 cm の正方形

(2) 右の図において，線分 AB は四角形をふくむ平面に垂直であるとする。
このとき，線分 AB が四角形にそってひとまわりしてできる図形は，どのような立体の側面ですか。

(2)

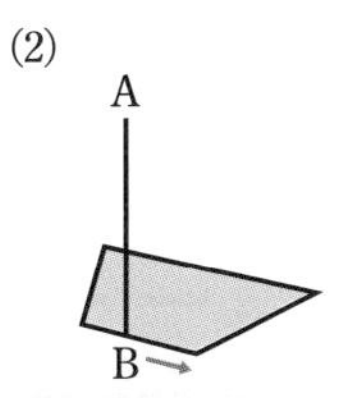

考え方

線が移動すると面になり，
面が移動すると立体になる

(1) (ア)

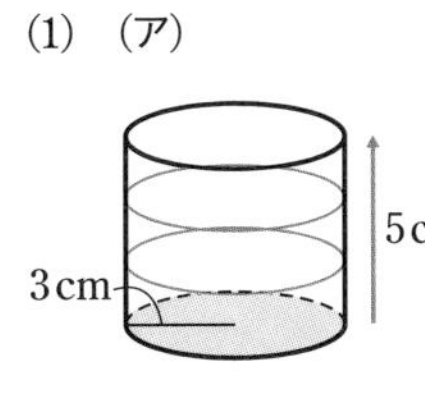

(イ)

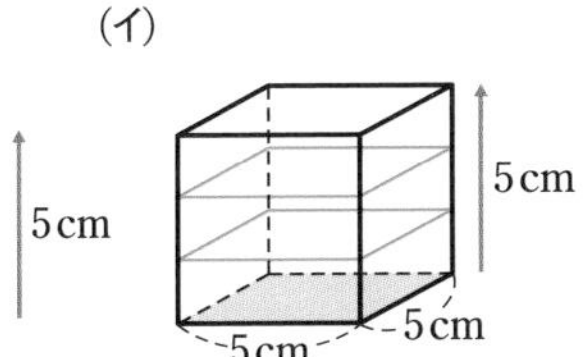

(2)

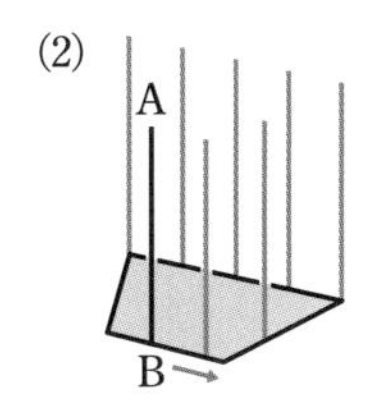

参考

下の図のように，点Aが固定され，多角形や円の周上の点Bが，その周にそってひとまわりしたとき，線分 AB が動いてできる図形は，角錐や円錐の側面である。

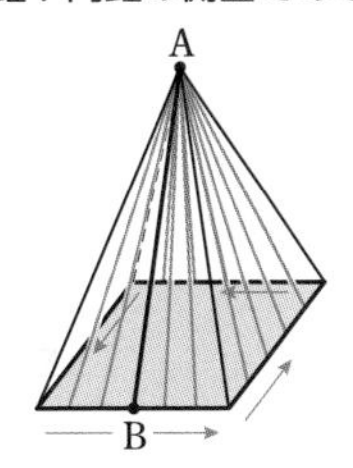

解答

(1) (ア) **底面が半径 3 cm の円で，高さが 5 cm の円柱** …答

(イ) 底面が 1 辺の長さ 5 cm の正方形で，高さが 5 cm の四角柱であるから

1 辺が 5 cm の立方体 …答

(2) 答 **四角柱の側面**

解答➡別冊 p. 48

練習 117 次の問いに答えなさい。

(1) 1 辺が 4 cm の正三角形を，その面に垂直な方向に 4 cm だけ動かすと，どのような立体ができますか。

(2) 右の図のように，線分 AB が円をふくむ平面に垂直であるとき，線分 AB が円の周にそってひとまわりしてできる図形は，どのような立体の側面ですか。

(2)

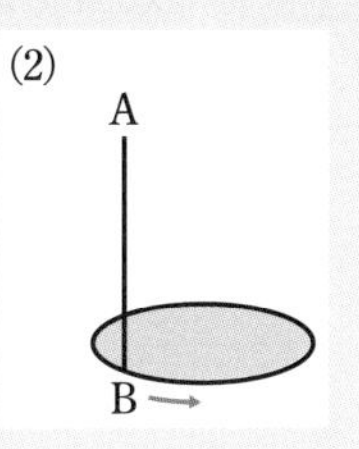

例題 118 回転体を平面で切った切り口

>>p. 166 3

右の図のように，(ア) 長方形，(イ) 半円 をそれぞれ直線 ℓ を軸として 1 回転させる。このとき，(ア)，(イ) のそれぞれについて，次の問いに答えなさい。

(1) できた立体を，ℓ に垂直な平面で切ると，切り口はどのような図形になりますか。

(2) できた立体を，ℓ をふくむ平面で切ると，切り口はどのような図形になりますか。

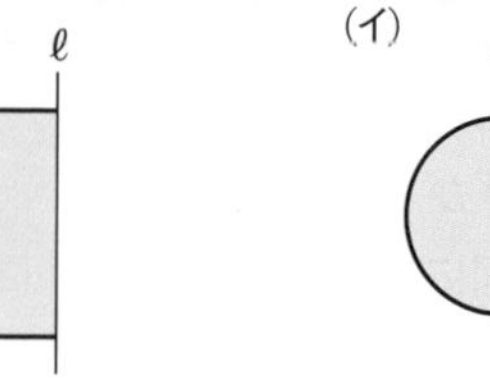

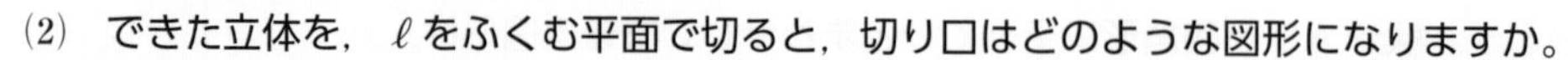

考え方 回転体 ⟶ 円ができる

回転の軸に垂直な平面で切ると，切り口は **円**（または同心円）。
回転の軸をふくむ平面で切ると，切り口は **回転の軸が対称の軸である線対称な図形**。

確認 回転体
直線 ℓ を軸として，図形を 1 回転させてできる立体を **回転体** といい，直線 ℓ を **回転の軸** という。

解答

できる立体は，それぞれ (ア) 円柱 (イ) 球 である。

(1) 答 (ア) **円**
(イ) **円**

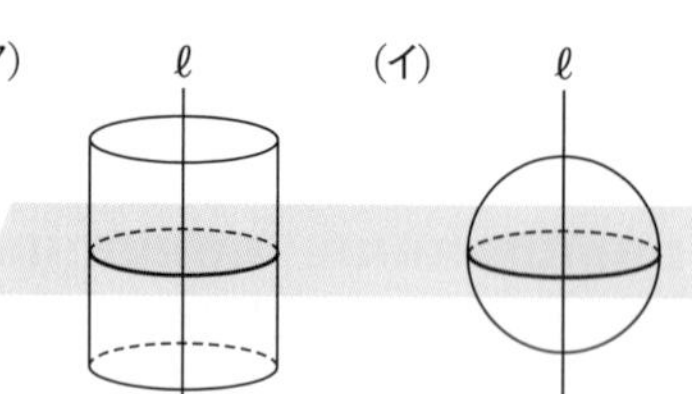

参考 同心円
中心が同じである 2 つ以上の円を同心円という。

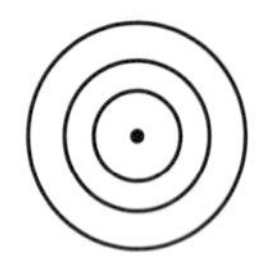

(2) 答 (ア) **長方形**
(イ) **円**

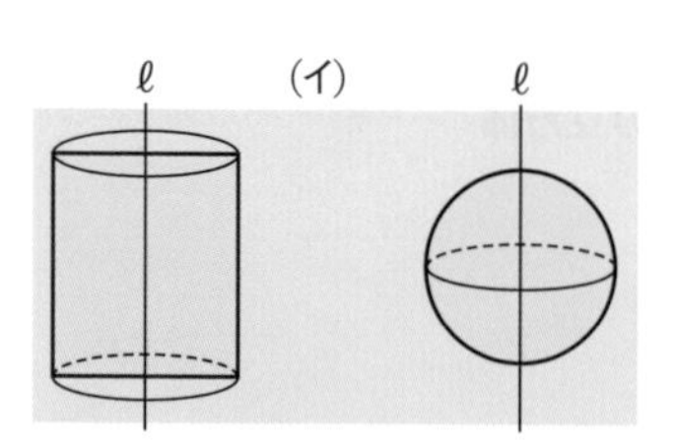

◀回転の軸をふくむ平面で切っているから，切り口は **回転の軸が対称の軸である線対称な図形**。

練習 118

解答➡別冊 p. 48

次の問いに答えなさい。
右の図のように，直角三角形を直線 ℓ を軸として，1 回転させる。

(1) できた立体を，ℓ に垂直な平面で切ると，切り口はどのような図形になりますか。

(2) できた立体を，ℓ をふくむ平面で切ると，切り口はどのような図形になりますか。

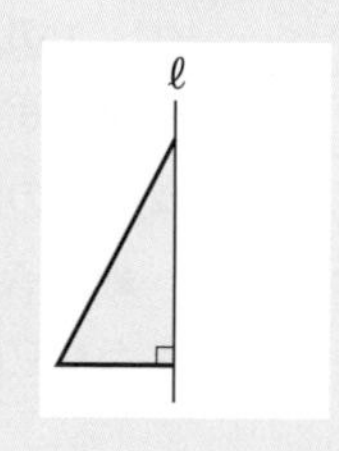

例題 119 回転体

>>p. 166 3 レベル

次の図形を，直線 ℓ を軸として 1 回転させた回転体の見取図を，それぞれかきなさい。

(1) 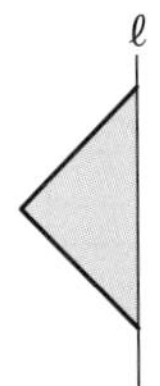

(2) 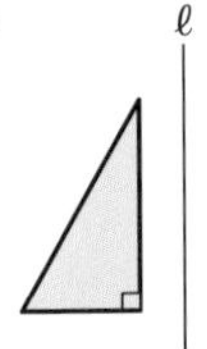

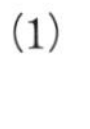

考え方 回転体の見取図は，次の手順でかくとよい。

手順1 回転の軸を対称の軸とする線対称な図形をかく。

手順2 回転の軸の周りに 1 回転したとき，円になる部分をかきたす。このとき，見えない部分は破線で表すとよい。

解答

(1) 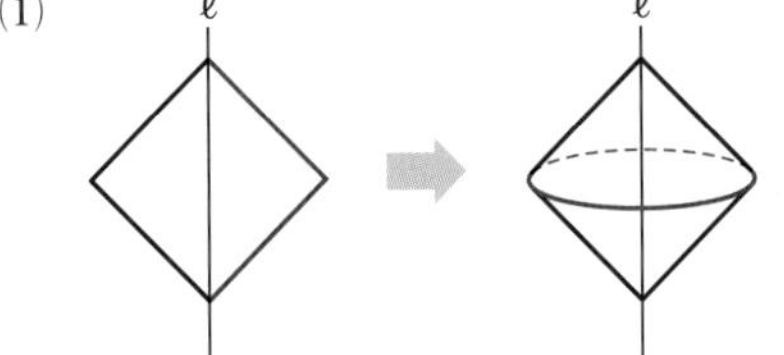

答 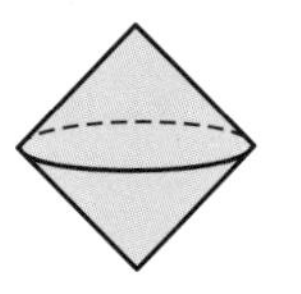

(2) 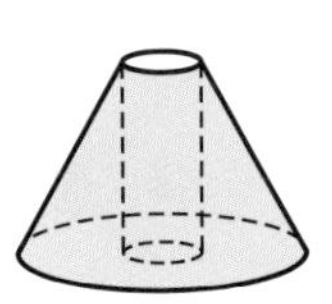

答

小学校の復習
立体の全体がわかるようにかいた図を **見取図** という。

(例)

①軸に線対称な図形をかく。

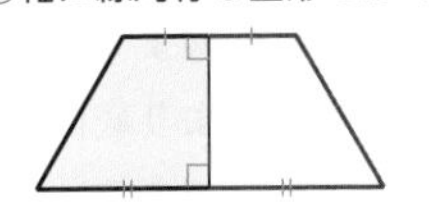

②円の部分をかきたす。

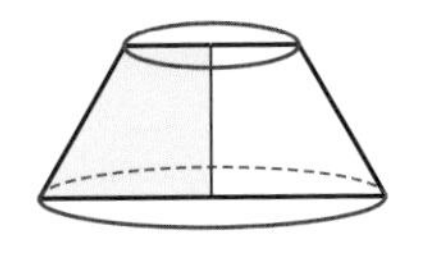

参考
上のように，大きな円錐から上の小さな円錐を除いた立体を **円錐台** という。

解答➡別冊 p. 48

練習 119 次の図形を，直線 ℓ を軸として 1 回転させた回転体の見取図を，それぞれかきなさい。

(1) 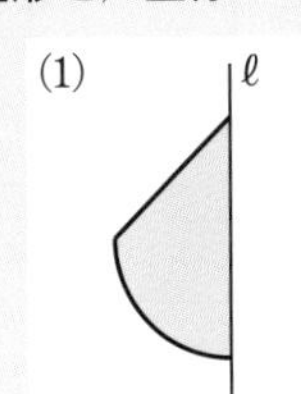

(2) 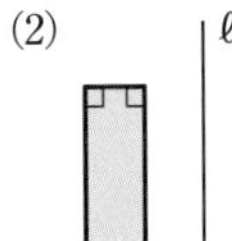

(3) 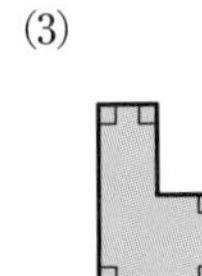 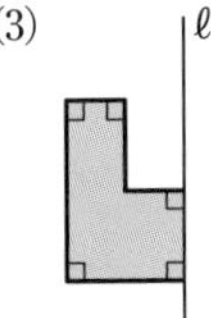

例題 120 投影図

≫p. 166 4 レベル

右の投影図は，下の ①～⑦ のいずれかの立体の投影図である。それぞれどの投影図かを番号で答えなさい。

① 円柱　② 球
③ 円錐　④ 四角柱
⑤ 四角錐　⑥ 三角柱　⑦ 三角錐

(1)

(2)

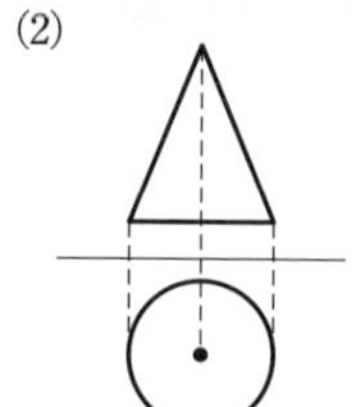

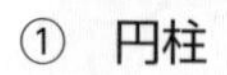

考え方　投影図　立面図と平面図から考える

立面図から柱体（角柱・円柱）であるか錐体（角錐・円錐）であるかを判断し，平面図から底面の形を判断する。

解答

(1) 立面図より，この立体は柱体であり，平面図より底面が三角形であるから，三角柱である。

答　⑥

(1)

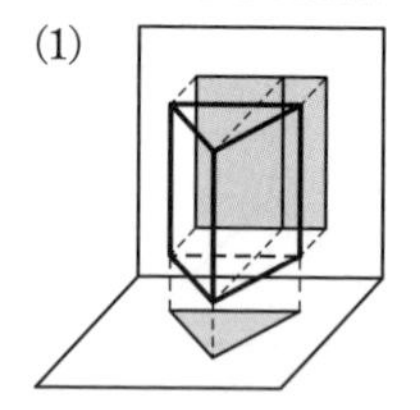

(2) 立面図より，この立体は錐体か三角柱であり，平面図より底面が円であるから，円錐である。

答　③

(2)

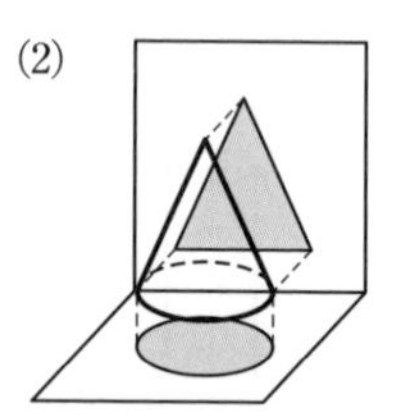

確認 投影図
立体を正面から見た図を**立面図**，真上から見た図を**平面図**といい，まとめて**投影図**という。

<見取図>　<投影図>

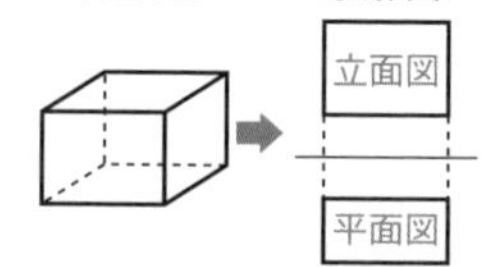

参考 立面図と平面図だけでは，立体の形がよくわからないことがある。
このようなとき，立面図，平面図のほかに真横から見た図（**側面図**）をつけて表すこともある。
（解答編 $p.$ 48 の参考）

練習 120 右の投影図は，下の ①～⑦ のいずれかの立体の投影図である。それぞれどの投影図かを番号で答えなさい。

解答➡別冊 p. 48

① 円柱　② 球　③ 円錐
④ 四角柱　⑤ 四角錐　⑥ 三角錐
⑦ 三角柱

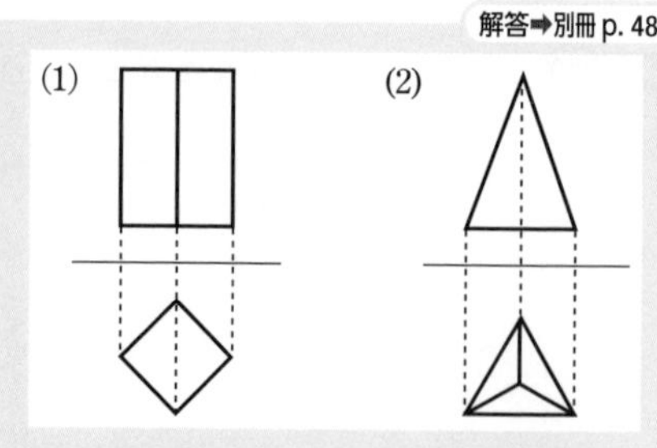

EXERCISES

解答➡別冊 p. 52

95 ある図形を，この図形に垂直な方向に，一定の距離だけ動かしたら，正五角柱になった。動かした図形を答えなさい。 >>例題 117

96 次のような図形を直線 ℓ を軸として 1 回転させる。次の問いに答えなさい。 >>例題 118

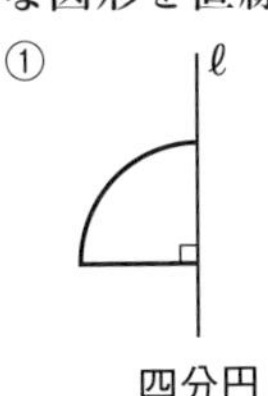

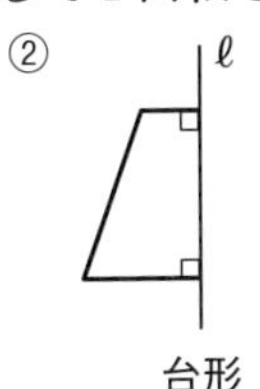

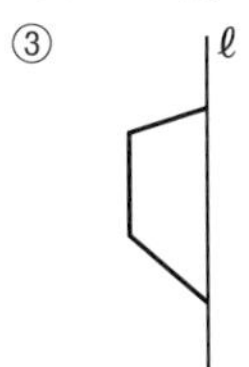

(補足：円を，たがいに垂直な直径によって 4 等分したものの 1 つを四分円という。→ p. 173)

(1) 直線 ℓ に垂直な平面で切ると，切り口はどのような図形になりますか。それぞれ答えなさい。

(2) 直線 ℓ をふくむ平面で切ると，切り口はどのような図形になりますか。それぞれ答えなさい。

97 次のような図形を，直線 ℓ を軸として 1 回転させると，どのような立体ができますか。見取図をかきなさい。 >>例題 119

(1)

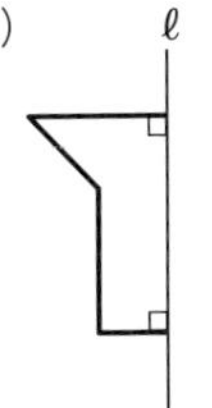

(2)

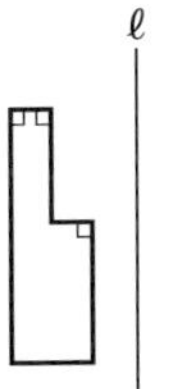

(3)

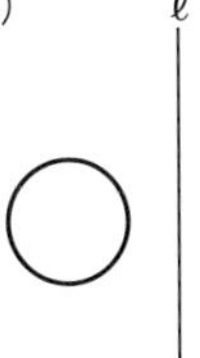

(4)

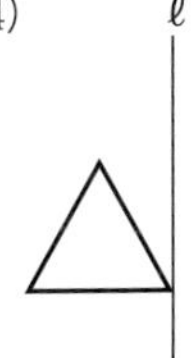

98 次の投影図で表される立体の見取図をかきなさい。 >>例題 120

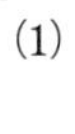

(1)

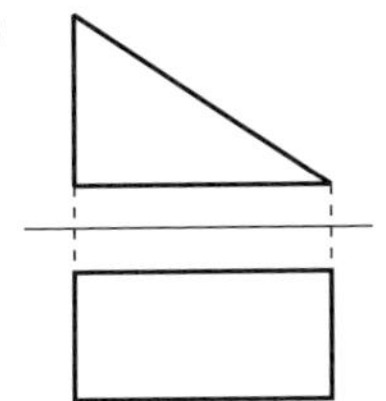

(2)

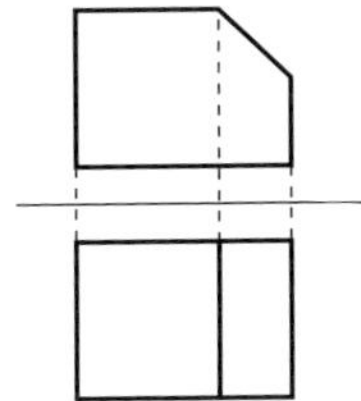

(3)

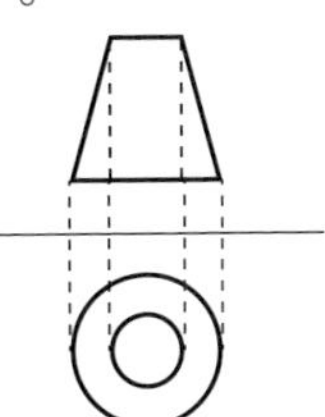

(4)

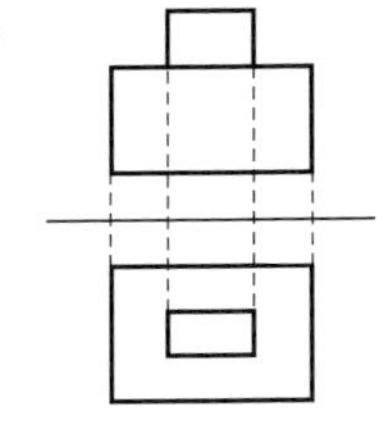

21 立体の体積と表面積

1 立体の体積

底面積を S，高さを h，体積を V とする。

❶ 角柱・円柱の体積

$$V=Sh$$ ← 底面積×高さ

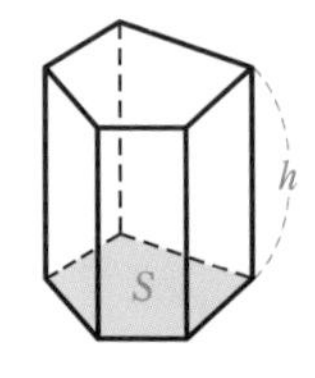

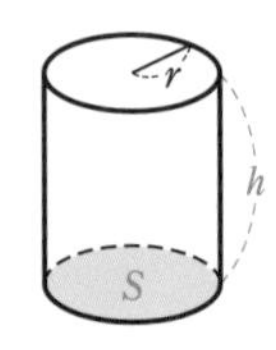

❶ 円柱の底面の半径が r のとき
$V=\pi r^2h$

❷ 角錐・円錐の体積

$$V=\frac{1}{3}Sh$$ ← 底面積×高さ÷3

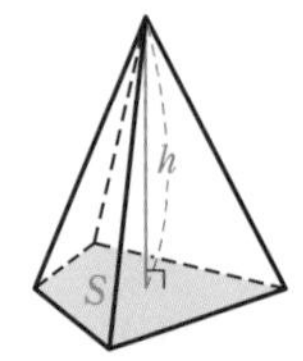

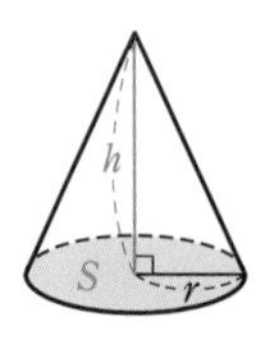

❷ 円錐の底面の半径が r のとき
$V=\frac{1}{3}\pi r^2h$

2 立体の展開図

角柱，円柱，角錐，円錐の展開図は，それぞれ次のようになる。

❶ 角柱

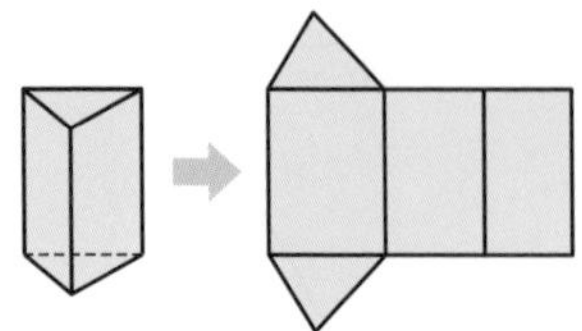

❷ 円柱

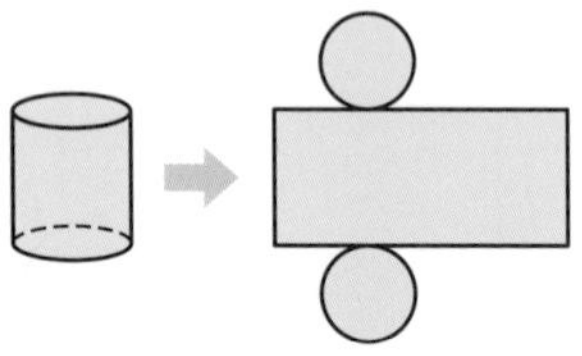

❷ 円柱の側面になる部分は長方形（正方形は長方形にふくめる）。

❸ 角錐

❹ 円錐

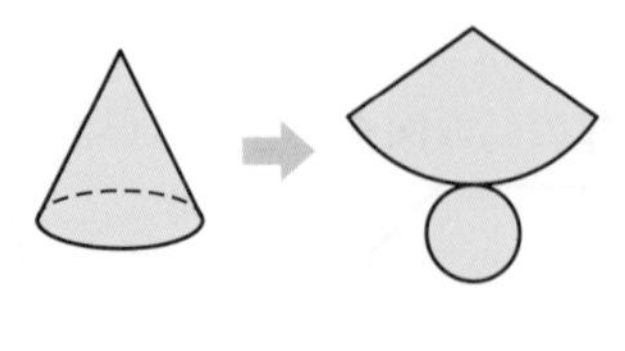

❹ 円錐の側面になる部分はおうぎ形（おうぎ形については，次ページ）。

3 おうぎ形

❶ 円の 2 つの半径と弧で囲まれた図形を **おうぎ形** という。
おうぎ形で，2 つの半径がつくる角を **中心角** という。

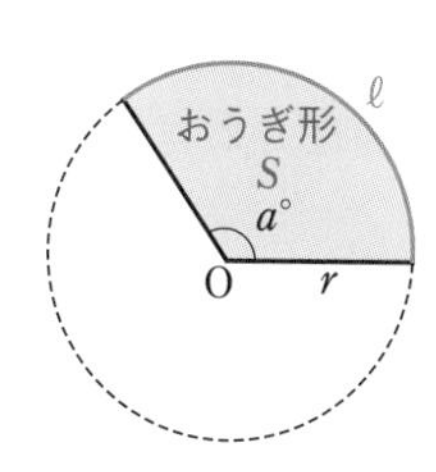

中心角が 180° のおうぎ形を 半円，90° のおうぎ形を 四分円 という。

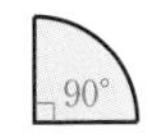

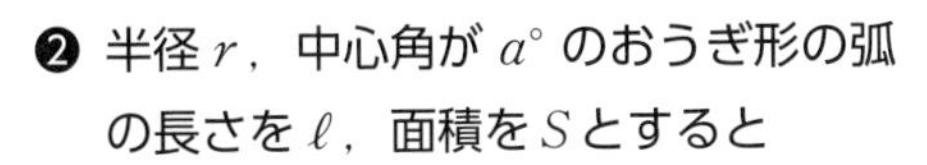

❷ 半径 r，中心角が $a°$ のおうぎ形の弧の長さを ℓ，面積を S とすると

$$\ell=2\pi r\times\frac{a}{360},\quad S=\pi r^2\times\frac{a}{360}$$

⚠ $S=\frac{1}{2}\ell r$ が成り立つ。

1 つの円からできる，おうぎ形の弧の長さと面積は，それぞれの **中心角の大きさに比例する。**

4 立体の表面積

立体のすべての面の面積の和を **表面積**（ひょうめんせき）という。
また，すべての側面の面積の和を **側面積**（そくめんせき）といい，1 つの底面の面積を **底面積**（ていめんせき）という。

表面積は，展開図の面積と同じ。

角柱，円柱の表面積

(底面積)×2＋(側面積) ← 角柱，円柱の底面は 2 つ

⚠ **(円柱の側面の長方形の横の長さ)＝(底面の円周の長さ)**

円柱の場合

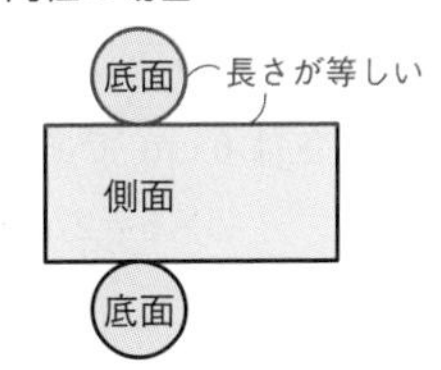

角錐，円錐の表面積

(底面積)＋(側面積)

⚠ **(円錐の側面のおうぎ形の弧の長さ)＝(底面の円周の長さ)**

円錐の場合

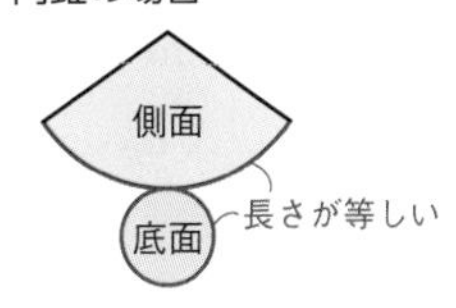

5 球の体積と表面積

半径が r の球の体積を V，表面積を S とすると

$$V=\frac{4}{3}\pi r^3,\quad S=4\pi r^2$$

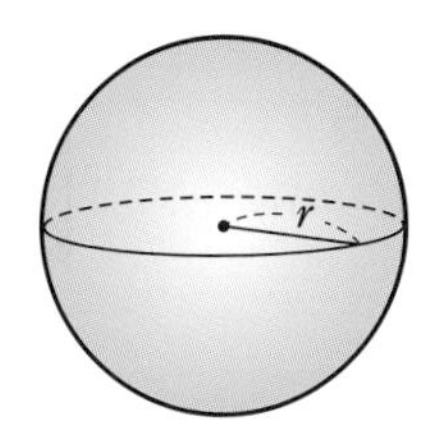

体積は
身の上に心配あーる参上（3，4π，r，3乗）
表面積は
心配あーる事情（4π，r，2乗）
と覚えよう。

例題 121 立体の体積

>>p. 172 1

下の図において，(1) は四角柱，(2) は円錐である。それぞれの立体の体積を求めなさい。

(1)

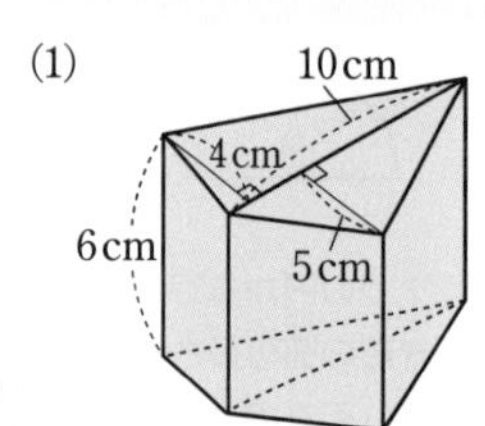

(2)

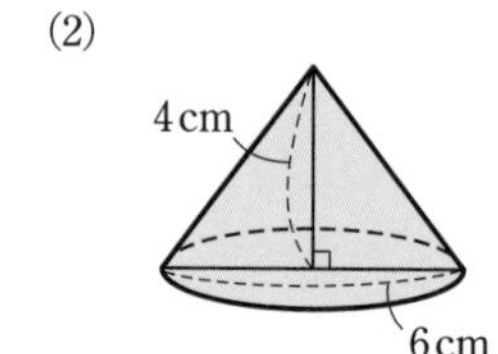

考え方

底面積を S，高さを h，体積を V とすると

角柱・円柱の体積　$V=Sh$　(底面積×高さ)

角錐・円錐の体積　$V=\frac{1}{3}Sh$　(底面積×高さ÷3)

角柱・円柱

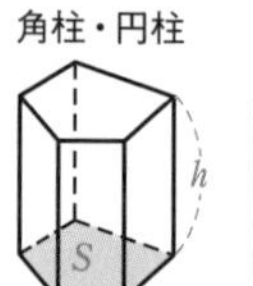
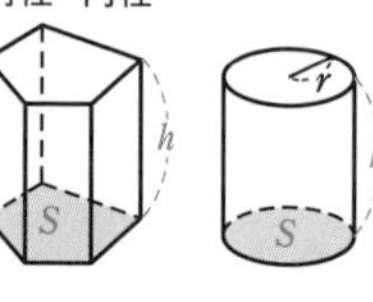

角錐・円錐

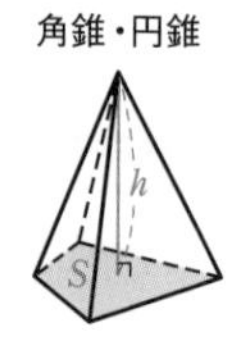
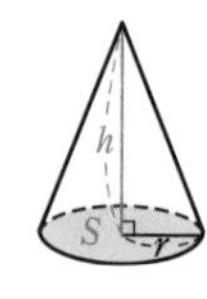

解答

(1) 底面は 2 つの三角形をあわせた図形である。

底面積は　$\frac{1}{2}\times10\times4+\frac{1}{2}\times10\times5=45$ (cm²)

高さは 6 cm であるから，体積は

$45\times6=270$ (cm³)

答 **270 cm³**

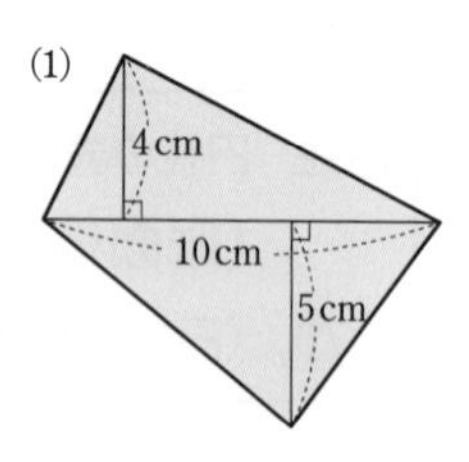

(2) 底面は，半径 3 cm の円である。

底面積は　$\pi\times3^2=9\pi$　← πr^2 (r は半径)

高さは 4 cm であるから，体積は

$\frac{1}{3}\times9\pi\times4=12\pi$ (cm³)

答 **12π cm³**

(2) 6 cm は直径。

練習 121 右の図において，(1) は三角柱，(2) は正四角錐，(3) は円柱と円錐をあわせたものである。それぞれの立体の体積を求めなさい。

解答➡別冊 p. 48

(1)

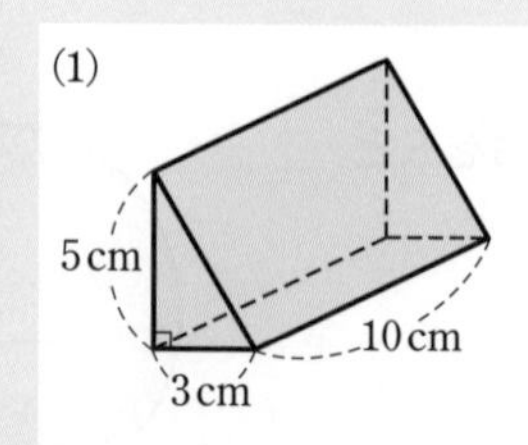

(2)

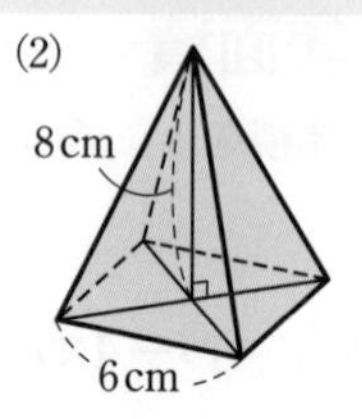

(3)

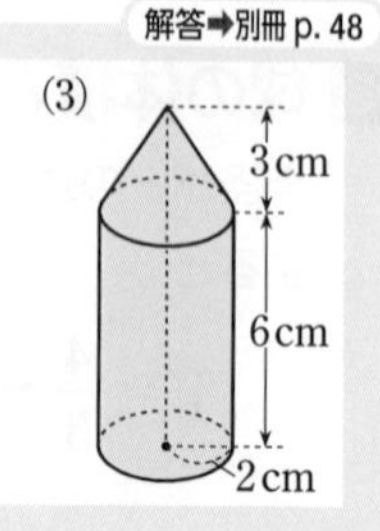

例題 122 展開図（角柱・円柱・角錐）

>>p. 172 2 レベル 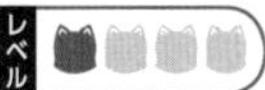

(1) 右の図 (1) は，円柱の展開図である。
図の x の値を求めなさい。

(2) 右の図 (2) は，正四角錐である。
この展開図をかきなさい。

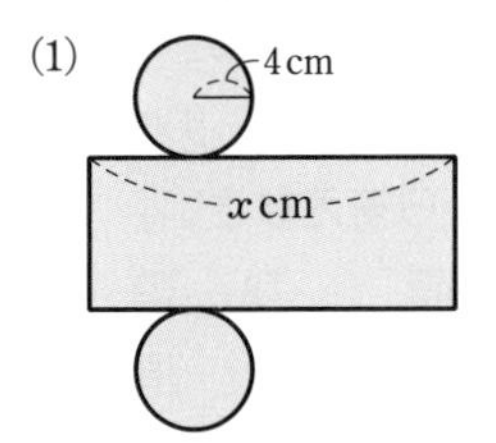

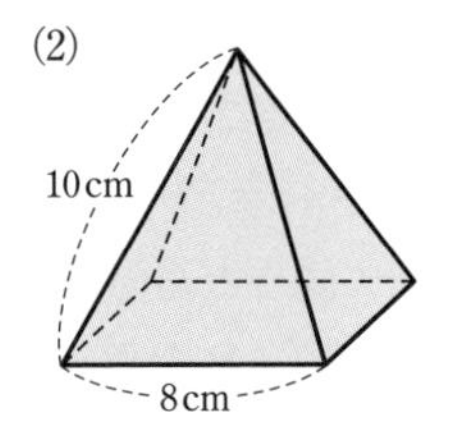

考え方 組み立てたときに重なりあう線分の長さは等しい

(1) 右の図において，赤い部分は重なり合うから
（円柱の側面の長方形の横の長さ）
＝（底面の円周の長さ）
が成り立つ。

(2) 展開図は 1 通りではなく，複数考えられる。

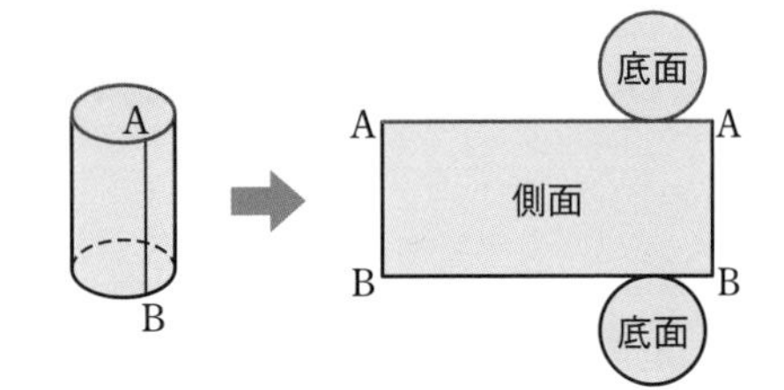

解答

(1) 底面の円周の長さに等しいから

$x=2\pi\times4=8\pi$　　答 8π

◀半径 r の円の円周の長さを ℓ とすると　$\ell=2\pi r$

(2) 答 **右の図**

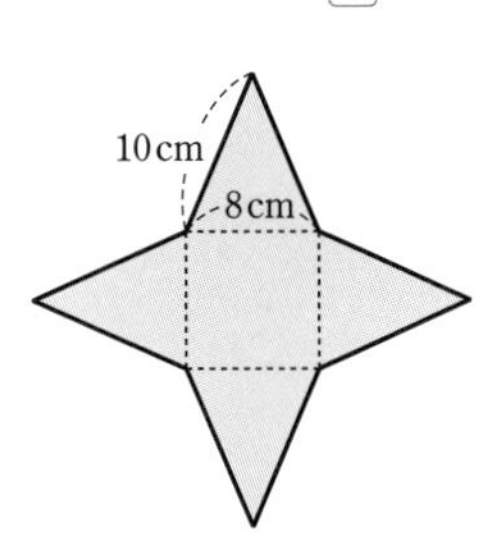

⚠ 正四角錐の展開図は，1 つの正方形と 4 つの合同な二等辺三角形でつくられる。

別解 (2)

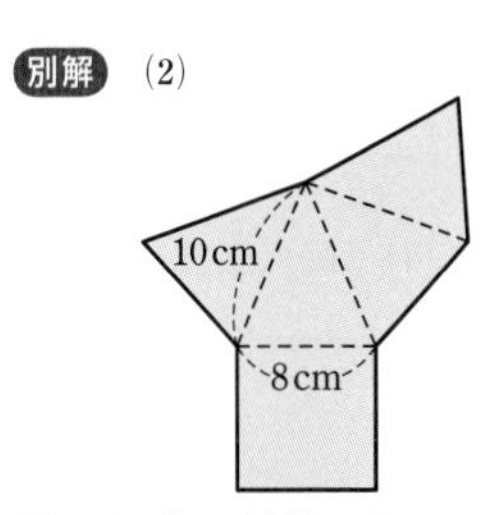

展開図は切る線分によって，いろいろ考えられる。

解答➡別冊 p. 49

練習 122 次の問いに答えなさい。

(1) 右の図 (1) は，三角柱の展開図である。
図の x の値を求めなさい。

(2) 右の図 (2) は，円柱である。
この展開図をかきなさい。

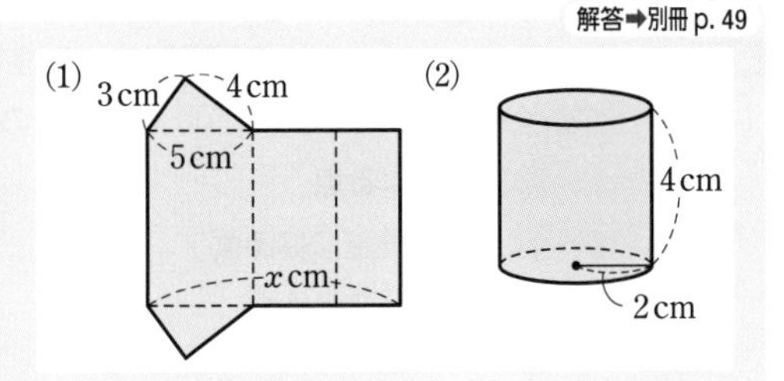

第6章 空間図形

例題 123 展開図から立体を考える

右の図は，立方体の展開図である。この展開図を組み立てて立方体をつくるとき，次のものをすべて答えなさい。ただし，(1)〜(3) はア〜カの中から答えなさい。

(1) 面ウと垂直になる面　　(2) 辺 AB と垂直になる面

(3) 辺 AB と平行になる面　　(4) 頂点Aと重なる点

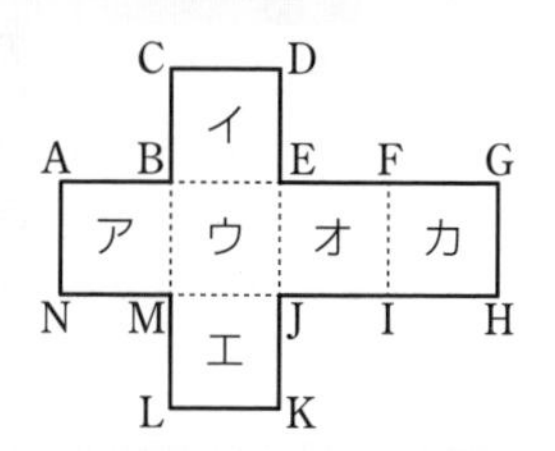

考え方 展開図から見取図をかく

見取図に記号を書き込む。

このとき，組み立てると **重なる辺や点に注目** する。

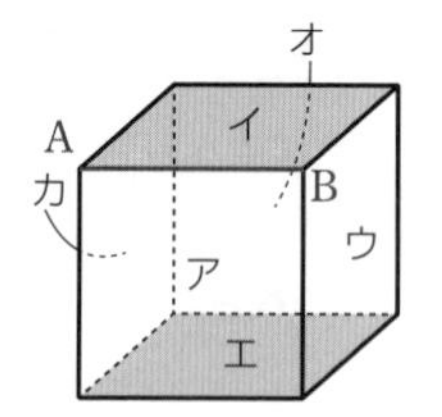

◀基準となる A，B が見やすい位置になるように書き込むと考えやすい。

解答

組み立てたときの見取図は，右のようになる。

(1) 面ウと垂直になる面は

面ア，イ，エ，オ …答

(2) 辺 AB と垂直になる面は

面ウ，カ …答

(3) 辺 AB と平行になる面は

面エ，オ …答

(4) 頂点Aと重なる点は

点C，G …答

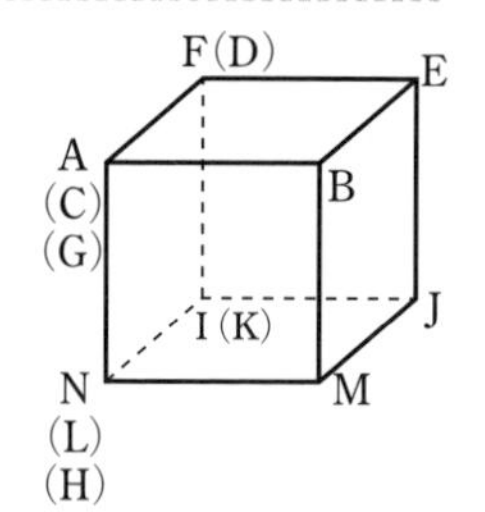

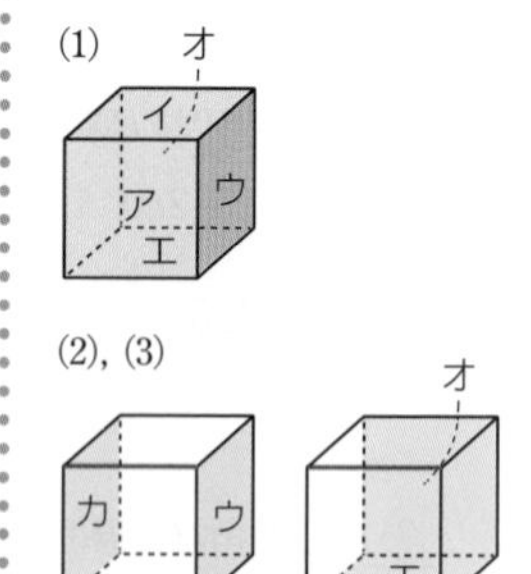

練習 123 右の図のような立方体の展開図を組み立てるとき，次のものをすべて答えなさい。(2)，(3) はア〜カの中から答えなさい。

(1) 点Bと重なる点

(2) 辺 AB と垂直になる面

(3) 面エと平行になる面

解答➡別冊 p. 49

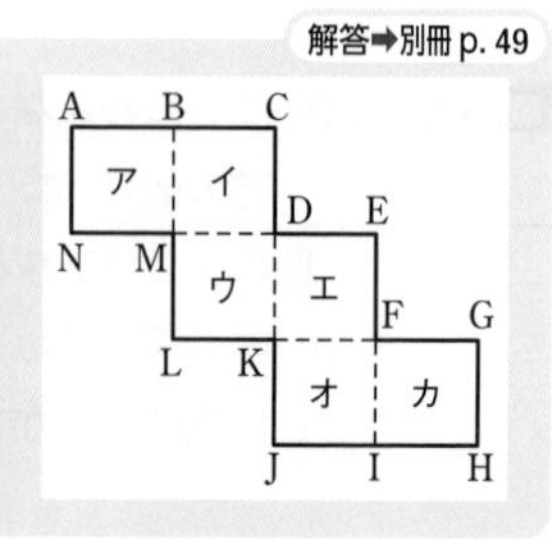

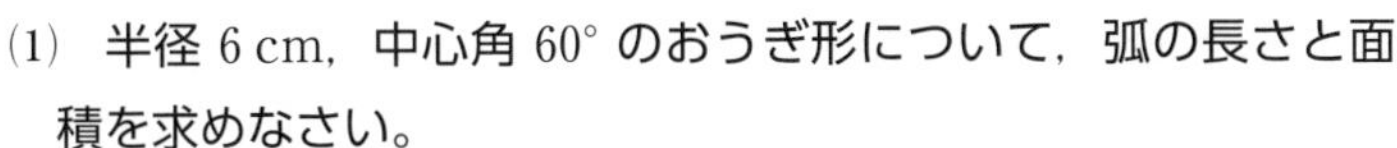

例題124 おうぎ形の弧の長さ・面積

>>p. 173 3 レベル

(1) 半径 6 cm，中心角 60° のおうぎ形について，弧の長さと面積を求めなさい。

(2) 次のようなおうぎ形の中心角の大きさを求めなさい。

(ア) 半径 9 cm，弧の長さ 12π cm

(イ) 半径 8 cm，面積 24π cm^2

半径 r，中心角 a° のおうぎ形

弧の長さ ℓ $\quad \ell=2\pi r\times\dfrac{a}{360}$ $\qquad$ **面積** S $\quad S=\pi r^2\times\dfrac{a}{360}$

(2) 中心角を x° として式をつくる。

解答

(1) 弧の長さ $\quad 2\pi\times6\times\dfrac{60}{360}=2\pi$ (cm) $\qquad$ 答 **2π cm**

面積 $\quad \pi\times6^2\times\dfrac{60}{360}=6\pi$ (cm^2) $\qquad$ 答 **6π cm^2**

(2) 中心角の大きさを x° とする。

(ア) $2\pi\times9\times\dfrac{x}{360}=12\pi$

よって $\quad x=\dfrac{12\pi\times360}{2\pi\times9}=240$ $\qquad$ 答 **240°**

(イ) $\pi\times8^2\times\dfrac{x}{360}=24\pi$

よって $\quad x=\dfrac{24\pi\times360}{\pi\times8^2}=135$ $\qquad$ 答 **135°**

確認 **おうぎ形**

円の 2 つの半径と弧で囲まれた図形を **おうぎ形** という。

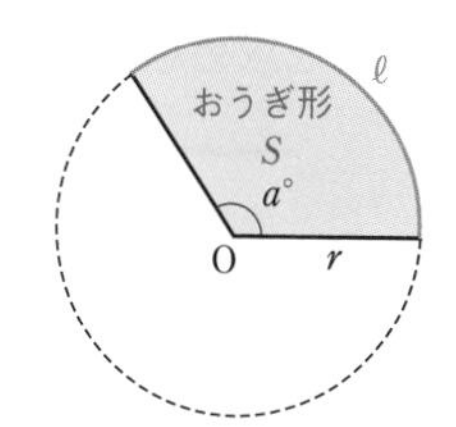

(1)

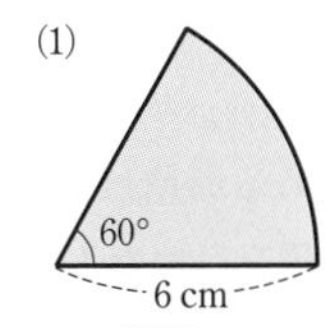

(2) 別解 (ア)

円周の長さは

$2\pi\times9=18\pi$ (cm)

弧の長さは円周の $\dfrac{12\pi}{18\pi}$，

つまり $\dfrac{2}{3}$ 倍であるから，

中心角の大きさは

$360°\times\dfrac{2}{3}=240°$

[おうぎ形の弧の長さと面積は中心角の大きさに比例する。]

解答➡別冊 p. 49

練習124 (1) 半径 5 cm，中心角 144° のおうぎ形について，弧の長さと面積を求めなさい。

(2) 半径 8 cm，面積 8π cm^2 のおうぎ形について，中心角の大きさと弧の長さを求めなさい。

例題 125 くふうして面積などを求める

(1) 図(1)は，半径 1 cm の円が，半径 2 cm の半円に，半円の中心Oで接している。斜線部の面積を求めなさい。

(2) 図(2)は，1辺が 4 cm の正方形に，半径 4 cm，中心角 90° のおうぎ形 2 つを組み合わせたものである。斜線部の周の長さと面積を求めなさい。

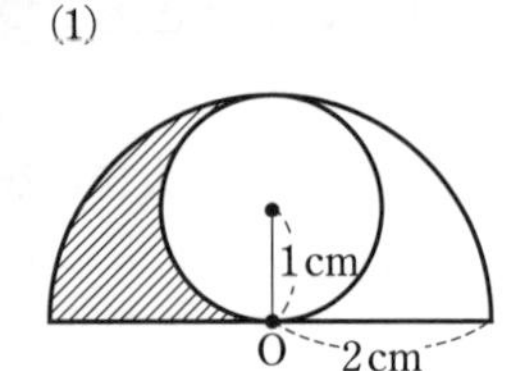

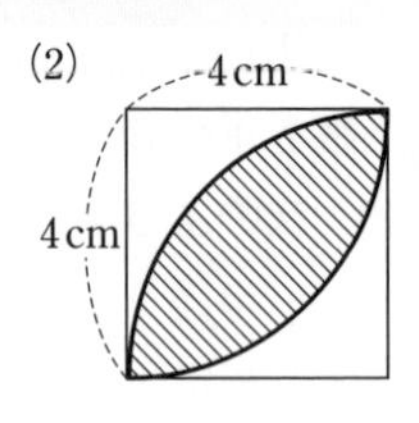

考え方

直接求めることができない面積などは

知っている図形にもちこむ

(2) 斜線部は正方形の左下から右上への対角線を対称の軸として線対称な図形である。このことを利用する。

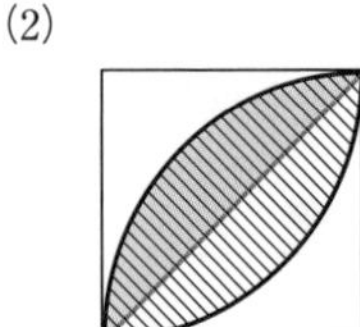

解答

(1) 求める面積は，半径 2 cm の四分円の面積から，半径 1 cm の半円の面積をひいたものである。

↖中心角が 90° のおうぎ形

$$\pi\times2^2\times\frac{1}{4}-\pi\times1^2\times\frac{1}{2}=\pi-\frac{\pi}{2}=\boldsymbol{\frac{\pi}{2}}\ \mathbf{(cm^2)}\quad\cdots\text{答}$$

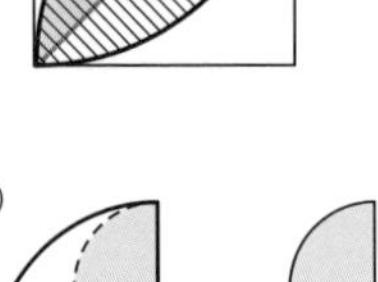

(2) 斜線部の周の長さは，半径 4 cm の四分円の弧の長さの 2 倍，つまり半径 4 cm の半円の弧の長さである。

$$2\pi\times4\times\frac{1}{2}=\mathbf{4\pi\ (cm)}\quad\cdots\text{答}$$

周の長さ

+ =

また，斜線部の面積は，半径 4 cm の半円の面積から，底辺 8 cm，高さ 4 cm の三角形の面積をひいたものと考えられる。

$$\pi\times4^2\times\frac{1}{2}-\frac{1}{2}\times8\times4=\mathbf{8\pi-16\ (cm^2)}\quad\cdots\text{答}$$

面積

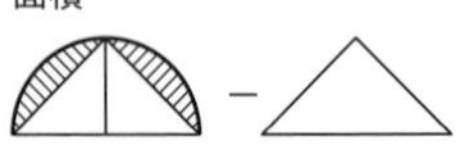

◀これ以上簡単にできない。

解答➡別冊 p. 49

練習 125 右の図のように半径 4 cm，中心角 45° のおうぎ形 OAB と線分 OA，OB を直径とする半円がある。このとき，斜線部の面積を求めなさい。

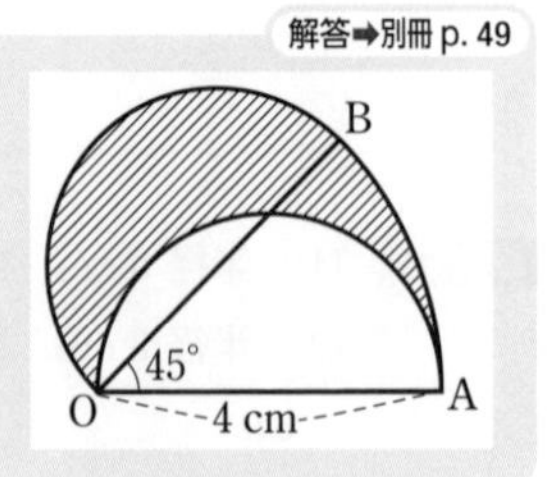

例題 126 角柱，円柱の表面積

次の立体の表面積を求めなさい。

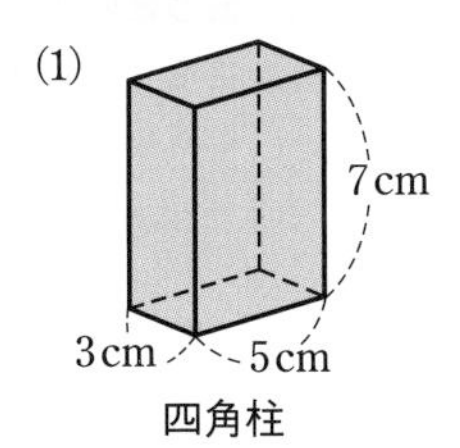

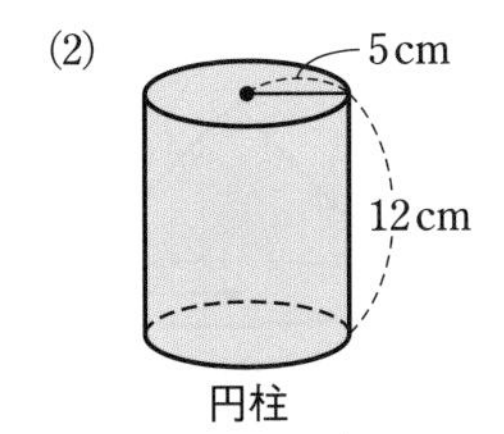

考え方

立体の表面積　**展開図で考える**

角柱・円柱の表面積　**(底面積)×2＋(側面積)**

柱体は底面が 2 つあることに注意

確認 表面積

立体のすべての面の面積の和を**表面積**といい，すべての側面の面積の和を**側面積**，1 つの底面の面積を**底面積**という。

三角柱の場合

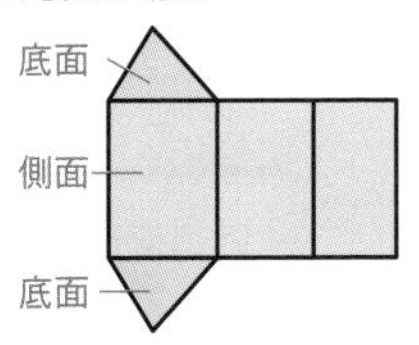

側面の横の長さは底面の周の長さに等しい。

解答

(1)　展開図は右のようになる。

底面積は　$3\times5=15$ (cm^2)

側面積は

$(3+5+3+5)\times7=112$ (cm^2)

よって，表面積は

$15\times2+112=$ **142 (cm^2)**　…答

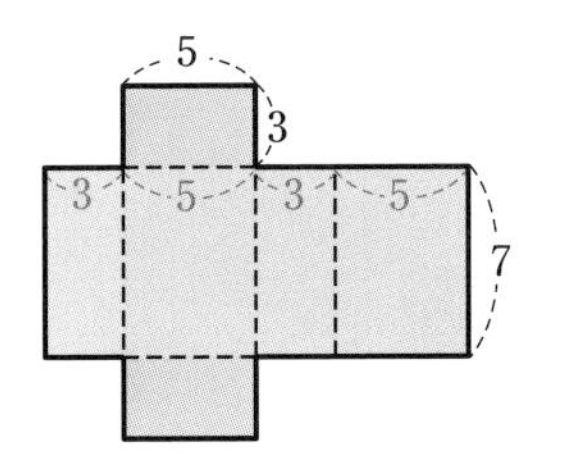

◀図では，長さの単位 cm をはぶいている。

◀側面の長方形の横の長さは，底面の周の長さに等しい。

(2)　展開図は右のようになる。

底面積は　$\pi\times5^2=25\pi$ (cm^2)

側面積は

$(2\pi\times5)\times12=120\pi$ (cm^2)

よって，表面積は

$25\pi\times2+120\pi=$ **170π (cm^2)**　…答

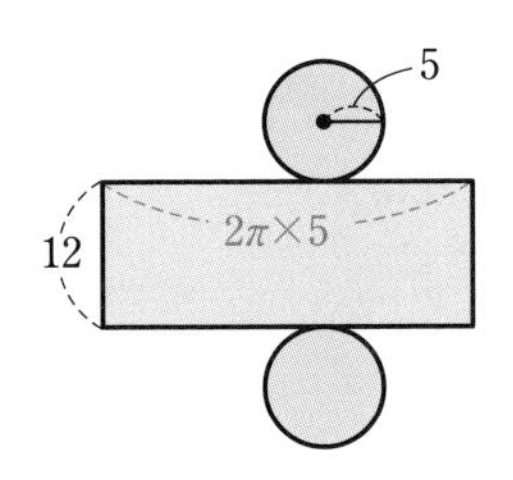

◀底面の円周の長さは $(2\pi\times5)$ cm
よって，側面の長方形の横の長さは　$(2\pi\times5)$ cm

解答➡別冊 p. 49

練習 126　次の立体の表面積を求めなさい。

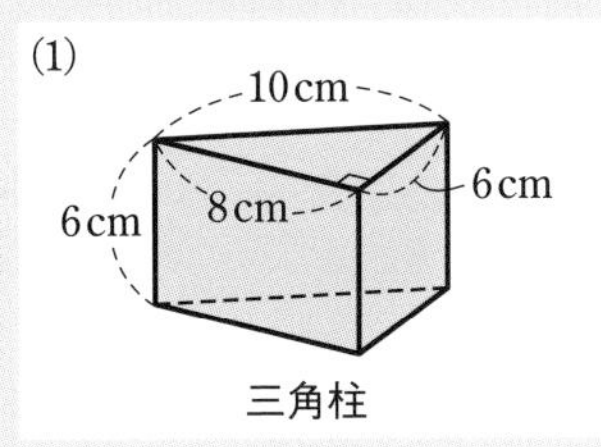

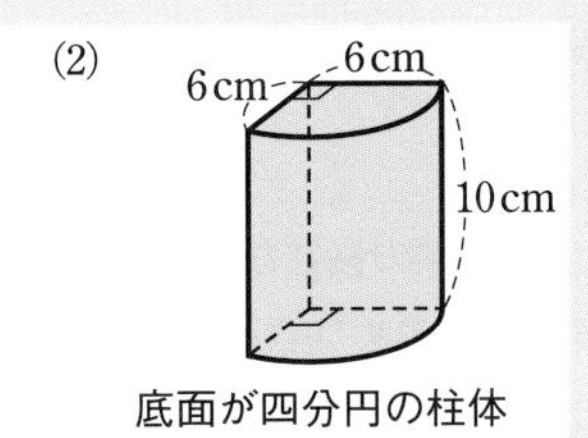

例題 127 角錐，円錐の表面積

>>p. 173 4

次の立体の表面積を求めなさい。

(1)

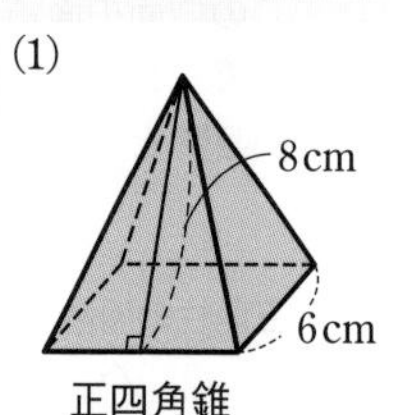

正四角錐

(2)

10 cm　7 cm

円錐

考え方

前の例題と同様，立体の表面積は **展開図で考える。**

角錐・円錐の表面積　**（底面積）＋（側面積）**　← 底面は 1 つ

(2) 側面のおうぎ形の弧の長さは，底面の円周の長さに等しいことを利用して，$S=\frac{1}{2}\ell r$ を利用する。

(1) 底面積は　$6\times6=36\ (\text{cm}^2)$

側面積は

$$\left(\frac{1}{2}\times6\times8\right)\times4=96\ (\text{cm}^2)$$

よって，表面積は

$36+96=\mathbf{132\ (cm^2)}$　…答

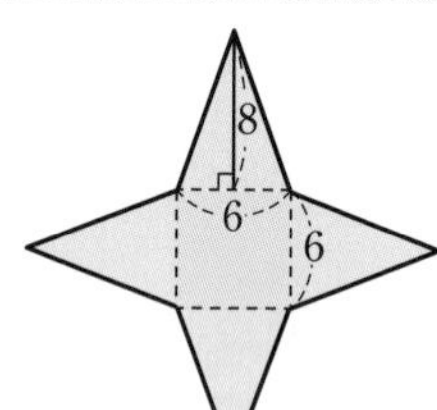
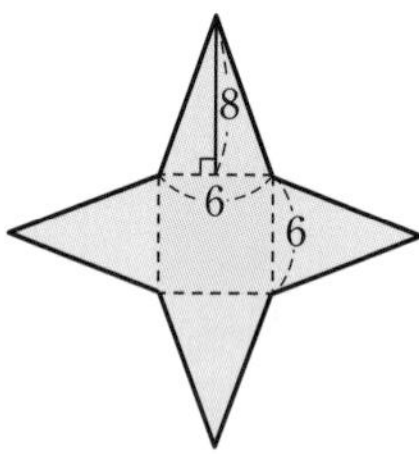

(2) 底面積は　$\pi\times7^2=49\pi\ (\text{cm}^2)$

側面のおうぎ形の弧の長さは

$2\pi\times7=14\pi\ (\text{cm})$

であるから，側面積は

$$\frac{1}{2}\times14\pi\times10=70\pi\ (\text{cm}^2)$$

よって，表面積は

$49\pi+70\pi=\mathbf{119\pi\ (cm^2)}$　…答

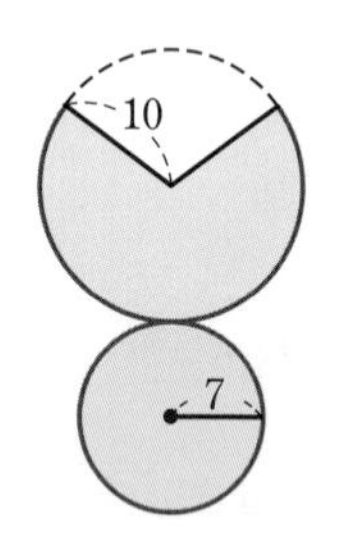

確認 おうぎ形の弧の長さ，面積

半径 r cm，中心角 $a°$ のおうぎ形について，弧の長さを ℓ cm，面積を S cm² とすると

$$\ell=2\pi r\times\frac{a}{360}\ \cdots\cdots①$$

$$S=\pi r^2\times\frac{a}{360}$$

① の両辺に $\frac{1}{2}r$ をかけると　$\frac{1}{2}r\ell=\underbrace{\pi r^2\times\frac{a}{360}}_{S}$

よって　$S=\frac{1}{2}\ell r$

◀図では cm をはぶいている。

◀側面積は，底辺 6 cm，高さ 8 cm の二等辺三角形 4 つ分の面積。

◀おうぎ形の弧の長さは，底面の円周の長さに等しい。

◀$S=\frac{1}{2}\ell r$

練習 127 底面の半径が 6 cm，母線の長さが 15 cm の円錐がある。

(1) この円錐の表面積を求めなさい。

(2) 側面となるおうぎ形の中心角を求めなさい。

解答➡別冊 p. 50

例題 128 球の体積・表面積

>>p. 173 5 レベル

底面の直径が 10 cm，高さが 10 cm の円柱に，半径 5 cm の球がちょうど入っている。

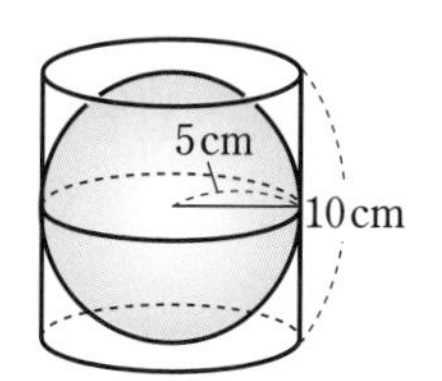

(1) 球の体積と表面積を求めなさい。

(2) 球の体積と円柱の体積の比を求めなさい。

(3) 球の表面積と円柱の表面積の比を求めなさい。

考え方

半径 r の球の体積を V，表面積を S とすると

$$V=\frac{4}{3}\pi r^3, \qquad S=4\pi r^2$$

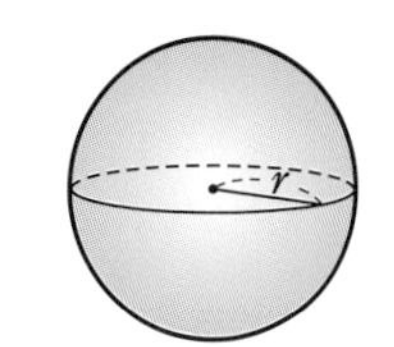

(2) 円柱の体積　(3) 円柱の表面積　を計算により求めてから比を考える。

解答

(1) 球の半径は 5 cm であるから

体積は　$\frac{4}{3}\pi\times5^3=\frac{500}{3}\pi$ (cm^3)　答 $\frac{500}{3}\pi$ **cm^3**

表面積は　$4\pi\times5^2=100\pi$ (cm^2)　答 **100π cm^2**

(2) 円柱の底面の半径は 5 cm，高さは 10 cm であるから

体積は　$\pi\times5^2\times10=250\pi$ (cm^3)

したがって，球と円柱の体積の比は

$\frac{500}{3}\pi:250\pi=$**2：3**　…答　← $250\pi=\frac{750}{3}\pi$

(3) 円柱の表面積は

$(\pi\times5^2)\times2+10\times(2\pi\times5)=150\pi$ (cm^2)

したがって，球と円柱の表面積の比は

$100\pi:150\pi=$**2：3**　…答

(1) $\frac{4}{3}\pi r^3$ に $r=5$ を代入する。

$4\pi r^2$ に $r=5$ を代入する。

確認 (2) **円柱の体積**

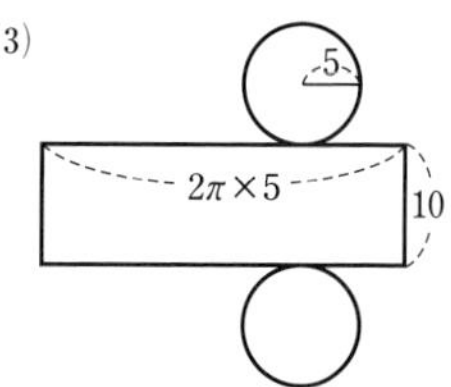

(3)

5
2π×5
10

解答➡別冊 p. 50

練習 128 右の図のように底面の直径と高さが a cm の円柱に，ちょうど入る球と円錐がある。この円柱，球，円錐の体積比を，もっとも簡単な整数の比で表しなさい。

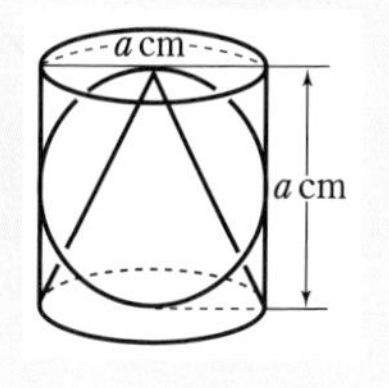

例題 129 回転体の体積

右の図のような台形を，直線 ℓ を軸として 1 回転させてできる立体の体積を求めなさい。

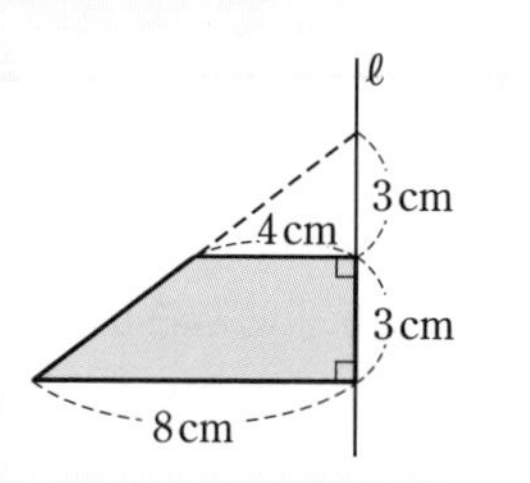

考え方 直接求めることができない立体の体積は

① いくつかの部分に分ける

② 大きくつくって余分をけずる

のどちらかの方針で求める。回転させてできる立体は円錐台であるから，② の方針で進める。

◀円錐台については，*p.* 169 を確認しよう。

解答

できる立体は，底面の半径が 8 cm，高さが 6 cm の円錐 A から，底面の半径が 4 cm，高さが 3 cm の円錐 B を取り除いたものである。

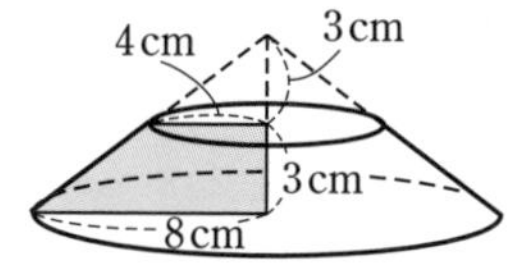

円錐 A の体積は

$$\frac{1}{3}\times\pi\times8^2\times6=128\pi\ (\text{cm}^3)$$

← $\frac{1}{3}\times$(底面積)$\times$(高さ)

円錐 B の体積は

$$\frac{1}{3}\times\pi\times4^2\times3=16\pi\ (\text{cm}^3)$$

よって，この回転体の体積は

$$128\pi-16\pi=\mathbf{112\pi\ (cm^3)}$$ …答

円錐 A

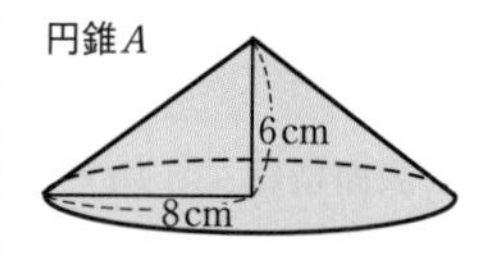

円錐 B

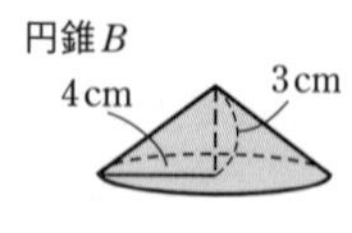

練習 129 次の図形を，直線 ℓ を軸として 1 回転させてできる立体の体積を求めなさい。

解答➡別冊 p. 50

(1)

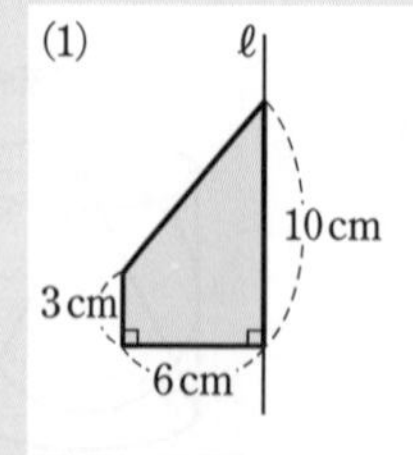

(2)

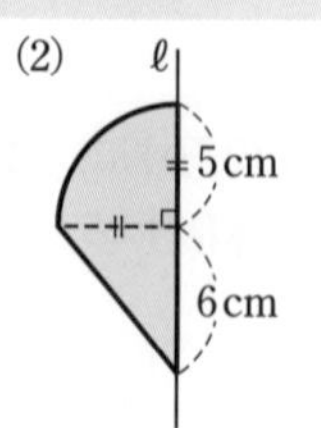

(3)

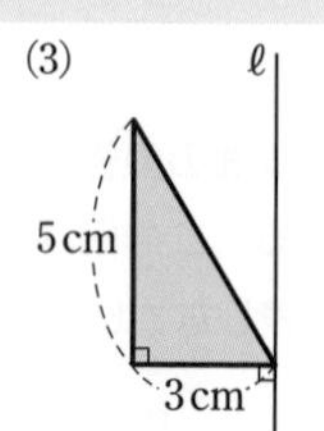

例題 130 立体の面上の最短距離

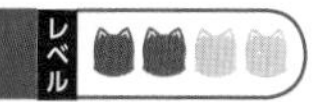

図のような立方体において，点Dから点Eまで，辺CG，BFを通ってひもをかける。
ひもがもっとも短くなるときのひもの通る線を，下の展開図にかき入れなさい。

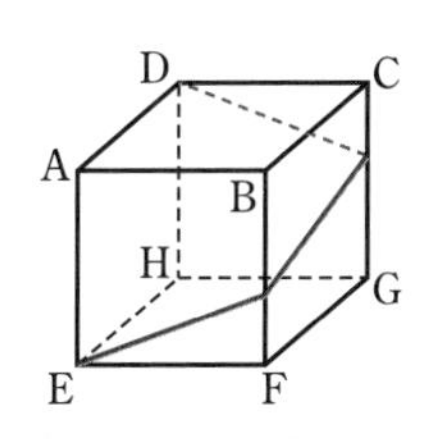

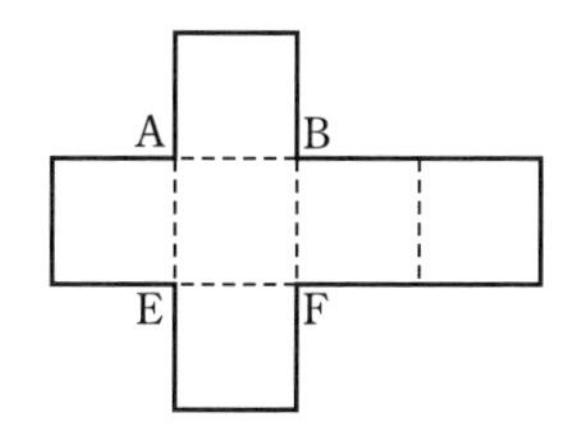

2点間の最短距離は **2点を結ぶ線分**

まず，見取図から展開図に残りの点を書き込む。
そして，点D，Eを**線分で結ぶ**。

2点D，Eを結ぶ線で，
もっとも短いのは線分DE。

解答

展開図に残りの点を書き込むと，下の図のようになる。
展開図において，2点D，Eを結ぶ線で，線分CG，BF上の点を通るもののうち，もっとも長さが短いのは線分DEである。

答 **下の図の赤い線**

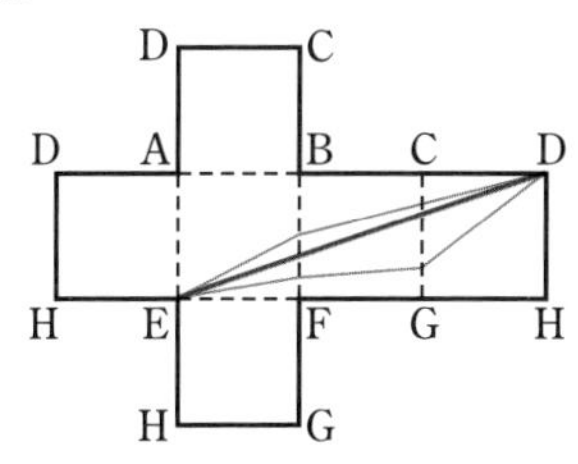

辺CG，BFを通ることに注意。下の図は誤り。

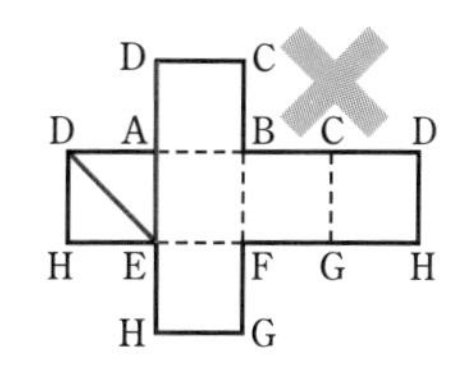

解答➡別冊 p. 51

練習 130 図のような円柱において，点Aから点Bまで，側面にそってひもをかける。
ひもがもっとも短くなるときのひもの通る線を，下の展開図にかき入れなさい。

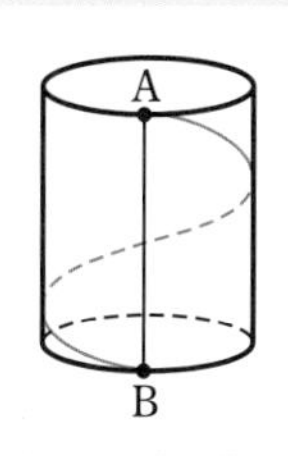

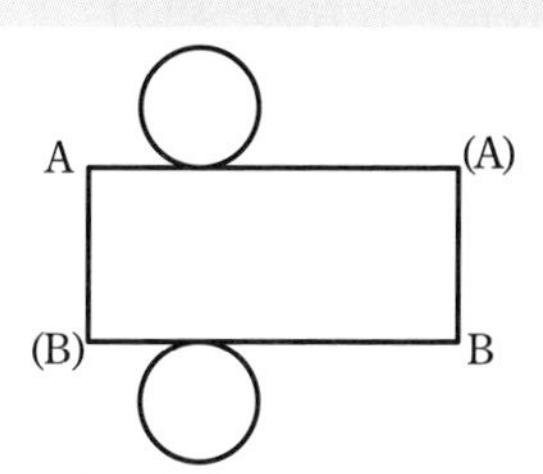

第6章 空間図形

例題 131 立体の切断と体積

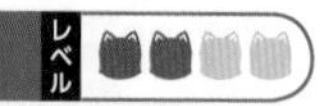

右の図は，直方体を 3 つの頂点をふくむ平面で切り取ったときの大きい方の立体である。この立体の体積を求めなさい。

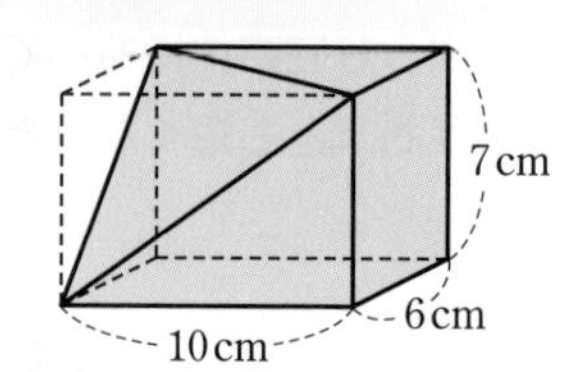

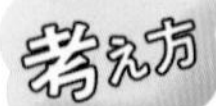

直接求めることができない立体の体積であるから

① いくつかの部分に分ける

② 大きくつくって余分をけずる

の方針で考える。

今回の場合，切り取った立体が三角錐であるから，② の方針の方が考えやすい。

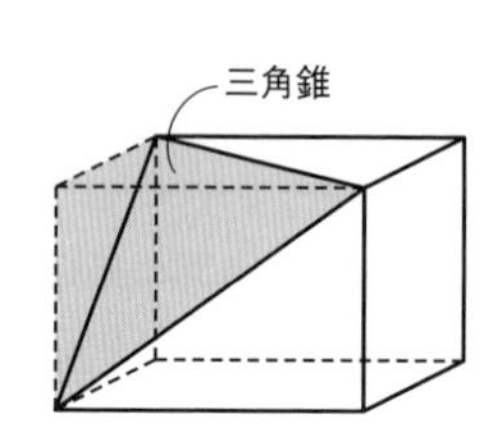

解答

もとの直方体の体積は

$$10\times6\times7=420\ (\mathrm{cm}^3)$$

切り取った三角錐の体積は

$$\frac{1}{3}\times\left(\frac{1}{2}\times10\times6\right)\times7=70\ (\mathrm{cm}^3)$$

（$\frac{1}{2}\times10\times6$：底面積，7：高さ）

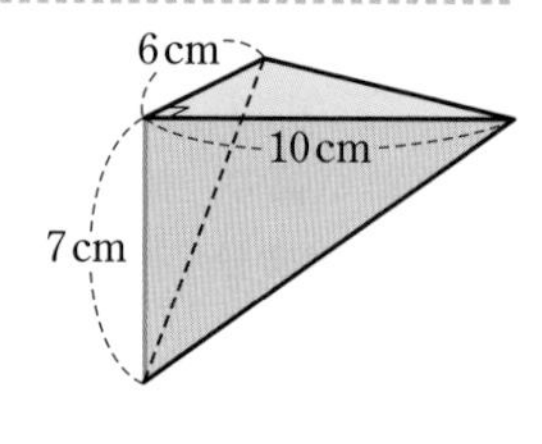

◀角錐の体積は $\frac{1}{3}\times$(底面積)$\times$(高さ)

よって，求める立体の体積は

$$420-70=350\ (\mathrm{cm}^3)$$

答 **350 cm³**

解答➡別冊 p. 51

練習 131 図のような 1 辺の長さが 5 cm の立方体において，AP=1 cm，BQ=3 cm，CR=2 cm となる点 P，Q，R を立方体の辺上にとる。この立方体から，4 点 B，P，Q，R を頂点とする三角錐を切り取るとき，残りの立体の体積を求めなさい。

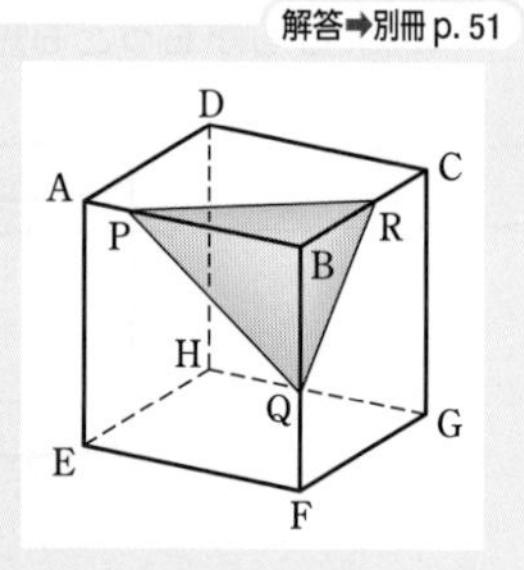

EXERCISES

解答➡別冊 p. 52

99 展開図が右の図のようになる三角柱の体積を求めなさい。

>>例題 121

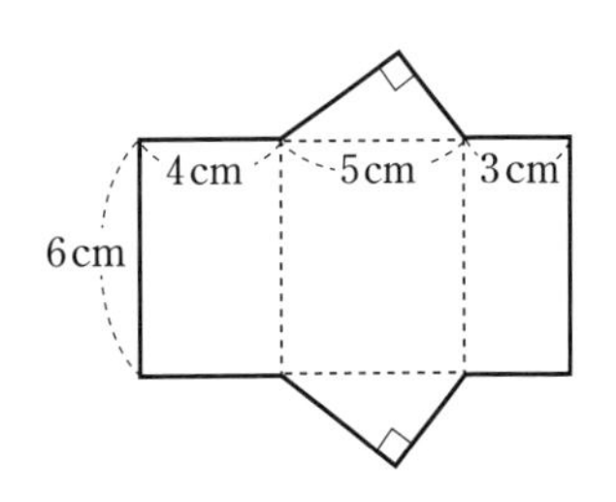

100 右の図は円柱の投影図である。
この円柱の体積と表面積を求めなさい。

>>例題 121, 126

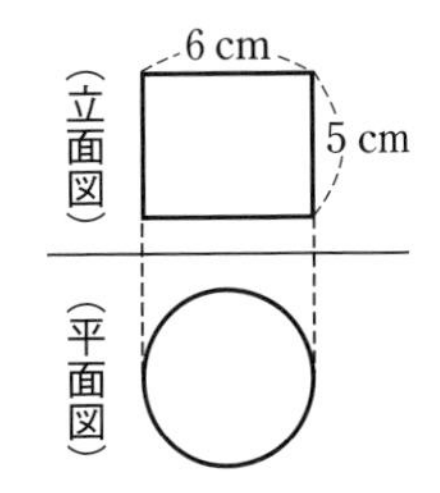

101 右の図は，直方体の展開図である。この展開図をもとにして直方体をつくる。

(1) 辺 AB と平行な面をア～カの中から選んで答えなさい。

(2) 辺 AB と垂直な面を答えなさい。

>>例題 123

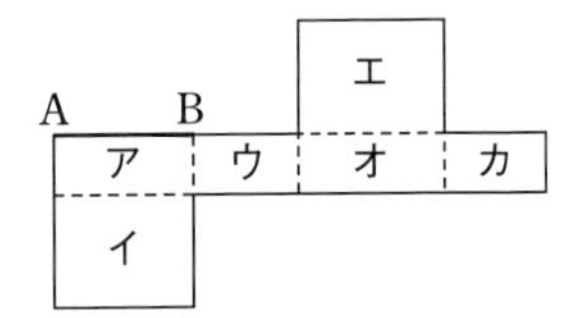

102 右の図は，半径 12 cm，中心角 90° のおうぎ形と，直径 12 cm の半円を組み合わせたものである。かげの部分の周の長さと面積を求めなさい。

>>例題 125

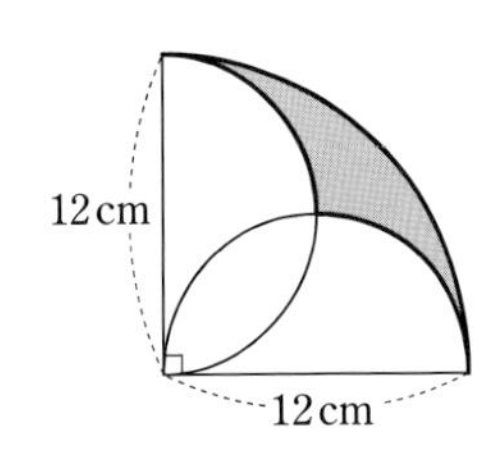

103 右の図のような底面の半径が 3 cm，母線の長さが 8 cm の円錐がある。
この円錐の側面積は底面積の何倍か答えなさい。〔類 和歌山〕

>>例題 127

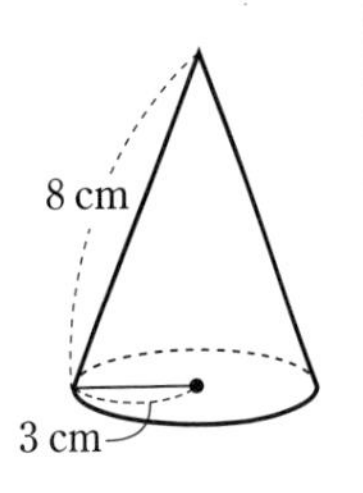

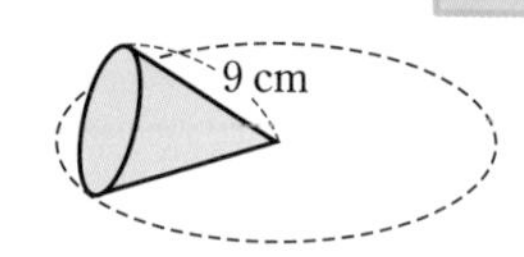

104　右の図のように，母線の長さが 9 cm の円錐を平面上ですべらないように転がしたところ，ちょうど 3 回転してもとの位置にもどった。このとき，円錐の表面積を求めなさい。

>>例題 127

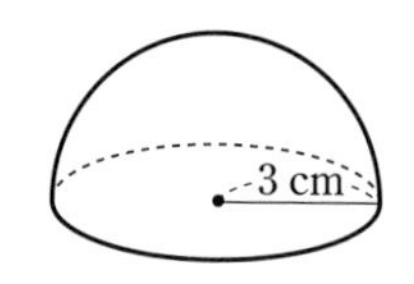

105　右の図のように，半径 3 cm の球を，中心を通る平面で 2 等分してできた立体の表面積と体積を求めなさい。

>>例題 128

106　底面が半径 4 cm の円である円錐の体積が，半径が 3 cm の球の体積と等しいとき，円錐の高さを求めなさい。〔東京都立高〕

>>例題 121，128

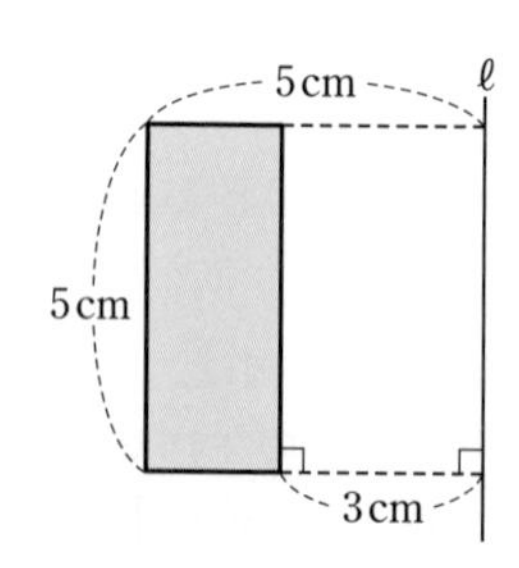

107　右の図の長方形を，直線 ℓ を軸として 1 回転させてできる立体の体積を求めなさい。

>>例題 129

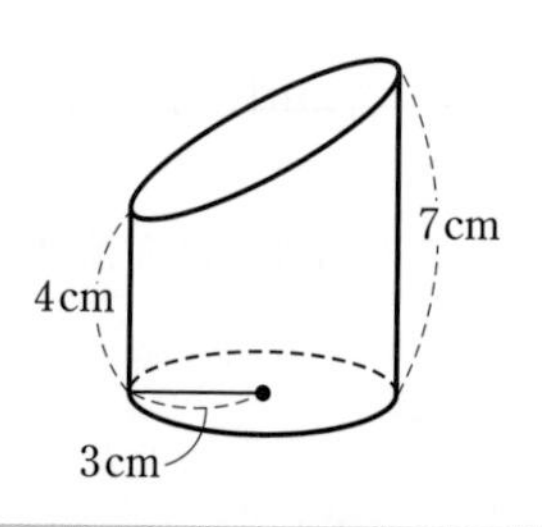

108　底面の半径が 3 cm，高さが 7 cm の円柱を，右の図のように片側が 4 cm になるところで切り取ったとき，この立体の体積を求めなさい。

>>例題 131

定期試験対策問題 (解答➡別冊 p. 54)

46 下の図の立体はすべて正多面体である。それぞれ立体の名称を答えなさい。 >>例題 113

(1)

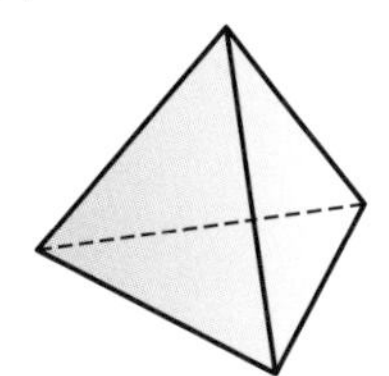

(2)

(3)

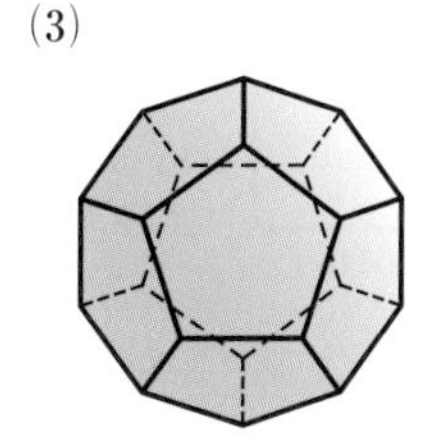

47 右の図の正五角柱の各辺を延長した直線や各面をふくむ平面の中から，次のような直線や平面を，それぞれすべて答えなさい。

>>例題 114, 115

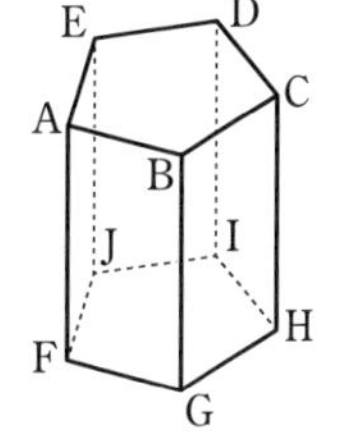

(1) 直線 AB とねじれの位置にある直線

(2) 平面 AFGB と平行な直線

(3) 直線 AB と平行な平面

(4) 直線 AF と垂直な平面

(5) 平面 BGHC と垂直な平面

48 空間における平面や直線について，次のことがつねに正しい場合は○を，そうでない場合は×をつけなさい。 >>例題 116

(1) 1つの直線に平行な2つの直線は平行である。

(2) 1つの直線に垂直な2つの平面は平行である。

(3) 1つの直線に垂直な2つの直線は平行である。

49 (1) 半径 10 cm，中心角 108° のおうぎ形の弧の長さと面積を求めなさい。

(2) 半径 8 cm，面積 $24\pi\ \mathrm{cm}^2$ のおうぎ形の中心角の大きさと弧の長さを求めなさい。

>>例題 124

50 次の立体の体積と表面積を求めなさい。 >>例題 121, 126, 127

(1)

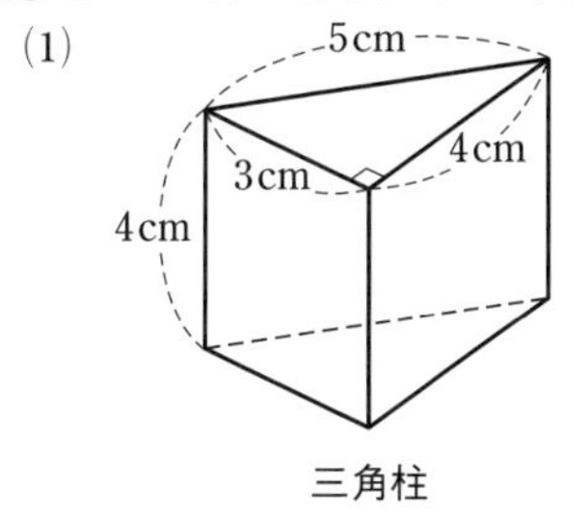

三角柱

(2)

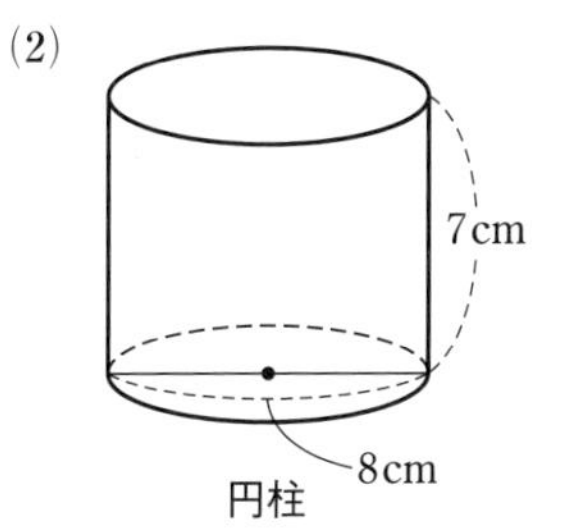

円柱

(3)

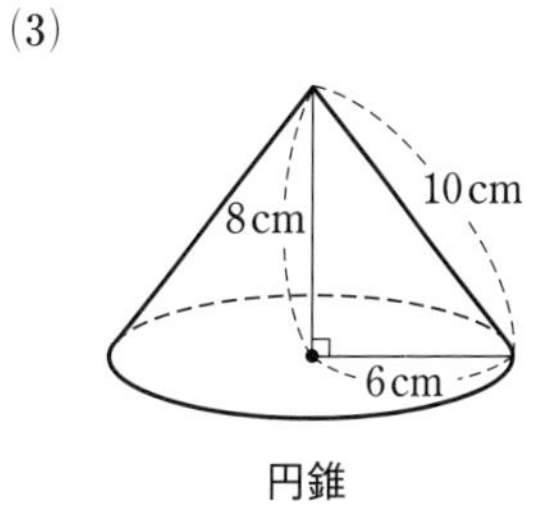

円錐

51 次の投影図で表される立体の体積を求めなさい。 >>例題 120, 121, 128

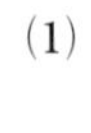

(1)

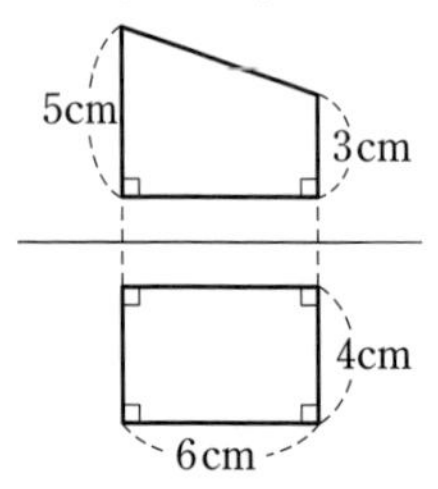

(2)

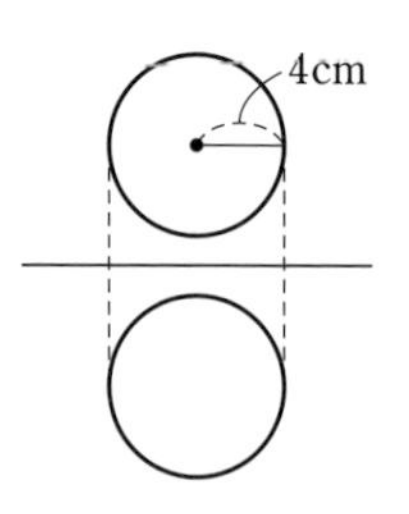

52 次の △ABC を，直線 ℓ を軸として 1 回転させてできる立体の体積を求めなさい。 >>例題 129

(1)

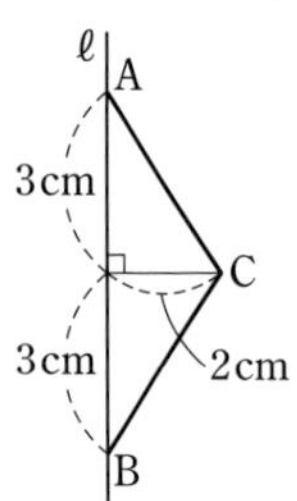

(2)

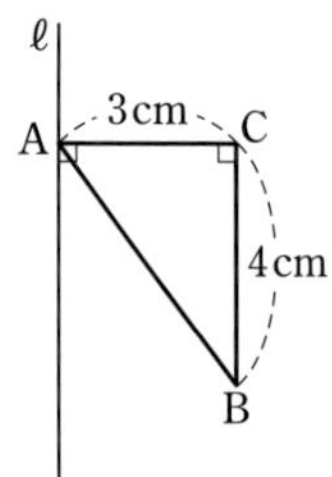

(3)

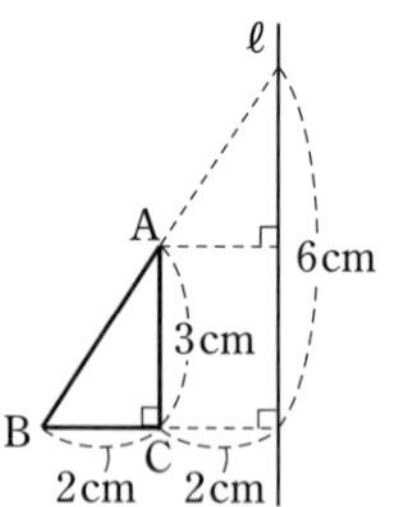

53 下の図において，(1) は直方体から小さい直方体を取り除いた立体，(2) は底面が半円である 2 つの柱体を組み合わせた立体である。それぞれの立体の体積を求めなさい。ただし，単位は cm とする。 >>例題 121, 131

(1)

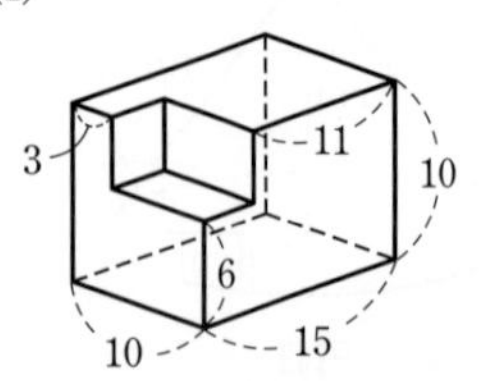

(2)

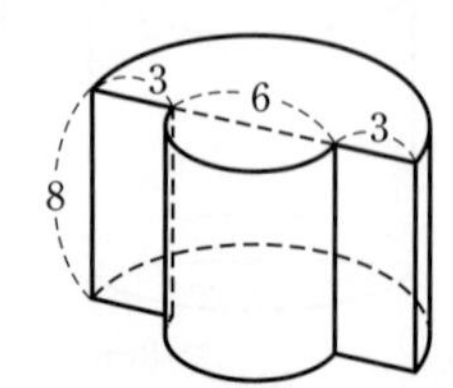

第7章

データの活用

22 データの整理とその活用，確率

1 度数の分布とヒストグラム

データの散らばりのようすを **分布** という。
データの分布の特徴を表す数値を，データの **代表値** という。
平均値，中央値，最頻値は，代表値としてよく用いられる。

小学校の復習

平均値
$\dfrac{(データの値の合計)}{(データの個数)}$

中央値
データを大きさの順に並べたときの中央の値

最頻値
データの中でもっとも多く現れている値

❶ データのとる値のうち，最大のものから最小のものをひいた値を **範囲** という。

(範囲)＝(最大の値)－(最小の値)

範囲はデータの散らばりの程度を表す。

データ
2，5，11，15
最小　　最大
範囲は 15－2＝13

❷ 右のような表を **度数分布表** という。
データを整理するための区間を **階級**，その幅を **階級の幅**，階級の中央の値を **階級値** という。また，各階級にふくまれるデータの個数をその階級の **度数** という。

A組40人の生徒の体重

階級 (kg)	度数 (人)
40 以上 45 未満	2
45 ～ 50	9
50 ～ 55	17
55 ～ 60	8
60 ～ 65	4
計	40

左の表は，5 kg ずつ階級を区切っているから，階級の幅は 5 である。
また，たとえば，40 kg 以上 45 kg 未満の階級の階級値は
$\dfrac{40+45}{2}=42.5$ (kg)

❸ 度数分布表を，柱状グラフで表したものを **ヒストグラム** という。また，ヒストグラムの各長方形の上の辺の中点を結んでできる折れ線グラフを，**度数折れ線** という。

［ヒストグラム］

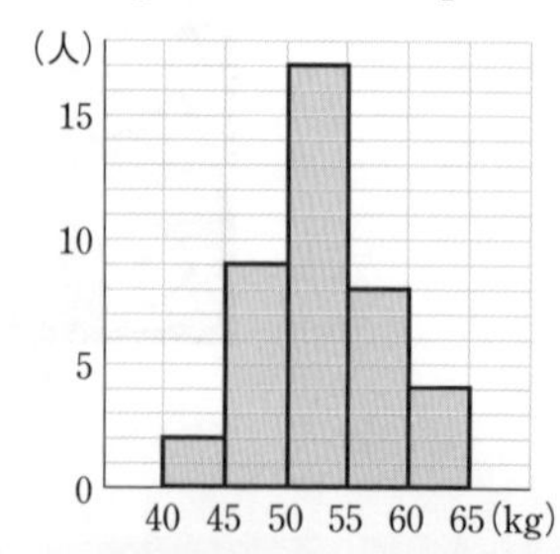

［度数折れ線］

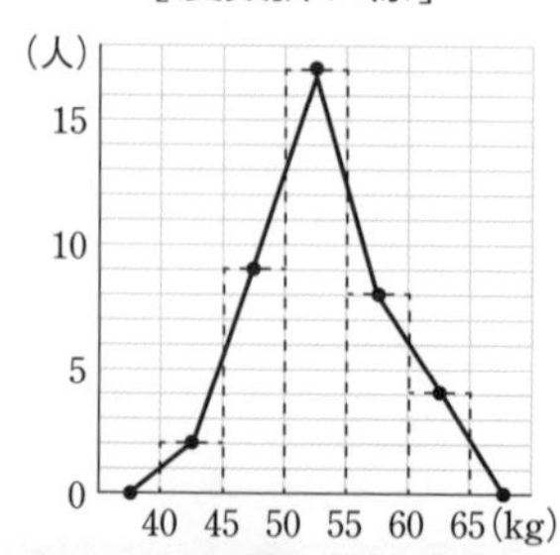

データの分布のようすは，度数分布表，ヒストグラムで表すことによって，よりわかりやすくなる。

上の度数分布表をヒストグラム，度数折れ線で表すと，それぞれ左のようになる。

⚠ 度数折れ線をつくるときは，ヒストグラムの左右の両端に度数 0 の階級があるものと考える。

2 データの比較

2 つ以上の分布のようすを比べるとき，度数の合計が異なっていると比べにくい場合がある。そのような場合は，度数の合計に対する各階級の度数の割合と比べるとよい。この割合を **相対度数**（そうたい）という。

$$（相対度数）=\frac{（その階級の度数）}{（度数の合計）}$$

相対度数はふつう小数を使って表す。

例　前ページの度数分布表について，相対度数は次のようになる。

階級（kg）	度数（人）	相対度数
40 以上 45 未満	2	0.05
45 ～ 50	9	0.225
50 ～ 55	17	0.425
55 ～ 60	8	0.20
60 ～ 65	4	0.10
計	40	1.00

← たとえば，40 kg 以上 45 kg 未満の階級の相対度数は $\frac{2}{40}=0.05$

← 相対度数の合計は 1

左の相対度数を，折れ線グラフで表すと，下のようになる。

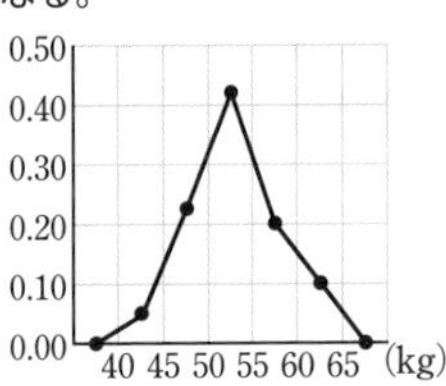

3 累積度数

度数分布表で，各階級以下または各階級以上の階級の度数をたし合わせたものを **累積度数**（るいせき）という。また，度数の合計に対する各階級の累積度数の割合を **累積相対度数** という。

例　前ページの度数分布表について，累積度数と累積相対度数は次のようになる。

階級（kg）	累積度数（人）	累積相対度数
45 未満	2	0.05
50	11	0.275
55	28	0.70
60	36	0.90
65	40	1.00

たとえば，55 kg 未満の階級の累積度数は
$2+9+17=28$
累積相対度数は
$\frac{28}{40}=0.7$

累積度数を表にまとめたものを **累積度数分布表** という。累積度数分布表をヒストグラムで表すと，下のようになる。累積度数を折れ線グラフで表すときは各長方形の右上の頂点を結ぶとよい。

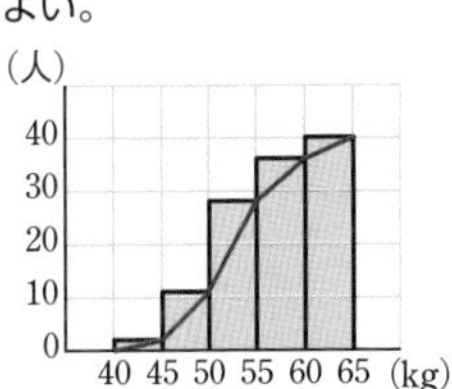

4 確　率

実験や観察を行うとき，あることがらの起こりやすさの程度を表す数を，そのことがらの起こる **確率**（かくりつ）という。

例題 132 代表値，範囲

>>p. 190 1

次のデータは，ある卵 25 個の重さを調べたものである。

61　51　60　47　59　68　65　60　64　54　45　56　71
60　50　72　53　61　59　63　56　64　57　59　60　　単位 (g)

このデータについて，次の値を求めなさい。

(1) 平均値　　(2) 中央値　　(3) 最頻値　　(4) 範囲

考え方　用語の意味をしっかりつかむ

平均値　(データの値の合計)÷(データの個数)
中央値　データを大きさの順に並べたときの中央の値
最頻値　データの中でもっとも多く現れている値
範囲　(最大の値)−(最小の値)
また，データの値は大きさの順に並べてから考えるとよい。

◀中央の値が 2 つある場合は，その 2 つの数の平均が中央値になる。

解答

データの値を大きさの順に並べると，次のようになる。

45　47　50　51　53　54　56　56　57　59　59　59　60
60　60　60　61　61　63　64　64　65　68　71　72

(1) データの値の合計は
$45+47+50+51+53+54+56\times2+57+59\times3$
$+60\times4+61\times2+63+64\times2+65+68+71+72=1475$
よって，平均値は　$1475\div25=$**59 (g)**　…答

(2) データの個数は 25 であるから，中央値は小さい方から数えて 13 番目の値 である。よって　**60 g**　…答

(3) もっとも多い値 は 60 であるから，最頻値は　**60 g**　…答

(4) 最大の値が 72，最小の値が 45 であるから，範囲は
$72-45=$**27 (g)**　…答

参考 仮平均の利用
(1) 基準の値を 60 とすると，基準とのちがいは
−15，−13，−10，…，8，11，12 となる。
この和は −25 となるから，平均値は
$60+\frac{-25}{25}=59$

>>例題 38

解答➡別冊 p. 55

練習 132 次のデータは，ある中学校の男子生徒 20 人の体重測定の結果である。

44　53　41　50　45　64　50　42　47　50
50　56　59　44　47　42　53　47　53　43　　単位 (kg)

このデータについて，次の値を求めなさい。

(1) 平均値　　(2) 中央値　　(3) 最頻値　　(4) 範囲

例題 133 度数分布表と代表値

>>p. 190 1

例題 132 のデータを度数分布表にまとめると右のようになった。

(1) 表を完成させなさい。

(2) 度数がもっとも大きい階級と，その階級値を答えなさい。

(3) 各階級にふくまれるデータは，すべて階級値をとると考えて，卵の重さの平均値を求めなさい。

階級 (g)	度数 (個)
40 以上 46 未満	
46 ～ 52	
52 ～ 58	
58 ～ 64	
64 ～ 70	
70 ～ 76	
計	25

参考
卵は，その重さによってサイズが定められている。40 g 以上 46 g 未満は SS，46 g 以上 52 g 未満は S，以降，MS，M，L，LL となっている。

考え方 度数は　各階級にふくまれるデータの個数

(3) たとえば，40 g 以上 46 g 未満の階級にふくまれるデータはすべて 43 g をとると考える。

よって　$(\text{平均値})=\dfrac{\{(\text{階級値})\times(\text{度数})\}\text{の合計}}{(\text{度数の合計})}$

(2) **階級値** は階級の中央の値。たとえば，40 g 以上 46 g 未満の階級の階級値は

$\dfrac{40+46}{2}=43$ (g)

解答

(1) 答 **右の表**

(2) (1) の表から，**度数のもっとも大きい階級は**

58 g 以上 64 g 未満 …答

また，この階級の**階級値は** $\dfrac{58+64}{2}=\mathbf{61}$ **(g)** …答

(3) それぞれの階級の階級値は，順に 43 g, 49 g, 55 g, 61 g, 67 g, 73 g

$\dfrac{43\times1+49\times3+55\times5+61\times10+67\times4+73\times2}{25}$

$=\dfrac{1489}{25}=\mathbf{59.56}$ **(g)** …答

(1)

階級 (g)	度数 (個)
40 以上 46 未満	1
46 ～ 52	3
52 ～ 58	5
58 ～ 64	10
64 ～ 70	4
70 ～ 76	2
計	25

参考 前の例題の (1) で求めた平均値 59 g と一致しないが，大きな差はない。

解答➡別冊 p. 56

練習 133 練習 132 のデータを度数分布表にまとめると，右のようになった。

(1) 表を完成させなさい。

(2) 度数がもっとも大きい階級と，その階級値を求めなさい。

(3) 各階級にふくまれるデータは，すべて階級値をとると考えて，体重の平均値を求めなさい。

階級 (kg)	度数 (人)
40 以上 45 未満	
45 ～ 50	
50 ～ 55	
55 ～ 60	
60 ～ 65	
計	20

例題 134 ヒストグラム・度数折れ線

>>p. 190 1 レベル

右の表は，ある年の 11 月のA市とB市の最高気温を調べ，度数分布表にまとめたものである。

(1) A市について，ヒストグラムをつくりなさい。

(2) A市について，度数折れ線をつくりなさい。

階級 (°C)	度数 (日) A市	度数 (日) B市
0 以上 3 未満	1	3
3 ～ 6	2	5
6 ～ 9	5	3
9 ～ 12	2	7
12 ～ 15	10	8
15 ～ 18	8	3
18 ～ 21	2	1
計	30	30

考え方

(2) ヒストグラムの各長方形の上の辺の中点を線で結ぶ。

なお，度数折れ線をつくるときは，ヒストグラムの左右の両端に度数 0 の階級があるものと考える。

確認 ヒストグラム，度数折れ線

度数分布表を柱状グラフで表したものを **ヒストグラム** といい，ヒストグラムの各長方形の上の辺の中点を結んでできる折れ線グラフを，**度数折れ線** という。度数折れ線のことを，度数分布多角形ともいう。

解答

(1) 答

(日)
10
5
0
0 3 6 9 12 15 18 21 24 (℃)

(2) 答

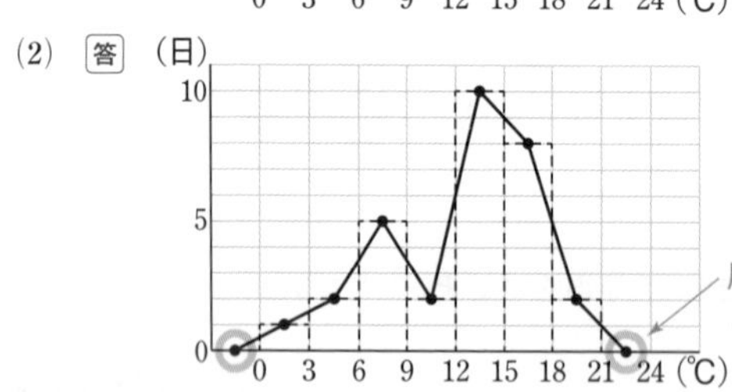

分布のようすがわかりやすくなるね！

練習 134 上の例題 134 において，B市についてのヒストグラムをつくりなさい。
また，B市についての度数折れ線をつくりなさい。

解答➡別冊 p. 56

例題 135　ヒストグラムから読みとる問題

≫p. 190 1

右の図は，あるクラスの生徒の身長をヒストグラムに表したもので，たとえば身長が 145 cm 以上 150 cm 未満の生徒は 2 人であることを表している。

(1)　全体の人数を求めなさい。

(2)　身長が高い方から数えて 10 番目の生徒のデータがふくまれる階級を答えなさい。

(3)　中央値がふくまれる階級を答えなさい。

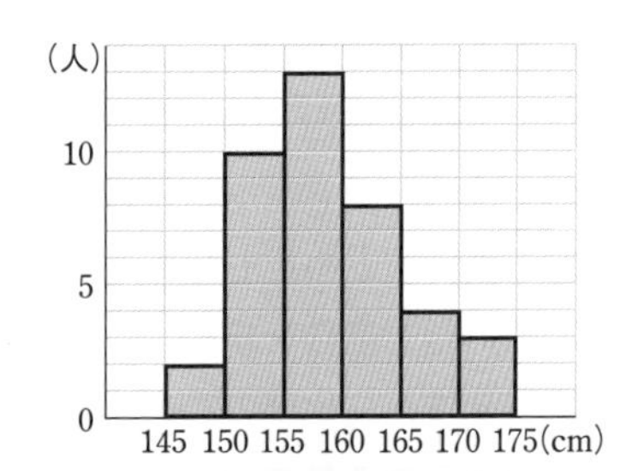

考え方　ヒストグラムから，各階級の度数を読みとる

ヒストグラムの各長方形の上に，その階級の度数をかくと考えやすい。

解答

(1)　全体の人数は　2＋10＋13＋8＋4＋3＝**40（人）**　…答

(2)　ヒストグラムより，165 cm 以上の生徒は　4＋3＝7（人）

160 cm 以上の生徒は　8＋4＋3＝15（人）

よって，身長が高い方から 10 番目の生徒のデータがふくまれる階級は

160 cm 以上 165 cm 未満　…答

(3)　データの個数は 40 であるから，中央値は身長が低い方から 20 番目と 21 番目の生徒のデータがふくまれる階級にある。

ヒストグラムより，155 cm 未満の生徒は　2＋10＝12（人），

160 cm 未満の生徒は　2＋10＋13＝25（人）

よって，中央値がふくまれる階級は

155 cm 以上 160 cm 未満　…答

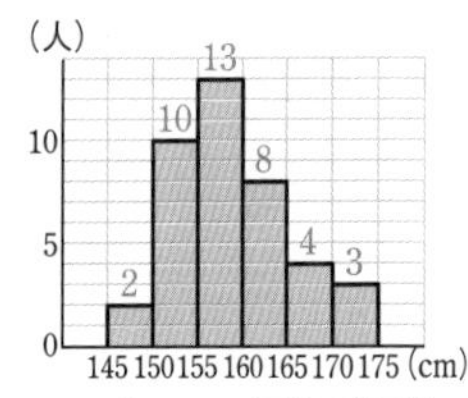

(3)　データの個数が偶数の場合，中央の値は 2 つ。

解答➡別冊 p. 56

練習 135　右の図は，ある中学校の生徒の握力（あくりょく）について調べ，その結果をヒストグラムに表したものであり，たとえば握力が 15 kg 以上 20 kg 未満の生徒は 1 人であることを表している。

(1)　調べた生徒の人数を求めなさい。

(2)　記録の高い方から数えて，12 番目の生徒のデータがふくまれる階級を答えなさい。

(3)　中央値がふくまれる階級を答えなさい。

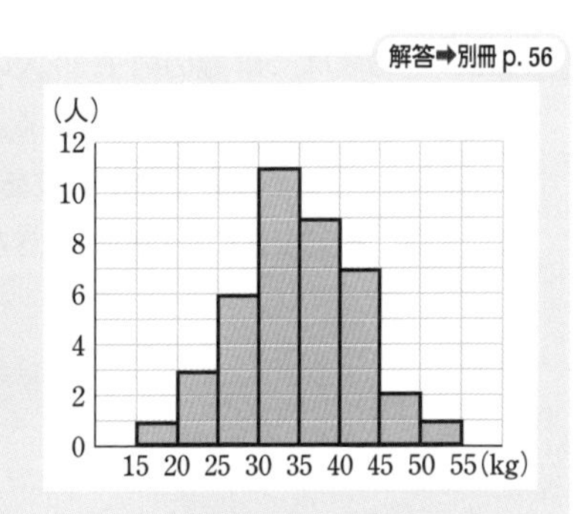

例題 136 相対度数

>>p. 191 2

右の表は，ある中学校における1年生男子全体とそのうち文化部の生徒のハンドボール投げの記録を表にまとめたものである。文化部の相対度数を求め，1年生男子全体と文化部の相対度数の折れ線をかきなさい。

階級（m）	1年生男子全体		文化部	
	度数（人）	相対度数	度数（人）	相対度数
10 以上 15 未満	9	0.18	1	
15 ～ 20	22	0.44	8	
20 ～ 25	12	0.24	9	
25 ～ 30	5	0.10	2	
30 ～ 35	2	0.04	0	
計	50	1.00	20	1.00

$$（相対度数）=\frac{（その階級の度数）}{（度数の合計）}$$

相対度数の折れ線は，度数折れ線と同じようにかけばよい。

解答

文化部の相対度数は左下のようになり，相対度数の折れ線は右下のようになる。

階級（m）	文化部	
	度数（人）	相対度数
10 以上 15 未満	1	0.05
15 ～ 20	8	0.40
20 ～ 25	9	0.45
25 ～ 30	2	0.10
30 ～ 35	0	0.00
計	20	1.00

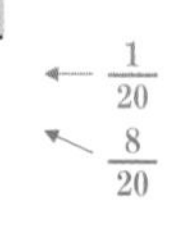

答

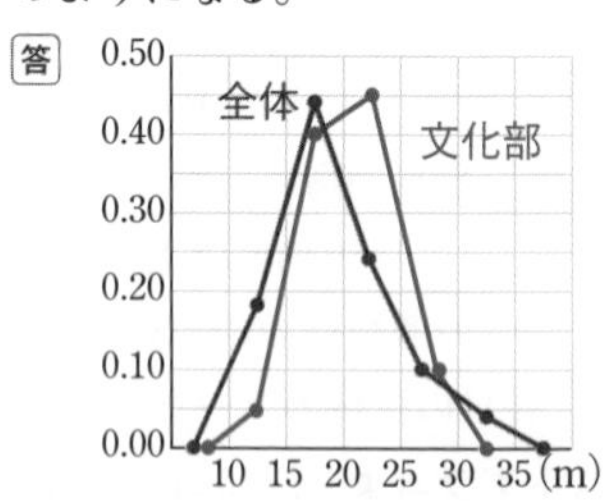

たとえば，20 m 以上 25 m 未満の記録は文化部の方が割合が大きいことがわかる。

解答➡別冊 p. 57

練習 136 右の表は，13 歳の男子 30 人の身長を測り，度数分布表にしたものである。

(1) (ア)～(ウ) にあてはまる数を答えなさい。

(2) 相対度数の折れ線をかきなさい。

階級（cm）	度数（人）	相対度数
130 以上 135 未満	1	0.02
135 ～ 140	1	0.02
140 ～ 145	8	(ア)
145 ～ 150	9	0.18
150 ～ 155	11	(イ)
155 ～ 160	12	(ウ)
160 ～ 165	6	0.12
165 ～ 170	2	0.04
計	50	1.00

例題 137 相対度数を読みとる問題

≫p. 191 2

右の図は，ある中学校の1年生80人と3年生60人の通学時間を調べ，その結果を相対度数の折れ線で表したものである。この図から読みとれることとして適切なものを，次の①～④からすべて選びなさい。

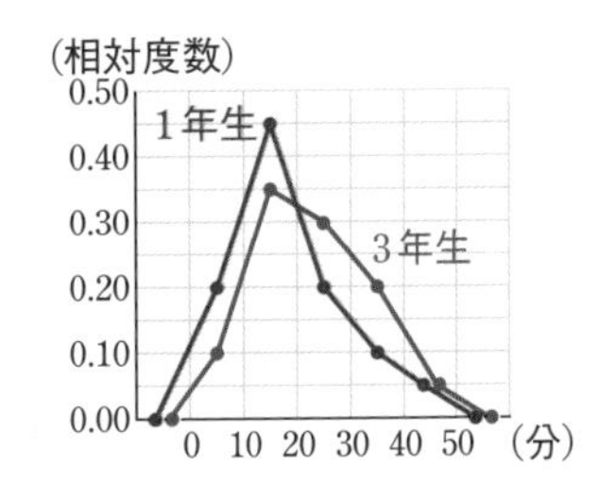

① 1年生では，20～30分と答えた生徒がもっとも多い。
② 1年生では，0～10分と答えた生徒が20人以上いる。
③ 3年生では，20分以上と答えた生徒が30人以上いる。
④ 全体的な傾向として，1年生の方が通学時間が短い。

考え方 グラフから傾向を読みとる

②，③ **(その階級の度数)＝(度数の合計)×(相対度数)**

◀③は20分以上の相対度数の和を考える。

解答

① 図から，1年生の通学時間でもっとも多いのは，10～20分である。
よって，正しくない。

◀相対度数がもっとも大きいところが，度数がもっとも大きい。

② 1年生で0～10分と答えた生徒の相対度数は 0.20
よって，その人数は 80×0.20＝16(人) 正しくない。

◀**(度数の合計)×(相対度数)**

③ 3年生で20分以上と答えた生徒の相対度数は
0.30＋0.20＋0.05＝0.55
よって，その人数は 60×0.55＝33(人) 正しい。

◀0.55であるから，3年生全体60人の半分30人より多いとわかる。

④ 1年生の方が0～20分の相対度数が大きく，20分以上の相対度数が小さい。よって，正しい。

答 ③，④

解答➡別冊 p. 57

練習 137 右の図は，2つのクラスA，Bの生徒の1か月間に読んだ本の冊数を調べ，その結果を相対度数の折れ線で表したものである。この図から読みとれることとして適切なものを，次の①～③からすべて選びなさい。

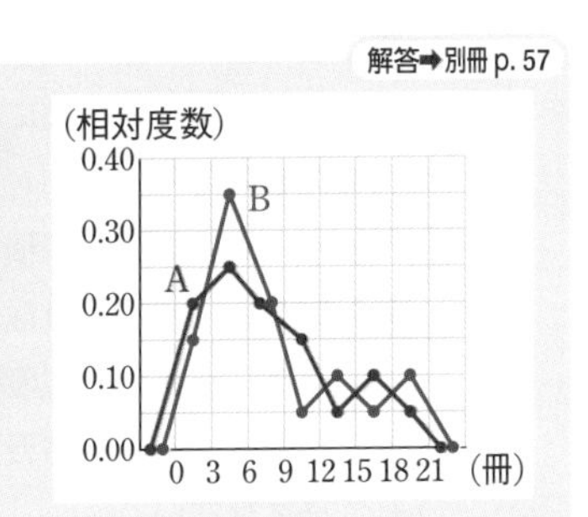

① A，Bともに3～6冊と答えた生徒がもっとも多い。
② Aでは，6割以上の生徒が12冊以上読んでいる。
③ Bでは，半数以上の生徒が10冊未満である。

例題 138 累積度数，累積相対度数

≫p. 191 3

右の表は，ある年の 4 月における S 市の 1 日の平均湿度を調べ，度数分布表にまとめたものである。各階級の累積度数，累積相対度数を表に書き入れなさい。ただし，累積相対度数は，小数第 3 位を四捨五入して答えなさい。

階級 (%)	度数 (日)	累積度数 (日)	累積相対度数
30 以上 40 未満	1		
40 ～ 50	7		
50 ～ 60	6		
60 ～ 70	7		
70 ～ 80	4		
80 ～ 90	3		
90 ～ 100	2		
計	30		

考え方

累積度数は **階級の度数をたし合わせる**

$$(\text{累積相対度数})=\frac{(\text{その階級の累積度数})}{(\text{度数の合計})}$$

確認 累積度数
度数分布表において，各階級以下または各階級以上の階級の度数をたし合わせたものを **累積度数** という。

解答

答

階級 (%)	度数 (日)	累積度数 (日)	累積相対度数
30 以上 40 未満	1	**1**	**0.03**
40 ～ 50	7	**8**	**0.27**
50 ～ 60	6	**14**	**0.47**
60 ～ 70	7	**21**	**0.70**
70 ～ 80	4	**25**	**0.83**
80 ～ 90	3	**28**	**0.93**
90 ～ 100	2	**30**	**1.00**
計	30		

← $\frac{1}{30}$（0.03）

← $\frac{14}{30}$（0.47）

度数	累積度数
1	1
7	8 ← 1+7
6	14 ← 1+7+6 (8+6)

◀累積相対度数 0.83 は $\frac{25}{30}=0.833\cdots$

練習 138 右の表は，ある年の 4 月における S 市の 1 日の最低湿度を調べ，度数分布表にまとめたものである。
各階級の累積度数，累積相対度数を表に書き入れなさい。ただし，累積相対度数は，小数第 3 位を四捨五入して答えなさい。

解答➡別冊 p. 57

階級 (%)	度数 (日)	累積度数 (日)	累積相対度数
10 以上 20 未満	4		
20 ～ 30	6		
30 ～ 40	10		
40 ～ 50	4		
50 ～ 60	2		
60 ～ 70	2		
70 ～ 80	2		
計	30		

例題139 累積度数分布表の読みとり

>>p. 191 3

右の表は，ある中学校の1年生の平日における家庭学習の時間を，累積度数分布表にまとめたものである。

階級（時間）	累積度数（人）
1未満	29
2	91
3	129
4	142
5	150

(1)　家庭学習の時間が2時間未満である生徒の人数を答えなさい。

(2)　家庭学習の時間が3時間以上4時間未満である生徒の人数を答えなさい。

(3)　中央値がふくまれる階級を，次のうちから選びなさい。

①　0時間以上1時間未満　　②　1時間以上2時間未満

③　2時間以上3時間未満　　④　3時間以上4時間未満

考え方

(2)　（3時間以上4時間未満の人数）

＝（**4時間未満の人数**）－（**3時間未満の人数**）

(3)　累積度数から，データの個数は150

⟶ 中央の値は，データを大きさの順に並べたときの75番目と76番目の値。

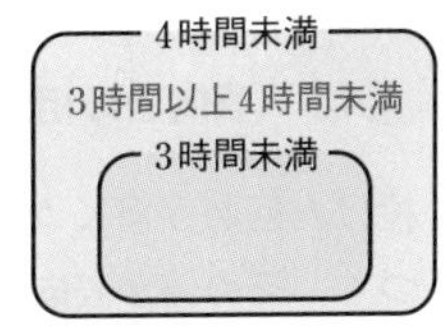

参考

階級の幅を1時間とすると，度数分布表は次のようになる。

階級（時間）	度数（人）
0以上1未満	29
1 ～ 2	62
2 ～ 3	38
3 ～ 4	13
4 ～ 5	8
計	150

解答

(1)　表から，2時間未満の累積度数は91人である。　　答 **91人**

(2)　家庭学習の時間が3時間以上4時間未満である生徒の人数は，4時間未満の累積度数から3時間未満の累積度数をひいて

142－129＝13　　答 **13人**

(3)　1時間未満の累積度数が29人，2時間未満の累積度数が91人であるから，データを大きさの順に並べたときの75番目と76番目のデータは1時間以上2時間未満の階級にふくまれる。　　答 ②

解答➡別冊 p. 58

練習139 右の表は，ある中学校の1年生が平日にゲームをしている時間を，累積度数分布表にまとめたものである。

階級（時間）	累積度数（人）
0.5未満	54
1.0	81
1.5	101
2.0	116
2.5	128
3.0	135

(1)　ゲームの時間が2.5時間以上3時間未満である生徒の人数を答えなさい。

(2)　中央値がふくまれる階級を，次のうちから選びなさい。

①　0.5時間以上1時間未満　　②　1時間以上1.5時間未満

③　1.5時間以上2時間未満　　④　2時間以上2.5時間未満

例題 140 ことがらの起こりやすさ

>>p. 191 4 レベル 

下の表は，あるビンのふたを投げる実験をして，表向きになる回数を表したものである。

表 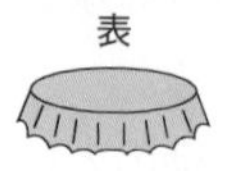

裏 

投げた回数	100	200	500	800	1000	2000
表向きの回数	48	76	198	337	408	815

各回数における表向きになる相対度数を求め，その相対度数から，表向きになる確率はいくらであると考えられるか答えなさい。ただし，小数第 3 位を四捨五入して答えなさい。

確認 確率
実験や観察を行うとき，あることがらの起こりやすさの程度を表す数を，そのことがらの起こる **確率** という。

考え方

$(\text{表向きの相対度数})=\dfrac{(\text{表向きの回数})}{(\text{投げた回数})}$ で計算する。

投げた回数が多くなるにつれて，表向きになる相対度数は一定の値に近づく。その値が表向きになる確率と考えられる。

◀折れ線グラフで表すとわかりやすい。

解答

100 回投げたとき，表向きになる相対度数は $\dfrac{48}{100}=0.48$

同様に，200 回，500 回，800 回，1000 回，2000 回投げたとき，表向きになる相対度数は，それぞれ $\dfrac{76}{200}=0.38$，$\dfrac{198}{500}=0.396$，

$\dfrac{337}{800}=0.421\cdots$，$\dfrac{408}{1000}=0.408$，$\dfrac{815}{2000}=0.4075$

小数第 3 位を四捨五入すると，順に

0.48，0.38，0.40，0.42，0.41，0.41

よって，表向きになる確率は **0.41** と考えられる。 …答

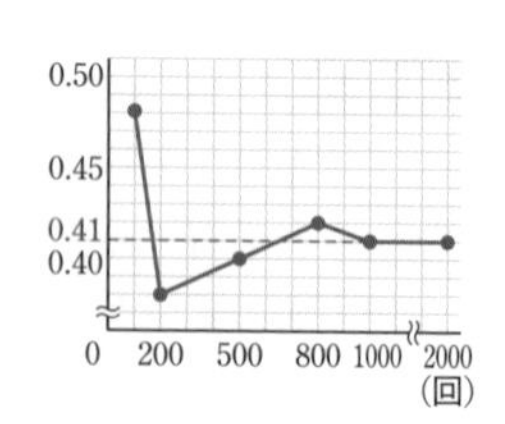

◀裏向きの方が出やすいと考えられる。

練習 140 解答➡別冊 p. 58

右の表は，1 つのさいころを投げて，1 の目が出た回数を調べたものである。各回数における 1 の目が出る相対度数を求め，1 の目が出る確率がいくらであると考えられるか答えなさい。ただし，小数第 3 位を四捨五入して答えなさい。

投げた回数	100	200	500	800	1000	2000
1 の目が出た回数	12	27	73	133	166	333

EXERCISES

109 ある中学校の生徒が，バスケットボールのフリースローを1人8回ずつ行った。右の図は，ボールの入った回数と人数の関係を表したものである。

(1) フリースローを行った生徒数は全部で何人か，求めなさい。

(2) ボールの入った回数が5回以上の生徒数は全体の人数の何%になるか，求めなさい。〔佐賀〕

>>例題 135

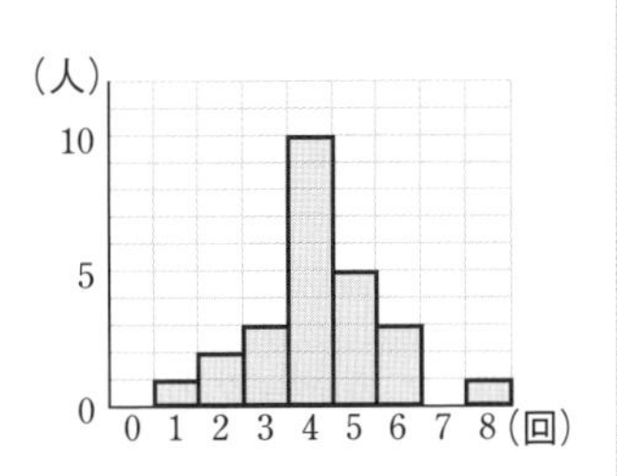

110 右の表は，あるクラスの生徒40人の朝の通学にかかる時間を調べ，相対度数を示したものである。

(1) 表中の ア□，イ□ にあてはまる数を求めなさい。

(2) 通学に40分以上かかる生徒の人数を求めなさい。

〔沖縄〕 >>例題 136

階級（分）	度数（人）	相対度数
0 以上 10 未満	□	0.15
10 ～ 20	□	0.30
20 ～ 30	8	0.20
30 ～ 40	6	イ□
40 ～ 50	□	0.10
50 ～ 60	□	0.05
60 ～ 70	□	0.05
計	40	ア□

111 右の表は，ある中学1年生120人の睡眠時間を調べ，累積度数分布表にまとめたものである。

(1) 睡眠時間が8時間以上の累積相対度数を求めなさい。

(2) 睡眠時間が8時間以上9時間未満の人数を求めなさい。

(3) 表の中の累積度数 x と y の差は22で，睡眠時間が7時間以上の累積相対度数は0.70であるとする。このとき，x と y の値を求めなさい。

>>例題 139

階級（時間）	累積度数（人）
9 以上	8
8	36
7	x
6	y
5	115
4	120

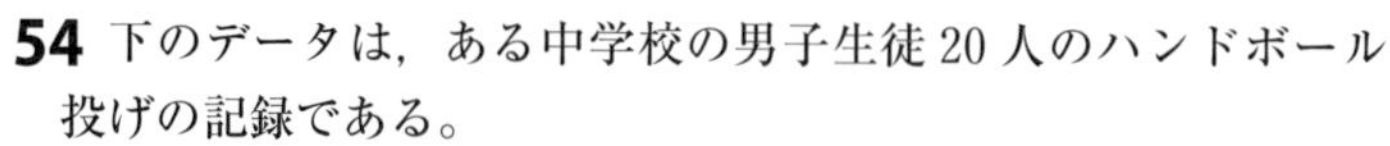

定期試験対策問題

解答➡別冊 p. 58

54 下のデータは，ある中学校の男子生徒 20 人のハンドボール投げの記録である。

19	24	16	18	14	24	25	28	32	22	
20	31	26	27	23	21	20	18	15	26	(単位 m)

(1) このデータの範囲を求めなさい。

(2) このデータから右の度数分布表を完成させなさい。

(3) 20 m 未満の生徒は全体の何％ですか。

>>例題 132, 133

階級 (m)	度数 (人)
10 以上 15 未満	
15 〜 20	
20 〜 25	
25 〜 30	
30 〜 35	
計	20

55 右の表は，A 中学校の生徒 25 人と，B 中学校の生徒 40 人の通学時間を，度数分布表にまとめたものである。

(1) それぞれの中学校について，通学時間が 5 分以上 10 分未満の階級の相対度数を求めなさい。

(2) 通学時間が，15 分以上の生徒の割合が多い中学校はどちらか答えなさい。

>>例題 136

階級 (分)	度数 (人)	
	A 中学	B 中学
0 以上 5 未満	6	3
5 〜 10	10	7
10 〜 15	4	12
15 〜 20	2	10
20 〜 25	3	8
計	25	40

56 右の表は，ある中学校の男子 50 人の体重について調べた結果を，累積度数分布表にまとめたものである。

(1) 体重が 60 kg 以上 65 kg 未満の生徒の人数を求めなさい。

(2) 体重が 55 kg 以上の生徒の人数が全体の 42 % であるとき，表の空らんにあてはまる数を答えなさい。

>>例題 138, 139

階級 (kg)	累積度数 (人)
45 未満	4
50	16
55	□
60	41
65	48
70	50

57 下の表は，大小 2 個のさいころを同時に投げて，出た目の和が 6 となる回数を調べたものである。

投げた回数	200	400	600	800	1000
和が 6 となる回数	24	64	87	110	139

(1) それぞれの投げた回数において，出た目の和が 6 となる回数の相対度数を求めなさい。ただし，小数第 3 位を四捨五入して答えなさい。

(2) 出た目の和が 6 となる確率はいくらであると考えられますか。

>>例題 140

入試対策編

これまで学習した内容を活かして，
入試問題に挑戦してみましょう！
ここでは，実際に出題された入試問題や
発展的な内容を扱っています。
最初は手が出ない問題もあるかもしれませんが，
頻出の問題ばかりなので，根気強く頑張ってみましょう。

発展例題 1 最大公約数と最小公倍数 >>例題 36

レベル 

次の各組の数の最大公約数と最小公倍数を求めなさい。

(1) 18, 42　　(2) 16, 28, 40

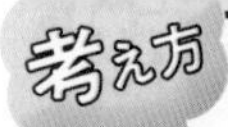

素因数分解を利用する

最大公約数　共通の素因数をかけ合わせる。

最小公倍数　共通の素因数に残りの素因数をかけ合わせる。

(例) 36 と 48 の最大公約数 (左) と最小公倍数 (右)

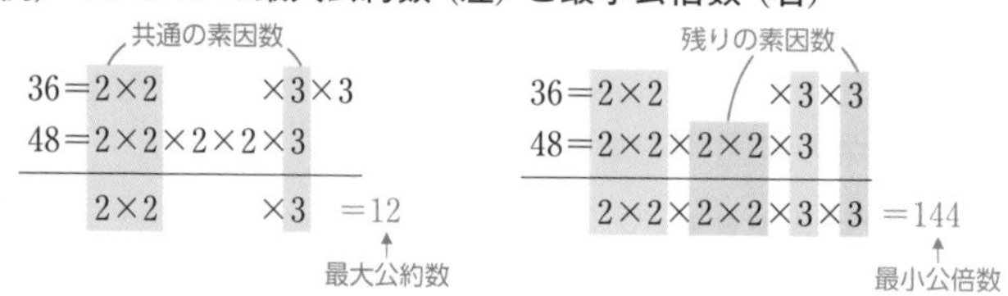

解答

(1)

$18=2\times3\times3$

$42=2\times3\quad\times7$

$2\times3\times3\times7=126$ ← 最小公倍数

$2\times3=6$ ← 最大公約数

答　**最大公約数 6,**
最小公倍数 126

(2)

$16=2\times2\times2\times2$

$28=2\times2\quad\quad\times7$

$40=2\times2\times2\quad\times5$

$2\times2\times2\times2\times5\times7=560$

$2\times2=4$

答　**最大公約数 4,**
最小公倍数 560

●次のように考えてもよい。

最大公約数　**共通の素因数に一番小さい指数とつけて** かけ合わせる。

最小公倍数　**すべての素因数に一番大きい指数をつけて** かけ合わせる。

$18=2\times3^2$,
$42=2\times3\times7$
➡
最大公約数　$2^1\times3^1=6$
最小公倍数　$2^1\times3^2\times7^1=126$

確認 **最大公約数, 最小公倍数**

最大公約数
a の約数にも b の約数にもなっている数 (公約数) のうち, 最大のもの。

最小公倍数
a の倍数にも b の倍数にもなっている数 (公倍数) のうち, 最小のもの。

参考

次のように, 共通の素因数でわっていく方法もある。

(1)

2)	18	42
3)	9	21
	3	7

最大公約数 (2, 3)　最小公倍数 (2, 3, 3, 7)

それぞれの数をかけ合わせる

(2)

2)	16	28	40
2)	8	14	20
2)	4	7	10
	2	7	5

2 つだけに共通の素因数がある場合は, 残りの数はそのまま下ろす (**最大公約数に注意**)。

◀ $●^1=●$

解答➡別冊 p. 59

問題 1 次の各組の数の最大公約数と最小公倍数を求めなさい。

(1) 28, 98　　(2) 36, 54, 135

発展例題 2 割合の問題

>>例題 44

レベル

ある中学校で図書館の利用者数を調査した。1月は男女合わせて 650 人であったが，2月は1月に比べ男子が 40％減り，女子が 20％増えたので，女子が男子より 330 人多かったという。2月の男子と女子の利用者数は，それぞれ何人ですか。

考え方 式に表しやすい量を x とする

「2月は1月に比べ男子が 40％減り，　………（2月の男子）＝（1月の男子）×(1−0.4)

女子が 20％増えた」………（2月の女子）＝（1月の女子）×(1＋0.2)

（その結果）「女子が男子より 330 人多かった」……（2月の女子）＝（2月の男子）＋330

→**1月の（男女どちらかの）人数を x とする**と式に表しやすく，計算もらく。

CHART 計算はらくにする

解答

1月の男子の利用者数を x 人とすると，1月の女子の利用者数は

$(650-x)$ 人

2月の男子の利用者数は

$\underset{1月の男子}{\underline{x}}\times(1-0.4)=\underset{2月の男子}{\underline{0.6x}}$（人）　← $\frac{6}{10}x=\frac{3}{5}x$ としてもよい

2月の女子の利用者数は

$\underset{1月の女子}{\underline{(650-x)}}\times(1+0.2)=\underset{2月の女子}{\underline{1.2(650-x)}}$（人）

よって　$\underset{2月の女子}{\underline{1.2(650-x)}}=\underset{2月の男子}{\underline{0.6x}}+330$

両辺を 10 倍して　$12(650-x)=6x+3300$

両辺を 6 でわって　$2(650-x)=x+550$

$1300-2x=x+550$

$-3x=-750$

$x=250$　← x は人数なので，正の整数になることを確認

したがって，1月の利用者数は　男子 250 人

女子 $650-250=400$（人）

よって，2月の利用者数は　男子 $250\times0.6=150$（人）

女子 $400\times1.2=480$（人）

（女子が男子より 330 人多いことを確認）

答　**男子 150 人，女子 480 人**

問題を整理しよう！

問題の情報を整理すると，下図のようになる。

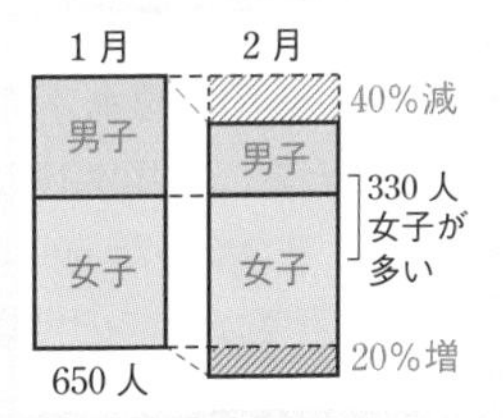

求めるのは2月の男子と女子の利用者数。

◀一方を x 人とすると，もう一方は $(650-x)$ 人。

別解

1月の女子の利用者数を x 人とすると，1月の男子の利用者数は $(650-x)$ 人。

よって

$1.2x=0.6(650-x)+330$

この方程式を解くと

$x=400$ となる。

⚠ 求めるのは，**2月の男子と女子の利用者数**（**x の値ではない！**）。

解答➡別冊 p. 59

問題 2 昨年の子ども会のバザーで，おにぎりをつくって販売したところ，20 個売れ残った。そこで，今年のバザーでは，つくる個数を昨年より 10％減らして販売したところ，つくったおにぎりはすべて売れ，売れたおにぎりの個数は昨年売れた個数より 5％多かった。

今年のバザーでつくったおにぎりの個数を求めなさい。　〔愛知〕

発展例題 3 食塩水の問題

>>例題 44 レベル

濃度(のうど)が 5 % の食塩水Aがある。

(1) 400 g の食塩水Aにふくまれる食塩の重さは何 g ですか。

(2) 400 g の食塩水Aに 100 g の水を加えて，食塩水Bをつくった。このとき，食塩水Bの濃度を求めなさい。

(3) (2)でつくった 500 g の食塩水Bに，濃度が 9 % の食塩水Cを混ぜて，濃度が 5 % の食塩水をつくりたい。食塩水Cを何 g 混ぜればよいか答えなさい。〔類 岐阜〕

●食塩水の濃度

食塩水の濃度とは，**食塩水の中に食塩がとけている割合** $\left(\dfrac{\text{食塩の重さ}}{\text{食塩水の重さ}}\right)$ のこと。百分率で表すと

濃度 (%)

$=\dfrac{\text{食塩の重さ}}{\text{食塩水の重さ}}\times100$

考え方 食塩の重さに注目する

(1) **(食塩水の重さ)×(濃度)=(食塩の重さ)** であるから

(食塩の重さ)$=400\times\dfrac{5}{100}$ (g)

(2) 食塩水の重さは 100 g 増えるが**食塩の重さは変わらない。**

(3) 食塩水Cを x g 混ぜるとして，食塩の重さについての式をつくる。

解答

(1) $400\times\dfrac{5}{100}=\mathbf{20\ (g)}$ …答 ←5 % は 0.05 としてもよい

◀ 400×0.05 だと，計算ミスしやすいので分数で表した。

(2) 食塩水の重さは 400+100=500 (g) で，食塩の重さは(1)と変わらないから，食塩水Bの濃度は

$\dfrac{20}{500}\times100=\mathbf{4\ (\%)}$ …答

(2) $\dfrac{\text{(食塩の重さ)}}{\text{(食塩水の重さ)}}\times100$

水を加えるから，濃度はうすくなる。

(3) 食塩水Cを x g 混ぜればよいとする。

食塩の重さについて

$20+\dfrac{9}{100}x=\dfrac{5}{100}(500+x)$ ← 両辺に 100 をかける

$2000+9x=2500+5x$

$4x=500$

$x=125$

よって，食塩水Cを **125 g** 混ぜればよい。 …答

	B	C	5 %
食塩水	500	x	$500+x$
食塩	20	$\dfrac{9}{100}x$	$\dfrac{5}{100}(500+x)$

解答➡別冊 p. 60

問題 3 濃度 5 % の食塩水が x g ある。これに濃度 3 % の食塩水 400 g を混ぜてから，水 500 g を加えたら，濃度 2 % の食塩水ができた。x の値を求めなさい。

発展例題 4 比例・反比例と変域

>>例題 76　レベル

反比例 $y=\frac{12}{x}$ について，次の問いに答えなさい。

(1) x の変域が $2<x<4$ のとき，y の変域を求めなさい。

(2) x の変域が $-4 \leqq x \leqq a$ のとき，y の変域が $-12 \leqq y \leqq b$ であったとする。このとき，定数 a，b の値を求めなさい。

確認 変域
変数のとりうる値のこと。

確認 $y=\frac{a}{x}$ のグラフ

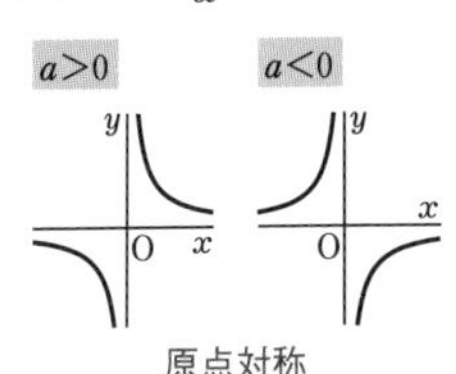

原点対称

考え方　変域　グラフをかいて考える

(例) 反比例 $y=\frac{6}{x}$ について，x の変域が $2 \leqq x \leqq 6$ のときの y の変域

$x=2$ のとき　$y=\frac{6}{2}=3$

$x=6$ のとき　$y=\frac{6}{6}=1$

⟶ y の変域は $1 \leqq y \leqq 3$

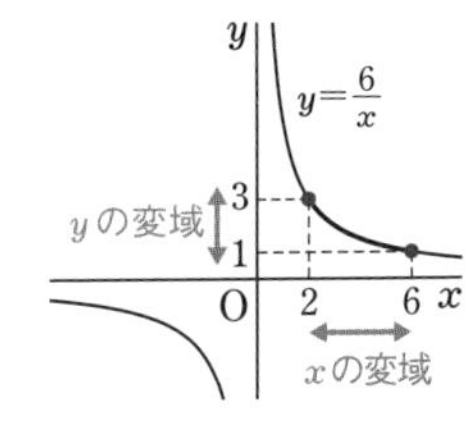

⚠ x の変域にあわせて $3 \leqq y \leqq 1$ としないように。(大小関係に注意)

解答

(1) $x=2$ のとき　$y=\frac{12}{2}=6$

$x=4$ のとき　$y=\frac{12}{4}=3$

よって，右の図から，y の変域は

$3<y<6$ …答

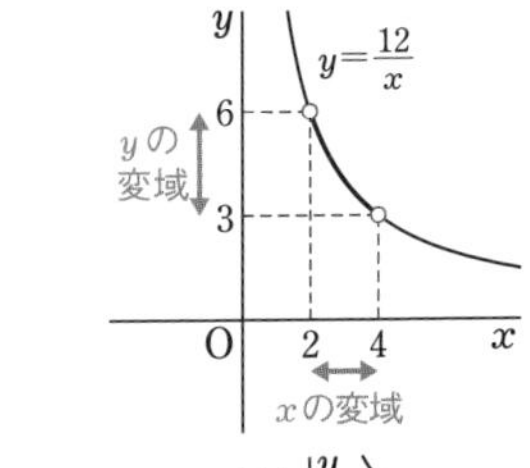

(1) 端の点をふくまないから，白丸で表している。 >>p. 98

(2) 右の図から

$x=-4$ のとき　$y=b$

$x=a$ のとき　$y=-12$

$-4 \times b=12$ から　← $xy=$(一定) を利用。

$b=-3$ …答　　$y=\frac{12}{x}$ の x，y に値を代入してもよい

$a \times (-12)=12$ から

$a=-1$ …答

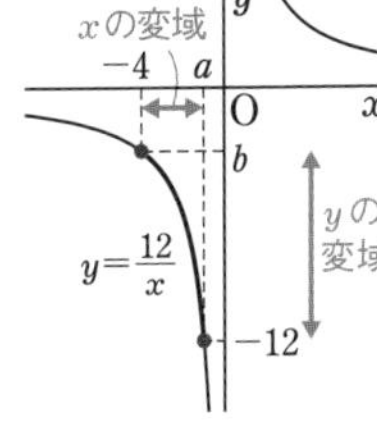

⚠ (2) 図について，-4 と a，-12 と b の位置関係に注意。
不等式から，-4 は a より左側，-12 は b より下側にある。

解答➡別冊 p. 60

問題 4 次の問いについて，定数 a，b の値を求めなさい。

(1) 比例 $y=-4x$ について，x の変域が $-3 \leqq x \leqq a$ のとき，y の変域が $-8 \leqq y \leqq b$ である。

(2) 反比例 $y=-\frac{8}{x}$ について，x の変域が $1<x<a$ のとき，y の変域が $b<y<-2$ である。

発展例題 5 比例と反比例のグラフの交点

>>例題 83, 87

レベル

右の図のように，比例 $y=ax$ … ① のグラフと反比例 $y=\frac{b}{x}$ … ② のグラフが，点Aで交わっている。また，① のグラフ上に点Bがある。点Aの x 座標が 2，点Bの座標が $(-4,\ -6)$ であるとき，定数 a，b の値を求めなさい。

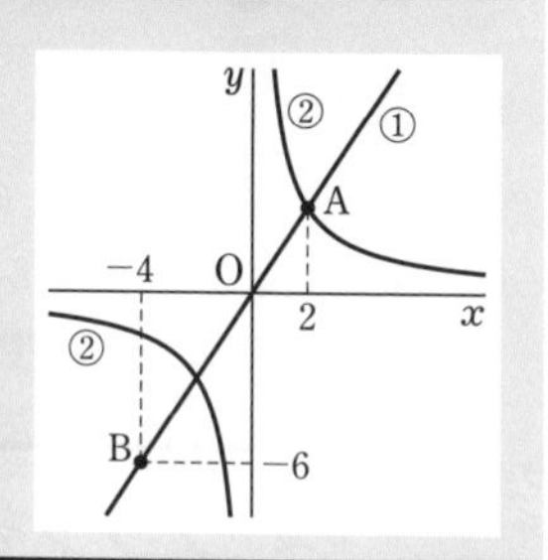

考え方

グラフの交点は，**それぞれのグラフ上の点である**ことに注意する。

まず，点Bが ① のグラフ上にあることから，定数 a の値を求める。

⟶ a の値がわかるから，点Aの y 座標を求めることができる。

そして，点Aは ② **のグラフ上にもある**から，② の式の x，y にそれぞれ点Aの x 座標，y 座標を代入すると，定数 b の値が求められる。

グラフの交点Aは，① のグラフ上の点であり，② のグラフ上の点でもある。

解答

B$(-4,\ -6)$ は ① のグラフ上の点であるから

$$-6=a\times(-4) \qquad a=\frac{3}{2}$$

◀ $y=ax$ に $x=-4$，$y=-6$ を代入。

よって，① の比例の式は　$y=\frac{3}{2}x$

点Aは $y=\frac{3}{2}x$ のグラフ上の点で，x 座標が 2 であるから，

◀ $y=\frac{3}{2}x$ に $x=2$ を代入。

y 座標は　$y=\frac{3}{2}\times2=3$　　点Aの座標は　$(2,\ 3)$

点Aは，② のグラフ上の点でもあるから

$$3=\frac{b}{2} \qquad b=6$$

$y=\frac{b}{x}$ に $x=2$，$y=3$ を代入

答　$a=\frac{3}{2}$，$b=6$

参考

問題文の図を見ると，① と ② のグラフの交点はA以外にもう 1 つあることがわかる。この点の座標は，$(-2,\ -3)$ である。

↑点Aと原点に関して対称

解答➡別冊 p. 60

問題 5 右の図のように，比例 $y=ax$ … ① のグラフと反比例 $y=\frac{b}{x}$ … ② のグラフが，点Aで交わっている。
また，① のグラフ上に点Bがある。
点Aの y 座標が 6，点Bの座標が $(2,\ -4)$ であるとき，定数 a，b の値を求めなさい。

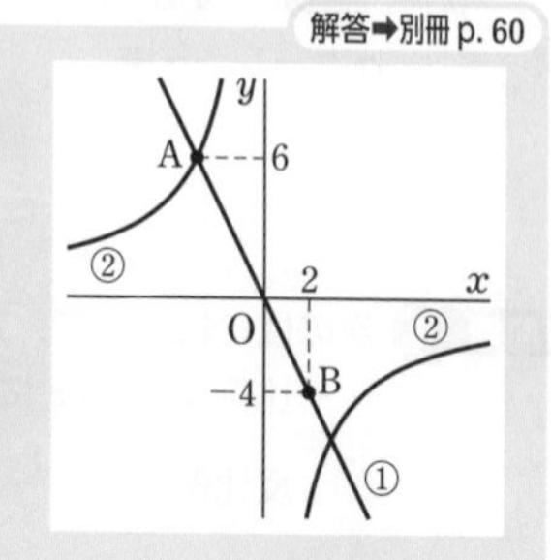

発展例題 6 グラフと三角形の面積

レベル ●●●●

右の図のように，比例 $y=2x$ のグラフ上に，x 座標が正の数である点Pがあり，x 軸上に点 A(3, 0) がある。

(1) 点Pの x 座標が 2 のとき，三角形 OAP の面積を求めなさい。

(2) 三角形 OAP の面積が 12 のとき，点Pの座標を求めなさい。

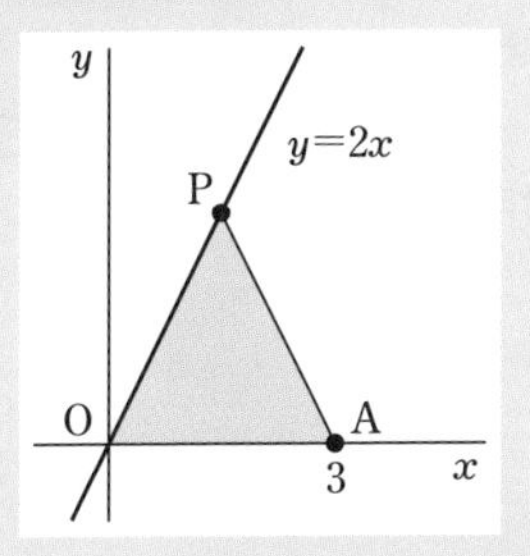

入試では，面積の単位がない問題もあるよ。

考え方 動く点の座標を文字で表す

点Aは決まっているから，辺 OA を底辺とすると，高さは**点Pの y 座標**となる。

(2) **Pの y 座標を t として**，面積についての式をつくる。

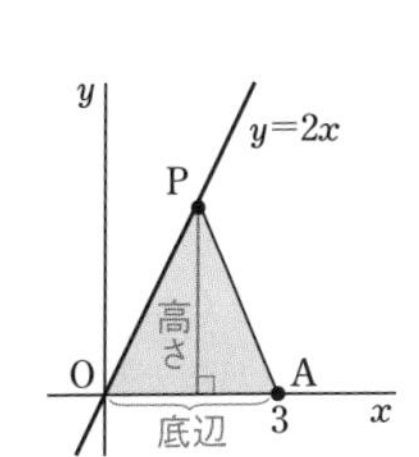

解答

(1) 点Pの x 座標が 2 のとき，y 座標は

$$y=2\times2=4$$ ← $y=2x$ に $x=2$ を代入

よって，三角形 OAP の面積は

$$\frac{1}{2}\times\underset{\text{OA}}{3}\times\underset{\text{Pの}y\text{座標}}{4}=6$$

答 6

(2) 点Pの y 座標を t とすると，← 文字は何でもよいが，グラフの場合は t を使うことが多い

三角形 OAP の面積について

$$\frac{1}{2}\times\underset{\text{OA}}{3}\times\underset{\text{Pの}y\text{座標}}{t}=12$$ ← 三角形 OAP の面積は 12

これを解くと　$t=8$

点Pは $y=2x$ のグラフ上にあり，y 座標が 8 であるから

$8=2x$　　$x=4$

求めるものはPの座標

答 (4, 8)

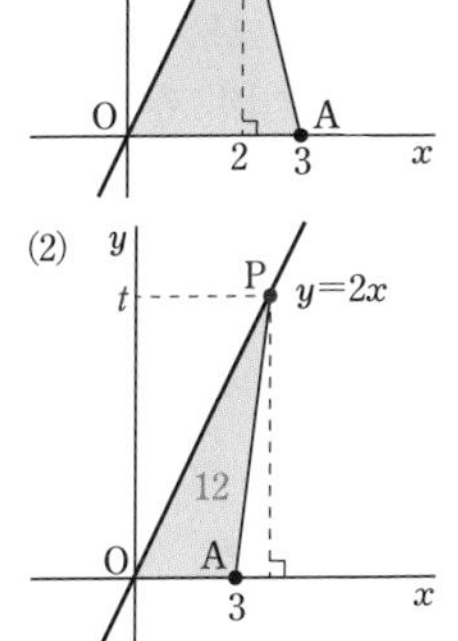

解答➡別冊 p. 60

問題 6 右の図のように，反比例 $y=\frac{6}{x}$ のグラフ上に x 座標が正の数である点Pがあり，x 軸上に点 A(4, 0) がある。

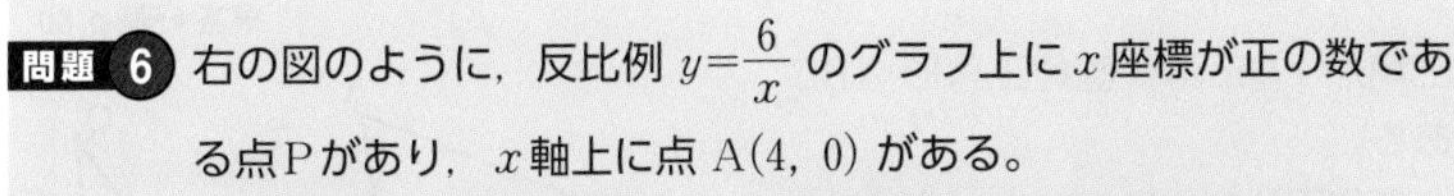

(1) 点Pの x 座標が 2 のとき，三角形 OAP の面積を求めなさい。

(2) 三角形 OAP の面積が 2 のとき，点Pの座標を求めなさい。

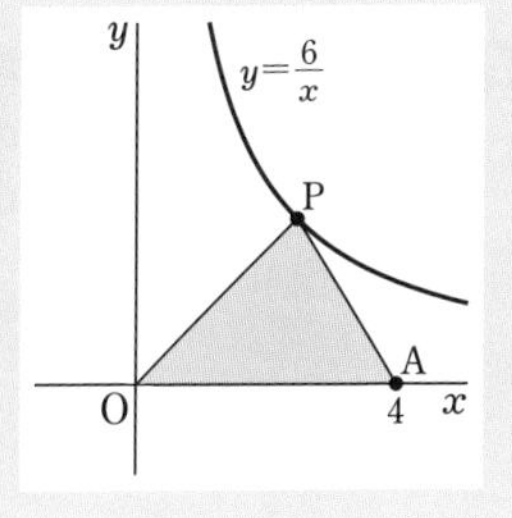

発展例題 7 回転の中心の作図

>>例題 97, 106 レベル 

右の図において，△PQR は △ABC を回転移動したものである。
このとき，回転の中心Oを作図しなさい。

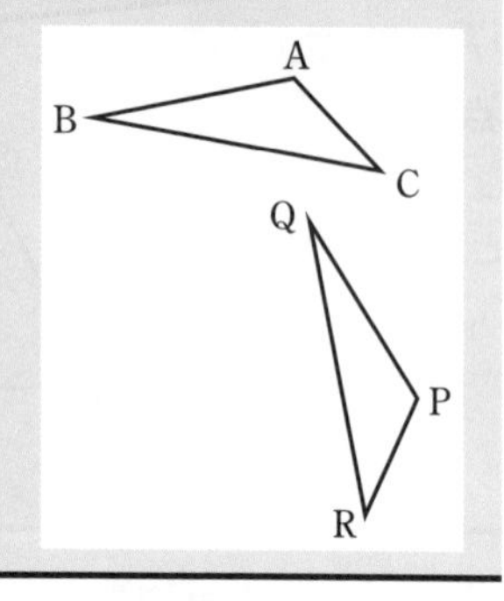

考え方 **対応する点は，回転の中心から等しい距離にある**

点Pは点A，点Qは点B（，点Rは点C）に対応するから，**OA＝OP，OB＝OQ（，OC＝OR）**が成り立つ。
⟶ 点Oは，2点A，Pから等しい距離にあり，2点B，Qからも等しい距離にある。
⟶ **線分 AP の垂直二等分線と線分 BQ の垂直二等分線の交点**がO

解答

① 線分 AP の垂直二等分線を作図する。
② 線分 BQ の垂直二等分線を作図する。
① と ② の交点が，点Oである。 答

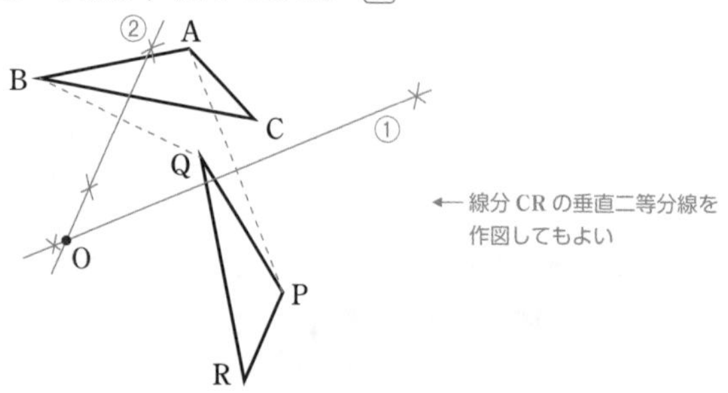

← 線分 CR の垂直二等分線を作図してもよい

確認 回転移動

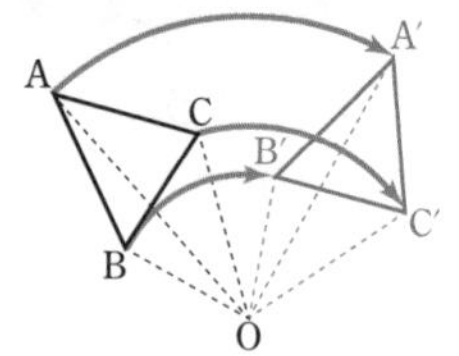

OA＝OA′，OB＝OB′，
OC＝OC′
∠AOA′＝∠BOB′
＝∠COC′

垂直二等分線の性質

P
A B
P
PA=PB

>>p. 140

確認 垂直二等分線の作図

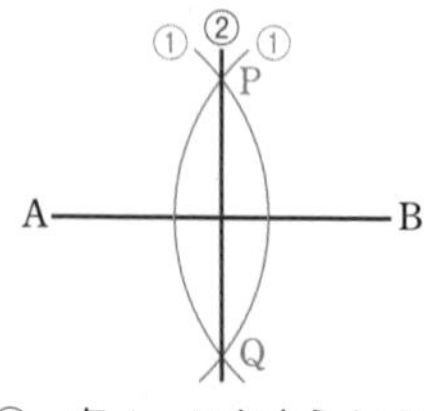

① 点A，Bを中心とする同じ半径の円をかく。
② ①の交点P，Qを通る直線をひく。

問題 7 右の図において，直角三角形 PQR は，直角三角形 ABC を回転移動したものである。
このとき，回転の中心Oを作図しなさい。 〔愛媛〕

解答➡別冊 p. 60

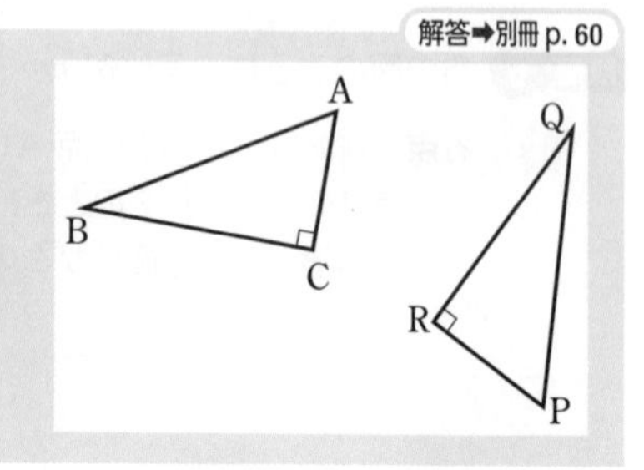

発展例題 8　線分の長さが最短となる点の作図

>>例題 104, 130

レベル 

図のように，2点 A，B と直線 ℓ がある。
直線 ℓ にあって，線分 AP と線分 BP の長さの和が最小となるような点Pを作図によって求めなさい。

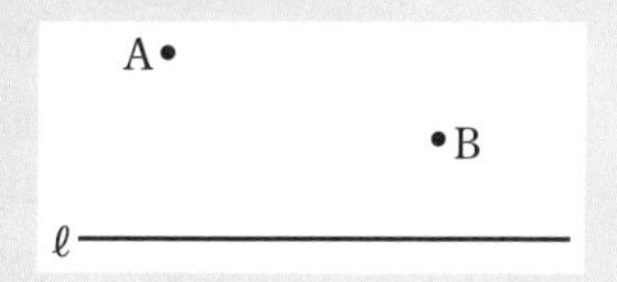

考え方

点 A，B が直線 ℓ について同じ側にあるとき，ℓ に関して点Bと対称な点を B′ とすると，ℓ 上の点Pについて，PB=PB′ であるから　**AP+PB=AP+PB′**　が成り立つ。
よって，AP+PB が最小になるのは，**点Pが線分 AB′ 上にあるとき**である。
つまり，線分 AB′ を作図すればよい。

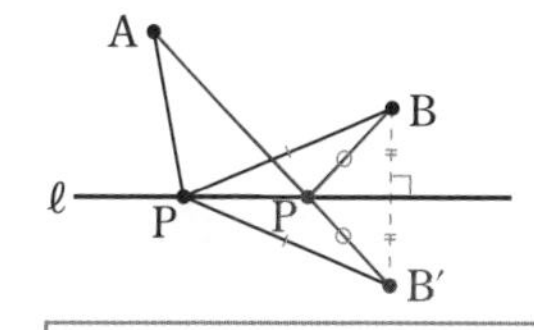

ℓ に関して点Aと対称な点 A′ をとって，線分 A′B を考えてもよい。

解答

① 点Bを通る，直線 ℓ の垂線をひく。
　直線 ℓ との交点をQとする。
② 点Qを中心として，半径 QB の円をかく。
　（線分 QB の長さを測りとる）
　① でひいた線との交点のうち，Bでない点を B′ とする。
③ 線分 AB′ をひく。
線分 AB′ と直線 ℓ との交点が，求める点Pである。 答

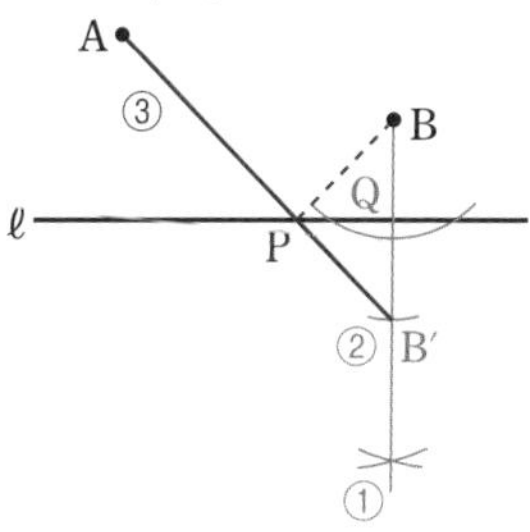

確認　垂線の作図

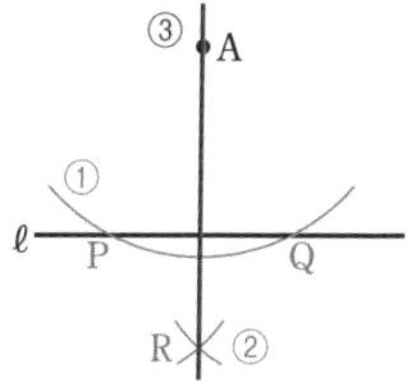

① 点Aを中心とする適当な円をかく。
② 直線 ℓ との交点 P，Q を中心とする，同じ半径の円をかく。
③ Aと②の交点Rを通る直線をひく。

解答➡別冊 p. 61

問題 8　右の図で，△ABC の ∠B の二等分線上に，CP+DP を最短にする点Pを作図しなさい。　〔三重〕

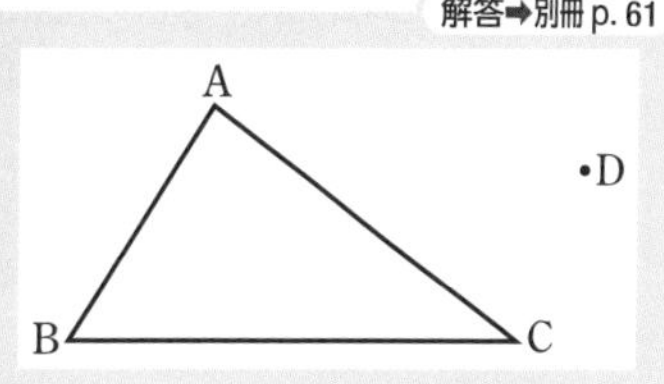

発展例題 9 水の入った容器に関する問題

>>例題 128

図 1 の容器は，底面が半径 6 cm の円である円柱の形をしている。この容器は水平に置かれ，底面から 10 cm の高さまで水が入っている。この容器に，図 2 のように半径 3 cm の鉄球を静かにしずめたところ，水面が上昇した。このときの底面から水面までの水の高さを求めなさい。ただし，容器の厚さは考えないものとする。〔静岡〕

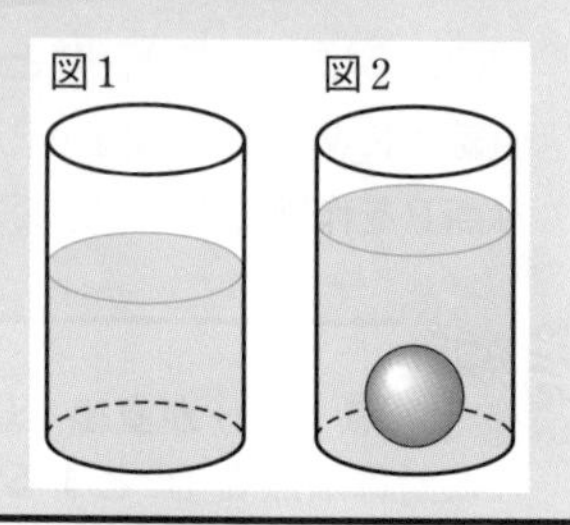

考え方

（水面の上昇分の体積）＝（鉄球の体積）

鉄球の体積分だけ，水面が上昇する。

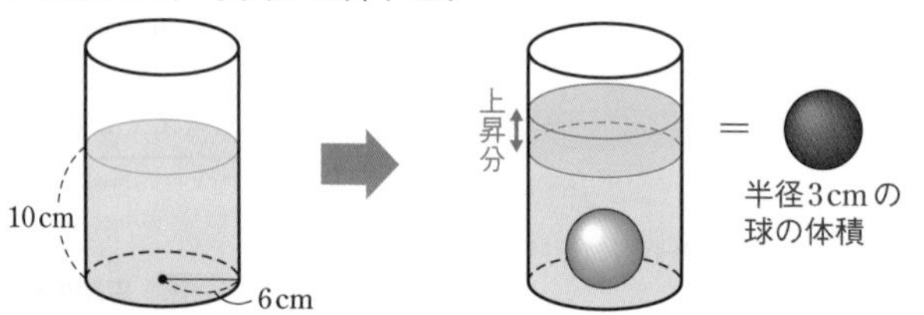

よって，（球の体積）÷（円柱の底面積）から，上昇した分の水面の高さがわかる。

確認 円柱，球の体積

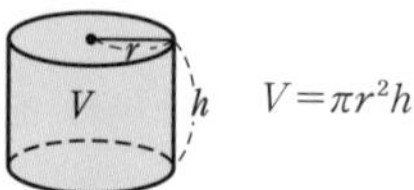

$V=\pi r^2 h$

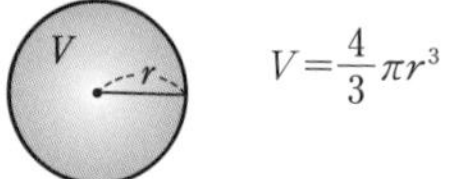

$V=\frac{4}{3}\pi r^3$

解答

しずめた鉄球の体積は　$\frac{4}{3}\pi\times3^3=36\pi$ (cm³)　← $\frac{4}{3}\pi r^3$

したがって，水面の上昇した分の体積は　36π cm³

容器の底面積は　$\pi\times6^2=36\pi$ (cm²)

よって，上昇した分の水面の高さは

$36\pi\div36\pi=1$ (cm)　←（体積）÷（底面積）＝（高さ）

したがって，底面から水面までの水の高さは

$10+1=11$ (cm)

答　**11 cm**

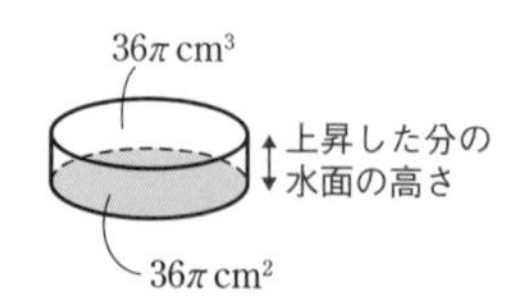

求める高さは，上昇分ではなく，底面からの高さ。

問題 9　右の図のように，底面の半径が 8 cm の円柱の形をした容器に水が入れられ，水平な台の上に置かれている。この容器に，半径が 2 cm の鉄球を何個か静かにしずめたところ，水がこぼれることなく，水面がちょうど 1 cm 上昇した。
このとき，しずめた鉄球の個数を求めなさい。
ただし，容器の厚さは考えないものとし，しずめた鉄球はすべて水中にあるものとする。〔和歌山〕

解答➡別冊 p. 61

鉄球
8cm

発展例題 10 立方体の切り口

>>例題 131

レベル 

右の図の立方体において，点Pは辺 AD の中点とする。
この立方体を，3 点 P，E，G を通る平面で切ったとき，その切り口はどのような図形になるか答えなさい。

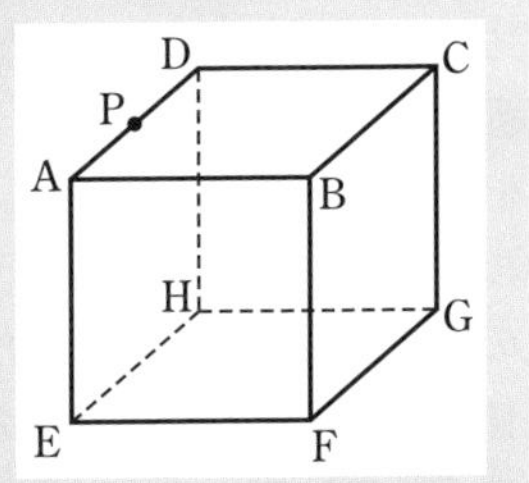

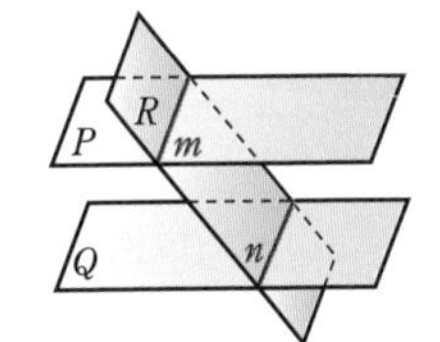

$P /\!/ Q$ のとき　$m /\!/ n$

考え方

多面体の切り口を考えるときは，次の 2 つの性質を利用する。

① 切り口の辺は，必ず多面体の面上にある

② 平行な 2 つの面の切り口は，平行である

点 P，E は同じ面 AEHD 上に，点 E，G は同じ面 EFGH 上にあるから，**線分 PE，EG は切り口の一部。[性質 ①]**
また，面 ABCD と面 EFGH は平行であるから，**線分 EG に平行で，点 P を通る線分も切り口の一部となる。[性質 ②]**

◀左の 2 つに加えて，次のこともおさえておく。

> 多面体を 1 つの平面で切ったとき，切り口の線分またはその延長は，平行でなければその線分をふくむ面の交線上で交わる。

(例) 下図の 3 点 A，B，C を通る平面の切り口

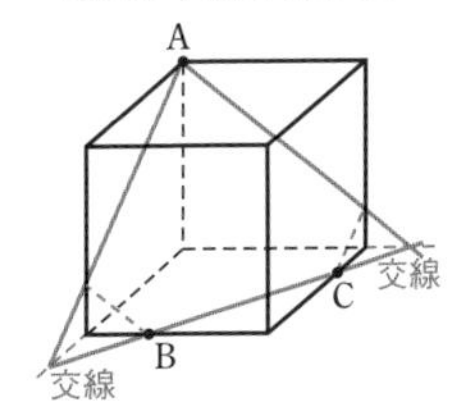

解答

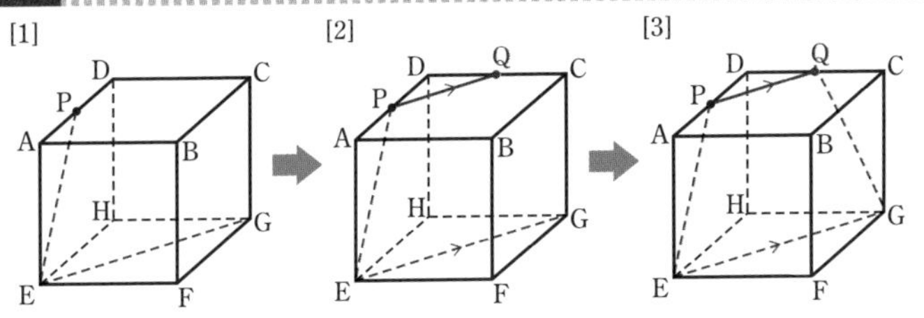

[1]　線分 PE，EG をひく。
[2]　線分 EG に平行で，点 P を通る直線をひき，辺 DC との交点を Q とする。
[3]　線分 QG をひく。 ←性質 ①

答　**台形**

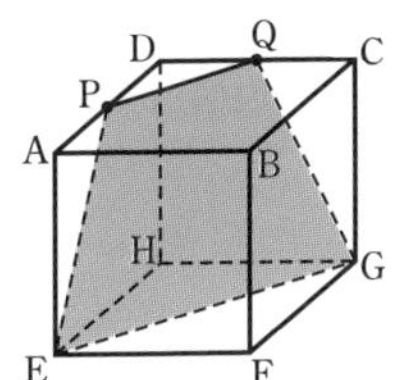

参考
① 点 Q は辺 DC の中点になる（3 年生で学習）。
② 切り口は，PE＝QG の等脚台形である。

入試対策編　発展例題

解答➡別冊 p. 61

問題 10 上の発展例題 10 の立方体において，辺 DC の中点を Q とする。この立方体を，次の 3 点を通る平面で切ったとき，切り口はそれぞれどのような図形になるか答えなさい。

(1)　点 A，C，F　　(2)　点 P，Q，F

発展例題 11 データの修正と代表値の変化

>>例題 132, 135

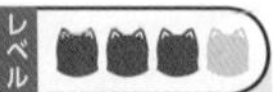

あるグループ 20 人が的当てゲームをし，その得点の結果をヒストグラムで表すと，右の図のようになった。

(1) 得点の平均値と中央値を求めなさい。

(2) 得点の結果に誤りが見つかり，5 点だった人のうち 1 人は 3 点に，6 点だった人のうち 2 人は 7 点になった。修正後の得点の平均値と中央値は，修正前と比べて「大きくなる」，「変わらない」，「小さくなる」のいずれになるか，それぞれ答えなさい。

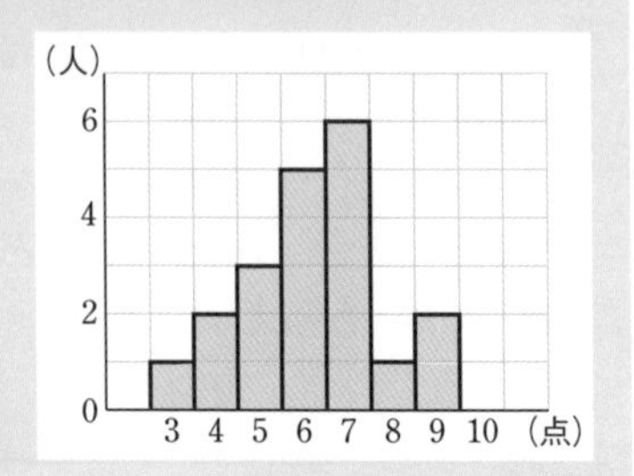

考え方 (2) 平均値，中央値の変化

データの「個数」，「値の合計」，「大きさ順の中央の値」の変化に注目する

今回，データの個数 20 は変わらないので，平均値はデータの値の合計の変化，中央値は大きさの順における 10，11 番目の値の変化を調べる。

確認 **平均値，中央値**

平均値

$$\frac{(\text{データの値の合計})}{(\text{データの個数})}$$

中央値

データを大きさの順に並べたときの中央の値

解答

(1) 平均値は

$$\frac{3\times1+4\times2+5\times3+6\times5+7\times6+8\times1+9\times2}{20}=\frac{124}{20}=6.2\ (\text{点})$$

また，データの大きさの順における 10，11 番目の値はともに 6 であるから，中央値は 6 点。

答 **平均値 6.2 点，中央値 6 点**

(2) 1 人が 5 点→3 点 (−2 点)，2 人が 6 点→7 点 (+1 点×2) になるから，データの値の合計は変わらない。
データの個数は変わらないから，平均値は変わらない。
また，10，11 番目の値はともに 7 となるから，中央値は 7 点となる。

答 **平均値は変わらない，中央値は大きくなる**

中央値は，累積度数分布表で考えるとよい。

階級 (点)	累積度数 (人)	
	修正前	修正後
3	1	2
4	3	4
5	6	6
6	11	9
7	17	17

問題 11 右のデータは，8 人の中学生について，あるクイズを解くのに何分かかったかを調べたものである。

解答➡別冊 p. 61

4　13　8　5
9　12　7　6　単位 (分)

(1) このデータの平均値と中央値を求めなさい。

(2) さらに 2 人の中学生が参加し，解くのにそれぞれ 8 分，5 分かかった。
この 2 人のデータを加えたときの平均値，中央値は，加える前と比べて「大きくなる」，「変わらない」，「小さくなる」のいずれになるか，それぞれ答えなさい。

1次不等式とその解き方

第3章では，方程式 $3x-10=5$ [例題 63(1)] の解き方を学びましたが，この方程式の解 $x=5$ は方程式 $3x-10=5$ を成り立たせる x の値でした。
では，この等号＝を不等号に変えたもの，たとえば不等式
$3x-10\leqq 5$ …… ① を成り立たせる x の値を調べてみましょう。
└ $3x-10$ は5以下である（5をふくむ）

$3x-10\leqq 5$ は「$3x-10=5$ または $3x-10<5$」の意味であることに注意して

$x=5$ とすると
　① の左辺は $3\times5-10=5$　　$5\leqq 5$ であるから，不等式は成り立つ。
$x=4$ とすると
　① の左辺は $3\times4-10=2$　　$2<5$ であるから，不等式は成り立つ。
$x=6$ とすると
　① の左辺は $3\times6-10=8$　　$8>5$ であるから，不等式は成り立たない。

このように調べていくと，次のようになります。

x の値	…	3	4	5	6	7	8	…
左辺 $3x-10$ の値	…	-1	2	5	8	11	14	…

←不等式が成り立つ→　←不等式が成り立たない→

また，$x=4.9$ とすると，① の左辺は　$3\times4.9-10=4.7$
　　$x=4.99$ とすると，① の左辺は　$3\times4.99-10=4.97$
となるので，これらの場合も不等式は成り立ちます。
よって，不等式 $3x-10\leqq 5$ は，**5以下のすべての x の値で成り立つ**といえそうです。

方程式のときと同様，不等式を成り立たせる文字の値を不等式の解，その解を求めることを不等式を解くといいます。

●不等式の性質

不等式には，次の性質があります。

[1]　$A<B$　ならば　$A+C<B+C$
[2]　$A<B$　ならば　$A-C<B-C$
[3]　$A<B$，$C>0$　ならば　$AC<BC$，$\dfrac{A}{C}<\dfrac{B}{C}$
[4]　$A<B$，$C<0$　ならば　$AC>BC$，$\dfrac{A}{C}>\dfrac{B}{C}$
不等号の向きが変わる

（例）　不等式 $3<5$ に関して
[1]　$3+2<5+2$　……$5<7$
[2]　$3-1<5-1$　……$2<4$
[3]　$3\times4<5\times4$　……$12<20$
[4]　$3\times(-2)>5\times(-2)$
……$-6>-10$

[1]～[3] は，等式の性質 [1]～[4] の等号＝を不等号＜に変えただけですが，[4] はそうではないので注意してください。

不等式では，両辺に同じ負の数をかけたりわったりすると，
不等号の向きが変わる

このことをおさえておきましょう。

では，この性質を利用して，不等式 $3x-10\leqq5$ を解いてみます。

両辺に 10 をたすと　$3x-10+10\leqq5+10$
$3x\leqq15$
両辺を 3 でわると　$x\leqq5$

$3x-10<5$
$3x\quad<5+10$

この $x\leqq5$ が不等式 $3x-10\leqq5$ の解になります。
なお，方程式のときと同様，不等式でも**移項による式の変形**ができます。
移項して整理すると $ax+b<0$，$ax+b\geqq0$（ただし，$a\neq0$）などの形になる不等式を，x についての**1次不等式**といいます。

（例）　1次不等式 $5x-4>5+7x$ を解きなさい。

[解答]
$5x-4>5+7x$
$5x-7x>5+4$　（-4 を右辺に，$7x$ を左辺に移項）
$-2x>9$
$x<-\dfrac{9}{2}$　…答　（両辺を -2 でわる。負の数でわるから，不等式の性質 [4] より，不等号の向きが変わる）

負の数や小数，分数になる場合もある

発展例題 12 1次不等式の解き方

次の1次不等式を解きなさい。

(1) $3x-2>18$　　　(2) $3x+5(1-x)\leqq 13$

1次方程式の解き方と同じ手順で進める。

手順1 移項を利用して，$ax<b$ や $ax\geqq b$ などの形にする。

手順2 両辺を x の係数 a でわる。

$a>0$ のとき　不等号の向きは **そのまま**

$a<0$ のとき　不等号の向きは **変わる**

確認 不等式の性質

$A<B$ ならば

[1] $A+C<B+C$

[2] $A-C<B-C$

[3] $C>0$ のとき

$AC<BC$，$\dfrac{A}{C}<\dfrac{B}{C}$

[4] $C<0$ のとき

$AC>BC$，$\dfrac{A}{C}>\dfrac{B}{C}$

解答

(1)
$$3x-2>18$$
2を右辺に移項すると
$$3x>18+2$$
$$3x>20$$
両辺を3でわると
$$x>\frac{20}{3}$$
答 $x>\dfrac{20}{3}$

◀正の数でわるから，不等号の向きは変わらない。

(2)
$$3x+5(1-x)\leqq 13$$
かっこをはずすと　（分配法則）
$$3x+5-5x\leqq 13$$
$$-2x+5\leqq 13$$
5を右辺に移項すると
$$-2x\leqq 13-5$$
$$-2x\leqq 8$$
両辺を -2 でわると　$x\geqq -4$

答 $x\geqq -4$

(2) 方程式のときと同様，**かっこをはずして** $ax<b$，$ax\geqq b$ **の形へ**

◀負の数でわるから，不等号の向きは変わる。

解答➡別冊 p. 61

問題 12 次の問いに答えなさい。

(1) 次の1次不等式を解きなさい。

(ア) $4x+5>17$　　　(イ) $2x+3(2-x)\leqq 8$

(2) 2000円以内で，1個130円のりんごと1個60円のみかんを合わせて20個買いたい。りんごをできるだけ多く買うとすると，りんごは何個まで買えるか答えなさい。

入試対策問題 解答➡別冊 p. 62

第1章 正の数と負の数

1 次の計算をしなさい。

(1) $(-3)\div 2^3\times 2^2\div(-9)$ 〔暁高〕

(2) $\left(-\dfrac{27}{16}\right)^2\times\left(-\dfrac{4}{9}\right)^3\times 24$ 〔滝川高〕

(3) $\dfrac{(-2)^4}{3^2}\div\left(\dfrac{2}{5}\right)^2\times\left(-\dfrac{3}{5^3}\right)$ 〔清風高〕

(4) $(-3)^2\times(-4^2)\div\left\{(-2)^3\times\left(-\dfrac{3}{2}\right)\right\}$ 〔城西大学付属川越高〕

2 次の計算をしなさい。

(1) $(8-3\times 2)-8\div(-2^2)$ 〔三重高〕

(2) $-3^2\div 2^3-(-2)^3\div 3^2$ 〔都立新宿高〕

(3) $(-4)^2\div\{4-(-3^2+15)\}$ 〔青雲高〕

(4) $-\left(\dfrac{1}{2}\right)^2\times\{2-6\div(-3)^2\}$ 〔花園高〕

(5) $\left\{\left(-\dfrac{2}{3}\right)^2-\dfrac{1}{2}\div 0.75\right\}\times 9$ 〔洛南高〕

(6) $(-4^3)\times\dfrac{1}{8}-(-2)^3\div\dfrac{2}{3}$ 〔上宮高〕

(7) $-3^2+(-3)^2\times\dfrac{40}{3}\div 5$ 〔高田高〕

(8) $6+(-6)^2\div\dfrac{2}{3}+(-6^2)\times\dfrac{2}{3}$ 〔鎌倉学園高〕

(9) $\left(-\dfrac{1}{2}\right)^3\times\left(-\dfrac{16}{3}\right)-\dfrac{8}{3}\div\left(\dfrac{2}{5}\right)^2$ 〔日本大学第三高〕

(10) $\left\{-1-\dfrac{3}{2^2}\times\left(1-\dfrac{1}{3}\right)\right\}^2\div 0.25$ 〔愛知高〕

3 下の表は，美咲さんのお父さんが，ある週の月曜日から金曜日までの5日間に，20分間のウォーキングで歩いた歩数を曜日ごとに表したものである。

曜日	月	火	水	木	金
歩数（歩）	2424	2400	2391	2420	2415

(1) お父さんがウォーキングで歩いた歩数の1日当たりの平均値を求めなさい。

(2) お父さんの1歩の歩幅が60 cmのとき，お父さんが5日間のウォーキングで歩いた距離の合計は何 kmか，求めなさい。〔熊本〕

4 次の問いに答えなさい。 >>発展例題 1

(1) たて 168 cm, よこ 180 cm の長方形の床に, 正方形のタイルをすき間なくしきつめる。タイルをできるだけ大きくしたときの 1 辺の長さを求めなさい。〔愛知高〕

(2) $\frac{42}{25}$ と $\frac{56}{15}$ のどちらにかけても積が自然数となるような分数のうち, 最小のものを求めなさい。〔専修大学松戸高〕

5 2 けた以上の自然数の各位の数をすべてかけ合わせた値を考える。たとえば, 自然数 952 に対して, 各位の数をすべてかけ合わせた値は $9\times5\times2=90$ となり, この値を《952》で表すこととする。すなわち, 《952》$=90$ である。
《1868》の値は, 《1868》$=1\times8\times6\times8=384$ となり, 《1868》$=384$ である。
このように, 《n》を 2 けた以上の自然数 n の各位の数をすべてかけ合わせた値とする。

(1) 《326》の値を求めなさい。

(2) 《n》$=105$ となる 3 けたの自然数 n のうち, 最小のものを求めなさい。

(3) 《n》$=210$ となる 4 けたの自然数 n のうち, 最小のものを求めなさい。〔佐賀〕

第 2 章 文字と式

6 次の問いに答えなさい。

(1) ある中学校では, 毎年, 多くの生徒が夏に行われるボランティア活動に参加している。昨年度の参加者は男子が a 人, 女子が b 人であった。今年度の参加者は, 昨年度の男女それぞれの参加者と比べて, 男子は 9 % 増え, 女子は 7 % 減った。今年度の男子と女子の参加者の合計を, a, b を用いて表しなさい。〔静岡〕

(2) 赤, 青, 白の 3 つの玉がある。3 つの玉の重さの平均が x kg, 赤玉と青玉の重さの平均が y kg のとき, 白玉の重さを x, y を用いて表しなさい。〔常磐大学高〕

(3) 家から学校までの道のりは 1200 m である。最初の x m を分速 60 m で歩き, 残りの道のりを分速 120 m で走った。家から学校までにかかった時間を, x を使った式で表しなさい。〔大分〕

ヒント **4** (2) $\frac{42}{25}\times\frac{a}{b}$, $\frac{56}{15}\times\frac{a}{b}$ が自然数になるから, a は 25 と 15 の公倍数, b は 42 と 56 の公約数である。

7 次の計算をしなさい。

(1) $\dfrac{7x+2}{3}+x-3$ 〔高知〕

(2) $\dfrac{1}{5}(10x+1)-\dfrac{1}{2}(6x-4)$ 〔広陵高〕

(3) $\dfrac{3a+2}{4}-\dfrac{a-1}{3}$ 〔三重高〕

(4) $\dfrac{2x+5}{3}-\dfrac{x-4}{6}-\dfrac{3x+12}{9}$ 〔愛知高〕

(5) $0.2x+\dfrac{x-3}{5}-\dfrac{2x-1}{10}$ 〔城西大学付属川越高〕

(6) $\dfrac{3x+5}{2}-\dfrac{4x-7}{3}-\dfrac{3(x+6)}{4}$ 〔鎌倉学園高〕

8 次の問いに答えなさい。

(1) 校外学習でT牧場へ行くことになり，自宅からT牧場までの道のりを調べることにした。
自宅から最寄りのA駅まで10分間歩き，A駅からB駅まで10分間電車に乗り，B駅から集合場所の学校まで15分間歩く。学校からT牧場までの50 kmをバスで移動する。
自宅からA駅まで，B駅から学校までの歩く速さを，ともに毎分80 m，電車の速さを毎時x km，自宅からT牧場までの道のりをy kmとするとき，yをxを用いた式で表しなさい。〔都立墨田川高〕

(2) ある商店では，12月の1か月間はすべての商品を通常の価格の3割引きで販売している。12月にこの商店で，通常の価格がa円の商品を2つと通常の価格がb円の商品を1つ購入したとき，支払った代金の合計は5000円より少なかった。このときの数量の関係を不等式で表しなさい。〔神奈川〕

9 白，黄，赤の3種類のカードを，左から1列に白を1枚，黄を1枚，赤を2枚という順に，くり返し並べる。たとえば，カードを13枚並べた場合は，下の図のようになる。

白	黄	赤	赤	白	黄	赤	赤	白	黄	赤	赤	白

(1) カードを35枚並べたとき，並べたすべてのカードの中にある赤のカードの枚数を求めなさい。

(2) 最後に並べたカードが黄のカードのとき，並べたすべてのカードの中に黄のカードがn枚あった。並べたすべてのカードの枚数を，nを用いた式で表しなさい。〔三重〕

第3章 1次方程式

10 次の方程式を解きなさい。

(1) $3(2x+1)=-5(1-x)$ 〔暁高〕

(2) $0.02x+1.3=0.16x-2.9$ 〔筑紫女学園高〕

(3) $x+3.5=0.5(3x-1)$ 〔千葉〕

(4) $\dfrac{2x+9}{5}=x$ 〔熊本〕

(5) $\dfrac{x-4}{3}+\dfrac{7-x}{2}=5$ 〔和歌山〕

(6) $\dfrac{x-10}{3}=\dfrac{3x-5}{2}-2$ 〔四條畷学園高〕

(7) $\dfrac{x-6}{8}-0.75=\dfrac{1}{2}x$ 〔日本大学第三高〕

(8) $0.2\left(0.3x-\dfrac{7}{4}\right)=0.16x-1$ 〔関西大倉高〕

11 次の問いに答えなさい。

(1) x についての方程式 $ax+9=5x-a$ の解が6のとき，a の値を求めなさい。〔栃木〕

(2) x についての方程式 $\dfrac{a-x}{3}-1=\dfrac{x+a}{2}$ の解が -2 のとき，a の値を求めなさい。〔上宮高〕

(3) 比例式 $x:3=(x+4):5$ が成り立つ x について，$\dfrac{1}{4}x-2$ の値を求めなさい。〔島根〕

12 次の問いに答えなさい。

(1) けいこさんは，ある店で同じチョコレートを24個買おうとしたが，けいこさんの持っていた金額では100円足りなかった。そこで，20個買うことにしたら40円余った。けいこさんの持っていた金額を求めなさい。〔三重〕

(2) 弟は自転車で家を出発し，毎分210mの速さで図書館へ向かった。一方，兄は弟より5分遅れて自転車で家を出発し，同じ道を毎分300mの速さで図書館へ向かったところ，弟より1分早く到着した。このとき，家から図書館までの道のりは何mか求めなさい。

〔常総学院高〕

13 ある商品を 100 個仕入れました。原価の 4 割の利益を見込んで定価をつけたところ，30 個が売れ残ったので，残りの商品は定価の 25 % 引きにしてすべて売り切りました。全体の利益が 4130 円になったとすると，この商品 1 個の原価を求めなさい。〔京都女子高〕 >>発展例題 2

14 次の問いに答えなさい。

(1) Aの箱に赤玉が 45 個，Bの箱に白玉が 27 個入っている。Aの箱とBの箱から赤玉と白玉の個数の比が 2：1 となるように取り出したところ，Aの箱とBの箱に残った赤玉と白玉の個数の比が 7：5 になった。Bの箱から取り出した白玉の個数を求めなさい。〔三重〕

(2) 水筒の水を最初にA君が 60 mL 飲み，次にB君が残りの $\frac{1}{3}$ を飲んだので，水の量はもとの $\frac{3}{5}$ になりました。はじめにこの水筒に入っていた水の量を求めなさい。

〔熊本マリスト学園高〕

15 濃度 3 % の食塩水が 300 g 入った容器がある。この容器に濃度 8 % の食塩水を x g 入れ，よくかき混ぜると食塩水の濃度が 4 % になった。このとき，x の値を求めなさい。

〔岡山白陵高〕

第4章 比例と反比例

16 次の問いに答えなさい。

(1) y は x に反比例し，$x=6$ のとき $y=\frac{3}{2}$ である。x，y の関係を表すグラフ上の点で，x 座標と y 座標がともに整数である点の個数を求めなさい。〔滝高〕

(2) y は x に比例し，$x=3$ のとき $y=2$ である。また，x は z に反比例し，$x=4$ のとき $z=5$ である。$y=3$ のとき，z の値を求めなさい。

17 関数 $y=\dfrac{a}{x}$ で，x の変域が $-8\leqq x\leqq -4$ であるとき，y の変域は $b\leqq y\leqq -3$ である。定数 a，b の値を求めなさい。〔桐朋高〕

>>発展例題 4

18 右の図のように，2つの関数 $y=\dfrac{a}{x}$ $(a>0)$，$y=-\dfrac{5}{4}x$ のグラフ上で，x 座標が 2 である点をそれぞれ A，B とする。AB=6 となるときの a の値を求めなさい。〔栃木〕

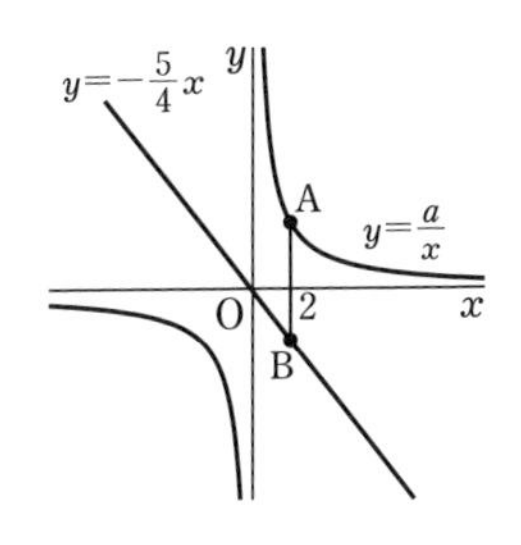

19 右の図で，ℓ は $y=\dfrac{1}{3}x$ のグラフ，C は $y=\dfrac{a}{x}$ のグラフで，点Aは ℓ と C の交点である。点Pは原点Oを出発して毎秒 1 cm の速さで y 軸上を正の方向に動く。
Pが出発してから 8 秒後の △OAP の面積が 24 cm^2 となるとき，次の問いに答えなさい。ただし，座標軸の 1 目もりを 1 cm とする。

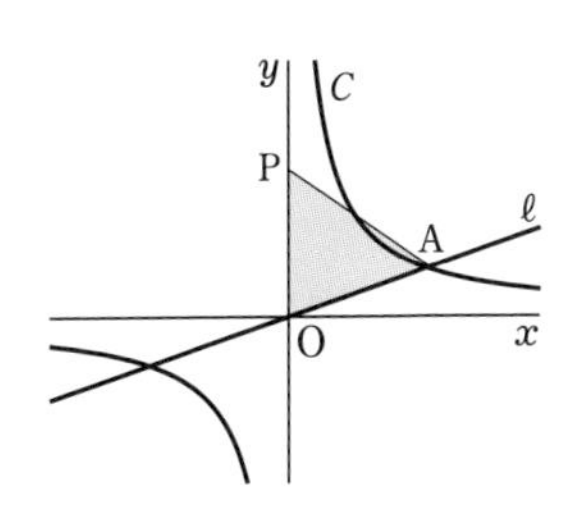

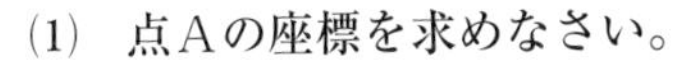

(1)　点Aの座標を求めなさい。

(2)　a の値を求めなさい。〔東北学院高〕

>>発展例題 5, 6

20 図は，8つの合同な台形①～⑧を組み合わせてつくった平面の図形です。

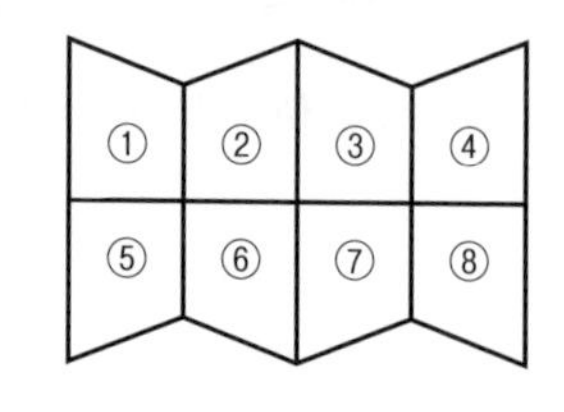

1つの台形をほかの台形の位置に移す平行移動，回転移動，対称移動について

(1) 台形①を台形④の位置に，1回の対称移動で移すとき，対称の軸となる直線を，右の図にかき入れなさい。

(2) 台形①を台形⑧の位置に，2回までの移動で移す方法を，下の解答例以外に2通り答えなさい。解答例は，①を③の位置に平行移動で移し，さらに回転移動で⑧の位置に移す方法を表している。

(解答例) ①→③(平行)，③→⑧(回転) 〔兵庫〕

21 右の図の線分 A′B′ は線分 AB を回転移動したものである。このときの回転の中心Oを作図によって求め，Oの記号をつけなさい。〔富山〕

>>発展例題 7

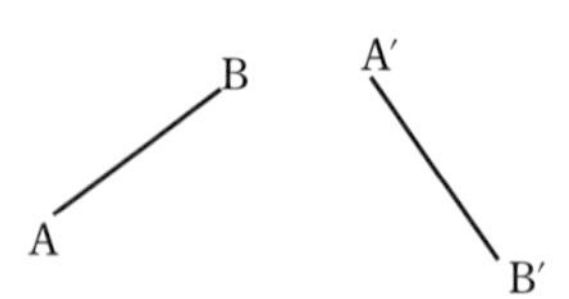

22 右の図において，半直線 AB，半直線 AC，線分 BC のすべてに接する円のうち，△ABC の外部にある円を作図しなさい。

〔西大和学園高〕

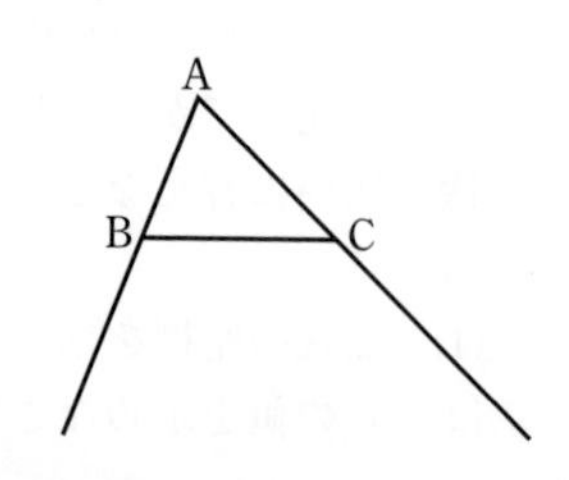

23 右の図のように，点Oを中心とする円の周上に点Aがあり，円の外部に点Bがある。Aを接点とする円Oの接線上にあって，2つの線分 OP，PB の長さの和が最小となる点Pを，定規とコンパスを使って作図しなさい。〔熊本〕

>>発展例題 8

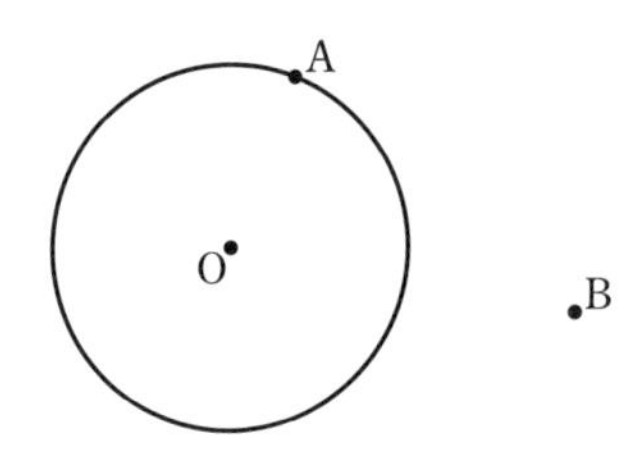

24 右の図は，円周の一部である $\overset{\frown}{AB}$ と，2点 A，B を通る直線を ℓ とした場合を表している。
直線 ℓ に関して $\overset{\frown}{AB}$ と線対称な弧を定規とコンパスを用いて作図しなさい。〔都立戸山高〕

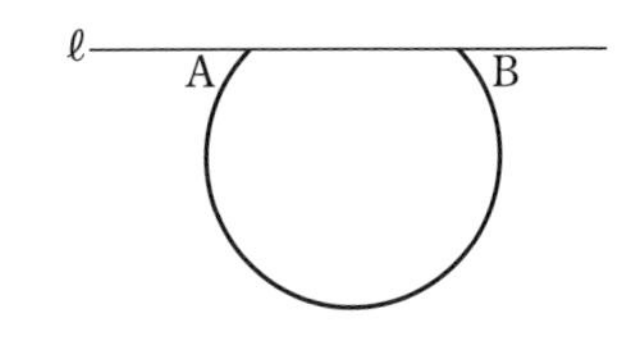

第6章 空間図形

25 1辺の長さが 12 cm の立方体がある。図のように，各面の対角線の交点を頂点とする正八面体 ABCDEF の体積を求めなさい。

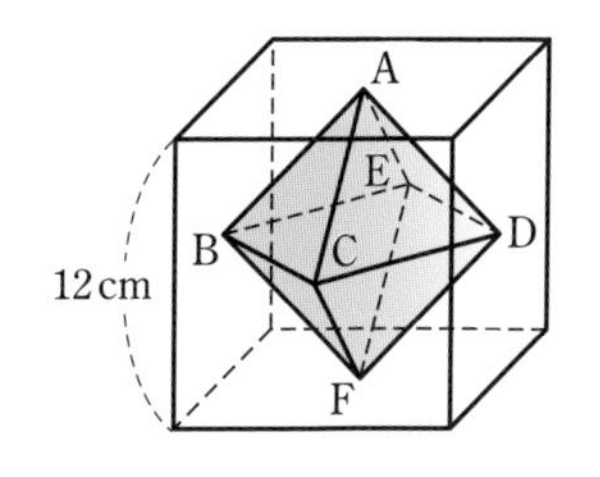

26 図のように，底面の半径が 3 cm，高さが 4 cm の円柱Aと，半径が 2 cm の球Bがある。次の問いに答えなさい。ただし，円周率は π とする。

(1) 円柱Aの体積と表面積を求めなさい。

(2) 球Bの体積と表面積を求めなさい。

(3) 底面の半径が 3 cm，高さが 4 cm の円柱の形をした容器を水平な台に置き，底から 3 cm の高さまで水を入れる。
球Bをこの容器の底にふれるまで静かに入れるとき，容器からあふれる水の量は何 cm^3 になるか求めなさい。ただし，容器の厚さは考えないものとする。〔東北学院榴ヶ岡高〕

>>発展例題 9

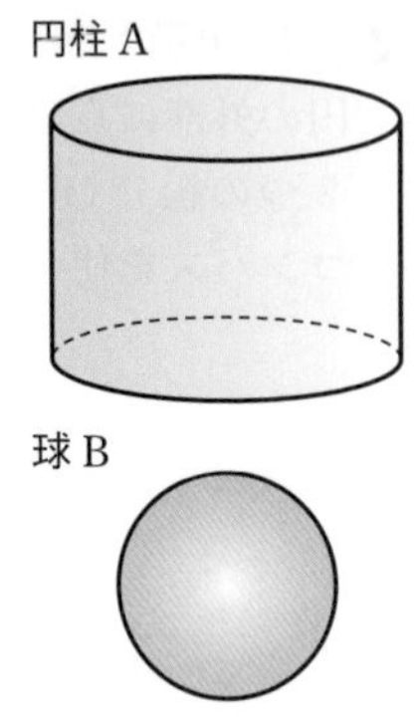

27 右の図のように，1 辺の長さが 2 cm の正方形を 7 枚組み合わせた図形がある。この図形を，直線 ℓ を回転の軸として 1 回転させてできる回転体の体積を求めなさい。〔鳥取〕

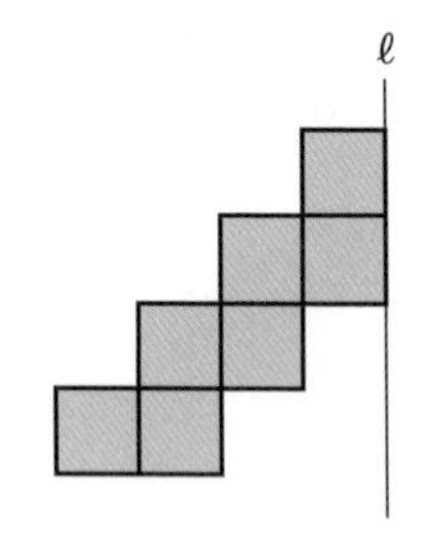

28 図の正八面体で，点 M，N，L はそれぞれ辺 AD，AE，CD の中点である。3 点 M，N，L を通る平面でこの立体を切ったとき，切り口の図形の名前を答えなさい。〔星稜高〕

>>発展例題 10

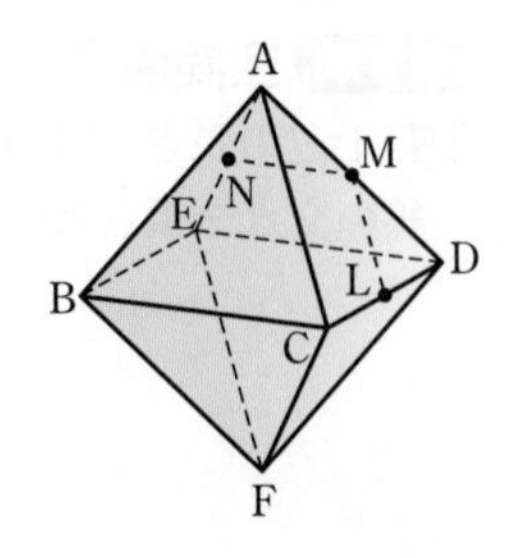

第7章 データの活用

29 10点満点のテストを受けた7人の得点は，次の通りであった。

6，3，10，5，6，7，x

これら7人の得点の平均値と中央値が一致するとき，x の値を求めなさい。〔広陵高〕

30 右の表は，生徒25人が先週の日曜日にテレビを見た時間について，調べた結果をまとめたものである。

(1) 6時間以上8時間未満の階級の相対度数を求めなさい。ただし，答えは，小数第2位までの小数で表すものとする。

(2) 中央値がふくまれる階級が2時間以上4時間未満，度数がもっとも大きい階級が4時間以上6時間未満のとき，x，y の値をそれぞれ求めなさい。

〔常磐大学高〕

階級（時間）	度数（人）
0以上 2未満	6
2 ～ 4	x
4 ～ 6	y
6 ～ 8	2
8 ～ 10	1
10 ～ 12	1
計	25

31 ある中学校で読書週間中に，それぞれの生徒が読んだ本の冊数を調べた。右の図は，1年1組の結果をヒストグラムに表したものである。ただし，1年1組の生徒で読んだ本が8冊以上の生徒はいない。

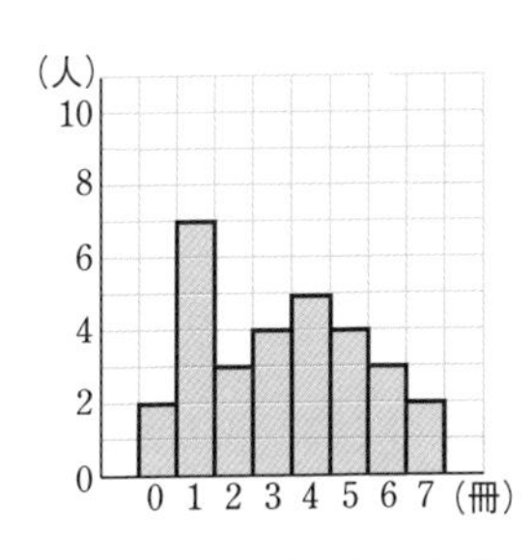

(1) 1年1組の生徒の総数は何人であるかを求めなさい。

(2) 1年1組のそれぞれの生徒が読んだ本の冊数の中央値を求めなさい。

(3) この中学校の生徒の総数は200人である。この中学校の生徒で読んだ本が3冊以上の生徒の相対度数と1年1組の生徒で読んだ本が3冊以上の生徒の相対度数は，同じ値であった。この中学校の生徒で読んだ本が3冊以上の生徒は何人であるかを求めなさい。

〔岐阜〕

32 ある中学校の体育の授業で，2 km の持久走を行った。次の図は，1組の男子 16 人と 2 組の男子 15 人の記録を，それぞれヒストグラムに表したものである。

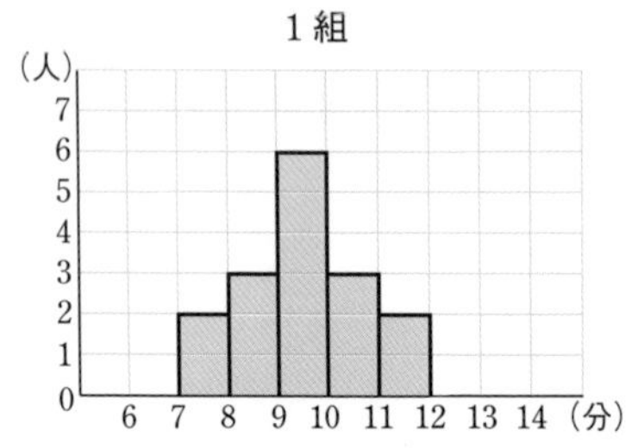

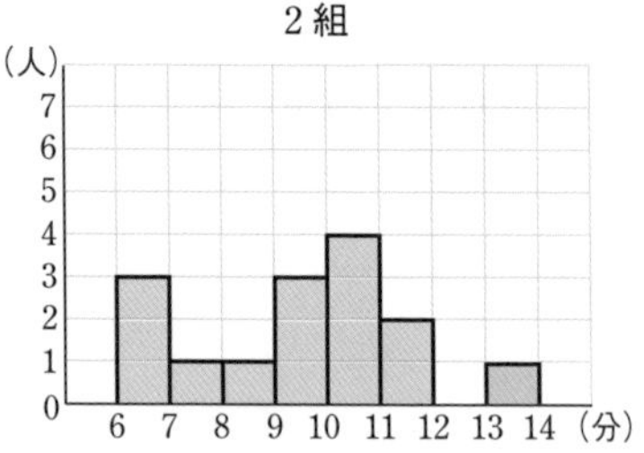

(1) 上の 1 組と 2 組のヒストグラムを比較した内容として適切なものを，次の(ア)〜(エ)の中からすべて選び，その記号をかきなさい。

(ア) 範囲が大きいのは 2 組である。

(イ) 11 分以上 12 分未満の階級の相対度数は同じである。

(ウ) 中央値がふくまれる階級は，1 組も 2 組も同じである。

(エ) 度数がもっとも大きい階級の階級値を最頻値とすると，最頻値が大きいのは 1 組である。

(2) 市の駅伝大会に出場するために，1 組と 2 組を合わせた 31 人の記録をよい順に並べ，上位 6 人を代表選手に選んだ。この 6 人のうち，1 組の選手の記録の平均値が 7 分 10 秒，2 組の選手の記録の平均値が 6 分 40 秒であるとき，代表選手 6 人の記録の平均値は何分何秒か，求めなさい。〔類 和歌山〕

33 生徒数 33 人のクラスで，欠席者 2 人をのぞく 31 人の生徒に数学のテストを行ったところ，得点の中央値は 60 点，平均値はちょうど 65 点であった。欠席していた 2 人について，次の日にテストを行い，2 人の得点 63 点と x 点を加えて中央値と平均値を計算しなおすと，加える前と比べて中央値は大きくなり，平均値は小さくなった。このとき，考えられる x の値として，もっとも小さい値は ア［　　］点，もっとも大きい値は イ［　　］点である。〔沖縄〕

≫発展例題 11，12

あ

円錐の表面積
(底面積)+(側面積)
円錐の体積
$\frac{1}{3}$×(底面積)×(高さ)

円柱の表面積
(底面積)×2+(側面積)
円柱の体積
(底面積)×(高さ)

おうぎ形の弧の長さ
$\ell=2\pi r\times\frac{a}{360}$
おうぎ形の面積
$S=\pi r^2\times\frac{a}{360}$

か

角錐の表面積
(底面積)+(側面積)
角錐の体積
$\frac{1}{3}$×(底面積)×(高さ)

角柱の表面積
(底面積)×2+(側面積)
角柱の体積
(底面積)×(高さ)

加法の交換法則
□+○=○+□
加法の結合法則
(□+○)+△=□+(○+△)

さ

乗法の交換法則
□×○=○×□
乗法の結合法則
(□×○)×△=□×(○×△)

正四面体　正六面体　正八面体
正十二面体　正二十面体

た

$A=B$ ならば
[1] $A+C=B+C$
[2] $A-C=B-C$
[3] $AC=BC$
[4] $\frac{A}{C}=\frac{B}{C}$ $(C \neq 0)$
[5] $B=A$

な

は

□×(○+△)=□×○+□×△
(○+△)×□=○×□+△×□

ま

ら

わ

記号

●編著者
チャート研究所

●カバー・本文デザイン
アーク・ビジュアル・ワークス（落合あや子）

初版
第１刷　1972年３月１日　発行
改訂新版
第１刷　1977年３月１日　発行
新制版
第１刷　1981年２月25日　発行
新指導要領準拠版
第１刷　1993年４月１日　発行
新指導要領準拠版
第１刷　2002年４月１日　発行
新指導要領準拠（基礎からのシリーズ）
第１刷　2012年４月１日　発行
改訂版
第１刷　2016年３月１日　発行
新指導要領準拠版
第１刷　2021年３月１日　発行
第２刷　2021年11月１日　発行
第３刷　2022年８月１日　発行
第４刷　2023年２月１日　発行
第５刷　2023年12月１日　発行
第６刷　2024年９月１日　発行

編集・制作　チャート研究所
発行者　　　　　星野 泰也

ISBN978-4-410-15016-6

チャート式® 中学数学 1年

発行所　数研出版株式会社

〒101-0052　東京都千代田区神田小川町２丁目３番地３
〔振替〕00140-4-118431
〒604-0861　京都市中京区烏丸通竹屋町上る大倉町205番地
〔電話〕代表（075）231-0161
ホームページ　http://www.chart.co.jp/
印刷　創栄図書印刷株式会社

第5章　平面図形

●平面上の直線

① **直線と線分**

直線 AB，直線 ℓ　　線分 AB　　半直線 AB

A　B　ℓ　　A　B　　A　B

② **角**　∠ABC の大きさを ∠ABC，∠B，∠b で表す。

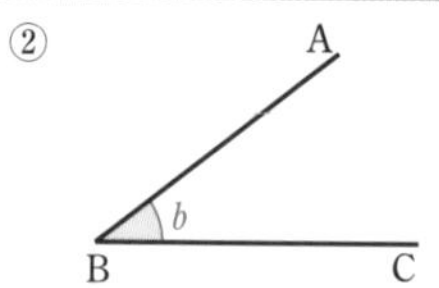

③ **2直線の垂直・平行**　(1) **垂直**　$\ell \perp m$　2直線 ℓ，m が垂直に交わる。

(2) **平行**　$\ell /\!/ m$　2直線 ℓ，m が交わらない。

④ **距離**

(1) **2点間の距離**　2点を結ぶ線分の長さ。

(2) **点と直線の距離**　点から直線にひいた垂線の長さ。

(3) **平行線の距離**　平行な2直線の一方の上にある点と他方の直線との距離。

●図形の移動

① **平行移動**　図形を，一定の方向に一定の距離だけずらす移動。

性質　対応する線分は，平行で長さは等しい。

② **回転移動**　図形を，ある点Oを中心にして一定の角度だけ回す移動。点Oは回転の中心。

性質　(1) 対応する点を，回転の中心と結んでできる角はすべて等しい。

(2) 対応する点は，回転の中心から等しい距離にある。

③ **対称移動**　図形を，1つの直線 ℓ を折り目として折り返す移動。直線 ℓ は対称の軸。

性質　対称の軸は，対応する2点を結ぶ線分を垂直に2等分する。

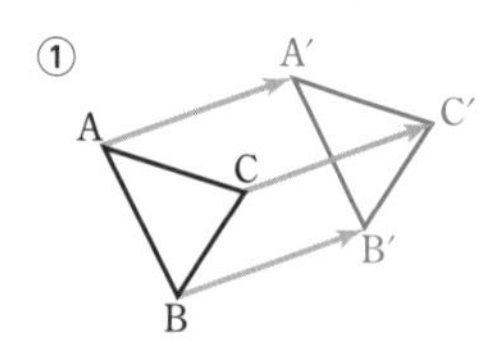

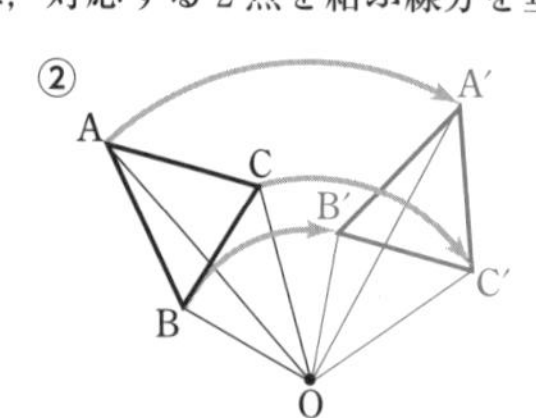

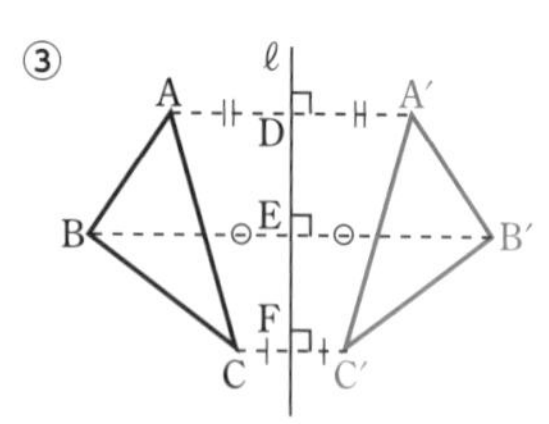

●作図

線分の垂直二等分線・中点

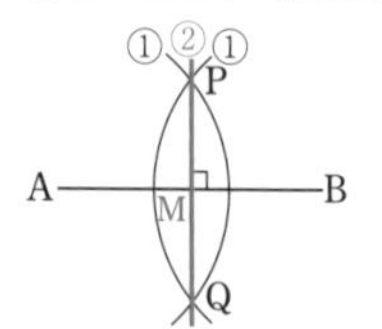

角の二等分線

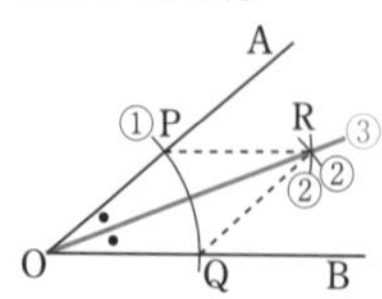

直線への垂線

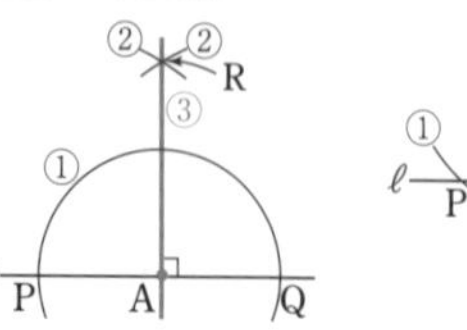

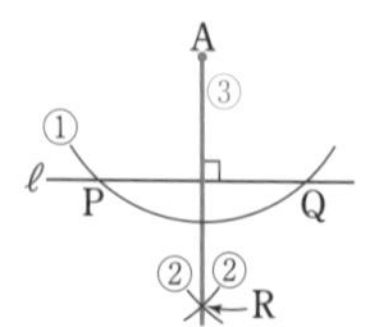

●円

① **半径 r の円**　周の長さ $\ell=2\pi r$

面積 $S=\pi r^2$

② 円の接線は，接点を通る半径に垂直である。

チャート式®

1年

【別冊解答編】
（答と解説）

Mathematics

数研出版
https://www.chart.co.jp

答と解説

- 練習，EXERCISES，定期試験対策問題，問題，入試対策問題の答と解説を載せています。
- 解説は，計算問題の途中式や解き方，考え方などを示しています。やさしい問題では解説を省略したものもあります。

第1章 正の数と負の数 p.7

練　習

練習1 (1) $+8$　(2) -3.4

練習2 (1) 1，6　(2) -2，0，1，-20，6

(3) $+\frac{2}{3}$，$+0.01$，1，6

(4) -2，-0.3，$-\frac{1}{5}$，-20

練習3 順に $+6$ kg，-8 kg

解説
51 kg は 45 kg より 6 kg 重い。
37 kg は 45 kg より 8 kg 軽い。

練習4 (1) -5 秒後　(2) -50 m 南
(3) 20 人の減少　(4) 1000 円の支出

練習5 (1) D：$+4$，E：-0.5

(2)
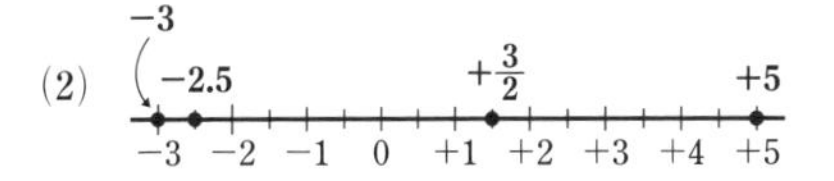

解説
(2) 分数は小数になおす。
$+\frac{3}{2}=+1.5$

練習6 (1) $-4<+2$ (または $+2>-4$)
(2) $-2.3<-1.7$ (または $-1.7>-2.3$)
(3) $-4<-2<+0.5$
(または $+0.5>-2>-4$)

練習7 (1) (ア) 10　(イ) 100　(ウ) 1.5　(エ) $\frac{9}{2}$

(2) $+5$ と -5

(3) 小さい方の数 $-\frac{2}{3}$

絶対値が小さい方の数 $-\frac{2}{3}$

解説
(3) (負の数)<(正の数) であるから
$-\frac{2}{3}<+\frac{5}{6}$
また，$\frac{2}{3}=\frac{4}{6}$ であるから $\frac{2}{3}<\frac{5}{6}$

練習8 (1) -4，-3，-2，-1，0，$+1$，$+2$，$+3$，$+4$

(2) $-\frac{5}{2}$，-2，-1.5，$-\frac{4}{3}$，$+0.8$，$+3$

解説
(1) 「4 以下」であるから 4 をふくむ。
(2) 正の数は $+0.8$，$+3$
負の数は -2，-1.5，$-\frac{5}{2}$，$-\frac{4}{3}$
また，分数を小数になおすと
$-\frac{5}{2}=-2.5$，$-\frac{4}{3}=-1.3$ ……

練習9 (1) $+5$　(2) -14　(3) -12
(4) $+42$　(5) -36　(6) -121

解説
符号が同じ 2 つの数の和は
絶対値の和に共通の符号をつける。
(1) $(+2)+(+3)=+(2+3)=+5$
(2) $(-9)+(-5)=-(9+5)=-14$
(3) $(-3)+(-9)=-(3+9)=-12$
(4) $(+27)+(+15)=+(27+15)=+42$
(5) $(-17)+(-19)=-(17+19)=-36$
(6) $(-58)+(-63)=-(58+63)=-121$

練習 10 (1) $+1$　(2) -6　(3) $+4$
(4) -9　(5) -14　(6) 0

解説
符号が異なる 2 つの数の和は
絶対値の大きい方から小さい方をひいた差に，
絶対値の大きい方の符号をつける。
(1) $(-3)+(+4)=+(4-3)=+1$
(2) $(+1)+(-7)=-(7-1)=-6$
(3) $(+9)+(-5)=+(9-5)=+4$
(4) $(-21)+(+12)=-(21-12)=-9$
(5) $(+38)+(-52)=-(52-38)=-14$
(6) $(+7)+(-7)=0$

練習 11 (1) $+4$　(2) -9　(3) -11

解説
0 との和はもとの数に等しい。

練習 12 (1) -7　(2) $+55$　(3) -6

解説
正の数どうし，負の数どうしを計算する。
(1) $\underline{(+19)}+(-27)+(-14)+\underline{(+15)}$
$=\underline{(+19)+(+15)}+(-27)+(-14)$
$=\{(+19)+(+15)\}+\{(-27)+(-14)\}$
$=(+34)+(-41)=-7$
(2) 絶対値が同じで異なる符号の 2 数の和は 0 になる。
$\underline{(-17)}+(+73)+(-18)+\underline{(+17)}$
$=\{(-17)+(+17)\}+\{(+73)+(-18)\}$
$=0+(+55)=+55$
(3) 和が 0 になる組を見つける。
$(-21)+(+33)+(-6)+(-27)+(+15)$
$=(-21)+(+33)+\{(-6)+(-27)\}+(+15)$
$=(-21)+\underline{(+33)}+\underline{(-33)}+(+15)$
$=(-21)+\{(+33)+(-33)\}+(+15)$
$=(-21)+0+(+15)=-6$

練習 13 (1) -9　(2) -23　(3) -22

解説
正の数をひくことは負の数をたすことと同じ。
(1) $(+8)-(+17)=(+8)+(-17)=-9$
(2) $(-14)-(+9)=(-14)+(-9)=-23$
(3) $(+31)-(+53)=(+31)+(-53)=-22$

練習 14 (1) -3　(2) $+39$　(3) $+34$

解説
負の数をひくことは正の数をたすことと同じ。
(1) $(-15)-(-12)=(-15)+(+12)=-3$
(2) $(+23)-(-16)=(+23)+(+16)=+39$
(3) $(-38)-(-72)=(-38)+(+72)=+34$

練習 15 (1) $+5$　(2) $+13$　(3) -7

解説
(1) 0 をひく は もとの数
(2), (3) 0 からひく は 符号変え

練習 16 (1) -2.4　(2) $+3.6$
(3) -1　(4) $-\frac{31}{6}$

解説
(1) $(+1.9)+(-4.3)=-(4.3-1.9)=-2.4$
(2) $(-4.2)-(-7.8)=(-4.2)+(+7.8)$
$=+(7.8-4.2)=+3.6$
(3) $\left(-\frac{1}{3}\right)-\left(+\frac{2}{3}\right)=\left(-\frac{1}{3}\right)+\left(-\frac{2}{3}\right)$
$=-\left(\frac{1}{3}+\frac{2}{3}\right)=-1$
(4) $\left(-\frac{7}{2}\right)+\left(-\frac{5}{3}\right)=-\left(\frac{7}{2}+\frac{5}{3}\right)$
$=-\left(\frac{21}{6}+\frac{10}{6}\right)=-\frac{31}{6}$

練習 17 (1) 2　(2) 7　(3) 10　(4) -1.1
(5) $-\frac{1}{8}$　(6) $-\frac{9}{8}$

解説
(2) $6-8+9=6+9-8=15-8=7$
(3) $-11+32-17+6=-11-17+32+6$
$=-28+38=10$
(5) $-\frac{3}{4}+\frac{5}{8}=-\frac{6}{8}+\frac{5}{8}=-\frac{1}{8}$
(6) $\frac{5}{12}-\frac{7}{8}-\frac{2}{3}=\frac{10}{24}-\frac{21}{24}-\frac{16}{24}=\frac{10}{24}-\frac{37}{24}$
$=-\frac{27}{24}=-\frac{9}{8}$

練習 18 (1) -11　(2) 9　(3) 3
(4) -4.7　(5) 3

解説
かっこのない式（項を並べた式）で表す。

(1) $(-3)-(+6)+(-2)=-3-6-2=-11$

(2) $-4+8-(-5)=-4+8+5=-4+13$
$=9$

(3) $5-(-13)+(-6)-9=5+13-6-9$
$=18-15=3$

(4) $6.4+(-8.3)-2.8=6.4-8.3-2.8$
$=6.4-11.1=-4.7$

(5) 交換法則を使って，分母が同じものどうしを先に計算する。

$-\frac{2}{7}+\frac{12}{5}+\frac{9}{7}+\left(-\frac{2}{5}\right)$

$=-\frac{2}{7}+\frac{9}{7}+\frac{12}{5}-\frac{2}{5}=\frac{7}{7}+\frac{10}{5}$

$=1+2=3$

練習 19 (1) 13　(2) -35

解説
かっこは内側からはずす。

(1) $24-\{6-(-7+2)\}=24-\{6-(-5)\}$
$=24-(6+5)=24-11=13$

(2) $-14+\{-(8-9)-22\}$
$=-14+\{-(-1)-22\}=-14+(1-22)$
$=-14+(-21)=-35$

〈本冊 p. 25 のコラム〉

(ア) 4　(イ) 3　(ウ) 6　(エ) -2　(オ) 0

解説
左上から右下への斜めの 3 つの数の和は
$-1+2+5=6$
よって，縦・横・斜めのどの数の和も 6 。

(イ)$+2+1=6$ から　(イ)$=3$　← これ以外の和も 6 になることを確認する
$-1+$(ウ)$+1=6$ から　(ウ)$=6$
$1+$(オ)$+5=6$ から　(オ)$=0$
(ア)$+2+0=6$ から　(ア)$=4$
$3+$(エ)$+5=6$ から　(エ)$=-2$

練習 20 (1) $+72$　(2) $+36$　(3) $+170$

解説
符号が同じ 2 つの数の積は，絶対値の積に正の符号＋をつける。

(1) $(+8)\times(+9)=+(8\times9)=+72$

(2) $(-12)\times(-3)=+(12\times3)=+36$

(3) $(-10)\times(-17)=+(10\times17)=+170$

練習 21 (1) -60　(2) -84　(3) -54

解説
符号が異なる 2 つの数の積は，絶対値の積に負の符号－をつける。

(1) $(+15)\times(-4)=-(15\times4)=-60$

(2) $(-7)\times(+12)=-(7\times12)=-84$

(3) $(-18)\times(+3)=-(18\times3)=-54$

練習 22 (1) 0　(2) $+23$　(3) -9　(4) $+1$

解説
(1) 0 との積は つねに 0 。
(3), (4) -1 との積は，符号を変えた数。

練習 23 (1) -2.1　(2) 0.2　(3) -360　(4) $-\frac{4}{3}$　(5) $\frac{3}{7}$　(6) -14

解説
(1) $(-3)\times(+0.7)=-(3\times0.7)=-2.1$

(2) $(-0.5)\times(-0.4)=+(0.5\times0.4)=0.2$

(3) $(+200)\times(-1.8)=-(200\times1.8)=-360$

(4) $\left(-\frac{3}{5}\right)\times\left(+\frac{20}{9}\right)=-\left(\frac{\overset{1}{\cancel{3}}}{\underset{1}{\cancel{5}}}\times\frac{\overset{4}{\cancel{20}}}{\underset{3}{\cancel{9}}}\right)=-\frac{4}{3}$

(5) $\left(-\frac{1}{2}\right)\times\left(-\frac{6}{7}\right)=+\left(\frac{1}{\underset{1}{\cancel{2}}}\times\frac{\overset{3}{\cancel{6}}}{7}\right)=\frac{3}{7}$

(6) $\left(+\frac{8}{3}\right)\times\left(-\frac{21}{4}\right)=-\left(\frac{\overset{2}{\cancel{8}}}{\underset{1}{\cancel{3}}}\times\frac{\overset{7}{\cancel{21}}}{\underset{1}{\cancel{4}}}\right)=-14$

練習 24 (1) 480　(2) -630　(3) 140

解説
計算がらくなものを先に計算する。

(1) $(+8)\times(-12)\times(-5)=8\times(-5)\times(-12)$
$=-40\times(-12)=480$

(2) $(+18)\times(+7)\times(-5)=7\times18\times(-5)$
$=7\times(-90)=-630$

(3) $(-24)\times(+35)\times\left(-\frac{1}{6}\right)$

$=-24\times\left(-\frac{1}{6}\right)\times35=4\times35=140$

練習25 (1) -72　(2) 60

解説

積の符号は負の数が偶数個のとき＋，奇数個のとき−。

(1) 負の数は -2，-3，-6 の3個であるから

$-2\times(-3)\times2\times(-6)=-(2\times3\times2\times6)$
$=-72$

(2) 負の数は -2，-2，-5，-1 の4個であるから

$3\times(-2)\times(-2)\times(-5)\times(-1)$
$=+(3\times2\times2\times5\times1)=60$

練習26 (1) 64　(2) 81　(3) 1　(4) $-\dfrac{4}{9}$　(5) 72　(6) 128

解説

$○^2=○\times○$，$○^3=○\times○\times○$

(1) $8^2=8\times8=64$

(2) $(-9)^2=(-9)\times(-9)=81$

(3) $(-1)^6=(-1)\times(-1)\times(-1)\times(-1)\times(-1)\times(-1)$ ←負の数が6個
$=+(1\times1\times1\times1\times1\times1)=1$

(4) $-\left(\dfrac{2}{3}\right)^2=-\left(\dfrac{2}{3}\times\dfrac{2}{3}\right)=-\dfrac{4}{9}$

(5) $2^3\times(-3)^2$
$=\underline{2\times2\times2}\times\underline{(-3)\times(-3)}$ ←負の数が2個
$=+8\times9=72$

(6) $-4^2\times(-2)^3$
$=-\underline{(4\times4)}\times\underline{(-2)\times(-2)\times(-2)}$
$=-16\times(-8)$
$=128$

練習27 (1) -9　(2) -1.3　(3) -3　(4) $\dfrac{8}{3}$　(5) $-\dfrac{1}{6}$　(6) 0

解説

(1)，(2)，(3)，(5) 符号が異なる2つの数の商は，絶対値の商に負の符号−をつける。

(1) $(-72)\div(+8)=-(72\div8)=-9$

(2) $6.5\div(-5)=-(6.5\div5)=-1.3$

(5) $(-1)\div6=-(1\div6)=-\dfrac{1}{6}$

(4) 符号が同じ2つの数の商は，絶対値の商に正の符号＋をつける。

$(-48)\div(-18)=+(48\div18)=\dfrac{48}{18}=\dfrac{8}{3}$

(6) $0\div●=0$

練習28 (1) $\dfrac{7}{4}$　(2) $-\dfrac{3}{5}$　(3) $-\dfrac{1}{2}$　(4) -5

練習29 (1) $\dfrac{1}{14}$　(2) -6　(3) $\dfrac{3}{2}$

解説

わる数を逆数になおして，乗法にする。

(1) $\left(-\dfrac{2}{7}\right)\div(-4)=\left(-\dfrac{2}{7}\right)\times\left(-\dfrac{1}{4}\right)$
$=+\left(\dfrac{2}{7}\times\dfrac{1}{4}\right)=\dfrac{1}{14}$

(2) $9\div\left(-\dfrac{3}{2}\right)=9\times\left(-\dfrac{2}{3}\right)=-\left(9\times\dfrac{2}{3}\right)=-6$

(3) $\left(-\dfrac{9}{8}\right)\div\left(-\dfrac{3}{4}\right)=\left(-\dfrac{9}{8}\right)\times\left(-\dfrac{4}{3}\right)$
$=+\left(\dfrac{9}{8}\times\dfrac{4}{3}\right)=\dfrac{3}{2}$

練習30 (1) -6　(2) 2　(3) 1　(4) $\dfrac{2}{3}$

解説

除法は乗法になおしてから計算する。

(1) $24\div\left(-\dfrac{6}{7}\right)\div\dfrac{14}{3}$
$=24\times\left(-\dfrac{7}{6}\right)\times\dfrac{3}{14}$ ←負の数1個　符号は−
$=-\left(24\times\dfrac{7}{6}\times\dfrac{3}{14}\right)=-6$

(2) $\left(-\dfrac{5}{6}\right)\div\left(-\dfrac{1}{3}\right)\times\dfrac{4}{5}$
$=\left(-\dfrac{5}{6}\right)\times(-3)\times\dfrac{4}{5}$ ←負の数2個　符号は＋
$=+\left(\dfrac{5}{6}\times3\times\dfrac{4}{5}\right)=2$

(3) $\dfrac{3}{5}\times\left(-\dfrac{10}{9}\right)\div\left(-\dfrac{2}{3}\right)$
$=\dfrac{3}{5}\times\left(-\dfrac{10}{9}\right)\times\left(-\dfrac{3}{2}\right)$ ←負の数2個　符号は＋
$=+\left(\dfrac{3}{5}\times\dfrac{10}{9}\times\dfrac{3}{2}\right)=1$

(4) $-\frac{14}{5}\times\left(-\frac{1}{3}\right)\div\frac{2}{3}\times\frac{10}{21}$

$=-\frac{14}{5}\times\left(-\frac{1}{3}\right)\times\frac{3}{2}\times\frac{10}{21}$ ←負の数2個 符号は＋

$=+\left(\frac{14}{5}\times\frac{1}{3}\times\frac{3}{2}\times\frac{10}{21}\right)=\frac{2}{3}$

練習31 (1) -4　(2) $\frac{2}{3}$　(3) $-\frac{3}{32}$

解説

累乗の計算を先にする。

(1) $(-6^2)\div(-3)^2=-36\div9=-4$

(2) $(-12)^2\div(-3)^3\div(-2)^3$

$=144\div(-27)\div(-8)$ ←負の数2個 符号は＋

$=+\left(144\times\frac{1}{27}\times\frac{1}{8}\right)=\frac{2}{3}$

(3) $\left(-\frac{3}{2}\right)^2\times\left(\frac{1}{9}\right)^2\div\left(-\frac{2}{3}\right)^3$

$=\frac{9}{4}\times\frac{1}{81}\div\left(-\frac{8}{27}\right)$ ←負の数1個 符号は−

$=-\left(\frac{9}{4}\times\frac{1}{81}\times\frac{27}{8}\right)=-\frac{3}{32}$

練習32 (1) 28　(2) 2　(3) 46
(4) $\frac{2}{3}$　(5) 1

解説

計算の順序は
累乗・かっこ ⟶ 乗除 ⟶ 加減

(1) $36+4\times(7-9)=36+4\times(-2)$
$=36+(-8)=28$

(2) $2.5\times4+(-2)^3=2.5\times4+(-8)$
$=10+(-8)=2$

(3) $5\times(-3)^2-4\div(-2^2)=5\times9-4\div(-4)$
$=45-(-1)=46$

(4) $\frac{1}{3}+\left(-\frac{1}{2}\right)^2\div\frac{3}{4}=\frac{1}{3}+\frac{1}{4}\div\frac{3}{4}$
$=\frac{1}{3}+\frac{1}{4}\times\frac{4}{3}=\frac{1}{3}+\frac{1}{3}=\frac{2}{3}$

(5) $\frac{3}{5}-\frac{2}{5}\times\left(-\frac{1}{3}\right)\div\frac{1}{3}$

$=\frac{3}{5}-\frac{2}{5}\times\left(-\frac{1}{3}\right)\times3$ ←負の数2個 符号は＋

$=\frac{3}{5}+\left(\frac{2}{5}\times\frac{1}{3}\times3\right)=\frac{3}{5}+\frac{2}{5}=1$

練習33 (1) -1　(2) 3
(3) -77　(4) 9.42

解説

分配法則を使って計算する。

(1) $24\times\left(\frac{5}{6}-\frac{7}{8}\right)=24\times\frac{5}{6}-24\times\frac{7}{8}=20-21$
$=-1$

(2) $\left\{\frac{5}{12}+\left(-\frac{7}{15}\right)\right\}\times(-60)$

$=\frac{5}{12}\times(-60)+\left(-\frac{7}{15}\right)\times(-60)$

$=-25+28=3$

(3) $(-15)\times(-7)+26\times(-7)$

$=\{(-15)+26\}\times(-7)=11\times(-7)=-77$

(4) $\frac{1}{3}\times3.14\times5^2-\frac{1}{3}\times3.14\times4^2$

$=\frac{1}{3}\times3.14\times(5^2-4^2)$

$=\frac{1}{3}\times3.14\times(25-16)$

$=\frac{1}{3}\times3.14\times9=\frac{1}{3}\times9\times3.14$

$=3\times3.14=9.42$

練習34 (1)

解説

(1)　2つの負の整数の和はいつも負の整数である。

成り立たない例（反例）をあげる。

(2) $-1-(-2)=1$

よって，2つの負の整数の差がいつも負の整数になるとは限らない。

(3)，(4) 負の整数どうしの乗法・除法は正の数になる。

練習35 31，37，41，43，47

解説

㉛ 32 33 34 35 36 ㊲ 38 39 40
㊶ 42 ㊸ 44 45 46 ㊼ 48 49 50

練習36 (1) $2^3\times3$　(2) $2^2\times3^3$　(3) $2\times3^2\times7$
(4) 2×3^4　(5) $3\times11\times17$

解説

小さい素数で順にわる。

(1)
2) 24
2) 12
2) 6
　 3

(2)
2) 108
2) 54
3) 27
3) 9
　 3

(3)
2) 126
3) 63
3) 21
　 7

(4)
2) 162
3) 81
3) 27
3) 9
　 3

(5)
3) 561
11) 187
　 17

練習37 (1) (ア) **14**　(イ) **16**　(ウ) **24**

(2) **6**

解説

素因数分解を利用する。

(1) (ア) $196=2^2\times7^2=(2\times7)^2=14^2$

(イ) $256=2^8=(2^4)^2=16^2$

(ウ) $576=2^6\times3^2=(2^3\times3)^2=24^2$

(2) 24 を素因数分解すると

$24=2^3\times3$

よって，2×3 をかけると

$2^3\times3\times2\times3=(2^2\times3)^2=12^2$

したがって　$2\times3=6$

練習38 (1) **20.5 g**　(2) **132.1 g**

解説

(1) 基準からの増減を利用する。

もっとも重い品物はD

もっとも軽い品物はC

よって　$(+15)-(-5.5)=20.5$ (g)

(2) (平均)=(基準の値)+(基準とのちがいの平均)

$130+\dfrac{(+6.9)+(-4)+(-5.5)+(+15)+(-1.9)}{5}$

$=130+\dfrac{10.5}{5}=132.1$ (g)

EXERCISES

➡本冊 p. 15

1 (1) **+5.2**　(2) **−3.8**

2 **Aは 47 g，Cは 55 g**

解説

「−3 g 重い」は「3 g 軽い」，「−5 g 軽い」は「5 g 重い」と同じ。

AはBより 3 g 軽いから $50-3=47$ (g)

CはBより 5 g 重いから $50+5=55$ (g)

3 (1) **−4 日後**　(2) **+5 m² せまい**

(3) **+2 km 後退**　(4) **−50 m 上昇**

(5) **+5 万円の損失**

解説

(1) 前 ⟷ 後　(2) 広い ⟷ せまい

(3) 前進 ⟷ 後退　(4) 降下 ⟷ 上昇

(5) 利益 ⟷ 損失

4

-2　$-\frac{3}{4}$　$+\frac{5}{2}$　$+3.5$

−3　−2　−1　0　+1　+2　+3　+4　+5

解説

$-\dfrac{3}{4}=-0.75$，$+\dfrac{5}{2}=+2.5$

5 (1) $-\dfrac{8}{3}<-\dfrac{7}{3}<+\dfrac{4}{7}$

(2) $-\dfrac{21}{10}<-\dfrac{9}{8}<-\dfrac{8}{9}$

解説

(1) (負の数)<(正の数) である。また，負の数は絶対値が大きいほど小さいから

$-\dfrac{8}{3}<-\dfrac{7}{3}$

(2) $-\dfrac{9}{8}=-1.125$，$-\dfrac{8}{9}=-0.8\cdots\cdots$，

$-\dfrac{21}{10}=-2.1$ から　$-\dfrac{21}{10}<-\dfrac{9}{8}<-\dfrac{8}{9}$

参考　$-\dfrac{9}{8}=-1\dfrac{1}{8}$，$-\dfrac{21}{10}=-2\dfrac{1}{10}$ と考えて

$-\dfrac{21}{10}<-\dfrac{9}{8}<-\dfrac{8}{9}$ としてもよい。

6 (1) **+6 と −6**　(2) **+4 と −4**　(3) **0**

7 (1) **+0.9**　(2) $+\dfrac{1}{2}$　(3) $-\dfrac{9}{4}$

(4) -3　　(5) $-1.8,\ +\frac{1}{2},\ +0.9$

解説　数直線を利用すると，次の図のようになる。

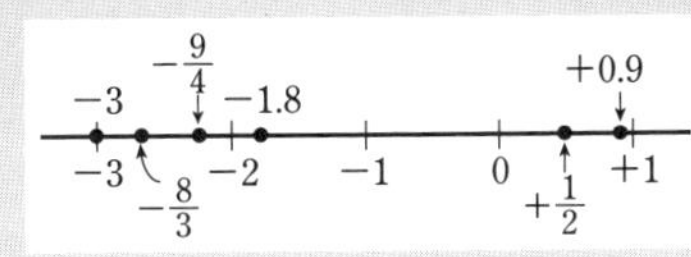

8 (1) $-2,\ -10$　(2) $-2,\ -1,\ 0,\ +1,\ +2$

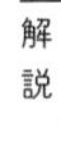

解説
(1)

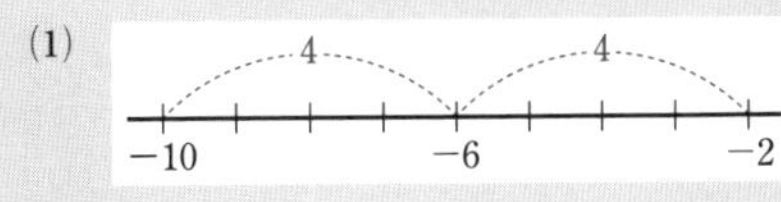

(2)

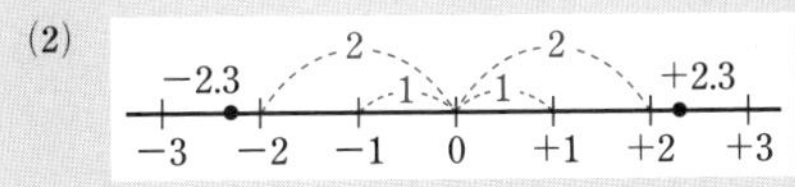

➡本冊 p. 26

9 (1) -16　(2) -14　(3) 56
(4) -47　(5) -13　(6) -13
(7) 0　(8) 29　(9) -37
(10) -5.3　(11) 1　(12) $-\frac{1}{24}$

解説
(10) $(-9.5)+4.2=-(9.5-4.2)=-5.3$
(12) $\frac{5}{6}-\frac{7}{8}=\frac{20}{24}-\frac{21}{24}=-\frac{1}{24}$

10 (1) 8　(2) -3　(3) -0.7
(4) -1.8　(5) $-\frac{1}{6}$　(6) $\frac{1}{12}$

解説　正の項，負の項に分けて計算する。
(1) $29-(-36)+(-57)=29+36-57$
$=65-57=8$
(2) $(-13)+12-17-(-15)$
$=-13+12-17+15=12+15-13-17$
$=27-30=-3$
(3) $-2.7-(-1.9)-(-0.1)$
$=-2.7+1.9+0.1=-2.7+2=-0.7$
(4) $-1.3-0.8-(-4.6)+(-4.3)$
$=-1.3-0.8+4.6-4.3$
$=-1.3-0.8-4.3+4.6$
$=-6.4+4.6=-1.8$
(5) $\frac{1}{12}-\frac{7}{20}+\frac{1}{10}=\frac{1}{12}+\frac{1}{10}-\frac{7}{20}$
$=\frac{5}{60}+\frac{6}{60}-\frac{21}{60}=\frac{11}{60}-\frac{21}{60}$
$=-\frac{10}{60}=-\frac{1}{6}$
(6) $\frac{13}{24}-\frac{7}{12}+\frac{1}{8}=\frac{13}{24}+\frac{1}{8}-\frac{7}{12}$
$=\frac{13}{24}+\frac{3}{24}-\frac{14}{24}=\frac{16}{24}-\frac{14}{24}=\frac{2}{24}=\frac{1}{12}$

11 (1) 17　(2) -3　(3) -3

解説　和が 0 になる組を見つける。
(1) $27-18+20-27+15$
$=(27-27)-18+20+15$
$=0-18+35=17$
(2) $1-2+3-4+5-6$
$=(1+3-4)+5-2-6$
$=0+5-8=-3$
(3) 交換法則を使って，分母が同じものどうしを先に計算する。
$\frac{1}{3}-\frac{8}{5}-\frac{7}{3}+\frac{3}{5}=\frac{1}{3}-\frac{7}{3}-\frac{8}{5}+\frac{3}{5}$
$=-\frac{6}{3}-\frac{5}{5}=-2-1=-3$

12 (1) -2　(2) -8　(3) -2

解説　かっこは内側からはずす。
(1) $2-\{3-(-1)\}=2-4=-2$
(2) $2-\{5-(3-8)\}=2-\{5-(-5)\}$
$=2-10=-8$
(3) $-3-[-4-\{-(5-2)\}]$
$=-3-\{-4-(-3)\}=-3-(-4+3)$
$=-3-(-1)=-2$

13 (2)，(4)，(5)

解説　成り立たない例をあげる。
(1) $(+2)+(-3)=-1$
(3) $(-2)-(-3)=+1$

14 (1) $-\frac{3}{5}$ と 0.6　　(2) $-\frac{9}{10}$ と $-\frac{3}{4}$

(3) $-\frac{9}{10}$ と 0.8

解説

分数を小数で表すと

$-\frac{9}{10}=-0.9$, $-\frac{3}{4}=-0.75$, $-\frac{3}{5}=-0.6$,

$-\frac{1}{2}=-0.5$, $-\frac{1}{4}=-0.25$

(1) 絶対値が同じで異なる符号の 2 つの数を選ぶ。

(2) 負の数のうち，もっとも小さい数と 2 番目に小さい数を選ぶ。

$$-\frac{9}{10}<-\frac{3}{4}<-\frac{3}{5}<-\frac{1}{2}<-\frac{1}{4}$$

(3) 絶対値がもっとも大きい数と，絶対値が 2 番目に大きい数を選ぶ。

本冊 p. 37

15 (1) 120　(2) −36　(3) −60
(4) 90　(5) 0　(6) 15
(7) −20　(8) $-\frac{12}{5}$　(9) −6

解説

(9) $-\left(\frac{\cancel{8}^{2}}{\cancel{3}_{1}}\times\frac{\cancel{9}^{3}}{\cancel{4}_{1}}\right)$

16 (1) −1800　(2) −450　(3) 90

解説

(1) 負の数が 3 個あるから，積の符号は－。

$(+25)\times(-3)\times(-4)\times(-6)$
$=-(25\times3\times4\times6)$
$=-\{(25\times4)\times(3\times6)\}$
$=-(100\times18)=-1800$

(2) 負の数が 3 個あるから，積の符号は－。

$(-5)\times(-2.5)\times9\times(-4)$
$=-(5\times2.5\times9\times4)$
$=-\{(5\times9)\times(2.5\times4)\}$
$=-(45\times10)=-450$

(3) 負の数が 4 個あるから，積の符号は＋。

$(-3)\times1.25\times(-3)\times(-4)\times(-2)$
$=+(3\times1.25\times3\times4\times2)$
$=+\{(3\times3)\times(1.25\times4\times2)\}$
$=9\times10=90$

17 (1) $\frac{4}{25}$　(2) $\frac{1}{27}$　(3) −72　(4) 100

解説

(2) $-\left(-\frac{1}{3}\right)^3=-\left(-\frac{1}{3}\right)\times\left(-\frac{1}{3}\right)\times\left(-\frac{1}{3}\right)$
$=-\left(-\frac{1}{27}\right)=\frac{1}{27}$

(3) $(-2^3)\times(-3)^2=-8\times9=-72$

(4) $(-5^2)\times(-1)^5\times2^2=-25\times(-1)\times4=100$

18 (1) 18　(2) −13　(3) −14
(4) 12　(5) 0　(6) $\frac{1}{15}$
(7) −0.7　(8) 4.5

19 (1) −15　(2) $-\frac{3}{2}$　(3) $-\frac{3}{20}$　(4) $\frac{7}{6}$

解説

(2) $-\left(\frac{3}{\cancel{8}_{2}}\times\cancel{4}^{1}\right)$　(3) $-\left(\frac{\cancel{15}^{3}}{\cancel{16}_{4}}\times\frac{\cancel{4}^{1}}{\cancel{25}_{5}}\right)$

(4) $+\left(\frac{\cancel{5}^{1}}{\cancel{8}_{2}}\times\frac{\cancel{28}^{7}}{\cancel{15}_{3}}\right)$

20 (1) 140　(2) 8　(3) $\frac{3}{5}$　(4) −1

解説

(1) $8\times(-7)\times5\div(-2)$　← 符号は＋
$=8\times7\times5\times\frac{1}{2}=\cancel{8}^{4}\times\frac{1}{\cancel{2}_{1}}\times5\times7=20\times7=140$

(2) $48\div(-10)\div(-3)\times5$　← 符号は＋
$=48\times\frac{1}{10}\times\frac{1}{3}\times5$
$=\cancel{48}^{\cancel{16}\,8}\times\frac{1}{\cancel{3}_{1}}\times\frac{1}{\cancel{10}_{\cancel{5}\,1}}\times\cancel{5}^{1}=8$

(3) $\frac{2}{5}\div\left(-\frac{3}{7}\right)\times\left(-\frac{9}{14}\right)$　← 符号は＋
$=\frac{2}{5}\times\frac{7}{3}\times\frac{9}{14}=\frac{2}{5}\times\frac{3}{2}=\frac{3}{5}$

(4) $\left(-\frac{5}{7}\right)\times\left(-\frac{14}{25}\right)\div\left(-\frac{2}{5}\right)$ ←符号は－

$=-\frac{5}{7}\times\frac{14}{25}\times\frac{5}{2}=-1$

21 (1) **4.5**　(2) **36**　(3) $-\frac{2}{15}$

解説

(1) $2.4\div(-0.8)\times(-1.5)$ ←符号は＋

$=3\times1.5$

$=4.5$

(2) $(-3^2)\div2^2\times(-16)$

$=(-9)\div4\times(-16)$ ←符号は＋

$=9\times\frac{1}{4}\times16=36$

(3) $\left(-\frac{5}{6}\right)\div(-4)^2\div\left(-\frac{5}{8}\right)^2$

$=\left(-\frac{5}{6}\right)\div16\div\frac{25}{64}=-\frac{5}{6}\times\frac{1}{16}\times\frac{64}{25}=-\frac{2}{15}$

➡本冊 p. 45

22 (1) **−14**　(2) **22**　(3) **17**　(4) **−24**

(5) $\frac{1}{2}$　(6) **20**　(7) $-\frac{5}{6}$　(8) $\frac{21}{10}$

解説

乗法・除法を先に計算する。

(1) $6+(-4)\times5=6-20=-14$

(2) $-6-(-4)\times7=-6-(-28)=-6+28=22$

(3) $3\times(-5)+(-4)\times(-8)=-15+32=17$

(4) $12\div(-4)-(-7)\times(-3)=-3-21=-24$

(5) $\frac{2}{5}\div\frac{8}{15}-\frac{1}{4}=\frac{2}{5}\times\frac{15}{8}-\frac{1}{4}$

$=\frac{3}{4}-\frac{1}{4}=\frac{2}{4}=\frac{1}{2}$

(6) $6-4\times\left(-\frac{7}{2}\right)=6+14=20$

(7) $\frac{1}{3}+\frac{7}{9}\div\left(-\frac{2}{3}\right)=\frac{1}{3}+\frac{7}{9}\times\left(-\frac{3}{2}\right)=\frac{1}{3}-\frac{7}{6}$

$=\frac{2}{6}-\frac{7}{6}=-\frac{5}{6}$

(8) $\frac{2}{3}\times\frac{1}{4}-\frac{1}{3}\div\frac{5}{6}+\frac{7}{3}$ ← $\frac{2}{3}\times\frac{1}{4}-\frac{1}{3}\times\frac{6}{5}+\frac{7}{3}$

$=\frac{1}{6}-\frac{2}{5}+\frac{7}{3}=\frac{5}{30}-\frac{12}{30}+\frac{70}{30}=\frac{63}{30}=\frac{21}{10}$

23 (1) **3**　(2) **−4**　(3) **−13**

(4) **−20**　(5) **1**　(6) **29**

(7) $-\frac{11}{4}$　(8) **1**

解説

計算の順序は

累乗・かっこ ⟶ 乗除 ⟶ 加減

(1) $-4^2\div8-(-5)=-16\div8-(-5)$

$=-2-(-5)=-2+5=3$

(2) $-4\times\{19-(23-5)\}=-4\times(19-18)$

$=-4\times1=-4$

(3) $-5^2-(-2)^2\times(-3)=-25-4\times(-3)$

$=-25+12=-13$

(4) $28\div(-2)^2+(-3)^3=28\div4+(-27)$

$=7+(-27)=-20$

(5) $5-(-3)^2\times\left(-\frac{2}{3}\right)^2=5-9\times\frac{4}{9}=5-4=1$

(6) $5\times2^2-(-6)^2\div(-4)=5\times4-36\div(-4)$

$=20+9=29$

(7) $-\left(-\frac{3}{2}\right)^2+\frac{7}{4}\div\left(-\frac{7}{2}\right)=-\frac{9}{4}+\frac{7}{4}\times\left(-\frac{2}{7}\right)$

$=-\frac{9}{4}-\frac{1}{2}=-\frac{9}{4}-\frac{2}{4}=-\frac{11}{4}$

(8) $\frac{7}{3^2}-\left(-\frac{1}{2}\right)\div\left(1-\frac{5}{2}\right)^2$

$=\frac{7}{9}-\left(-\frac{1}{2}\right)\div\left(-\frac{3}{2}\right)^2=\frac{7}{9}-\left(-\frac{1}{2}\right)\div\frac{9}{4}$

$=\frac{7}{9}-\left(-\frac{1}{2}\right)\times\frac{4}{9}=\frac{7}{9}-\left(-\frac{2}{9}\right)=1$

24 (1) **−5**　(2) **1**　(3) **800**　(4) **−200**

解説

分配法則を使って計算する。

(1) $12\times\left(\frac{1}{3}-\frac{3}{4}\right)=12\times\frac{1}{3}-12\times\frac{3}{4}$

$=4-9=-5$

(2) $\left(\frac{1}{2}-\frac{2}{3}+\frac{1}{4}\right)\times12$

$=\frac{1}{2}\times12-\frac{2}{3}\times12+\frac{1}{4}\times12=6-8+3=1$

(3) $8\times66+8\times34=8\times(66+34)$

$=8\times100=800$

(4) $(-56)\times25+48\times25=(-56+48)\times25$

$=(-8)\times25=-200$

25 (1) (ア) $2\times3^2\times5$ (イ) $2^2\times3\times11$

(ウ) $2^4\times3^2\times5$

(2) 14

解説

(1) (ア) 2) 90 / 3) 45 / 3) 15 / 5 　(イ) 2) 132 / 2) 66 / 3) 33 / 11

(ウ) $720=72\times10=8\times9\times2\times5$

$=2^3\times3^2\times2\times5$

$=2^4\times3^2\times5$

(2) $56=2^3\times7$

よって，指数を偶数にするためには

$2\times7=14$ をかければよい。

26 21点

解説

(平均)＝(基準の値)＋(基準とのちがいの平均)

平均は

$20+\{(+5)+(-2)+(+6)+(-1)+(-3)\}\div5$

$=20+5\div5=20+1=21$ (点)

定期試験対策問題

➡本冊 p. 46

1 数直線上に $-\frac{4}{5}$，-0.25，$+\frac{3}{10}$，$+\frac{3}{4}$ を示す（目盛り：-1，-0.4，0，$+0.5$，$+1$）

解説

分数は小数になおして考える。

$+\frac{3}{10}=+0.3$，$-\frac{4}{5}=-0.8$，$+\frac{3}{4}=+0.75$

2 -3，-2，-1，0，$+1$，$+2$，$+3$

3 (1) (ア) $+6$ (イ) -2

(2) (ア) -3.5 (イ) $+4$

解説

(1) (ア) 午後2時は14時であるから

$14-8=+6$ (時)

(イ) $6-8=-2$ (時)

(2) (イ) 地点Oと地点Cの距離は

$7.5-3.5=4$ (km)

よって，地点Cは地点Oの 4 km 東にあるから　+4 km

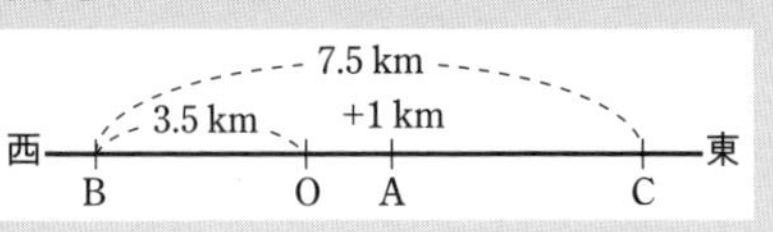

4 (1) 0，3，2，-5 (2) $-\frac{5}{4}$ (3) -5

解説

(1) 整数は負の整数，0，正の整数と分けられる。

(2) 負の数は絶対値が小さいほど大きい。

(3) 数直線上で 0 からの距離がもっとも遠いもの。

5 (1) -6，-5，-4，-3，-2，-1，0，$+1$，$+2$，$+3$，$+4$，$+5$，$+6$

(2) 8個

解説

(1) 0もふくまれるので，忘れないこと。

(2) -7，-6，-5，-4，$+4$，$+5$，$+6$，$+7$ の8個。

6 (1) -12 (2) 18 (3) -1.9

(4) $-\frac{13}{12}$ (5) -6 (6) $-\frac{8}{3}$

解説

(5) $9-10+(-5)=9-15=-6$

(6) $-2+\frac{1}{3}-1=-2-1+\frac{1}{3}=-3+\frac{1}{3}$

$=-\frac{9}{3}+\frac{1}{3}=-\frac{8}{3}$

7 (1) 3 (2) 7 (3) -3

(4) 4 (5) -117

解説

正の項，負の項を分けて計算する。

和が 0 になる組を見つけたら，先に計算する。

(1) $(+3)+(-2)+(+7)-(+5)=3-2+7-5$

$=3+7-2-5=10-7=3$

(2) $6-2+4-1=6+4-2-1=10-3=7$

(3) $-5-(+12)+(+5)+9=-5-12+5+9$

$=(-5+5)-12+9=0-12+9=-3$

(4) $-5+7+4-10+8=7+4+8-5-10$
$=19-15=4$
(5) $-28-30-22+16+27-80$
$=-28-22-30-80+16+27$
$=-160+43=-117$

8 (1) -84 (2) $\dfrac{9}{10}$ (3) $-\dfrac{30}{7}$
(4) -64 (5) -64 (6) 0.36

解説
(1) $(-14)\times 6=-(14\times 6)=-84$
(2) $-\dfrac{27}{16}\div\left(-\dfrac{15}{8}\right)=-\dfrac{27}{16}\times\left(-\dfrac{8}{15}\right)$
$=+\left(\dfrac{27}{16}\times\dfrac{8}{15}\right)=\dfrac{9}{10}$
(3) $\dfrac{9}{10}\times 25\div\left(-\dfrac{21}{4}\right)=\dfrac{9}{10}\times 25\times\left(-\dfrac{4}{21}\right)$
$=-\left(\dfrac{9}{10}\times 25\times\dfrac{4}{21}\right)=-\dfrac{30}{7}$
(4) $-4^3=-(4\times 4\times 4)=-64$
(5) $(-4)^3=(-4)\times(-4)\times(-4)=-64$
(6) $(-0.6)^2=(-0.6)\times(-0.6)=0.36$

9 (1) $-\dfrac{1}{3}$ (2) $-\dfrac{1}{6}$
(3) $-\dfrac{5}{4}$ (4) 24

解説
累乗の計算を先に行い，除法は乗法になおす。
(1) $\dfrac{5}{9}\times\left(-\dfrac{3}{20}\right)\div\left(-\dfrac{1}{2}\right)^2=\dfrac{5}{9}\times\left(-\dfrac{3}{20}\right)\div\dfrac{1}{4}$
$=\dfrac{5}{9}\times\left(-\dfrac{3}{20}\right)\times 4=-\left(\dfrac{5}{9}\times\dfrac{3}{20}\times 4\right)=-\dfrac{1}{3}$
(2) $-\dfrac{3}{10}\div\dfrac{4}{5}\times\left(-\dfrac{2}{3}\right)^2=-\dfrac{3}{10}\div\dfrac{4}{5}\times\dfrac{4}{9}$
$=-\dfrac{3}{10}\times\dfrac{5}{4}\times\dfrac{4}{9}=-\left(\dfrac{3}{10}\times\dfrac{5}{4}\times\dfrac{4}{9}\right)=-\dfrac{1}{6}$
(3) $\left(-\dfrac{1}{4}\right)^2\div\dfrac{5}{4}\times(-5^2)=\dfrac{1}{16}\div\dfrac{5}{4}\times(-25)$
$=\dfrac{1}{16}\times\dfrac{4}{5}\times(-25)=-\left(\dfrac{1}{16}\times\dfrac{4}{5}\times 25\right)$
$=-\dfrac{5}{4}$
(4) $-2^2\times\left(-\dfrac{3}{2}\right)^3\div\left(-\dfrac{3}{4}\right)^2$
$=-4\times\left(-\dfrac{27}{8}\right)\div\dfrac{9}{16}=-4\times\left(-\dfrac{27}{8}\right)\times\dfrac{16}{9}$
$=+\left(4\times\dfrac{27}{8}\times\dfrac{16}{9}\right)=24$

10 (1) -11 (2) 10 (3) -21
(4) -2 (5) 3 (6) -80
(7) 0 (8) -8

解説
計算の順序は
累乗・かっこ ⟶ 乗除 ⟶ 加減
(1) $4\times(-5)+9=-20+9=-11$
(2) $6-(-24)\div 6=6-(-4)=10$
(3) $-28\div 4+7\times(-2)=-7+(-14)=-21$
(4) $18\times\left(-\dfrac{1}{2}\right)^3+\dfrac{1}{4}=18\times\left(-\dfrac{1}{8}\right)+\dfrac{1}{4}$
$=-\dfrac{9}{4}+\dfrac{1}{4}=-2$
(5) $42\div(-2+4^2)=42\div(-2+16)=42\div 14=3$
(6) 分配法則を利用する。
$-143\times 16+138\times 16=(-143+138)\times 16$
$=-5\times 16=-80$
(7) $4-(1-3)\times(-2)=4-(-2)\times(-2)$
$=4-4=0$
(8) $-3^2+\{(3-8)+(-2)^3\}\div(-13)$
$=-9+\{(-5)+(-8)\}\div(-13)$
$=-9+(-13)\div(-13)=-9+1=-8$

11 (1) $2\times 3\times 5$ (2) 2^6 (3) $3\times 7\times 11$

解説
(1)
```
2 ) 30
3 ) 15
     5
```
(2)
```
2 ) 64
2 ) 32
2 ) 16
2 )  8
2 )  4
     2
```
(3)
```
3 ) 231
7 )  77
     11
```

12 (1) 18.4 kg (2) 62 kg

解説
(1) もっとも重い人は 生徒D，
もっとも軽い人は 生徒F
生徒Dと生徒Fの差を求めると
$(+10.6)-(-7.8)=18.4$ (kg)

よって，もっとも重い人は，もっとも軽い人より 18.4 kg 重い。

(2) (平均)＝(基準の値)＋(基準とのちがいの平均)

6 人の体重の平均は 56 kg

生徒Bとのちがいの平均は

$\{(+4.3)+0+(-3.1)+(+10.6)+(+8)+(-7.8)\}\div 6$

$=12\div 6=2$ (kg)

よって，生徒Bの体重は

$56-2=54$ (kg) ← 56＝(Bの体重)＋2

したがって，生徒Eの体重は

$54+8=62$ (kg)

13 (1) 正しい　(2) 正しくない

解説 (2) $1\div 2=\frac{1}{2}$　$\frac{1}{2}$ は自然数ではない。

第2章 文字と式　p. 49

練習

練習39 (1) $(10\times a+100\times b)$ 円

(2) $(\ell\div 3)$ cm

(3) $(2\times x+4\times y+8\times z)$ g

解説 (2) (1辺の長さ)×3＝ℓ (cm) であるから

(1辺の長さ)＝$\ell\div 3$ (cm)

練習40 (1) $32n$　(2) $-2xy$　(3) pq

(4) $-0.01a^2$　(5) $-3(x+y)$

解説 (3) $1\times q\times p=1pq=pq$ ← 1ははぶく

(4) 0.01 は，はぶかない。また，同じ文字の積は，指数を使う。

(5) $(x+y)\times(-3)=-3(x+y)$ ← ( ) は1つの文字と考える

練習41 (1) $\frac{x}{5}$　(2) $\frac{y}{2}$　(3) $-\frac{8}{c}$　(4) $\frac{a}{b-c}$

解説 (3) $(-8)\div c=\frac{-8}{c}=-\frac{8}{c}$

(4) $a\div(b-c)=\frac{a}{b-c}$ ← ( ) は1つの文字と考える

分母全体にかっこがくるときは，かっこをはぶく。

練習42 (1) $-\frac{2y}{x}$　(2) $\frac{axy}{b}$　(3) $-\frac{4a}{3b}$

(4) $\frac{wx}{y+z}$

解説 ×□ は分子に，÷□ は分母に

(2) 左から順に，きまりにしたがって表す。

$a\times y\div b\times x=ay\div b\times x=\frac{ay}{b}\times x$

$=\frac{axy}{b}$

$a\times y\div(b\times x)$ とは異なるので注意。

(3) 乗法だけの式になおして考えてもよい。

$a\div(-3)\div b\times 4=a\times\left(-\frac{1}{3}\right)\times\frac{1}{b}\times 4=-\frac{4a}{3b}$

練習43 (1) $x-7y$　(2) $-\frac{a}{3}-b$

(3) $8-xy^2$　(4) $5\left(\frac{a}{2}+\frac{b}{3}\right)$

解説 ×，÷ は，はぶくことができるが，＋，－ ははぶくことができない。

(1) $x+y\times(-7)=x+(-7y)=x-7y$

(2) $a\div(-3)-b=-\frac{a}{3}-b$

(3) $8-x\times y\times y=8-xy^2$

(4) $(a\div 2+b\div 3)\div\frac{1}{5}=\left(\frac{a}{2}+\frac{b}{3}\right)\times 5$

$=5\left(\frac{a}{2}+\frac{b}{3}\right)$

別解 $(a\div 2+b\div 3)\div\frac{1}{5}=\left(a\times\frac{1}{2}+b\times\frac{1}{3}\right)\times 5$

$=5\left(\frac{1}{2}a+\frac{1}{3}b\right)$

練習44 (1) $\frac{3}{5}x$ cm　(2) $(1000-3a-5b)$ 円

(3) $\left(40-\frac{2}{5}x\right)$ 人

解説

(1) 6 割は $\frac{6}{10}$ であるから $x\times\frac{6}{10}=\frac{3}{5}x$ (cm)

(2) ノートの代金は $a\times3=3a$ (円)
鉛筆の代金は $b\times5=5b$ (円)

(3) x % は $\frac{x}{100}$ である。
男子の人数は $40\times\frac{x}{100}=\frac{2}{5}x$ (人)
(女子の人数)=(生徒の人数)−(男子の人数)
$=40-\frac{2}{5}x$ (人)

練習 45 (1) 分速 $\frac{50a}{3}$ m

(2) $(4a+30b)$ km

解説

(1) 時速 a km は　1 時間に a km 進む
↓　↓ 1 km=1000 m
60 分間に $1000a$ m 進む
↓　↓
1 分間に $\frac{1000a}{60}$ m 進む

$\frac{1000a}{60}=\frac{50a}{3}$ であるから，時速 a km は
分速 $\frac{50a}{3}$ m

(2) 家からバス停までの道のりは
$4\times a=4a$ (km)

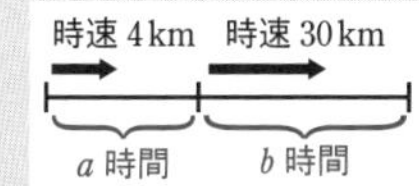

バス停から駅までの道のりは
$30\times b=30b$ (km)
よって，家から駅までの道のりは
$(4a+30b)$ km

練習 46 (1) $\frac{\ell}{2\pi}$ cm　　(2) $7\pi r^2$ cm^3

解説

(1) (直径)×(円周率)=(円周) であるから
(半径)$\times2\times\pi=\ell$
よって　(半径)$=\ell\div2\div\pi=\frac{\ell}{2\pi}$ (cm)

(2) 底面積は $r\times r\times\pi=\pi r^2$ (cm^2)
高さが 7 cm であるから
$\pi r^2\times7=7\pi r^2$ (cm^3)

練習 47 (1) (ア) -11　(イ) 7　(ウ) 8
(2) (ア) 19　(イ) 22　(ウ) 12

解説

負の数を代入するときは，(　) をつけて代入。

(1) (ア) $3\times(-2)-5=-6-5=-11$
(イ) $-1-4\times(-2)=-1+8=7$
(ウ) $-(-2)^3=-\{(-2)\times(-2)\times(-2)\}$
$=-(-8)=8$

(2) (ア) $5\times2-3\times(-3)=10+9=19$
(イ) $2^2+2\times(-3)^2=4+18=22$
(ウ) $-\frac{8\times(-3)}{2}=\frac{24}{2}=12$ ← 符号は＋

練習 48 (1) $(4x-4)$ 個　　(2) 96 個

解説

(1) 右の図のように数えると
$(x-1)\times4=4x-4$ (個)

(2) $x=25$ を $4x-4$ に代入して
$4\times25-4=100-4$
$=96$

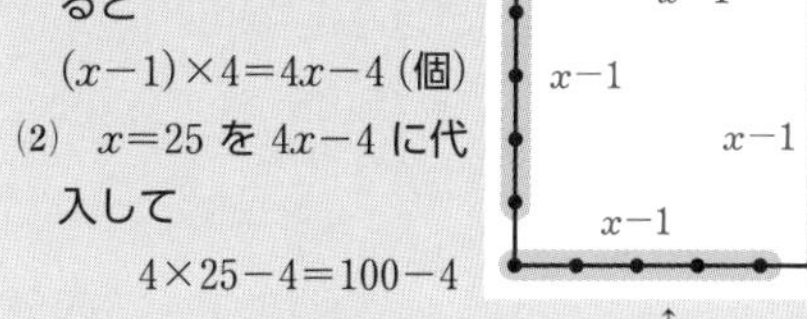

↑
例題 48 の別解 1 の方針

練習 49 (1) 項 $3x$，5，　x の係数 3

(2) 項 $-5x$，-4，x の係数 -5

(3) 項 $\frac{2}{3}x$，$-\frac{1}{6}$，x の係数 $\frac{2}{3}$

(4) 項 $\frac{x}{3}$，$-2y$，
x の係数 $\frac{1}{3}$，y の係数 -2

解説

(2) $-5x-4$ の項を $5x$，4 とするのは誤り。
$(-5x)+(-4)$ のように和の形に表したときの $-5x$，-4 が項である。

練習 50 (1) $-x$　(2) $-\frac{2}{5}a$　(3) $5x+4$

解説

(1) $-5x+4x=(-5+4)x=-x$

(2) $-a+\frac{3}{5}a=\left(-1+\frac{3}{5}\right)a=-\frac{2}{5}a$

(3) $7x-5-2x+9=7x-2x-5+9$

$=(7-2)x+(-5+9)$

$=5x+4$

練習 51 (1) $\boldsymbol{5x-1}$ (2) $\boldsymbol{-2a-1}$ (3) $\boldsymbol{-4x}$

(4) $\boldsymbol{6}$

解説

+( )はそのままかっこをはずす。

(1) $(2x-5)+(3x+4)=2x-5+3x+4$

$=(2+3)x+(-5+4)=5x-1$

(2) $(3a+5)+(-5a-6)=3a+5-5a-6$

$=(3-5)a+(5-6)=-2a-1$

(3) $(7x-9)+(-11x+9)$

$=7x-9-11x+9$

$=(7-11)x+(-9+9)=-4x$

(4) $(-a+3)+(a+3)=-a+3+a+3$

$=(-1+1)a+(3+3)=6$

練習 52 (1) $\boldsymbol{-2x-9}$ (2) $\boldsymbol{2x-3}$

(3) $\boldsymbol{\frac{1}{6}x-4}$

解説

−( )はかっこ内の各項の符号を変えてはずす。

(1) $(4x-2)-(6x+7)$

$=4x-2-6x-7=(4-6)x+(-2-7)$

$=-2x-9$

(2) $(-x+2)-(5-3x)$

$=-x+2-5+3x=(-1+3)x+(2-5)$

$=2x-3$

(3) $\left(\frac{2}{3}x-1\right)-\left(\frac{1}{2}x+3\right)=\frac{2}{3}x-1-\frac{1}{2}x-3$

$=\left(\frac{2}{3}-\frac{1}{2}\right)x+(-1-3)=\left(\frac{4}{6}-\frac{3}{6}\right)x-4$

$=\frac{1}{6}x-4$

練習 53 (1) $\boldsymbol{6x}$ (2) $\boldsymbol{-60a}$ (3) $\boldsymbol{\frac{2}{5}x}$

解説

(1) $2x\times3=2\times x\times3=2\times3\times x=6x$

(2) $(-15a)\times4=(-15)\times a\times4$

$=(-15)\times4\times a=-60a$

(3) $\left(-\frac{1}{3}x\right)\times\left(-\frac{6}{5}\right)=\left(-\frac{1}{3}\right)\times x\times\left(-\frac{6}{5}\right)$

$=\left(-\frac{1}{3}\right)\times\left(-\frac{6}{5}\right)\times x$

$=\frac{\overset{2}{\cancel{6}}}{\underset{1}{\cancel{3}}\times5}x=\frac{2}{5}x$

練習 54 (1) $\boldsymbol{-4x}$ (2) $\boldsymbol{4x}$ (3) $\boldsymbol{\frac{5}{6}a}$

解説

乗法になおして計算する。

(1) $8x\div(-2)=8x\times\left(-\frac{1}{2}\right)=\overset{4}{\cancel{8}}\times\left(-\frac{1}{\underset{1}{\cancel{2}}}\right)\times x$

$=-4x$

(2) $6x\div\frac{3}{2}=6x\times\frac{2}{3}=\overset{2}{\cancel{6}}\times\frac{2}{\underset{1}{\cancel{3}}}\times x=4x$

(3) $\left(-\frac{3}{4}a\right)\div\left(-\frac{9}{10}\right)=\left(-\frac{3}{4}a\right)\times\left(-\frac{10}{9}\right)$

$=\frac{\overset{1}{\cancel{3}}}{\underset{2}{\cancel{4}}}\times\frac{\overset{5}{\cancel{10}}}{\underset{3}{\cancel{9}}}\times a$

$=\frac{5}{6}a$

練習 55 (1) $\boldsymbol{12x-4}$ (2) $\boldsymbol{-24a-18}$

(3) $\boldsymbol{-4x+10}$ (4) $\boldsymbol{4b-2}$

(5) $\boldsymbol{3x-\frac{1}{3}}$ (6) $\boldsymbol{-5y+15}$

解説

分配法則を利用する。除法は乗法になおす。

(1) $4(3x-1)=4\times3x+4\times(-1)=12x-4$

(2) $(4a+3)\times(-6)=4a\times(-6)+3\times(-6)$

$=-24a-18$

(3) $-\frac{2}{5}(10x-25)$

$=\left(-\frac{2}{\underset{1}{\cancel{5}}}\right)\times\overset{2}{\cancel{10}}x+\left(-\frac{2}{\underset{1}{\cancel{5}}}\right)\times(-\overset{5}{\cancel{25}})$

$=-4x+10$

(4) $(16b-8)\div4=(16b-8)\times\frac{1}{4}$

$=\overset{4}{\cancel{16}}b\times\dfrac{1}{\underset{1}{\cancel{4}}}+(-\overset{2}{\cancel{8}})\times\dfrac{1}{\underset{1}{\cancel{4}}}=4b-2$

(5) $(-9x+1)\div(-3)$

$=(-9x+1)\times\left(-\dfrac{1}{3}\right)$

$=-\overset{3}{\cancel{9}}x\times\left(-\dfrac{1}{\underset{1}{\cancel{3}}}\right)+1\times\left(-\dfrac{1}{3}\right)$

$=3x-\dfrac{1}{3}$

(6) $(2y-6)\div\left(-\dfrac{2}{5}\right)$

$=(2y-6)\times\left(-\dfrac{5}{2}\right)$

$=\overset{1}{\cancel{2}}y\times\left(-\dfrac{5}{\underset{1}{\cancel{2}}}\right)+(-\overset{3}{\cancel{6}})\times\left(-\dfrac{5}{\underset{1}{\cancel{2}}}\right)$

$=-5y+15$

練習 56 (1) $\boldsymbol{6x-9}$　　(2) $\boldsymbol{2a-14}$

解説

(1) $\dfrac{2x-3}{\underset{1}{\cancel{8}}}\times\overset{3}{\cancel{24}}=(2x-3)\times3$

$=2x\times3+(-3)\times3$

$=6x-9$

(2) $(-\overset{2}{\cancel{6}})\times\dfrac{-a+7}{\underset{1}{\cancel{3}}}=-2(-a+7)$

$=(-2)\times(-a)+(-2)\times7$

$=2a-14$

練習 57 (1) $\boldsymbol{3x-21}$　　(2) $\boldsymbol{17x-6}$

解説

(1) $2(3x-6)+3(-x-3)=6x-12-3x-9$

$=3x-21$

(2) $2(3+x)-3(4-5x)=6+2x-12+15x$

$=17x-6$

練習 58 (1) $\boldsymbol{\dfrac{7}{6}x-\dfrac{4}{3}}$　$\left[\boldsymbol{\dfrac{7x-8}{6}}\right]$

(2) $\boldsymbol{\dfrac{1}{4}x+\dfrac{5}{4}}$　$\left[\boldsymbol{\dfrac{x+5}{4}}\right]$

(3) $\boldsymbol{-\dfrac{11}{15}x+\dfrac{11}{15}}$　$\left[\boldsymbol{\dfrac{-11x+11}{15}}\right]$

解説

(1) $\dfrac{x-2}{2}+\dfrac{2x-1}{3}=\dfrac{1}{2}(x-2)+\dfrac{1}{3}(2x-1)$

$=\dfrac{1}{2}x-1+\dfrac{2}{3}x-\dfrac{1}{3}=\left(\dfrac{1}{2}+\dfrac{2}{3}\right)x-1-\dfrac{1}{3}$

$=\left(\dfrac{3}{6}+\dfrac{4}{6}\right)x-\dfrac{3}{3}-\dfrac{1}{3}=\dfrac{7}{6}x-\dfrac{4}{3}$

別解 $\dfrac{x-2}{2}+\dfrac{2x-1}{3}$

$=\dfrac{(x-2)\times3}{6}+\dfrac{(2x-1)\times2}{6}$

$=\dfrac{3x-6}{6}+\dfrac{4x-2}{6}=\dfrac{(3x-6)+(4x-2)}{6}$

$=\dfrac{3x-6+4x-2}{6}=\dfrac{7x-8}{6}$

(2) $\dfrac{3x+1}{2}-\dfrac{5x-3}{4}=\dfrac{1}{2}(3x+1)-\dfrac{1}{4}(5x-3)$

$=\dfrac{3}{2}x+\dfrac{1}{2}-\dfrac{5}{4}x+\dfrac{3}{4}=\left(\dfrac{3}{2}-\dfrac{5}{4}\right)x+\dfrac{1}{2}+\dfrac{3}{4}$

$=\left(\dfrac{6}{4}-\dfrac{5}{4}\right)x+\dfrac{2}{4}+\dfrac{3}{4}=\dfrac{1}{4}x+\dfrac{5}{4}$

別解 $\dfrac{3x+1}{2}-\dfrac{5x-3}{4}=\dfrac{(3x+1)\times2}{4}-\dfrac{5x-3}{4}$

$=\dfrac{6x+2}{4}-\dfrac{5x-3}{4}=\dfrac{(6x+2)-(5x-3)}{4}$

$=\dfrac{6x+2-5x+3}{4}=\dfrac{x+5}{4}$

(3) $\dfrac{-x+4}{3}-\dfrac{2x+3}{5}$

$=\dfrac{1}{3}(-x+4)-\dfrac{1}{5}(2x+3)$

$=-\dfrac{1}{3}x+\dfrac{4}{3}-\dfrac{2}{5}x-\dfrac{3}{5}$

$=\left(-\dfrac{1}{3}-\dfrac{2}{5}\right)x+\dfrac{4}{3}-\dfrac{3}{5}$

$=\left(-\dfrac{5}{15}-\dfrac{6}{15}\right)x+\dfrac{20}{15}-\dfrac{9}{15}$

$=-\dfrac{11}{15}x+\dfrac{11}{15}$

別解 $\dfrac{-x+4}{3}-\dfrac{2x+3}{5}$

$=\dfrac{(-x+4)\times5}{15}-\dfrac{(2x+3)\times3}{15}$

$=\dfrac{-5x+20}{15}-\dfrac{6x+9}{15}$

$=\dfrac{(-5x+20)-(6x+9)}{15}$

$$=\frac{-5x+20-6x-9}{15}$$

$$=\frac{-11x+11}{15}$$

練習 59 (1) $5x-3=y$

(2) $a=3b-2$

(3) $4x+5y=2000$

解説
(2) 鉛筆を 1 人 3 本ずつ b 人に配ると $3b$ 本。
a 本では，これに 2 本たりないから
$a=3b-2$ ($3b=a+2$ などでもよい)
(3) 単位に注意。2 kg は 2000 g である。
x g のおもり 4 個の重さは $4x$ g
y g のおもり 5 個の重さは $5y$ g
(おもりの重さの合計)=2000 であるから
$4x+5y=2000$

練習 60 (1) $x-5y \geqq 1$　(2) $\frac{x}{4}+\frac{y}{12}<1$

解説
(1) 鉛筆を 1 人 5 本ずつ y 人に配ると $5y$ 本。
x 本は，これより 1 本以上多い。
つまり，x 本と $5y$ 本の差が 1 本以上であるから　$x-5y \geqq 1$
(2) まず，分速 200 m を時速になおす。
分速 200 m は，1 分間に 200 m 進む速さであるから，60 分間に (200×60) m 進む。
つまり，1 時間に 12000 m 進む。
12000 m は，12 km であるから，分速 200 m は，時速 12 km である。
次に，最初の x km を歩いた時間は
$x \div 4=\frac{x}{4}$ (時間)　← (道のり)÷(速さ)
残りの y km を走った時間は
$y \div 12=\frac{y}{12}$ (時間)
この合計が，1 時間未満であるから
$\frac{x}{4}+\frac{y}{12}<1$

EXERCISES

➡本冊 p. 60

27 (1) $-4ab$　(2) $-c^2$

(3) $-\frac{3x}{5}$　(4) $2xy^2$

(5) $-3(a+4)$　(6) $\frac{a}{b}+\frac{x-y}{3}$

(7) $\frac{3y}{2x}$　(8) $\frac{a}{bcd}$　(9) $\frac{ad}{bc}$

解説
×□ は分子に，÷□ は分母に
(7) $y \div x \div 2 \times 3$
$=y \times \frac{1}{x} \times \frac{1}{2} \times 3=\frac{3y}{2x}$ と考えてもよい。
(9) $a \div b \div (c \div d)=\frac{a}{b} \div \frac{c}{d}$
$=\frac{a}{b} \times \frac{d}{c}=\frac{ad}{bc}$

28 (1) $100-5 \times a$

(2) $2 \times (x+y)-z \div 3$

(3) $-a \times a \times b$

(4) $x \times x \div y \div y$　[$x \times x \div (y \times y)$]

29 (1) 順に $5p$ 円，$50q$ 円

(2) $\frac{4a+b}{5}$ 点　(3) $150x$ m　(4) $\frac{11}{10}y$ 人

解説
(2) A さんの 4 回のテストの合計点は $4a$ 点。
5 回目のテストで b 点をとったから，A さんの 5 回のテストの合計点は $(4a+b)$ 点。
これを 5 でわる。
(3) 2 時間 30 分は 150 分である。← 2×60+30
よって　$x \times 150=150x$ (m)
└ (道のり)=(速さ)×(時間)
(4) 昨年の生徒数より 10 % 増えたから
$\left(1+\frac{10}{100}\right) \times y=\frac{110}{100}y=\frac{11}{10}y$ (人)

30 (1) $(19x+y)$ 人　(2) $\frac{3a+4b}{7}$ 円

解説

(1) 19 脚に x 人ずつ座るから，その人数は

$19x$ 人

20 脚目に y 人座るから，合わせて

$(19x+y)$ 人

(2) ジュース代は $3a$ 円，お菓子代は $4b$ 円，合わせて $(3a+4b)$ 円。7 人で等分するから 7 でわる。

31 (1) **4**　(2) $\frac{1}{2}$

(3) **13**　(4) **9**

解説

(1) $3\times(-1)+7=-3+7=4$

(2) $1-2\times\left(\frac{1}{2}\right)^2=1-2\times\frac{1}{4}=1-\frac{1}{2}=\frac{1}{2}$

(3) $(-4)^2+\frac{1}{4}\times(-12)=16-3=13$

(4) $-\frac{y}{x}=(-y)\div x=\{-(-6)\}\div\frac{2}{3}$

$=6\times\frac{3}{2}=9$

32 $(3n+1)$ 本

解説

右の図のように考えると，正方形が 4 個のとき，｜が 1 本と匚が 4 個ある。したがって，正方形が n 個のとき，｜が 1 本と匚が n 個ある。匚は 3 本の棒であるから

$1+3\times n=3n+1$ (本)

➡本冊 p. 72

33 1 次式　①，③，④，⑥

① 項 $-\frac{x}{3}$　x の係数 $-\frac{1}{3}$

③ 項 $-x$，1　x の係数 -1

④ 項 3，$-4a$　a の係数 -4

⑥ 項 $\frac{3}{2}a$，8　a の係数 $\frac{3}{2}$

34 (1) 和 $-2x+18$　差 $18x-4$

(2) 和 $\frac{8}{3}x-\frac{19}{6}$　差 $\frac{4}{3}x+\frac{1}{6}$

解説

(1) $(8x+7)+(-10x+11)$

$=8x+7-10x+11=(8-10)x+7+11$

$=-2x+18$

$(8x+7)-(-10x+11)$

$=8x+7+10x-11=(8+10)x+7-11$

$=18x-4$

(2) $\left(2x-\frac{3}{2}\right)+\left(\frac{2}{3}x-\frac{5}{3}\right)$

$=2x-\frac{3}{2}+\frac{2}{3}x-\frac{5}{3}$

$=\left(2+\frac{2}{3}\right)x-\frac{3}{2}-\frac{5}{3}$

$=\left(\frac{6}{3}+\frac{2}{3}\right)x-\frac{9}{6}-\frac{10}{6}=\frac{8}{3}x-\frac{19}{6}$

$\left(2x-\frac{3}{2}\right)-\left(\frac{2}{3}x-\frac{5}{3}\right)$

$=2x-\frac{3}{2}-\frac{2}{3}x+\frac{5}{3}$

$=\left(2-\frac{2}{3}\right)x-\frac{3}{2}+\frac{5}{3}$

$=\left(\frac{6}{3}-\frac{2}{3}\right)x-\frac{9}{6}+\frac{10}{6}=\frac{4}{3}x+\frac{1}{6}$

35 (1) $-4x$　(2) $-\frac{1}{12}a$　(3) $\frac{6}{5}x$

(4) $-6x+9$　(5) $-9x+8$　(6) $\frac{3}{2}x+\frac{9}{2}$

解説

(2) $\frac{a}{4}-\frac{a}{3}=\frac{1}{4}a-\frac{1}{3}a=\left(\frac{1}{4}-\frac{1}{3}\right)a$

$=\left(\frac{3}{12}-\frac{4}{12}\right)a=-\frac{1}{12}a$

(3) $-\frac{9}{4}x\div\left(-\frac{15}{8}\right)=\left(-\frac{9}{4}x\right)\times\left(-\frac{8}{15}\right)$

$=\frac{\overset{3}{\cancel{9}}}{\underset{1}{\cancel{4}}}\times\frac{\overset{2}{\cancel{8}}}{\underset{5}{\cancel{15}}}\times x=\frac{6}{5}x$

(5) $-12\left(\frac{3}{4}x-\frac{2}{3}\right)$

$=-\overset{3}{\cancel{12}}\times\frac{3}{\underset{1}{\cancel{4}}}x+(-\overset{4}{\cancel{12}})\times\left(-\frac{2}{\underset{1}{\cancel{3}}}\right)$

$=-9x+8$

(6) $(2x+6)\div\frac{4}{3}=(2x+6)\times\frac{3}{4}$

$=2x\times\frac{3}{4}+6\times\frac{3}{4}=\frac{3}{2}x+\frac{9}{2}$

36 (1) $-7a+8$ (2) $x-5$

(3) $\frac{1}{6}x-\frac{5}{6}$ または $\frac{x-5}{6}$

解説

(1) $3a+2(4-5a)=3a+8-10a$

$=-7a+8$

(2) $2(3x-1)-(5x+3)=6x-2-5x-3$

$=x-5$

(3) $\frac{5x-3}{6}-\frac{2x+1}{3}=\frac{1}{6}(5x-3)-\frac{1}{3}(2x+1)$

$=\frac{5}{6}x-\frac{1}{2}-\frac{2}{3}x-\frac{1}{3}=\left(\frac{5}{6}-\frac{2}{3}\right)x-\frac{1}{2}-\frac{1}{3}$

$=\left(\frac{5}{6}-\frac{4}{6}\right)x-\frac{3}{6}-\frac{2}{6}=\frac{1}{6}x-\frac{5}{6}$

別解 $\frac{5x-3}{6}-\frac{2x+1}{3}=\frac{5x-3}{6}-\frac{(2x+1)\times 2}{6}$

$=\frac{(5x-3)-(4x+2)}{6}=\frac{5x-3-4x-2}{6}$

$=\frac{x-5}{6}$

37 (1) $-6x+4$ (2) $12x-1$

(3) $-3x-12$ (4) $-6x+13$

解説

(1) $-2A=-2(3x-2)=-6x+4$

(2) $3A+B=3(3x-2)+(3x+5)$

$=9x-6+3x+5=12x-1$

(3) $A-2B=(3x-2)-2(3x+5)$

$=3x-2-6x-10=-3x-12$

(4) $2A+B+3C$

$=2(3x-2)+(3x+5)+3(-5x+4)$

$=6x-4+3x+5-15x+12$

$=(6+3-15)x-4+5+12=-6x+13$

38 (1) $S=\frac{(a+b)h}{2}$

(2) $n=3q+r$

(3) $\frac{x+y+z}{3}>160$

(4) $4x+5y<1000$

解説

(1) (台形の面積)

$=\{(上底)+(下底)\}\times(高さ)\div 2$

よって $S=(a+b)\times h\div 2$

したがって $S=\frac{(a+b)h}{2}$

(2) (わられる数)=(わる数)×(商)+(余り)

であるから $n=3\times q+r$

よって $n=3q+r$

(3) 3人の身長の平均は $\frac{x+y+z}{3}$ cm

よって $\frac{x+y+z}{3}>160$

(4) パンの合計金額は $(4x+5y)$ 円。

おつりがあるから，これは1000円より少ない。よって $4x+5y<1000$

39 (1) (ア) 直方体の体積，単位は cm^3

(イ) 直方体のすべての辺の長さの和，単位は cm

(2) (ア) ノート1冊の値段が，鉛筆1本の値段の3倍である。

(イ) ノート5冊の代金と鉛筆12本の代金の合計が1000円以上である。

解説

(1) (イ) $4(a+b+c)=4a+4b+4c$

a，b，c はそれぞれ辺の長さを表しており，それぞれ4本ずつある。

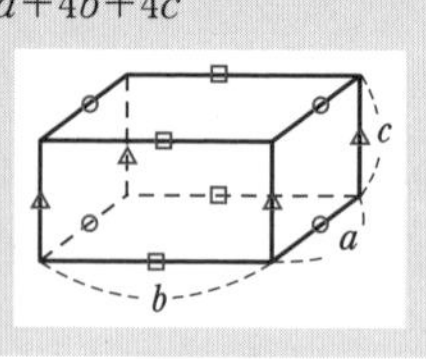

定期試験対策問題

➡本冊 p. 73

14 (1) $\frac{7}{100}x$ kg (2) $\frac{7}{10}a$ 円

(3) $(1000-5x)$ 円　(4) $\dfrac{(a+8)b}{2}$ cm^2

解説

(2) 3割引きであるから

$a\times\left(1-\dfrac{3}{10}\right)=\dfrac{7}{10}a$ (円)

(3) ボールの代金は　$x\times5=5x$ (円)

1000円支払ったから，おつりは

$(1000-5x)$ 円

(4) $(a+8)\times b\div2=\dfrac{(a+8)b}{2}$ (cm^2)

15 (1) (エ)　(2) (イ)，(オ)

解説

(1) $\underline{7\times a}+\underline{b\div2}=\underline{7a}+\dfrac{b}{2}$

(2) (ア) $a\div d\times c\times b=\dfrac{a\times c\times b}{d}=\dfrac{abc}{d}$

(イ) $a\times b\div c\div d=\dfrac{a\times b}{c\times d}=\dfrac{ab}{cd}$

(ウ) $a\div c\div b\div d=\dfrac{a}{c\times b\times d}=\dfrac{a}{bcd}$

(エ) $a\times b\div c\times d=\dfrac{a\times b\times d}{c}=\dfrac{abd}{c}$

(オ) $a\div(c\times d)\times b=\dfrac{a\times b}{c\times d}=\dfrac{ab}{cd}$

(カ) $a\div b\div c\times d=\dfrac{a\times d}{b\times c}=\dfrac{ad}{bc}$

16 (1) 順に -20，36

(2) 17　(3) 27

解説

(1) $6x-2=6\times(-3)-2=-18-2=-20$

$(-2x)^2=\{-2\times(-3)\}^2=6^2=36$

(2) $3a^2-2a+1=3\times(-2)^2-2\times(-2)+1$

$=3\times4+4+1=17$

(3) $2x-4y+1=2\times5-4\times(-4)+1$

$=10+16+1=27$

17 (1) 和 $3x+15$　差 $19x+1$

(2) 和 $-4x+13$　差 $-6x-1$

(3) 和 $\dfrac{1}{3}x+1$　差 $\dfrac{2}{3}x-3$

(4) 和 $-\dfrac{7}{6}x+\dfrac{5}{12}$　差 $\dfrac{11}{6}x-\dfrac{11}{12}$

解説

(1) $(11x+8)+(-8x+7)=11x+8-8x+7$

$=(11-8)x+8+7=3x+15$

$(11x+8)-(-8x+7)=11x+8+8x-7$

$=(11+8)x+8-7=19x+1$

(2) $(-5x+6)+(7+x)=-5x+6+7+x$

$=(-5+1)x+6+7=-4x+13$

$(-5x+6)-(7+x)=-5x+6-7-x$

$=(-5-1)x+6-7=-6x-1$

(3) $\left(\dfrac{x}{2}-1\right)+\left(-\dfrac{x}{6}+2\right)$

$=\left(\dfrac{1}{2}x-1\right)+\left(-\dfrac{1}{6}x+2\right)$

$=\dfrac{1}{2}x-1-\dfrac{1}{6}x+2$

$=\left(\dfrac{1}{2}-\dfrac{1}{6}\right)x-1+2$

$=\left(\dfrac{3}{6}-\dfrac{1}{6}\right)x+1=\dfrac{1}{3}x+1$　← $\dfrac{2}{6}=\dfrac{1}{3}$

$\left(\dfrac{x}{2}-1\right)-\left(-\dfrac{x}{6}+2\right)$

$=\left(\dfrac{1}{2}x-1\right)-\left(-\dfrac{1}{6}x+2\right)$

$=\dfrac{1}{2}x-1+\dfrac{1}{6}x-2$

$=\left(\dfrac{1}{2}+\dfrac{1}{6}\right)x-1-2$

$=\left(\dfrac{3}{6}+\dfrac{1}{6}\right)x-3=\dfrac{2}{3}x-3$　← $\dfrac{4}{6}=\dfrac{2}{3}$

(4) $\left(\dfrac{x}{3}-\dfrac{1}{4}\right)+\left(-\dfrac{3}{2}x+\dfrac{2}{3}\right)$

$=\left(\dfrac{1}{3}x-\dfrac{1}{4}\right)+\left(-\dfrac{3}{2}x+\dfrac{2}{3}\right)$

$=\dfrac{1}{3}x-\dfrac{1}{4}-\dfrac{3}{2}x+\dfrac{2}{3}$

$=\left(\dfrac{1}{3}-\dfrac{3}{2}\right)x-\dfrac{1}{4}+\dfrac{2}{3}$

$=\left(\dfrac{2}{6}-\dfrac{9}{6}\right)x-\dfrac{3}{12}+\dfrac{8}{12}$

$=-\dfrac{7}{6}x+\dfrac{5}{12}$

$\left(\dfrac{x}{3}-\dfrac{1}{4}\right)-\left(-\dfrac{3}{2}x+\dfrac{2}{3}\right)$

$=\left(\frac{1}{3}x-\frac{1}{4}\right)-\left(-\frac{3}{2}x+\frac{2}{3}\right)$

$=\frac{1}{3}x-\frac{1}{4}+\frac{3}{2}x-\frac{2}{3}$

$=\left(\frac{1}{3}+\frac{3}{2}\right)x-\frac{1}{4}-\frac{2}{3}$

$=\left(\frac{2}{6}+\frac{9}{6}\right)x-\frac{3}{12}-\frac{8}{12}$

$=\frac{11}{6}x-\frac{11}{12}$

18 (1) $\mathbf{14a-12}$　(2) $\mathbf{3a-1}$

(3) $\mathbf{\frac{-25x+10}{2}}$　(4) $\mathbf{7a+1}$

(5) $\mathbf{3x+6}$　(6) $\mathbf{\frac{17}{10}x-\frac{13}{10}}$

(7) $\mathbf{\frac{2x-9}{8}}$　(8) $\mathbf{-5x}$

解説

(1) $2(7a-6)=2\times7a-2\times6=14a-12$

(2) $(9a-3)\div3=(9a-3)\times\frac{1}{3}$

$=9a\times\frac{1}{3}-3\times\frac{1}{3}=3a-1$

(3) $\frac{5x-2}{\overset{}{\cancel{4}}_{2}}\times(-\overset{5}{\cancel{10}})=\frac{(5x-2)\times(-5)}{2}$

$=\frac{-25x+10}{2}\ \left(=-\frac{25}{2}x+5\right)$

(4) $3(3a-1)-2(a-2)=9a-3-2a+4$

$=7a+1$

(5) $(4x+6)\div2-(-x-3)$

$=(4x+6)\times\frac{1}{2}-(-x-3)$

$=2x+3+x+3=3x+6$

(6) $\frac{1}{5}(6x+1)+\frac{1}{2}(x-3)$

$=\frac{6}{5}x+\frac{1}{5}+\frac{1}{2}x-\frac{3}{2}$

$=\left(\frac{6}{5}+\frac{1}{2}\right)x+\frac{1}{5}-\frac{3}{2}$

$=\left(\frac{12}{10}+\frac{5}{10}\right)x+\frac{2}{10}-\frac{15}{10}$

$=\frac{17}{10}x-\frac{13}{10}$

(7) $\frac{6x+3}{8}-\frac{x+3}{2}=\frac{6x+3}{8}-\frac{(x+3)\times4}{8}$

$=\frac{6x+3}{8}-\frac{4x+12}{8}=\frac{(6x+3)-(4x+12)}{8}$

$=\frac{6x+3-4x-12}{8}=\frac{2x-9}{8}\ \left(=\frac{1}{4}x-\frac{9}{8}\right)$

(8) $6\left(\frac{2x-3}{3}-\frac{3x-2}{2}\right)$

$=\overset{2}{\cancel{6}}\times\frac{2x-3}{\cancel{3}_{1}}-\overset{3}{\cancel{6}}\times\frac{3x-2}{\cancel{2}_{1}}$

$=2(2x-3)-3(3x-2)$

$=4x-6-9x+6=-5x$

19 (1) $\mathbf{3x-7=11}$　(2) $\mathbf{500-4a=b}$

(3) $\mathbf{\frac{3a+4b}{7}=c}$

解説

(2) 5 m は 500 cm。 ← 単位に注意

正方形をつくるのに必要なひもは

$a\times4=4a$ (cm)

b cm 残るから　$500-4a=b$

(3) 男子 3 人の体重の合計は　$3a$ kg

女子 4 人の体重の合計は　$4b$ kg

したがって，7 人の体重の合計は

$(3a+4b)$ kg

7 人の体重の平均が c kg であるから

$\frac{3a+4b}{7}=c$

20 (1) $\mathbf{2x+3y\leqq2000}$

(2) $\mathbf{a<4b}$

解説

(1) ケーキの代金の合計は　$(2x+3y)$ 円

これが 2000 円以下となる。

(2) a 円では，4 本のボールペンが買えなかったということは，a 円よりも 4 本のボールペンの代金の方が高いということ。

21 $\mathbf{(7n+2)}$ **cm**

解説

紙を 2 枚使う場合，のりしろは 1 か所。長方形の横の長さは $9\times2-2\times1$ (cm)

紙を $\underline{3}$ 枚使う場合，のりしろは $\underset{\sim}{2}$ か所。長方形の横の長さは $9\times\underline{3}-2\times\underset{\sim}{2}$ (cm)
よって，紙を $\underline{n}$ 枚使う場合，のりしろは $(n-1)$ か所あるから，長方形の横の長さは

$$\begin{aligned}9\times\underline{n}-2\times(n-1)&=9n-2(n-1)\\&=9n-2n+2\\&=7n+2\ (\text{cm})\end{aligned}$$

第3章　1次方程式　p. 75

練　習

練習 61 (1) $x=3$ のとき，等式は成り立たない
$x=4$ のとき，等式は成り立つ
(2) (ウ)

解説
(1) $x=3$，$x=4$ を代入して，(左辺)=(右辺) となるかを調べる。
$x=3$ のとき (左辺)$=2\times3+5=11$
(右辺)$=4\times3-3=9$　等しくない
よって　(左辺)≠(右辺)
$x=4$ のとき (左辺)$=2\times4+5=13$
(右辺)$=4\times4-3=13$　等しい
よって　(左辺)=(右辺)
(2) (ア)〜(エ)の方程式にそれぞれ $x=-2$ を代入して，(左辺)=(右辺) となるかを調べる。
(ア) (左辺)$=-2+5=3$
(右辺)$=-3$
(イ) (左辺)$=3\times(-2)+1=-5$
(右辺)$=2\times(-2)-3=-7$
(ウ) (左辺)$=4\times(-2)+7=-1$
(右辺)$=-(-2)-3=-1$　等しい
(エ) (左辺)$=-5\times(-2)-2=8$
(右辺)$=3\times(-2)+1=-5$

練習 62 (1) $x=7$　(2) $x=-1$
(3) $x=-2$　(4) $x=-1$
(5) $x=4$　(6) $x=-6$
(7) $x=-10$　(8) $x=-2$

解説
(1) 両辺に 2 をたすと　$x-2+2=5+2$
$x=7$
(2) 両辺に 3 をたすと　$x-3+3=-4+3$
$x=-1$
(3) 両辺から 3 をひくと　$x+3-3=1-3$
$x=-2$
(4) 両辺から 1 をひくと　$x+1-1=0-1$
$x=-1$
(5) 両辺を 4 でわると　$\dfrac{4x}{4}=\dfrac{16}{4}$
$x=4$
(6) 両辺に 3 をかけると　$\dfrac{x}{3}\times3=-2\times3$
$x=-6$
(7) 両辺に -5 をかけると
$-\dfrac{x}{5}\times(-5)=2\times(-5)$
$x=-10$
(8) 両辺を -5 でわると　$\dfrac{-5x}{-5}=\dfrac{10}{-5}$
$x=-2$

練習 63 (1) $x=6$　(2) $x=-4$
(3) $x=7$　(4) $x=14$
(5) $x=-5$　(6) $x=4$

解説
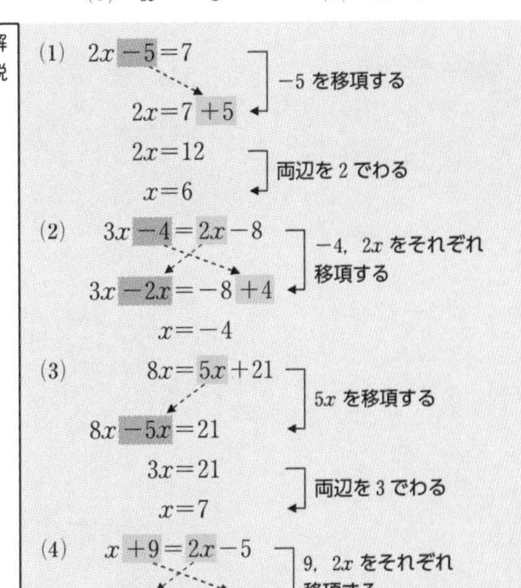

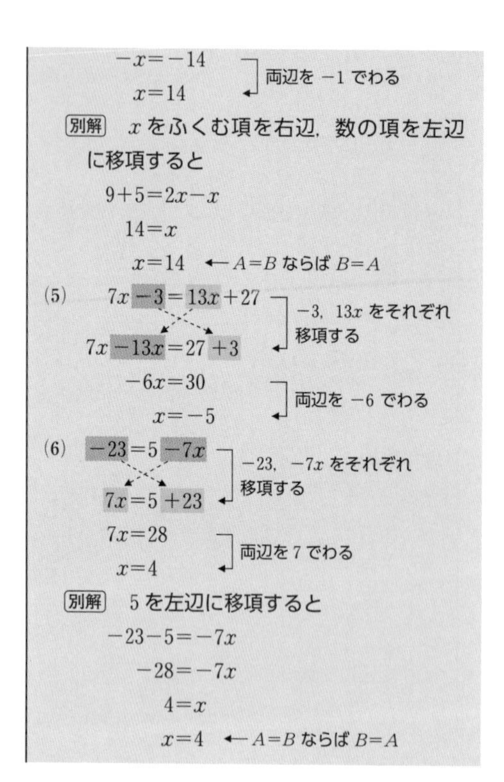

$-x=-14$
$x=14$　　両辺を -1 でわる

別解　x をふくむ項を右辺，数の項を左辺に移項すると

$9+5=2x-x$
$14=x$
$x=14$　← $A=B$ ならば $B=A$

(5)　$7x-3=13x+27$
$7x-13x=27+3$　　-3，$13x$ をそれぞれ移項する
$-6x=30$
$x=-5$　　両辺を -6 でわる

(6)　$-23=5-7x$
$7x=5+23$　　-23，$-7x$ をそれぞれ移項する
$7x=28$
$x=4$　　両辺を 7 でわる

別解　5 を左辺に移項すると

$-23-5=-7x$
$-28=-7x$
$4=x$
$x=4$　← $A=B$ ならば $B=A$

練習 64　(1) $x=-1$　(2) $x=2$　(3) $x=-8$　(4) $x=1$　(5) $x=-3$

解説　分配法則を利用して，かっこをはずす。

(1)　$-(4x-3)=7$
$-4x+3=7$　　かっこをはずす
$-4x=7-3$　　3 を移項する
$-4x=4$
$x=-1$　　両辺を -4 でわる

(2)　$2(x-1)=5x-8$
$2x-2=5x-8$　　かっこをはずす
$2x-5x=-8+2$　　-2，$5x$ をそれぞれ移項する
$-3x=-6$
$x=2$　　両辺を -3 でわる

(3)　$3(x-2)=-2(7-x)$
$3x-6=-14+2x$　　かっこをはずす
$3x-2x=-14+6$　　-6，$2x$ をそれぞれ移項する
$x=-8$

(4)　$4(x-1)=12-3(x+3)$
$4x-4=12-3x-9$　　かっこをはずす
$4x-4=3-3x$　　右辺を整理する
$4x+3x=3+4$　　-4，$-3x$ をそれぞれ移項する
$7x=7$
$x=1$　　両辺を 7 でわる

(5)　$5(3x+7)+25=3(2-x)$
$15x+35+25=6-3x$　　かっこをはずす
$15x+60=6-3x$　　左辺を整理する
$15x+3x=6-60$　　60，$-3x$ をそれぞれ移項する
$18x=-54$
$x=-3$　　両辺を 18 でわる

練習 65　(1) $x=2$　(2) $x=-5$　(3) $x=-5$

解説　両辺に 10 の累乗をかけて，係数を整数にする。

(1)　$0.2x-0.8=1.3x-3$

両辺に 10 をかけると

$(0.2x-0.8)\times10=(1.3x-3)\times10$
$2x-8=13x-30$
$2x-13x=-30+8$
$-11x=-22$
$x=2$

(2)　$0.05+0.28x=0.2x-0.35$

両辺に 100 をかけると

$(0.05+0.28x)\times100=(0.2x-0.35)\times100$
$5+28x=20x-35$
$28x-20x=-35-5$
$8x=-40$
$x=-5$

(3)　$0.3(x+1)=0.04(7x+5)$

両辺に 100 をかけると

$0.3(x+1)\times100=0.04(7x+5)\times100$
$30(x+1)=4(7x+5)$
$30x+30=28x+20$
$30x-28x=20-30$
$2x=-10$
$x=-5$

練習 66　(1) $x=9$　(2) $x=-2$　(3) $x=2$　(4) $x=4$

解説

両辺に分母の最小公倍数をかけて，係数を整数にする。

(1) $\frac{1}{3}x=x-6$

両辺に 3 をかけると

$\frac{1}{3}x\times3=(x-6)\times3$

$x=3x-18$

$x-3x=-18$

$-2x=-18$

$x=9$

(2) $\frac{x-1}{2}=\frac{x}{4}-1$

両辺に 4 をかけると

$\frac{x-1}{2}\times4=\left(\frac{x}{4}-1\right)\times4$

$2(x-1)=\frac{x}{4}\times4-1\times4$

$2x-2=x-4$

$2x-x=-4+2$

$x=-2$

(3) $\frac{5x-6}{4}=\frac{x+4}{6}$

両辺に 12 をかけると

$\frac{5x-6}{4}\times12=\frac{x+4}{6}\times12$

$3(5x-6)=2(x+4)$

$15x-18=2x+8$

$15x-2x=8+18$

$13x=26$

$x=2$

(4) $\frac{2x+1}{9}=\frac{7}{12}x-\frac{4}{3}$

両辺に 36 をかけると

$\frac{2x+1}{9}\times36=\left(\frac{7}{12}x-\frac{4}{3}\right)\times36$

$4(2x+1)=\frac{7}{12}x\times36-\frac{4}{3}\times36$

$8x+4=21x-48$

$8x-21x=-48-4$

$-13x=-52$　　$x=4$

練習 67 $a=-7$

解説

方程式に $x=-1$ を代入すると

$5\{a+2\times(-1)\}-3\{2a-(-1)\}=a+1$

$5(a-2)-3(2a+1)=a+1$

$5a-10-6a-3=a+1$

$-a-13=a+1$

$-a-a=1+13$

$-2a=14$

$a=-7$

練習 68 (1) $x=35$　(2) $x=3$　(3) $x=-2$

解説

$a:b=c:d$ のとき　$ad=bc$ ［比例式の性質］

(1) $21:x=3:5$

比例式の性質から

$21\times5=x\times3$　　$x=35$

別解　$21:x=3:5$ は $x:21=5:3$ と同じ。

比の値が等しいから　$\frac{x}{21}=\frac{5}{3}$

両辺に 21 をかけて　$\frac{x}{21}\times21=\frac{5}{3}\times21$

$x=35$

(2) 比例式の性質から

$(8-x)\times3=5\times x$

$24-3x=5x$

$-8x=-24$

$x=3$

(3) 比例式の性質から

$7\times(x+12)=(8-3x)\times5$

$7x+84=40-15x$

$22x=-44$

$x=-2$

練習 69 16，17，18

解説

一番小さい数を x とすると，3 つの連続した整数は x，$x+1$，$x+2$ と表すことができる。

和が 51 であるから

$$x+(x+1)+(x+2)=51$$
$$3x+3=51$$
$$3x=48$$
$$x=16$$

よって，3 つの連続した整数は　16，17，18

これは，問題に適している。

別解　まん中の数を x とすると，3 つの連続した整数は $x-1$，x，$x+1$ と表すことができる。

よって　$(x-1)+x+(x+1)=51$

$$3x=51$$
$$x=17$$

よって，3 つの連続した整数は　16，17，18

練習 70 600 円

解説

本 1 冊の値段を x 円とすると，A さんの残金は $(1000-x)$ 円，B さんの残金は $(800-x)$ 円と表される。よって

$$1000-x=2(800-x)$$
$$1000-x=1600-2x$$
$$-x+2x=1600-1000$$
$$x=600$$

本 1 冊 600 円は，問題に適している。

練習 71 クラスの人数は 36 人，
クラス会の総費用は 18800 円

解説

1 つの数量を 2 通りに表す

クラスの人数を x 人とすると，クラス会の総費用について

$$500x+800=550x-1000$$
$$500x-550x=-1000-800$$
$$-50x=-1800$$
$$x=36$$

クラスの人数を 36 人とするとクラス会の総費用は

$$500\times36+800=18000+800=18800\ (円)$$

これは，問題に適している。

別解　クラス会の総費用を x 円とすると，人数について

$$\frac{x-800}{500}=\frac{x+1000}{550}$$

$500=50\times10$，$550=50\times11$ であるから，両辺に $50\times10\times11$ をかけて

$$11(x-800)=10(x+1000)$$
$$11x-8800=10x+10000$$
$$11x-10x=10000+8800$$
$$x=18800$$

クラス会の総費用を 18800 円とすると

クラスの人数は　$\frac{18800-800}{500}=36$ (人)

これは，問題に適している。

注意　「たりない」から「−」，「余る」から「+」として

$$500x-800=550x+1000$$

としない。図をかいてしっかり確認しよう。

練習 72 25 分後

解説

妹が姉に「追いつかれる」時間であることに注意。

妹が家を出発して x 分後に姉に追いつかれるとする。

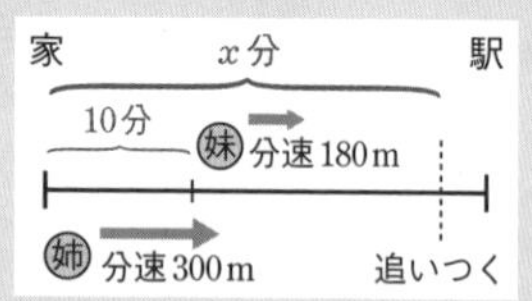

妹が進んだ道のりは　　$180x$ m

姉が進んだ道のりは　　$300(x-10)$ m

よって　$180x=300(x-10)$　← 両辺を 60 でわってもよい

$$180x=300x-3000$$
$$-120x=-3000$$
$$x=25$$

25 分後に追いつかれるとすると，2 人が進んだ道のりは

$$180\times25=4500\ (\mathrm{m})$$

これは，家から駅までの道のり 5 km より短いから，問題に適している。

練習 73 (1) **90 秒後**　　(2) **150 秒後**

解説

2 人が x 秒後 に初めて出会うとする。
このとき，弟の歩いた道のりは　x (m)
　　　　　兄の走った道のりは　$4x$ (m)

(1)　2 人の進んだ道のりの和が 450 m であるから

$$x+4x=450$$
$$5x=450$$
$$x=90$$

90 秒後は，問題に適している。

(2) 右の図より，兄と弟は 1 周分の差がある，つまり，2 人の進んだ道のりの差が 450 m であるから

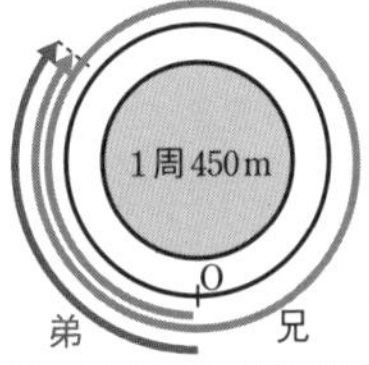

$$4x-x=450$$
$$3x=450$$
$$x=150$$

150 秒後は，問題に適している。

練習 74 **4 年前**

解説

現在から x 年後 に，祖母の年齢が孫の年齢の 7 倍になるとすると

$$60+x=7(12+x)$$
$$60+x=84+7x$$
$$-6x=24$$
$$x=-4$$

-4 年後とは 4 年前のことである。
その当時，祖母は 56 歳，孫は 8 歳であり，祖母の年齢は孫の年齢の 7 倍になっているから，問題に適している。

EXERCISES

➡本冊 p. 86

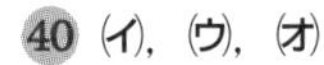

40 (イ)，(ウ)，(オ)

解説

方程式に $x=2$ を代入して等式が成り立つものを選ぶ。

(ア)　左辺は $2-3=-1$，右辺は 1
(エ)　左辺は $2\times2-3=1$，右辺は 2

41 (1) $x=6$　(2) $x=-5$
(3) $x=-2$　(4) $x=-28$
(5) $x=42$　(6) $x=2$
(7) $x=5$　(8) $x=5$

解説

(1)
$$5x-16=14$$
$$5x=14+16$$
$$5x=30$$
$$x=6$$

(2)
$$7x=3x-20$$
$$7x-3x=-20$$
$$4x=-20$$
$$x=-5$$

(3)
$$12x-5=16x+3$$
$$12x-16x=3+5$$
$$-4x=8$$
$$x=-2$$

(4)
$$9(x-6)=11x+2$$
$$9x-54=11x+2$$
$$9x-11x=2+54$$
$$-2x=56$$
$$x=-28$$

(5)
$$-4(x+3)=5(6-x)$$
$$-4x-12=30-5x$$
$$-4x+5x=30+12$$
$$x=42$$

(6) 両辺に 10 をかけると
$$2x+18=30-4x$$
$$2x+4x=30-18$$
$$6x=12$$
$$x=2$$

(7) 両辺に 10 をかけると
$$5(x+1)=2x+20$$
$$5x+5=2x+20$$
$$5x-2x=20-5$$
$$3x=15$$
$$x=5$$

(8) 両辺に 10 をかけると
$$4(x-2)=x+7$$
$$4x-8=x+7$$
$$4x-x=7+8$$

$$3x=15$$
$$x=5$$

42 (1) $x=35$ (2) $x=-10$

(3) $x=\frac{12}{7}$ (4) $x=\frac{2}{7}$

解説

(1) 両辺に 10 をかけると

$$10\left(\frac{2}{5}x-3\right)=10\left(\frac{3}{10}x+\frac{1}{2}\right)$$
$$4x-30=3x+5$$
$$4x-3x=5+30$$
$$x=35$$

(2) 両辺に 30 をかけると

$$30\left(\frac{3}{5}x+\frac{7}{6}\right)=30\left(\frac{1}{3}x-\frac{3}{2}\right)$$
$$18x+35=10x-45$$
$$18x-10x=-45-35$$
$$8x=-80$$
$$x=-10$$

(3) 両辺に 8 をかけると

$$8\left(\frac{1}{8}x+1\right)=8\left(\frac{5}{2}-\frac{3}{4}x\right)$$
$$x+8=20-6x$$
$$x+6x=20-8$$
$$7x=12$$
$$x=\frac{12}{7}$$

(4) 両辺に 6 をかけると

$$6\left(\frac{1-2x}{2}+\frac{x-5}{3}\right)=6\left(-\frac{1}{2}-3x\right)$$
$$\overset{3}{\cancel{6}}\times\frac{1-2x}{\underset{1}{\cancel{2}}}+\overset{2}{\cancel{6}}\times\frac{x-5}{\underset{1}{\cancel{3}}}=\overset{3}{\cancel{6}}\times\left(-\frac{1}{\underset{1}{\cancel{2}}}\right)-6\times3x$$
$$3(1-2x)+2(x-5)=-3-18x$$
$$3-6x+2x-10=-3-18x$$
$$-4x-7=-3-18x$$
$$-4x+18x=-3+7$$
$$14x=4$$
$$x=\frac{4}{14} \qquad x=\frac{2}{7}$$

43 $a=-\frac{3}{2}$

解説

$x=-1$ を方程式に代入すると

$$(5a-1)\times(-1)+a-7=0$$
$$-5a+1+a-7=0$$
$$-4a-6=0$$
$$-4a=6$$
$$a=-\frac{3}{2}$$

44 (1) $x=2$ (2) $x=6$

(3) $x=7$ (4) $x=-16$

解説

(1)
$$7(x+6)=28\times2$$
$$7x+42=56$$
$$7x=14$$
$$x=2$$

別解 $\frac{x+6}{28}=\frac{2}{7}$

両辺に 28 をかけて

$$x+6=8$$
$$x=2$$

(2)
$$13(x-1)=5(2x+1)$$
$$13x-13=10x+5$$
$$13x-10x=5+13$$
$$3x=18$$
$$x=6$$

(3)
$$5(x-1)=3(x+3)$$
$$5x-5=3x+9$$
$$5x-3x=9+5$$
$$2x=14$$
$$x=7$$

(4)
$$2(5x+2)=3(3x-4)$$
$$10x+4=9x-12$$
$$10x-9x=-12-4$$
$$x=-16$$

➡本冊 p. 95

※以下の解説では，方程式の解が問題に適している場合，その確認をはぶいている場合がある。

45 (1) 4 (2) 縦 8 m，横 11 m

解説

(1) ある数を x とすると

$$5x-4=3x+4$$
$$2x=8$$
$$x=4$$

(2) 縦の長さを x m とすると，横の長さは $(x+3)$ m である。

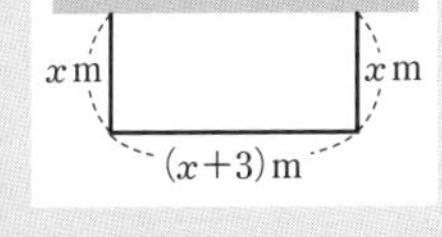

金網の長さが 27 m であるから

$$x+(x+3)+x=27$$
$$3x=24 \qquad x=8$$

よって，縦 8 m，横 $8+3=11$ (m)

46 14 個

解説

買ったゼリーの個数を x 個とすると，プリンの個数は $(24-x)$ 個。

代金の合計について

$$80x+120(24-x)+100=2420$$

両辺を 20 でわって

$$4x+6(24-x)+5=121$$
$$4x+144-6x+5=121$$
$$-2x=-28$$
$$x=14$$

よって，買ったゼリーの個数は　14 個

47 100 円

解説

色鉛筆 1 本の値段を x 円とすると，鉛筆 1 本の値段は $(x-20)$ 円。

よって　$10(x-20)+4x=1200$

$$10x-200+4x=1200$$
$$14x=1400 \qquad x=100$$

48 22

解説

中央の数を x とすると，囲まれた 5 つの数は右のようになるから

	$x-7$	
$x-1$	x	$x+1$
	$x+7$	

$$(x-7)+(x-1)+x$$
$$+(x+1)+(x+7)=110$$
$$5x=110 \qquad x=22$$

22 日は金曜日であるから，囲まれた 5 つの数は右のようになる。

	15	
21	22	23
	29	

よって，問題に適している。

注意　22 日が土曜日や日曜日の場合は 5 つの数を囲むことができないから，問題に適さない。

49 280 円

解説

子ども 1 人の入園料を x 円とすると，大人 1 人の入園料は $3x$ 円。

入園料の合計について

$$3x\times2+x\times4=2800$$
$$6x+4x=2800$$
$$10x=2800$$
$$x=280$$

50 33 人

解説

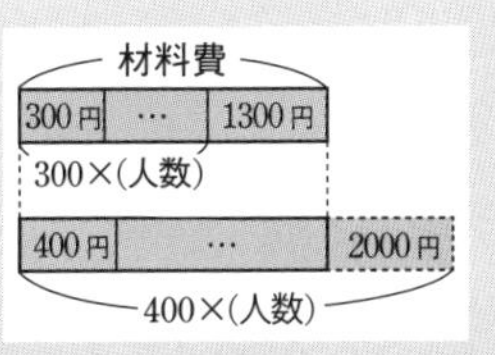

クラスの人数を x 人とすると，材料費について

$$300x+1300=400x-2000$$
$$3x+13=4x-20 \quad \leftarrow \text{両辺を 100 でわる}$$
$$-x=-33$$
$$x=33$$

51 1120 m

解説

帰りにかかった時間は $14+2=16$ 分である。

A地からB地までの道のりを x m とすると，

14 分で歩いたときの速さは　分速 $\frac{x}{14}$ m，

16 分で歩いたときの速さは　分速 $\frac{x}{16}$ m

速さの差が毎分 10 m であるから

$$\frac{x}{14}-\frac{x}{16}=10$$ ← ひく順番に注意。行きの方が速い

両辺に $2\times7\times8$ をかけると

$$8x-7x=1120 \qquad x=1120$$

別解　行きの速さを分速 x m とすると，帰りの速さは分速 $(x-10)$ m である。

行きの道のりは　$x\times14=14x$ (m)
帰りの道のりは
$(x-10)\times16=16(x-10)$ (m)
これが等しいから
$14x=16(x-10)$
$14x=16x-160$
$-2x=-160$
$x=80$
速さは，行きが分速 80 m，帰りが分速 70 m である。このとき，道のりは
$14\times80=1120$ (m)

定期試験対策問題

➡本冊 p. 96

22 (1) $x=-\dfrac{1}{2}$　(2) $x=4$
(3) $x=\dfrac{8}{5}$　(4) $x=\dfrac{5}{2}$ ($x=2.5$)
(5) $x=-3$　(6) $x=4$
(7) $x=\dfrac{9}{5}$　(8) $x=\dfrac{18}{11}$

解説
(1) $3x+2=x+1$
移項して　$3x-x=1-2$
$2x=-1$
$x=-\dfrac{1}{2}$
(2) $3-2x=3x-17$
移項して　$-2x-3x=-17-3$
$-5x=-20$
$x=4$
(3) $8x-2=3(x+2)$
かっこをはずして　$8x-2=3x+6$
移項して　$8x-3x=6+2$
$5x=8$
$x=\dfrac{8}{5}$
(4) $0.2(x+4)=x-1.2$
両辺に 10 をかけて
$2(x+4)=10(x-1.2)$
$2x+8=10x-12$
$2x-10x=-12-8$
$-8x=-20$
$x=\dfrac{5}{2}$　($x=2.5$)
(5) $-5(2x+3)+6x=8x+21$
$-10x-15+6x=8x+21$
整理して　$-4x-15=8x+21$
$-4x-8x=21+15$
$-12x=36$
$x=-3$
(6) $\dfrac{x+2}{2}=\dfrac{4x-7}{3}$
両辺に 6 をかけて
$3(x+2)=2(4x-7)$
$3x+6=8x-14$
$3x-8x=-14-6$
$-5x=-20$
$x=4$
(7) $\dfrac{x-1}{2}+\dfrac{x}{3}=1$
両辺に 6 をかけて
$\left(\dfrac{x-1}{2}+\dfrac{x}{3}\right)\times6=1\times6$
$3(x-1)+2x=6$
$3x-3+2x=6$
$5x-3=6$
$5x=9$
$x=\dfrac{9}{5}$
(8) $\dfrac{2-5x}{3}+3=\dfrac{7x-3}{9}$
両辺に 9 をかけて
$\left(\dfrac{2-5x}{3}+3\right)\times9=\dfrac{7x-3}{9}\times9$
$3(2-5x)+27=7x-3$
$6-15x+27=7x-3$
$-15x+33=7x-3$
$-15x-7x=-3-33$
$-22x=-36$
$x=\dfrac{36}{22}$　$x=\dfrac{18}{11}$

23 $a=-1$

解説

解が ○ ⟶ 方程式に $x=$○ を代入

$x=-3$ を方程式に代入すると

$$4\times(-3)-a=6\times(-3)+7$$
$$-12-a=-11$$
$$-a=-11+12$$
$$-a=1 \qquad a=-1$$

24 (1) $x=30$ (2) $x=10$ (3) $x=-16$ (4) $x=\frac{33}{4}$

解説

(1) $x\times3=18\times5$ ← $3x=90$

$x=30$

別解 $\frac{x}{18}=\frac{5}{3}$ より，両辺に 18 をかけて

$x=\frac{5}{3}\times18 \qquad x=30$

(2) $(2x+1)\times2=6\times7$ ← $2(2x+1)=42$ 両辺を 2 でわると $2x+1=21$

$2x+1=21$

$2x=20$

$x=10$

別解 $\frac{2x+1}{6}=\frac{7}{2}$ より，両辺に 6 をかけて

$2x+1=21$

$x=10$

(3) $(x-4)\times4=x\times5$

$4x-16=5x$

$-x=16 \qquad x=-16$

(4) $3x\times6=(2x-3)\times11$

$18x=22x-33$

$-4x=-33 \qquad x=\frac{33}{4}$

25 鉛筆 9 本，ボールペン 3 本

解説

ボールペンの本数を x 本とすると，鉛筆の本数は $3x$ 本と表される。

合計金額が 720 円であるから

$$50\times3x+90x=720$$
$$240x=720$$
$$x=3$$

ボールペンを 3 本とすると，鉛筆は $3\times3=9$ 本。これは，問題に適している。

26 84 個

解説

子どもの人数を x 人とすると，みかんの個数について

$5x+9=7x-21$ ← $5x-7x=-21-9$

$-2x=-30$

$x=15$

子どもの人数を 15 人とすると，みかんの個数は，$5\times15+9=84$ より 84 個となる。

これは，問題に適している。

27 午前 8 時 18 分

解説

妹が家を出発して x 分後に兄に追いつくとする。

兄が進んだ道のりは　$80(6+x)$ m

妹が進んだ道のりは　$120x$ m

これが等しいから　$80(6+x)=120x$

両辺を 40 でわると　$2(6+x)=3x$

$12+2x=3x$

$x=12$

12 分後に追いつくとすると，2 人が進んだ道のりはともに　$120\times12=1440$ (m)

これは，家から学校までの道のり 3 km より短いから，問題に適している。

妹は午前 8 時 6 分に出発し，その 12 分後に追いつくから，妹が兄に追いつく時刻は

午前 8 時 18 分

注意 求める数量は，妹が兄に追いつく時刻。

別解 兄は午前 8 時ちょうどに出発しているから，兄が家を出発して x 分後に妹が追いつくとすると

$80x=120(x-6)$

$2x=3(x-6)$

$2x=3x-18$

$x=18$

18 分後に追いつくとすると，2 人が進んだ道のりはともに　$80\times18=1440$ (m)

第1章 第2章 第3章 第4章 第5章 第6章 第7章 入試対策編

これは家から学校までの道のり 3 km より短いから，問題に適している。
よって，妹は，兄が家を出発して 18 分後に追いつく，つまり午前 8 時 18 分に追いつく。

第 4 章 比例と反比例 p. 97

練　習

練習 75 (1)，(2)

解説
x の値を 1 つ決めたとき，それにともなって y の値も 1 つに決まるかどうかを調べる。
(1) たとえば，りんごを 3 個とすると，みかんは $10-3=7$ (個) となる。
(2) たとえば，時速 5 km で進むとすると，かかった時間は $10\div5=2$ (時間) となる。
(3) たとえば，年齢が 20 歳の人の身長は，いろいろ考えられるから，y の値は 1 つに決まらない。

練習 76 (1) $x\leqq7$　(2) $x>6$
(3) $-5<x<-2$　(4) $1\leqq x<3$
(5) $x<0$

解説
(5) 負の数は 0 より小さい数である。

練習 77 (1) $y=4x$，比例する
(2) 20 L　(3) $0\leqq x\leqq15$

解説
(1) 毎分 4 L ずつ水を入れるから，x 分後の水の量は $4x$ L である。よって $y=4x$
(2) $y=4x$ に $x=5$ を代入する。
(3) 水の量が 60 L になるのは，$60\div4=15$ 分後。
よって $0\leqq x\leqq15$

練習 78 (1) 比例定数は 2π
(2) 順に -0.2，$\dfrac{3}{2}$

解説
$y=ax$ の形なら y は x に比例。比例定数は a
(1) (円周の長さ)＝(直径)×π であるから
$y=2\pi x$ ←半径 x に対し，直径は $2x$
よって，y は x に比例する。
(2) $y=\dfrac{3x}{2}=\dfrac{3}{2}x$

練習 79 (ア) -9　(イ) -1　(ウ) 5

解説
$y=ax$ とおくと，$x=2$ のとき $y=6$ であるから $6=a\times2$　$a=3$
よって $y=3x$
(ア) $x=-3$ のとき $y=3\times(-3)=-9$
(イ) $y=-3$ のとき $-3=3x$　$x=-1$
(ウ) $y=15$ のとき $15=3x$　$x=5$

練習 80 (1) A(1, 2)，B(−2, 3)，C(3, −4)，D(−5, −5)，E(−2, 0)
(2)

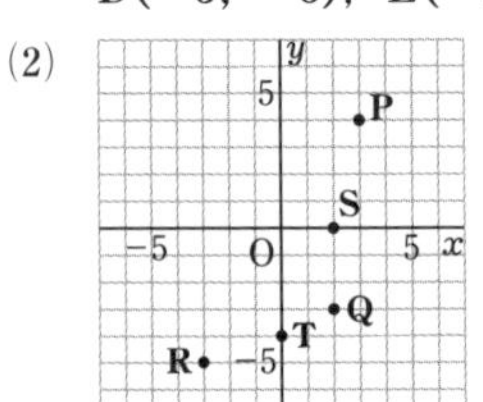

練習 81 (1) B(−2, −4)　(2) C(2, 4)
(3) D(2, −4)

解説

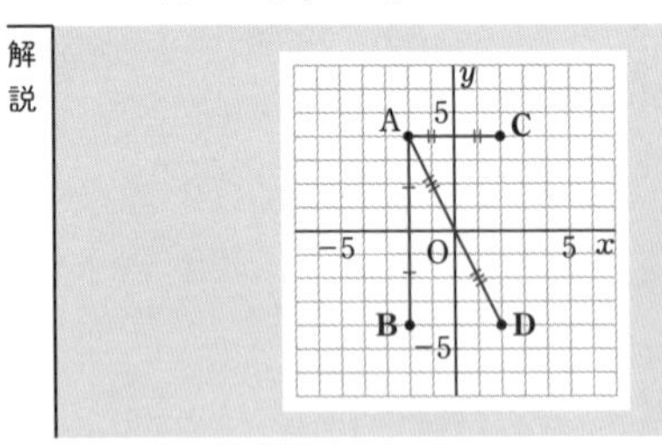

練習 82 (1)　(2)

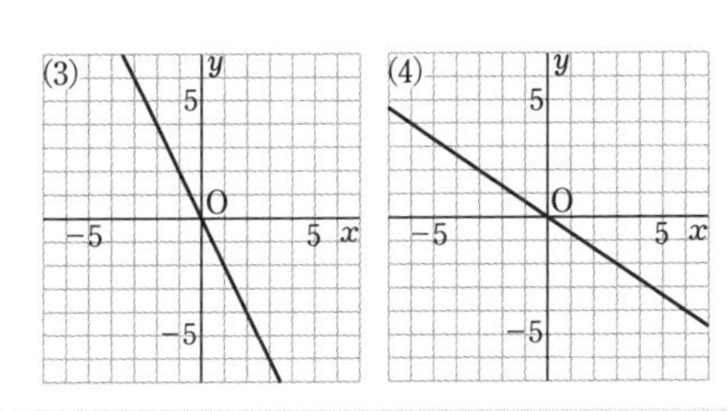

解説
原点と原点以外の通る1点を直線で結ぶ。
通る点は (1) (1, 1)　(2) (2, 3)
(3) (1, −2)　(4) (3, −2) など。

練習83 ① $y=\frac{3}{2}x$　② $y=\frac{1}{3}x$

③ $y=-3x$　④ $y=-\frac{2}{3}x$

解説
比例の式を $y=ax$ とおく。
① 点 (2, 3) を通るから
$3=a\times 2$　$a=\frac{3}{2}$
② 点 (3, 1) を通るから
$1=a\times 3$　$a=\frac{1}{3}$
③ 点 (−1, 3) を通るから
$3=a\times(-1)$　$a=-3$
④ 点 (3, −2) を通るから
$-2=a\times 3$　$a=-\frac{2}{3}$

練習84 (1) 比例定数は 12
(2) (ア) −6　(イ) $y=-2$

解説
$y=\frac{a}{x}$ の形なら y は x に反比例。比例定数は a
($xy=a$ でもよい)。
(1) $xy=12$ であるから，y は x に反比例する。
(2) (ア) $y=-\frac{6}{x}=\frac{-6}{x}$
(イ) $x=3$ を代入すると　$y=-\frac{6}{3}=-2$

練習85 (ア) 2　(イ) −1

解説
$y=\frac{a}{x}$ とおいて，a についての方程式を解く。
y は x に反比例するから，比例定数を a とすると，$y=\frac{a}{x}$ と表すことができる。
$x=2$ のとき $y=-4$ であるから　$-4=\frac{a}{2}$
$a=-8$
よって，反比例の式は　$y=\frac{-8}{x}=-\frac{8}{x}$
(ア) $x=-4$ を $y=-\frac{8}{x}$ に代入して
$y=-\frac{8}{-4}=2$
(イ) $y=8$ を $y=-\frac{8}{x}$ に代入して
$8=-\frac{8}{x}$　$x=-1$
別解 xy の値が一定であるから
$2\times(-4)=-8$
よって，$-4\times$(ア)$=-8$ より (ア)$=2$
(イ)$\times 8=-8$ より (イ)$=-1$

練習86
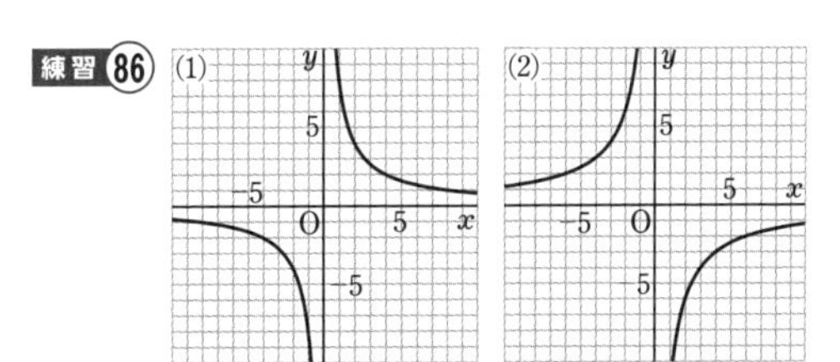

解説
通る点の座標を求め，なめらかな曲線で結ぶ。
通る点は
(1) (−8, −1), (−4, −2), (−2, −4),
(−1, −8), (1, 8), (2, 4), (4, 2), (8, 1)
(2) (−6, 2), (−3, 4), (3, −4), (6, −2)
など。

練習87 (1) $y=\frac{5}{x}$　(2) $y=-\frac{4}{x}$

解説
通る点を見つけ，$xy=a$ を利用して a を求める。

(1) 点 (1, 5) を通るから

$a=1\times5=5$

(2) 点 (1, -4) を通るから

$a=1\times(-4)=-4$

練習 88 順に　37.5 g　2880 cm

解説

針金の長さは，針金の重さに比例する。

針金の重さを x g，長さを y cm とすると，比例定数を a として，$y=ax$ と表すことができる。

$x=15$，$y=360$ を $y=ax$ に代入すると

$360=a\times15$

$a=24$

よって　$y=24x$

9 m は 900 cm であるから，$y=24x$ に $y=900$ を代入すると　$900=24x$

$x=37.5$

また，$y=24x$ に $x=120$ を代入すると

$y=24\times120=2880$

別解　比例の性質を利用。

x (g)	15	①	120
y (cm)	360	900	②

$900\div360=2.5$ であるから

①$=15\times2.5=37.5$

$120\div15=8$ であるから

②$=360\times8=2880$

練習 89 (1) $y=\dfrac{360}{x}$　　(2) 9 回転

解説

(1) 歯数 30 の歯車Aが 12 回転すると，歯数 x の歯車Bが y 回転するから　$30\times12=xy$

よって　$xy=360$

(2) $x=40$ を $y=\dfrac{360}{x}$ に代入すると

$y=\dfrac{360}{40}=9$

練習 90 (1) 5 分　　(2) 150 m

解説

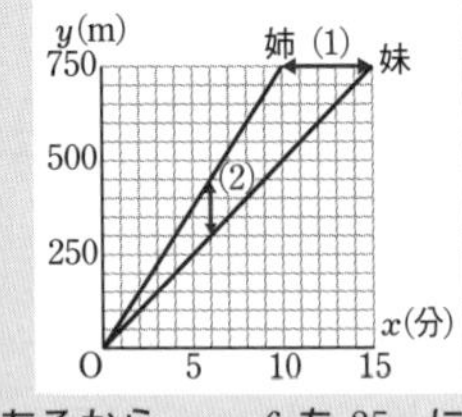

(1) 姉は 10 分，妹は 15 分で駅に着くから，その差は

$15-10=5$ (分)

(2) x 分後の 2 人の距離の差は，

$75x-50x=25x$ であるから，$x=6$ を $25x$ に代入して　$25\times6=150$ (m)

練習 91 (1) $0\leqq x\leqq4$　　(2) $y=6x$

(3) $0\leqq y\leqq24$

解説

(1) 点Pは，BからCまで秒速 3 cm で動く。点PがCに一致するのは，$12\div3=4$ より 4 秒後。よって　$0\leqq x\leqq4$

(2) x 秒後の BP の長さは $3x$ cm であり，高さは 4 cm であるから　$y=3x\times4\div2=6x$

(3) y の値は，0 からだんだん大きくなり，$x=4$ のとき，もっとも大きくなる。

$x=4$ のとき　$y=6\times4=24$

よって　$0\leqq y\leqq24$

EXERCISES

➡本冊 p. 104

52 関数　(1)，(2)，(3)，(5)

比例　(1)，(2)

解説

(1) $y=4x$　　(2) $y=70x$　　(3) $y=\dfrac{20}{x}$

(4) たとえば，$x=1$ のとき，$y=2$ と $y=4$ の 2 つが考えられるから，関数でない。

(5) $y=5000-x$

53 (1) $0\leqq x\leqq15$　　(2) $3\leqq x<10$

(3) $-1<x<0$

54 (1) $y=5x$，比例定数は 5

(2) $0\leqq x\leqq20$，$0\leqq y\leqq100$

解説

(1) 毎分 5 L ずつ水を入れるから，x 分後の水の量は $5x$ L である。よって　$y=5x$

(2) 水の量が 100 L になるのは，$100\div5=20$ 分後。

よって　$0\leqq x\leqq 20$

また，y は 0 から 100 までの値をとるから

$0\leqq y\leqq 100$

55 (1) $y=-\dfrac{3}{2}x$　(2) $y=12$　(3) $x=-\dfrac{4}{3}$

解説

(1) y は x に比例するから，比例定数を a とすると $y=ax$ と表すことができる。

$x=6$ のとき $y=-9$ であるから

$-9=a\times6$　　$a=-\dfrac{9}{6}=-\dfrac{3}{2}$

よって　$y=-\dfrac{3}{2}x$

(2) $x=-8$ を代入して　$y=-\dfrac{3}{2}\times(-8)=12$

(3) $y=2$ を代入して　　$2=-\dfrac{3}{2}x$

分母をはらうと　　$4=-3x$

両辺を -3 でわって　　$x=-\dfrac{4}{3}$

56 (ア) -12　(イ) 6　(ウ) 6

解説

y は x に比例し，$x=-1$ のとき $y=-6$ であるから　$y=6x$

よって (ア) $x=-2$ (イ) $x=1$ (ウ) $y=36$ をそれぞれ $y=6x$ に代入すればよい。

別解

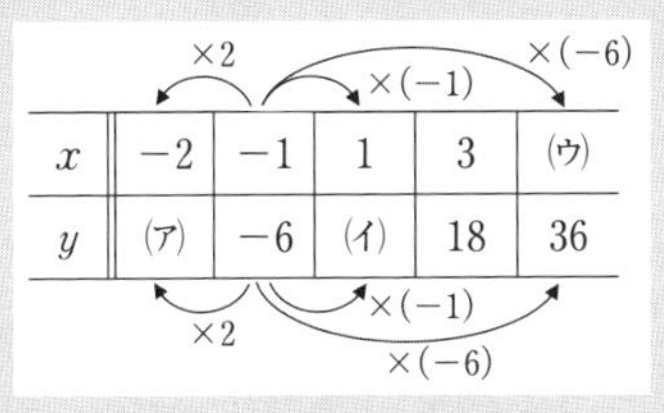

x	-2	-1	1	3	(ウ)
y	(ア)	-6	(イ)	18	36

上の表から (ア) $-6\times2=-12$

(イ) $-6\times(-1)=6$ (ウ) $(-1)\times(-6)=6$

➡本冊 p. 110

57 (1) A(4, 5)

B(−3, −2)

C(−5, 0)

(2) 右の図

(3) 14 cm^2

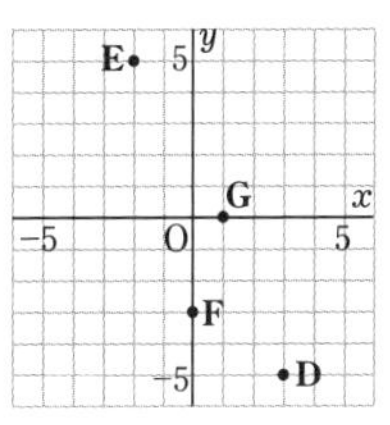

解説

(3) P(−5, 5), Q(−5, −2), R(4, −2) をとり，長方形 PQRA をつくると，三角形 ABC の面積は，長方形 PQRA の面積から直角三角形 PCA, QBC, ABR の面積をひいたものである。

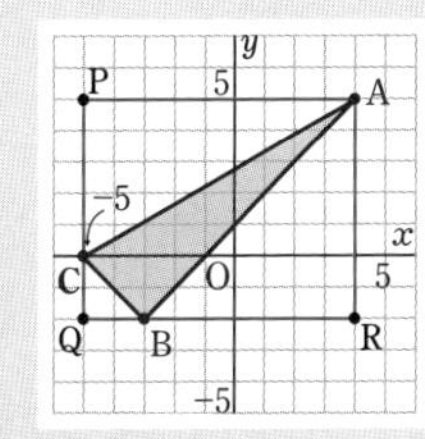

PQ は 7 cm，QR は 9 cm であるから

長方形 PQRA の面積は　$7\times9=63$ (cm^2)

三角形 PCA の面積は　$\dfrac{1}{2}\times9\times5=\dfrac{45}{2}$ (cm^2)

三角形 QBC の面積は　$\dfrac{1}{2}\times2\times2=2$ (cm^2)

三角形 ABR の面積は　$\dfrac{1}{2}\times7\times7=\dfrac{49}{2}$ (cm^2)

よって，三角形 ABC の面積は

$$63-\frac{45}{2}-2-\frac{49}{2}=14\ (\text{cm}^2)$$

58 (1) B(3, 5)　(2) C(−3, −5)

(3) D(−3, 5)

59 (1) Q(6, 2)　(2) R(1, −2)

(3) S(−1, 5)

解説

(1) (1+5, 2)

(2) (1, 2−4)

(3) (1−2, 2+3)

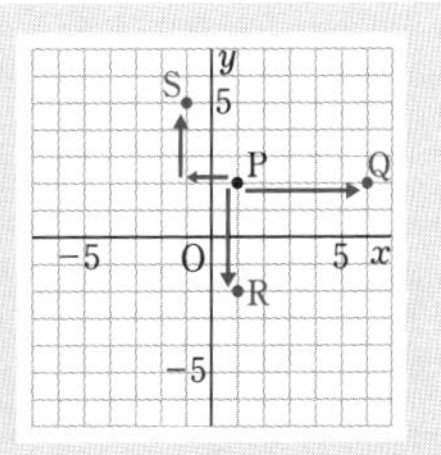

60 (1) **C** (2) **B，E**

解説

点の x 座標を，$y=2x$，$y=-3x$ の x に，それぞれ代入したときの y の値を調べる。

$x=1$ のとき (1) $y=2$ (2) $y=-3$

$x=2$ のとき (1) $y=4$ (2) $y=-6$ (B)

$x=-2$ のとき (1) $y=-4$ (C) (2) $y=6$

$x=-\frac{5}{3}$ のとき (1) $y=2\times\left(-\frac{5}{3}\right)=-\frac{10}{3}$

(2) $y=-3\times\left(-\frac{5}{3}\right)=5$ (E)

61

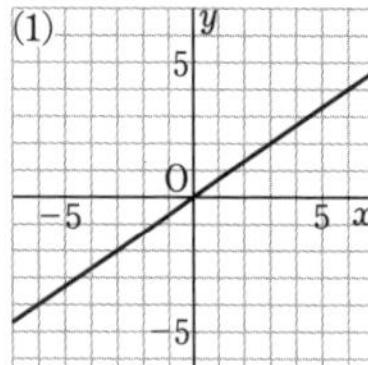

(2)

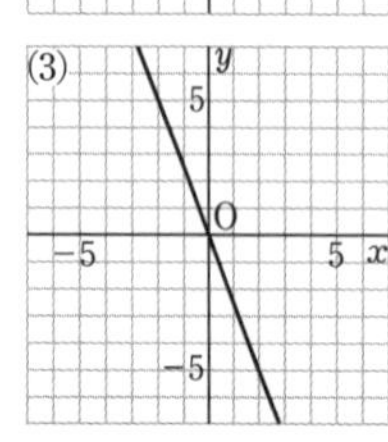

解説

それぞれ原点と (1) 点 (3，2)

(2) 点 (1，−3) (3) 点 (2，−5) を結ぶ。

62 (ア) **増加** (イ) **3** (ウ) **増加**

(エ) **減少** (オ) **4** (カ) **減少**

解説

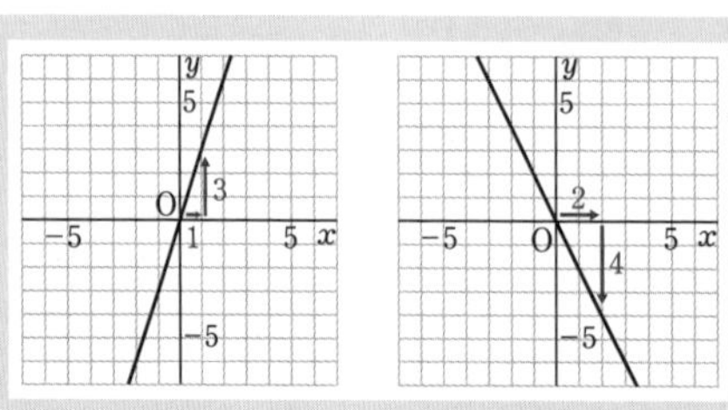

➡本冊 p. 116

63 (3)

解説

(1) $y=\frac{1}{10}x$ (2) $y=100-x$

(3) $y=\frac{20}{x}$ (4) $y=x^3$

64 (1) $y=\frac{2}{x}$ (2) $x=\frac{5}{2}$

解説

y は x に反比例するから，比例定数を a とすると，$y=\frac{a}{x}$ と表すことができる。

(1) $x=4$ のとき $y=\frac{1}{2}$ であるから $\frac{1}{2}=\frac{a}{4}$

$a=2$ よって $y=\frac{2}{x}$

(2) $x=2$ のとき $y=10$ であるから

$10=\frac{a}{2}$ $a=20$ よって $y=\frac{20}{x}$

$y=8$ のとき $8=\frac{20}{x}$ $x=\frac{20}{8}=\frac{5}{2}$

別解 (1) $xy=a$ とおく。

$4\times\frac{1}{2}=2$ から $a=2$

よって $xy=2$

(2) 積 xy が一定であるから $2\times10=x\times8$

これを解いて $x=\frac{5}{2}$

65 (ア) **6** (イ) **−2** (ウ) $-\frac{18}{7}$

解説

y は x に反比例するから，x と y の積 xy は一定である。

$x=4$ のとき $y=-\frac{9}{2}$ であるから

$4\times\left(-\frac{9}{2}\right)=-18$

したがって，$-3\times$(ア)$=-18$ より (ア)$=6$

(イ)$\times9=-18$ より (イ)$=-2$

$7\times$(ウ)$=-18$ より (ウ)$=-\frac{18}{7}$

66

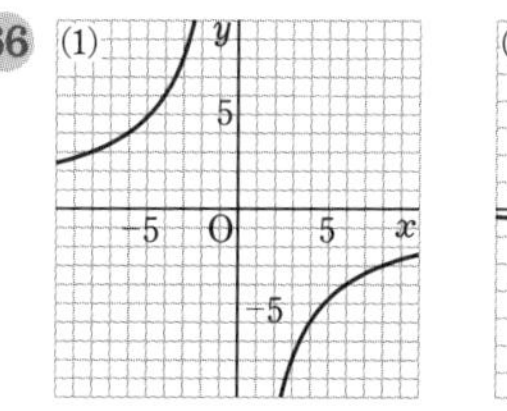

(2)

解説
(1) 点 (4, −6), (6, −4), (8, −3), (−8, 3) などを通る。
(2) 点 (1, 2), (2, 1) などを通る。

67 (1) $y=\dfrac{18}{x}$　　(2) $y=-\dfrac{9}{x}$

解説
(1) 点 (3, 6) を通るから，比例定数は
$3\times6=18$
(2) 点 (−3, 3) を通るから，比例定数は
$-3\times3=-9$

➡本冊 p. 121

68 (1) 反比例する　　(2) $z=5$

解説
(1) 比例定数を a, b とすると，$y=ax$, $x=\dfrac{b}{z}$ と表すことができる。
$x=\dfrac{b}{z}$ を $y=ax$ に代入すると
$$y=a\times\frac{b}{z}=\frac{ab}{z}$$
ab は定数であるから，$y=\dfrac{ab}{z}$ より y は z に反比例する。
(2) $x=-1$ のとき，$y=3$, $z=-5$ であるから
$$3=a\times(-1),\quad -1=\frac{b}{-5}$$
よって　$a=-3$, $b=5$
$ab=-3\times5=-15$ であるから，(1) より
$$y=-\frac{15}{z}$$
$y=-3$ を代入すると　$-3=-\dfrac{15}{z}$
よって　$z=5$

別解 (1) より，y は z に反比例するから，yz は一定である。
$3\times(-5)=(-3)\times z$ から　$z=5$

69 (1) z は w に比例する
(2) x は z に反比例する

解説
(1) $xz=yw$ に $x=10$, $y=8$ を代入すると
$10z=8w$　　$z=\dfrac{4}{5}w$ ← $\dfrac{8}{10}w$
よって，z は w に比例する。
(2) $xz=yw$ に $y=8$, $w=100$ を代入すると
$xz=8\times100$　　$xz=800$
よって，x は z に反比例する。
参考 (1) は w は z に比例する，(2) は z は x に反比例する でもよい。

70 (1) 秒速 2.5 m
(2) A : 30 m　B : 20 m　C : 50 m
(3) A : $y=1.5x$
B : $y=x$
C : $y=2.5x$;
右の図

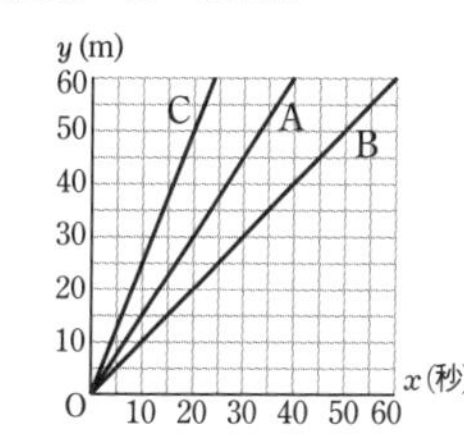

解説
(1) Aさんは 60 m を 40 秒で進むから，Aさんの歩く速さは，$60\div40=1.5$ より
秒速 1.5 m
Bさんは 60 m を 60 秒で進むから，動く歩道の速さは，$60\div60=1$ より　秒速 1 m
Cさんは，動く歩道でAさんと同じ速さで歩くから，進む速さは，$1.5+1=2.5$ より
秒速 2.5 m
(2) A : $1.5\times20=30$ (m), B : $1\times20=20$ (m), C : $2.5\times20=50$ (m)
(3) Aのグラフ : 原点と点 (40, 60) を通る。
Bのグラフ : 原点と点 (60, 60) を通る。
Cのグラフ : 原点と点 (10, 25) を通る。
参考 Cさんは 60 m を秒速 2.5 m で進むから，かかる時間は $60\div2.5=24$ 秒。

71 (1) ①, ②　　(2) ①, ③
(3) ③, ④　　(4) ①, ④

解説
② $y=-\frac{x}{4}=-\frac{1}{4}x$ より，y は x に比例する。
(3) グラフが双曲線になるのは，反比例のグラフ。

72 (1) $0 \leqq x \leqq 5$
(2) $y=6x$，図
(3) $6 \leqq y \leqq 24$

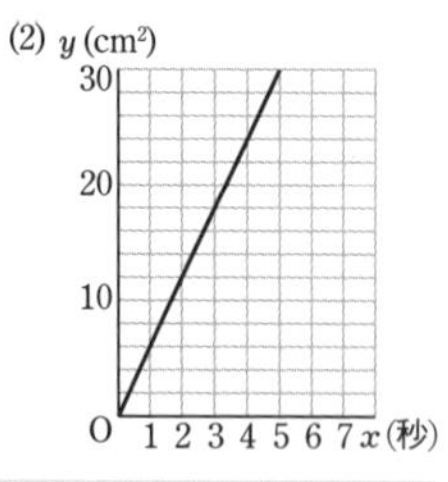

解説
(1) 点PがCに一致するのは，$10 \div 2=5$ より5秒後。よって　$0 \leqq x \leqq 5$
(2) x 秒後のBPの長さは $2x$ cm，高さは6 cm であるから　$y=2x \times 6 \div 2=6x$
(3) 点Pは秒速2 cm で動くから，PがBから2 cm の点にくるのは1秒後。
$x=1$ を $y=6x$ に代入すると　$y=6$
また，PがBから8 cm の点にくるのは $8 \div 2=4$ 秒後。
$x=4$ を $y=6x$ に代入すると　$y=24$
よって　$6 \leqq y \leqq 24$

定期試験対策問題

➡本冊 p. 123

28 比例：②　　反比例：③，⑤

解説
① $y=50-x$　② $y=4x$　③ $xy=10$
④ $y=\pi x^2$　⑤ $5xy=20$ より　$xy=4$

29 (1) $y=\frac{3}{2}x$，比例定数は $\frac{3}{2}$
(2) $y=-\frac{20}{x}$，比例定数は -20

解説
(1) y は x に比例するから，比例定数を a とすると，$y=ax$ と表すことができる。
$x=10$ のとき，$y=15$ であるから
$$15=a \times 10 \qquad a=\frac{15}{10}=\frac{3}{2}$$
よって　$y=\frac{3}{2}x$
(2) y は x に反比例するから，比例定数を a とすると，$y=\frac{a}{x}$ と表すことができる。
$x=5$ のとき，$y=-4$ であるから
$$-4=\frac{a}{5} \qquad a=-20$$
よって　$y=-\frac{20}{x}$　← $y=\frac{-20}{x}$

別解 (1) y は x に比例するから，$\frac{y}{x}$ は一定。
$\frac{15}{10}=\frac{3}{2}$ であるから　$\frac{y}{x}=\frac{3}{2}$
よって　$y=\frac{3}{2}x$
(2) y は x に反比例するから，xy は一定。
$5 \times (-4)=-20$ であるから　$xy=-20$
よって　$y=-\frac{20}{x}$

30 A$(-4,\ 6)$，
B$(-8,\ -5)$，
C$(7,\ 0)$；右の図

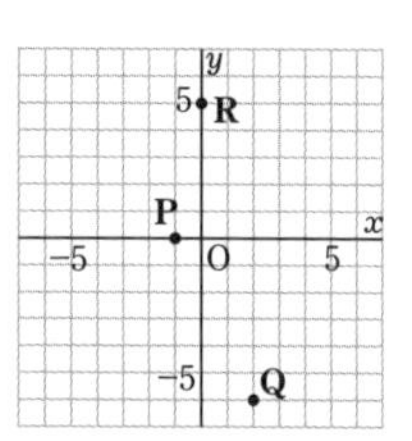

31 (1)〜(4)
右の図

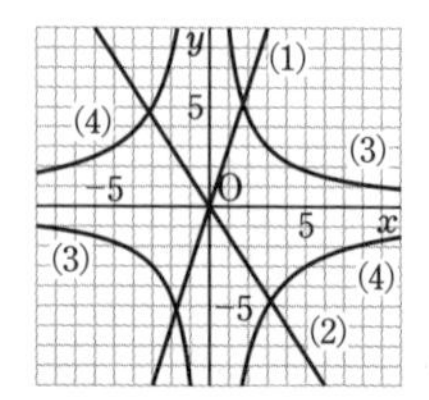

解説
(1) 原点と点 $(1,\ 3)$ を通る直線
(2) 原点と点 $(2,\ -3)$ を通る直線
(3) 点 $(1,\ 9)$，$(3,\ 3)$，$(9,\ 1)$，$(-1,\ -9)$，$(-3,\ -3)$，$(-9,\ -1)$ を通る双曲線
(4) 点 $(3,\ -5)$，$(5,\ -3)$，$(-3,\ 5)$，$(-5,\ 3)$ を通る双曲線。なお，点 $(1,\ -15)$，

(15, −1), (−1, 15), (−15, 1) も通る。

32 ① $y=-2x$ ② $y=\frac{1}{2}x$ ③ $y=-\frac{6}{x}$

解説
① 原点を通る直線で，点 $(-1,\ 2)$ を通るから，比例定数を a として $y=ax$ と表すことができる。$2=a\times(-1)$ より $a=-2$
よって $y=-2x$
② 原点を通る直線で，点 $(2,\ 1)$ を通る。
③ 点 $(-1,\ 6)$ を通る双曲線であるから，比例定数を a として $xy=a$ と表すことができる。
$a=(-1)\times 6=-6$ より $xy=-6$
よって $y=-\frac{6}{x}$

33 (1) $y=\frac{9}{5}x$ (2) 125 本

解説
本数が 2 倍になれば，重さも 2 倍になるから，重さ y は本数 x に比例する。
(1) 比例定数を a とすると，$y=ax$ と表すことができる。
$x=15$，$y=27$ を $y=ax$ に代入すると
$27=a\times 15$ $a=\frac{27}{15}=\frac{9}{5}$
よって $y=\frac{9}{5}x$
(2) $y=225$ を $y=\frac{9}{5}x$ に代入すると
$225=\frac{9}{5}x$ $x=\frac{225\times 5}{9}=125$
よって 125 本

34 (1) $y=\frac{120}{x}$ (2) 15 日間

解説
全体のページ数が決まっているから，ページ数が 2 倍になれば，かかる日数は $\frac{1}{2}$ 倍になる。
よって，日数 y はページ数 x に反比例する。
(1) 比例定数を a とすると，$xy=a$ と表すことができる。
$x=6$，$y=20$ を $xy=a$ に代入すると
$6\times 20=a$ $a=120$
よって，$xy=120$ から $y=\frac{120}{x}$
(2) $x=8$ を $y=\frac{120}{x}$ に代入すると
$y=\frac{120}{8}=15$ よって 15 日間

35 (1) 900 m
(2) 兄：$y=80x$ $(0\leqq x\leqq 15)$，
弟：$y=60x$ $(0\leqq x\leqq 20)$
(3) 6 分後

解説
(1) グラフより，兄が公園に着いた時間は，家を出発してから 15 分後で，そのとき弟は家から 900 m のところにいる。
(2) y は x に比例する。
兄は，15 分で 1200 m 進むから，比例定数は $\frac{1200}{15}=80$ で，変域は $0\leqq x\leqq 15$
弟は，20 分で 1200 m 進むから，比例定数は $\frac{1200}{20}=60$ で，変域は $0\leqq x\leqq 20$
(3) (2) より $80x-60x=120$ $20x=120$
$x=6$ よって，6 分後。

第 5 章 平面図形 p. 125

練 習

練習 92 (1) 下の図 (2) 6 本

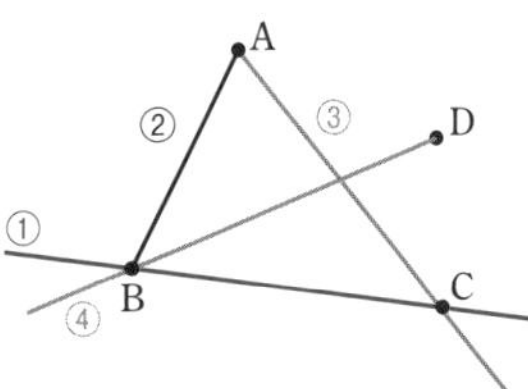

解説
(2) 2 点を通る直線は，直線 AB，直線 BC，直線 CD，直線 DA，直線 AC，直線 BD の 6 本。

練習 93 (1) (ア) **∠BAC** (∠CAB)

(イ) **∠ABC** (∠CBA) **または ∠B**

(ウ) **∠ACD** (∠DCA)

(エ) **∠ADC** (∠CDA) **または ∠D**

(2) (ア) **30°** (イ) **45°**

解説 (2) (ア) ∠AOB＝90°

であるから

∠AOC

＝∠AOB－∠COB

＝90°－60°＝30°

(イ) ∠COD＝90°

であるから

∠BOD＝∠COD－∠COB

＝90°－60°＝30°

よって ∠BOE＝∠BOD＋∠DOE

＝30°＋15°＝45°

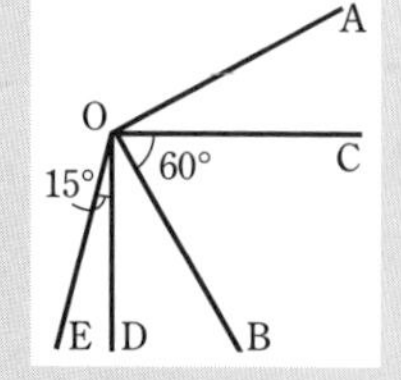

練習 94 (1) **AB∥DC** (2) **AB⊥BC**

練習 95 (1) **3 cm** (2) **3 cm**

解説 (1) 線分 CE の長さ

(2) 点Bから直線 CE にひいた垂線の長さ

練習 96

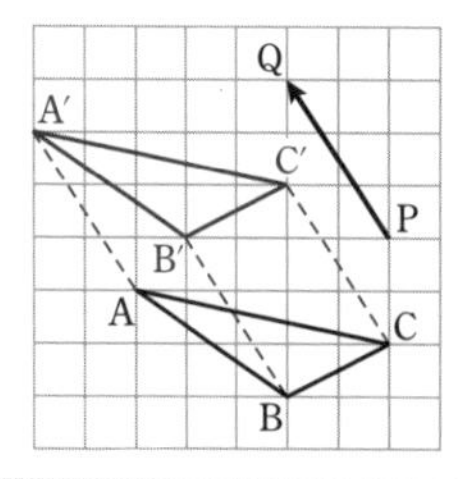

解説 対応する 2 点を結ぶ線分は，平行で長さが等しい。

練習 97

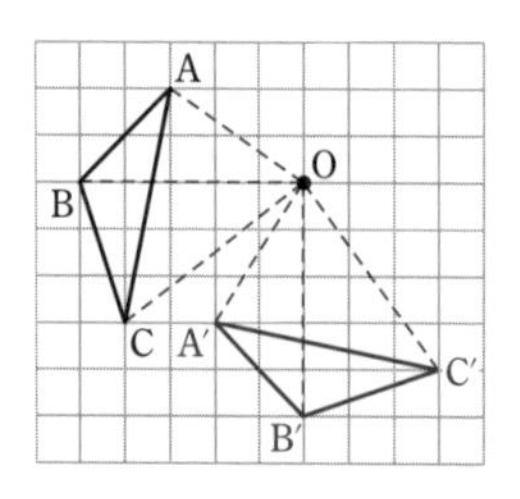

解説 対応する点は，回転の中心から等しい距離にある。

練習 98

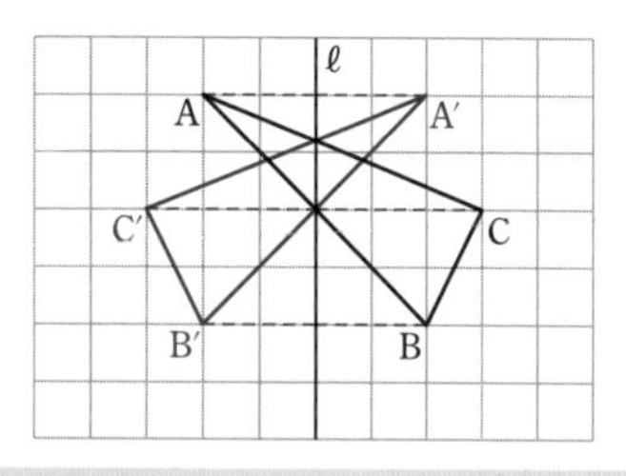

解説 対応する 2 点を結ぶ線分は，対称の軸によって，垂直に 2 等分される。

練習 99 (1) **④**

(2) **②，直線 BF；⑧，直線 AE；**

④，直線 CG；⑥，直線 DH

解説 平行移動 図形をずらす

対称移動 図形を対称の軸で折り返す

(1) 360÷8＝45 であるから ← 1 回転は 360°

∠AOB＝45°

135÷45＝3 であるから，三角形 ① を，点Oを回転の中心として，三角形 3 個分の回転移動をすればよい。

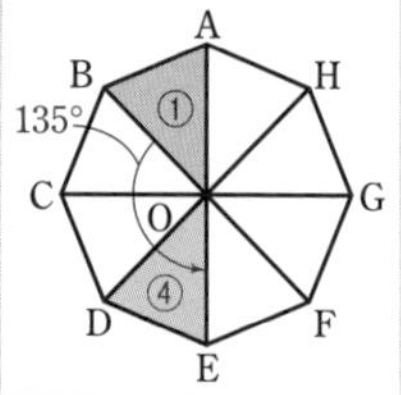

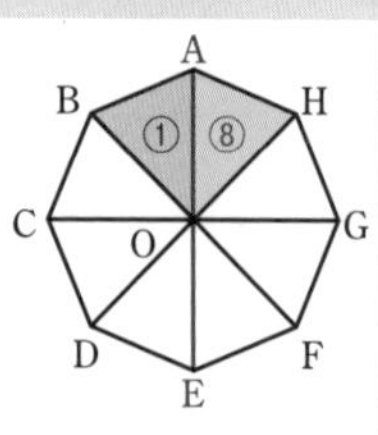

(2)

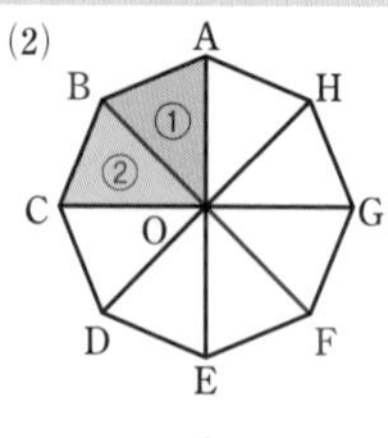

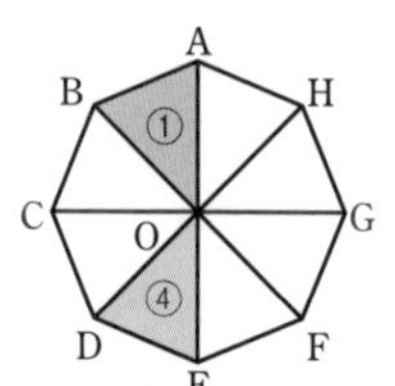

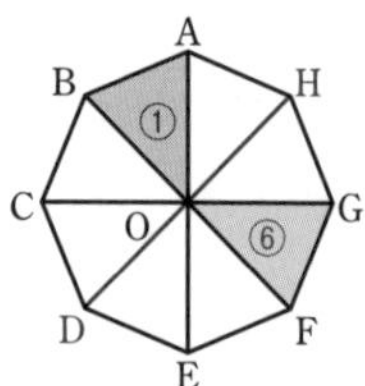

練習100 点Oを中心として時計の針の回転と反対方向に 130° 回転させる移動

解説

図形上のある1点の移動について考える。

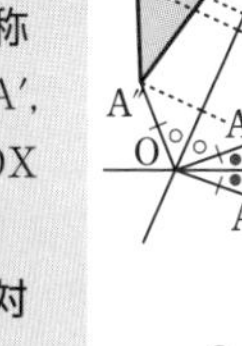

点Aと点 A′ は直線 OX を対称の軸として対称であるから　OA=OA′,

$\angle AOX=\angle A'OX$

点 A′ と点 A″ は直線 OY を対称の軸として対称であるから

OA′=OA″,

$\angle A'OY=\angle A''OY$

よって，OA=OA″ であるから，点Oを中心とする回転移動で点Aは点 A″ に重なり，

$\angle AOA''=\angle AOA'+\angle A'OA''$

$=2\times\angle A'OX+2\times\angle A'OY$

$=2\times\angle XOY=2\times65^\circ=130^\circ$

練習101

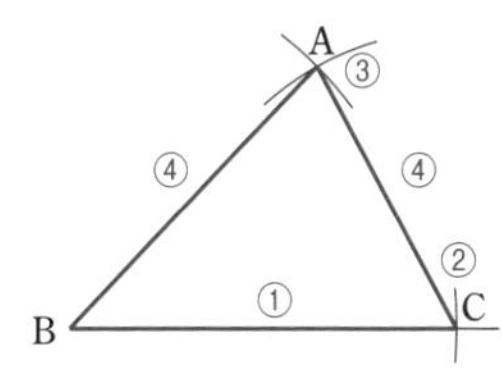

解説

① 点Bを端とする半直線をひく。

② 線分 BC の長さをとる。

③ 点Bを中心として半径 AB の円と，点Cを中心として半径 CA の円の交点をAとする。

④ 線分 AB，AC をひく。

△ABC が求める三角形である。

練習102 (1)　(2)

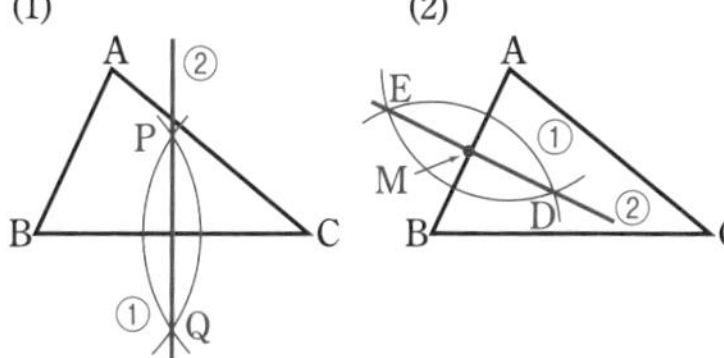

解説

(1) ① 頂点 B，C をそれぞれ中心として，同じ半径の円をかく。この2つの円の交点を P，Q とする。

② 直線 PQ をひく。

直線 PQ が辺 BC の垂直二等分線である。

(2) (1)と同様にして，辺 AB の垂直二等分線 DE をひく。AB と DE の交点Mが辺 AB の中点である。

練習103

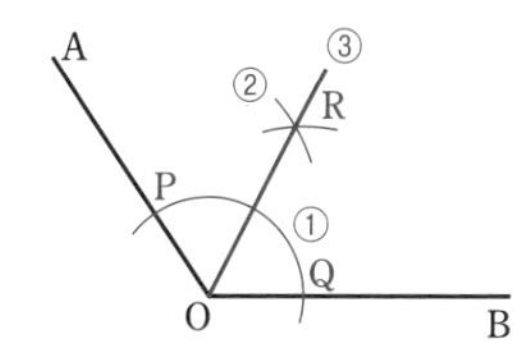

解説

① 点Oを中心とする円をかき，辺 OA，OB との交点をそれぞれ P，Q とする。

② 2点 P，Q をそれぞれ中心として，同じ半径の円をかく。その交点の1つをRとする。

③ 半直線 OR をひく。

半直線 OR が ∠AOB の二等分線である。

練習104 (1)

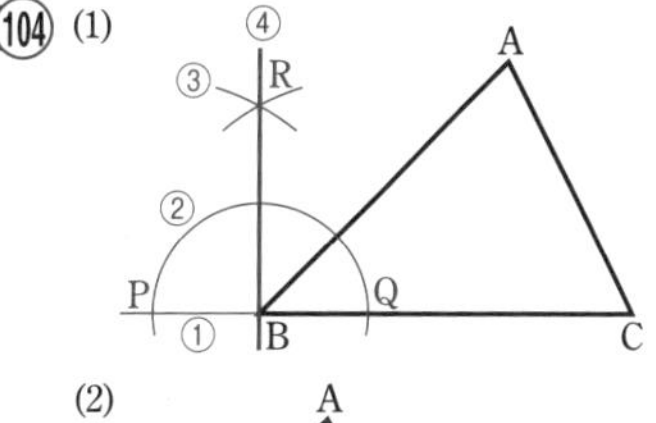

(2)

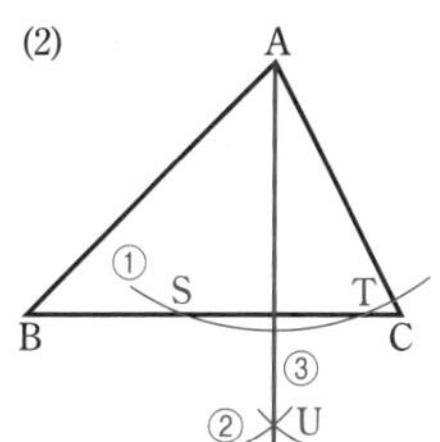

解説

(1) ① 半直線 CB をひく。

② Bを中心とする円をかき，半直線 CB との交点を P，Q とする。

③ P，Q をそれぞれ中心として，同じ半径の円をかき，その交点の1つをRと

する。

④ 直線 BR をひく。

直線 BR が頂点 B を通る辺 BC の垂線である。

(2) ① 頂点Aを中心とする円をかき，直線 BC との交点を S，T とする。

② S，T をそれぞれ中心として，同じ半径の円をかき，その交点の 1 つをUとする。

③ 半直線 AU をひく。

半直線 AU が頂点Aから辺 BC にひいた垂線である。

練習105 (1) **図の ∠ABD または ∠DBC**

(2) **図の ∠AOD**

(1)

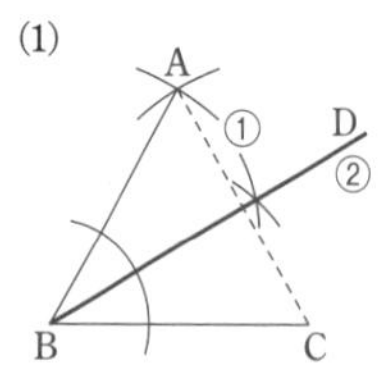

(2)

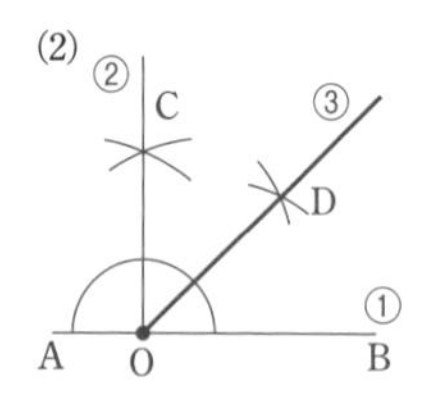

解説

(1) 30°＝60°÷2 であるから，正三角形を作図し，1 つの角について，角の二等分線を作図すると，30° の角の作図ができる。

① 適当な線分 BC をとり，BC を 1 辺とする正三角形 ABC を作図する。
（↑線分 AC はひかなくてもよい。）

② ∠ABC の二等分線 BD をひく。

∠ABD または ∠DBC が 30° の角である。

(2) 135°＝90°＋45° であるから，垂線の作図と 90° の角の二等分線を作図すると，135° の角が作図できる。

① 直線 AB をひき，AB 上に点O をとる。

② 点O を通る，直線 AB の垂線 CO をひく。

③ ∠COB の二等分線 OD をひく。

∠AOD が 135° の角である。

練習106 (1)

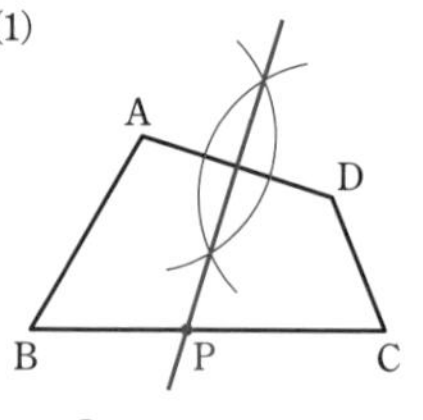

(2)

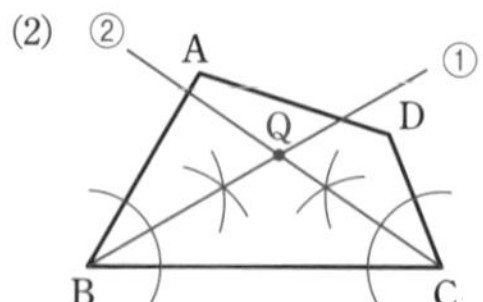

解説

2 点からの距離が等しい
⟶ 垂直二等分線の性質

2 辺からの距離が等しい
⟶ 角の二等分線の性質

(1) 線分 AD の垂直二等分線をひく。
この直線と辺 BC との交点がPである。

(2) ① ∠B の二等分線をひく。
② ∠C の二等分線をひく。
①，② の直線の交点がQである。

練習107 (1)

(2)

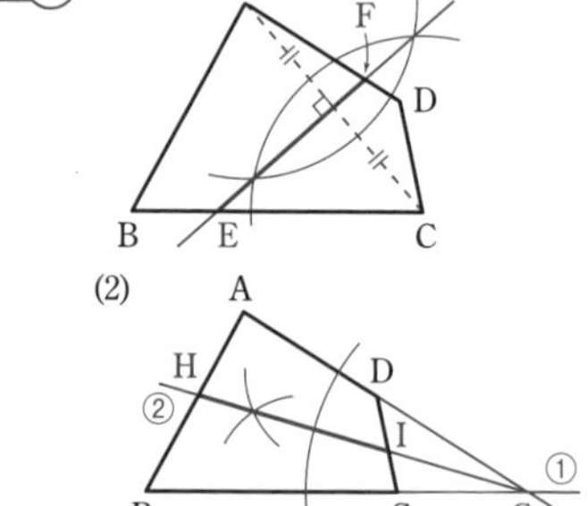

解説

折り目は対称の軸。

(1) 線分 AC の垂直二等分線を作図すればよい。

線分 AC の垂直二等分線をひく。

この直線と辺 BC，AD の交点をそれぞれ E，F とする。

線分 EF が折り目となる線である。

(2) 直線 AD と直線 BC によってできる角の二等分線を作図すればよい。

① 直線 AD と直線 BC をひき，2 直線の交点をGとする。
② ∠AGB の二等分線をひく。
②の直線と辺 AB，CD の交点をそれぞれ H，I とする。
線分 HI が折り目となる線である。

練習 108

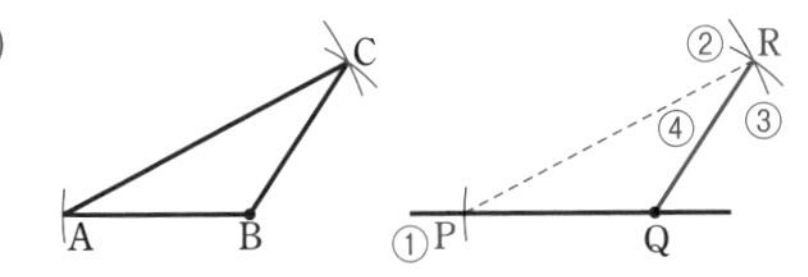

解説
△ABC と合同な △PQR を作図する。
① 与えられた直線上に，PQ=AB となる点Pをとる。
② 点Qを中心とする半径 BC の円をかく。
③ 点Pを中心とする半径 AC の円をかく。
②，③の 2 つの円の交点の 1 つをRとする。
④ 線分 RQ をひく。
∠RQP が ∠B と等しい角である。

練習 109

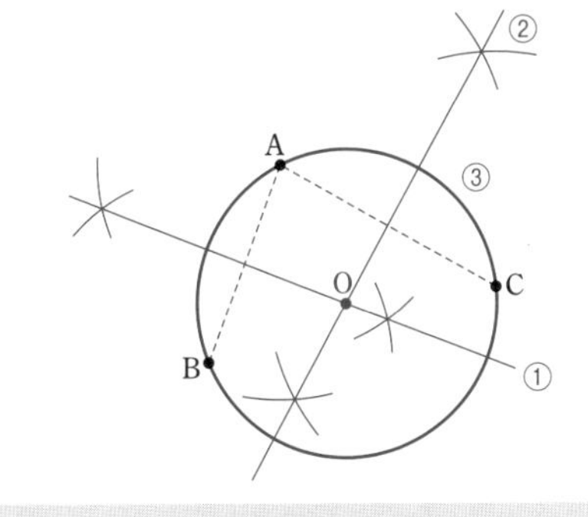

解説
円の中心は，弦の垂直二等分線上にある。
① 線分 AB の垂直二等分線をひく。
② 線分 AC の垂直二等分線をひく。
①の直線と②の直線の交点をOとする。
③ 点Oを中心として，半径 OA の円をかく。
(補足) 実際には，線分 AB，AC はひかなくてもよい。

練習 110

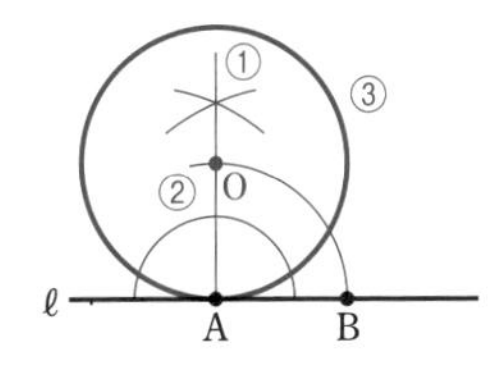

解説
点Aで直線 ℓ に接するから，円の中心は点Aを通る直線 ℓ の垂線上にある。
① 点Aを通る直線 ℓ の垂線をひく。
② ①の直線上に，AO=AB となるような点Oをとる。
③ Oを中心として，半径 OA の円をかく。

練習 111

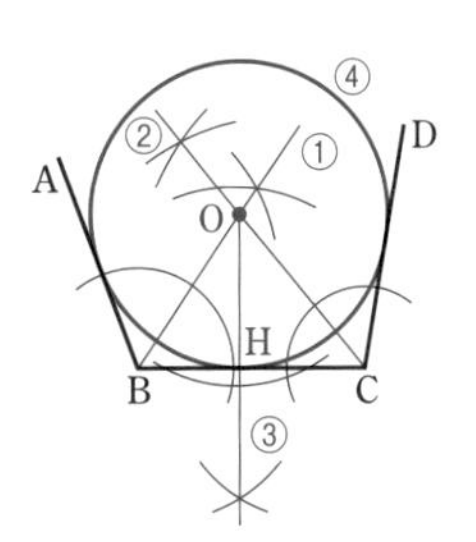

解説
円の中心は，線分 AB，BC，CD から等しい距離にあるから，∠B と ∠C の二等分線の交点が，求める円の中心になる。
① ∠B の二等分線をひく。
② ∠C の二等分線をひく。
①と②の交点をOとする。
③ 点Oから線分 BC へ垂線をひく。
線分 BC との交点をHとする。
④ Oを中心として，半径 OH の円をかく。

EXERCISES

➡本冊 p. 136

73 (1) 3 本　(2) 3 本　(3) 6 本

解説
直線（線分）AB，直線（線分）BA は同じものだが，半直線 AB と半直線 BA は異なるもの。
(1) 直線 AB，BC，CA の 3 本。
(2) 線分 AB，BC，CA の 3 本。

(3) 半直線 AB，BA，BC，CB，CA，AC の 6 本。

74 順に　$\ell \perp m$，$\ell \parallel n$

解説

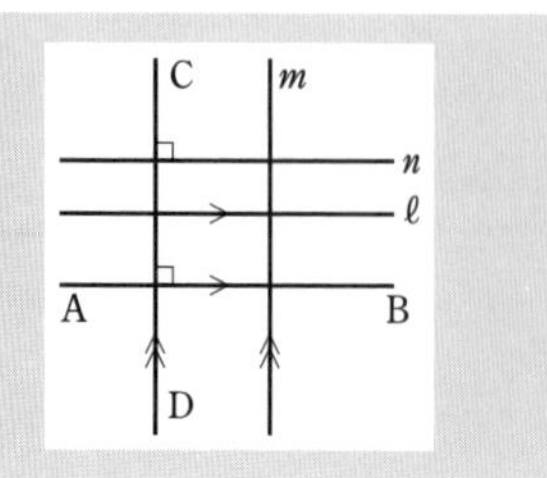

75

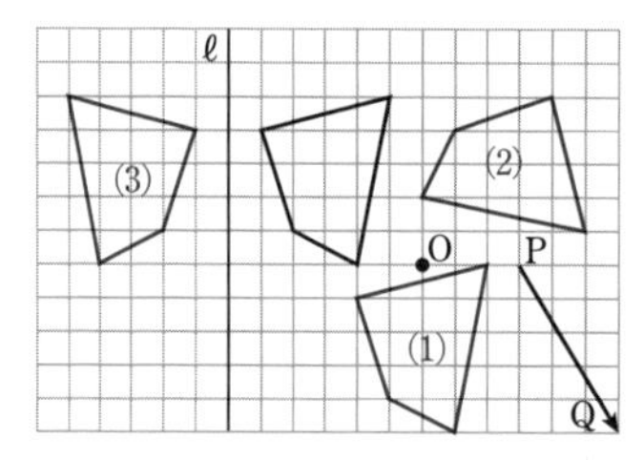

76

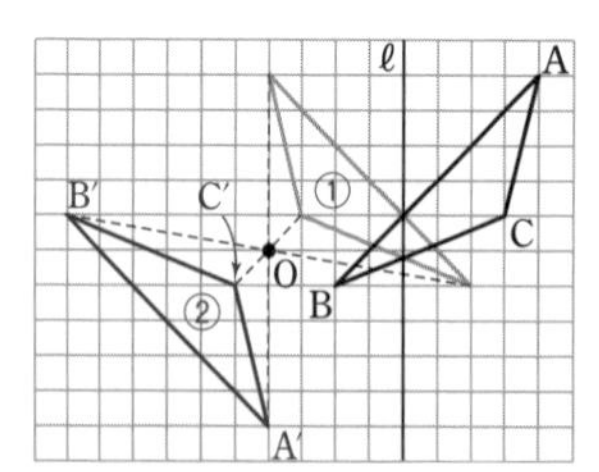

解説　② 点Oを中心として，180° 回転移動させる。

77 (1) ④　　(2) ⑥

(3) 直線 BE を対称の軸として対称移動する または　点Oを回転の中心として時計の針の回転と反対方向に 120° 回転移動する

解説

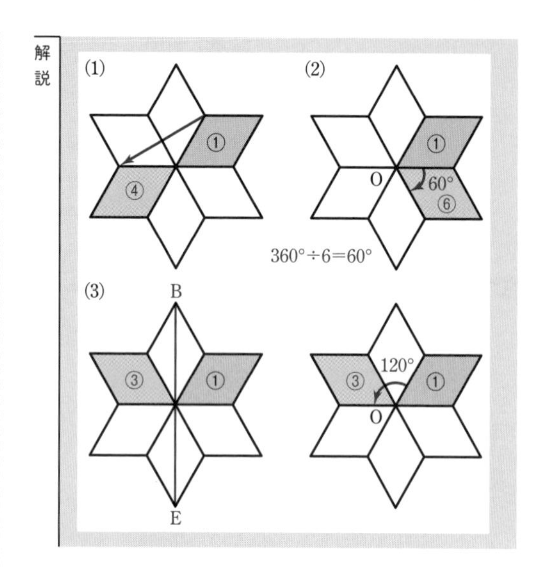

78 点Oを回転の中心として，点対称移動したもの

解説

図のように点 X，Y をとる。
点Aを，直線 ℓ を対称の軸として対称移動させたものが点 A′ であるから

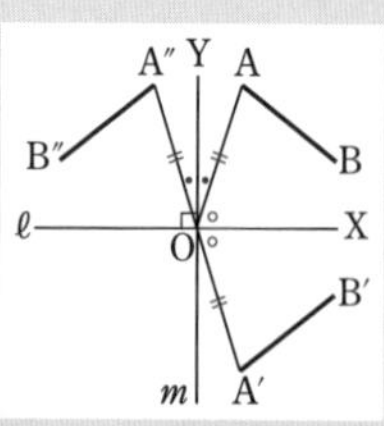

$$OA=OA',\ \angle AOX=\angle XOA'$$

点Aを，直線 m を対称の軸として対称移動させたものが点 A″ であるから

$$OA=OA'',\ \angle AOY=\angle YOA''$$

よって　　$OA'=OA''$

また　$\angle A'OA''=\angle A'OA+\angle AOA''$
$=2\times\angle XOA+2\times\angle AOY$
$=2\times\angle XOY=180^\circ$

点Bについても同様であるから，線分 A″B″ は線分 A′B′ を点Oを回転の中心として，点対称移動したものである。

79 (1) 点 B，C，D　　(2) 線分 FI，GI，HI

解説

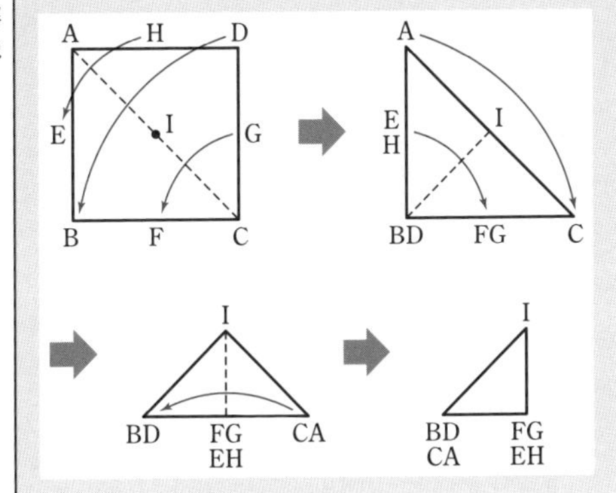

➡本冊 p. 147

80

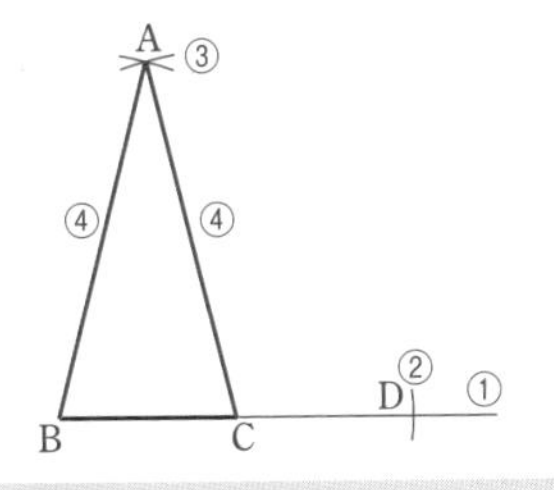

解説

与えられた線分を BC とする。

① 半直線 BC をひく。

② 点Cを中心として，半径 CB の円をかく。半直線 BC との交点をDとする。

③ 2点 B，C をそれぞれ中心として，半径 BD の円をかき，交点をAとする。

④ 線分 AB，AC をひく。

△ABC が求める三角形である。

81

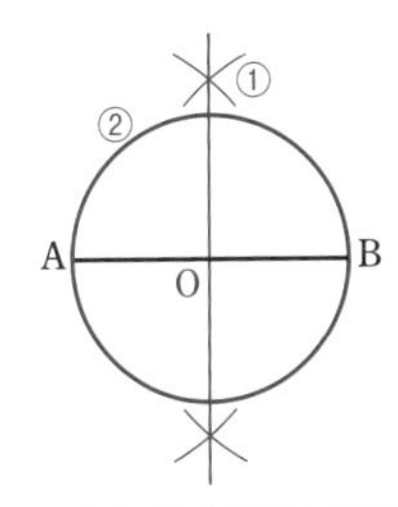

解説

線分 AB の中点をOとして，半径 OA の円をかけばよい。

⟶ 垂直二等分線の作図

① 2点 A，B をそれぞれ中心として，同じ半径の円をかき，その2つの交点を通る直線をひく。この直線と線分 AB との交点をOとする。

② Oを中心として半径 OA の円をかく。

82

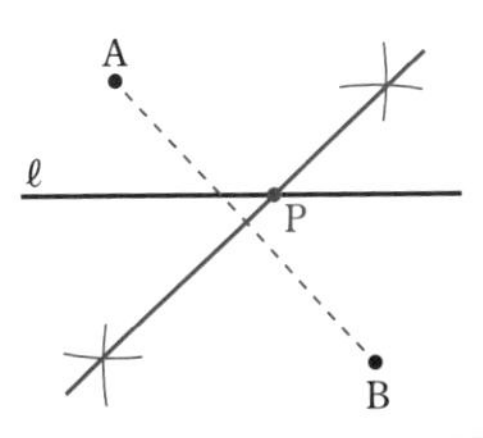

解説

2点 A，B から等しい距離にある点は，線分 AB の垂直二等分線上にある。

したがって，線分 AB の垂直二等分線と，直線 ℓ の交点をPとすればよい。

2点 A，B をそれぞれ中心として，同じ半径の円をかき，その2つの交点を通る直線をひく。← 線分 AB の垂直二等分線

この直線と ℓ との交点がPである。

83

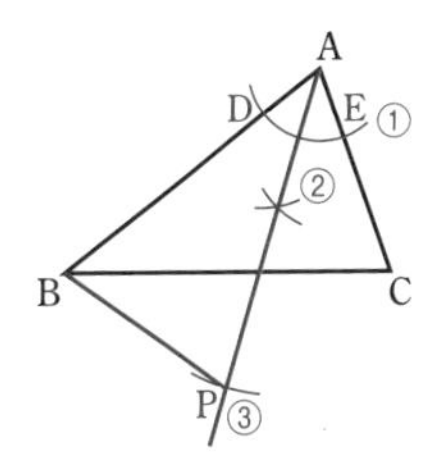

解説

点Pは ∠BAC の二等分線上にある。

① Aを中心として適当な半径の円をかき，辺 AB，AC との交点をそれぞれ D，E とする。

② 2点 D，E をそれぞれ中心として，同じ半径の円をかき，その交点の1つとAを通る直線をひく。←∠BAC の二等分線

③ ②でひいた直線上に，AP=AB となる点Pをとり，線分 BP をひく。

84

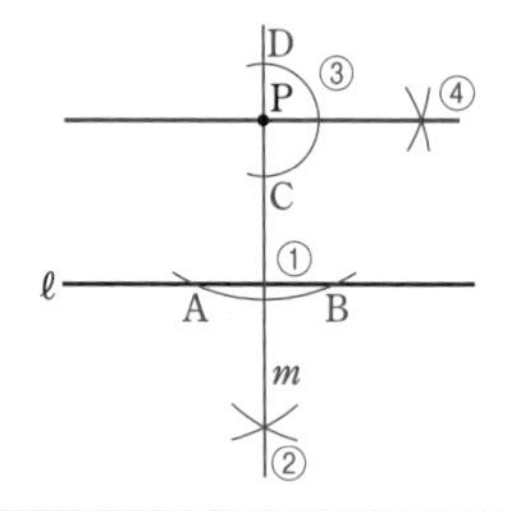

解説

垂線を 2 回ひく。
点Pを通る直線 ℓ の垂線 m をひき，点Pを通る直線 m の垂線をひく。
① 点Pを中心として適当な半径の円をかき，ℓ との交点を A，B とする。
② 2 点 A，B をそれぞれ中心として，同じ半径の円をかき，その交点の 1 つと点Pを通る直線 m をひく。
③ 点Pを中心として適当な半径の円をかき，m との交点を C，D とする。
④ 2 点 C，D をそれぞれ中心として，同じ半径の円をかき，その交点の 1 つと点Pを通る直線をひく。

85

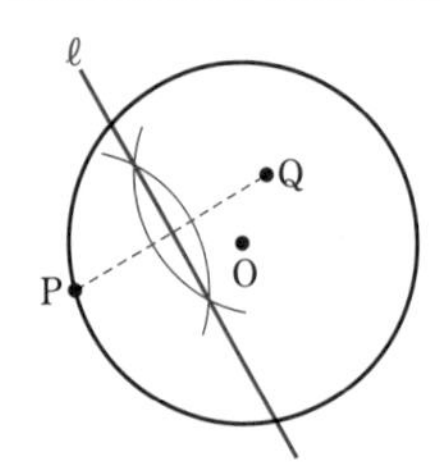

解説

線分 PQ の垂直二等分線を作図する。
2 点 P，Q をそれぞれ中心として，同じ半径の円をかき，2 つの円の交点を通る直線をひく。この直線が ℓ である。

➡本冊 p. 152

86

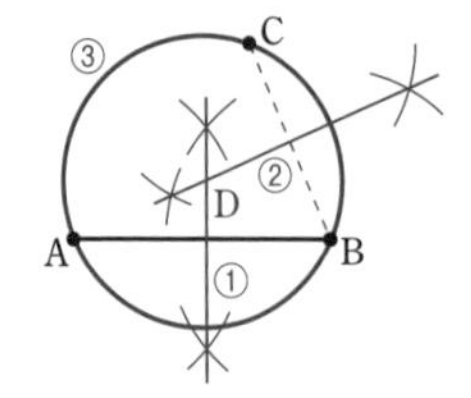

解説

3 点 A，B，C を通る円の作図と同じである。
つまり，線分 AB，BC の垂直二等分線の作図をすればよい。
① 線分 AB の垂直二等分線をひく。
② 線分 BC の垂直二等分線をひく。
①，② の直線の交点をDとする。
③ Dを中心として，半径 CD の円をかく。

87

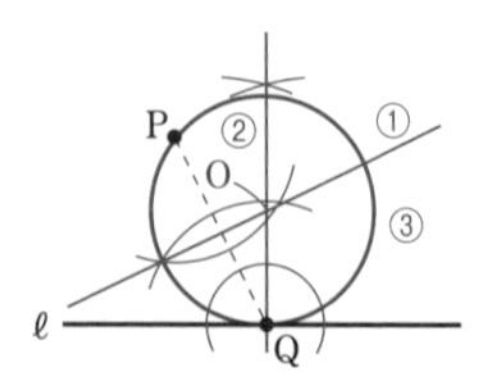

解説

円の中心は，線分 PQ の垂直二等分線と，点Qを通る直線 ℓ の垂線の交点である。
① 線分 PQ の垂直二等分線をひく。
② 点Qを通る直線 ℓ の垂線をひく。
①，② の直線の交点をOとする。
③ Oを中心として半径 OP の円をかく。

88

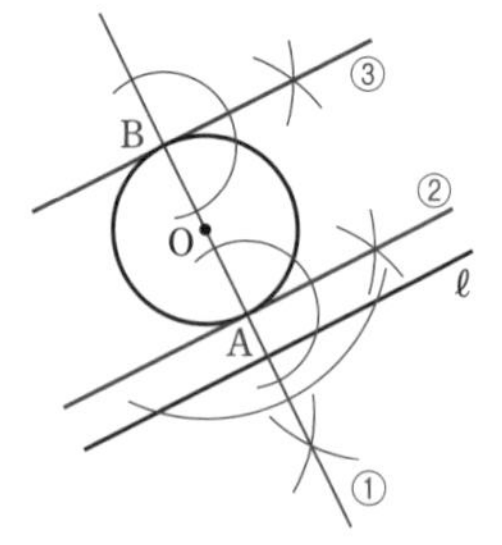

解説

円と接線の接点は，点Oを通る直線 ℓ の垂線と円との交点である。
また （円の接線）⊥（接点を通る円の半径）
① 点Oから直線 ℓ に垂線を引き，円Oとの交点を A，B とする。
② 点Aを通る直線 AB の垂線をひく。
③ 点Bを通る直線 AB の垂線をひく。
②，③ でひいた 2 本の垂線が，直線 ℓ に平行な円Oの接線である。

89

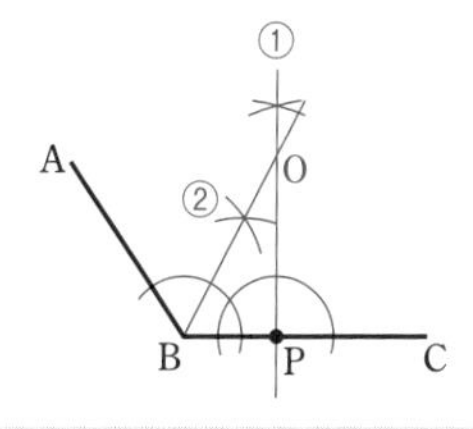

解説

点Oは，点Pを通る線分 BC の垂線上にある。また，点Oを中心とする円が線分 AB，BC に接するから，点Oは ∠ABC の二等分線上にある。

この 2 直線の交点が円の中心Oである。

① 点Pを通る線分 BC の垂線をひく。

② ∠ABC の二等分線をひく。

①，② でひいた直線の交点がOである。

定期試験対策問題

➡本冊 p. 153

36 (1) **AB // DC，AB ⊥ AD，AB ⊥ BC**

(2) **∠BAC（∠CAB）** (3) **5 cm**

(4) **3 cm** (5) **4 cm**

解説

(3) 線分 AC の長さ。

(4) 点Dから直線 AB にひいた垂線の長さ。
この場合，線分 DA の長さ。

(5) 2 直線 AD と BC をつなぐ垂線の長さ。
この場合，線分 AB の長さ。

37

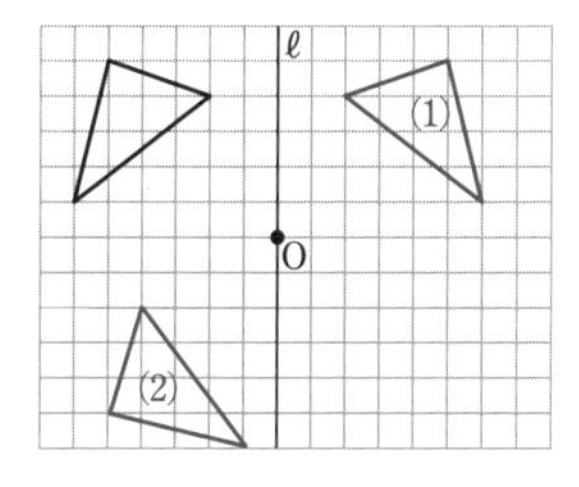

38 (1) **△COF**

(2) **△OBF，△OCG，△ODH**

解説

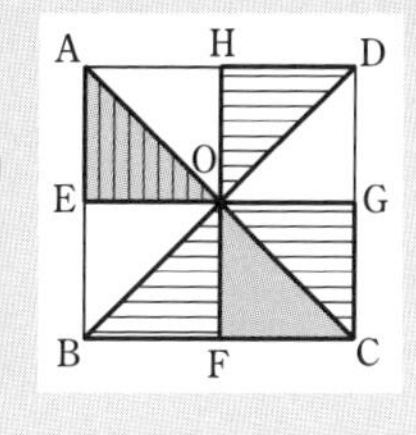

(1) △OAE をずらして重なるのは △COF

(2) △OAE を点Oを中心にして回転すると，重なるのは
△OBF，△OCG，△ODH

39 100°

解説

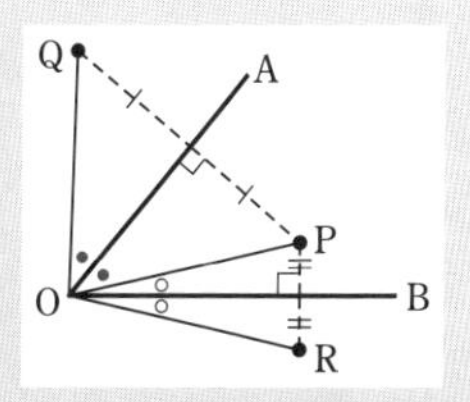

OとP，Q，R をそれぞれ結ぶと，P，Q は直線 OA を対称の軸として対称であるから

∠AOQ＝∠AOP

P，R は直線 OB を対称の軸として対称であるから

∠BOP＝∠BOR

よって

∠QOR＝∠AOQ＋∠AOP
　＋∠BOP＋∠BOR
＝2×∠AOP＋2×∠BOP
＝2×∠AOB＝2×50°＝100°

40

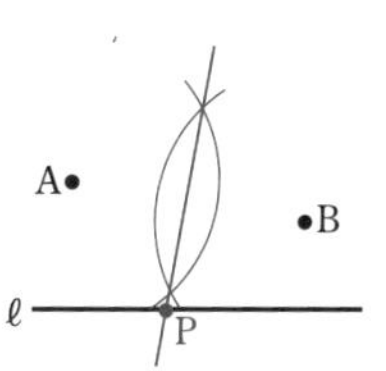

解説

点Pは，2 点 A，B から等しい距離にある
⟶ 線分 AB の垂直二等分線上に点Pがある。

2 点 A，B をそれぞれ中心として，同じ半径の円をかき，その 2 つの交点を通る直線をひく。 ⟵ 線分 AB の垂直二等分線

この直線と直線 ℓ の交点がPである。

41 図の ∠EBC

解説

75°＝60°＋30°÷2 であるから，正三角形の作図と 30° の角の二等分線の作図をすればよい。

① 正三角形を作図する。

適当な線分 BC をひき，点 B，C をそれぞれ中心にして，半径 BC の円をかき，2 つの円の交点を A とする。

線分 AB をひく。← 線分 AC はひかなくてよい。

② 点 B を通る辺 BC の垂線をひく。

半直線 CB をひき，点 B を中心として，適当な半径の円をかく。この円と半直線 CB の 2 つの交点をそれぞれ中心にして，同じ半径の円をかき，この 2 つの円の交点を D とする。半直線 BD をひく。

③ ∠DBA の二等分線をひく。

② でかいた点 B を中心とする円と線分 AB，半直線 BD の交点をそれぞれ中心とする同じ半径の円をかき，2 つの円の交点を E とする。

半直線 BE をひく。

∠EBC が 75° の角である。

42

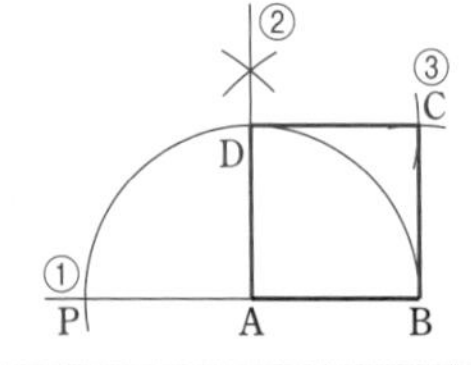

解説

① A を中心として半径 AB の円をかき，直線 AB との交点のうち，B と異なる点を P とする。

② 2 点 B，P をそれぞれ中心として，同じ半径の円をかき，その交点の 1 つと A を通る直線をひく。← A を通る垂線の作図

この直線と ① の円との交点を D とする。

③ 2 点 B，D をそれぞれ中心として，半径 AB の円をかき，その交点のうち A と異なる点を C とする。

線分 BC，線分 CD をひく。

四角形 ABCD は正方形である。

43

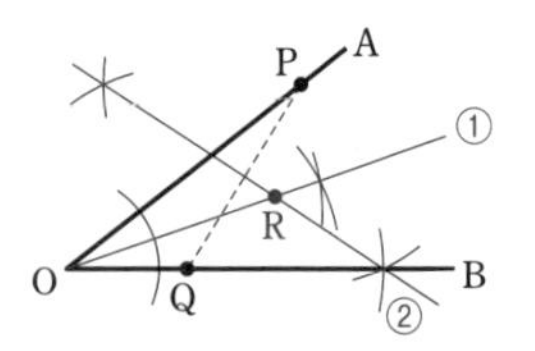

解説

2 辺からの距離が等しい……角の二等分線

2 点からの距離が等しい……垂直二等分線

① ∠AOB の二等分線をひく。

点 O を中心とする適当な半径の円をかき，辺 OA，OB との交点をそれぞれ中心として，同じ半径の円をかく。2 つの円の交点の 1 つと点 O を通る直線をひく。

② 線分 PQ の垂直二等分線をひく。

点 P，Q をそれぞれ中心とする同じ半径の円をかき，2 つの円の交点を通る直線をひく。

① と ② の交点が点 R である。

44

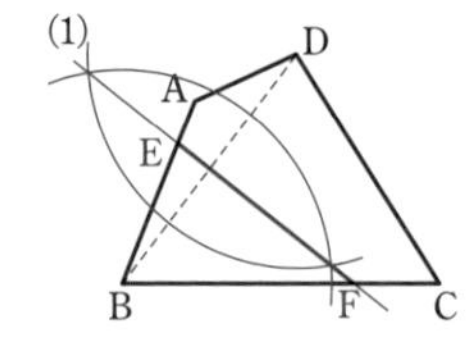

解説

(1) 線分 BD の垂直二等分線をひく。

この直線と辺 AB，BC との交点をそれぞれ E，F とすると，線分 EF が折り目となる線である。

(2) ① 直線 AB と直線 DC をひき，2 直線の交点を P とする。

② ∠BPC の二等分線をひく。

この直線と辺 AD，BC の交点をそれぞれ G，H とする。

線分 GH が折り目となる線である。

45

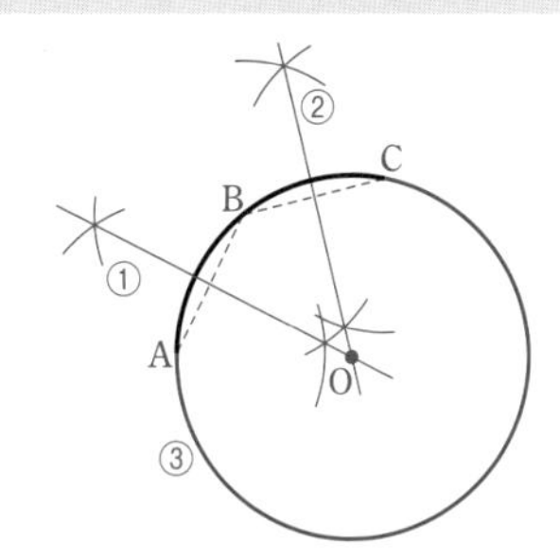

解説
① 円の一部上に適当な点 A, B をとり，線分 AB の垂直二等分線をひく。
② 円の一部上に適当な点Cをとり，線分 BC の垂直二等分線をひく。
③ ①と②の交点をOとする。点Oを中心として半径 OA の円をかく。

第6章 空間図形 p. 155

練習

練習 112 (1) ① 三角錐　② 円柱
③ 三角柱
(2) ① 面の数は 7
② 面の数は 5 ；底面は正方形，側面は二等辺三角形

解説
(1) ③ 四角錐や四角柱とかんちがいしないように注意。立体が傾いていても，図形の名称は変わらない。
(2) ① 底面が 2 つ，側面が 5 つ。
② 底面が 1 つ，側面が 4 つ。

①
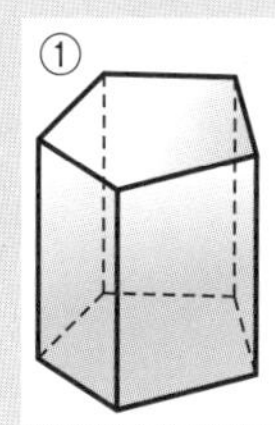
②
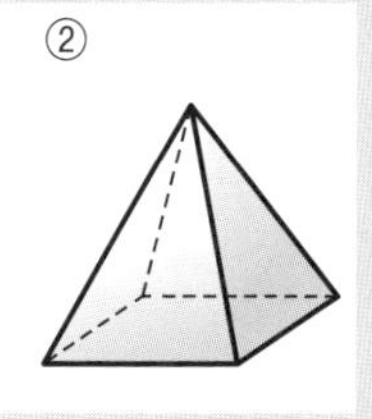

練習 113

	面の数	面の形
正八面体	8	正三角形
正二十面体	20	正三角形

1 つの頂点に集まる面の数	頂点の数	辺の数
4	6	12
5	12	30

解説
正八面体
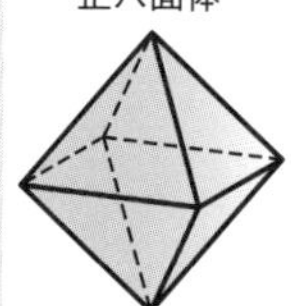
正二十面体

練習 114 (1) 直線 DC，EF，HG
(2) 直線 AE，BF，AD，BC
(3) 直線 DH，CG，EH，FG

解説
空間における 2 直線の位置関係は
① 交わる ② 平行 ③ ねじれの位置
(1)，(2) は直線 AB と同じ平面上にある直線，(3) は直線 AB と同じ平面上になく，交わらない直線。

練習 115 (1) 平面 EFGH
(2) 直線 AE，BF，CG，DH
(3) 平面 BFGC，EFGH
(4) 平面 AEFB，DHGC

解説
(3) 直線 AD と交わらない平面
(4) 直線 AD に垂直な直線は
直線 AB，AE，DC，DH
直線 AB，AE をふくむ平面は
平面 AEFB
直線 DC，DH をふくむ平面は
平面 DHGC

練習 116 (1) × (2) ○ (3) ○

解説

(1) 直方体

ABCD-EFGH において，EF を ℓ，AE を m，FG を n とすると，$\ell \perp m$，$\ell \perp n$ であるが，$m /\!/ n$ ではない。

よって，正しくない。

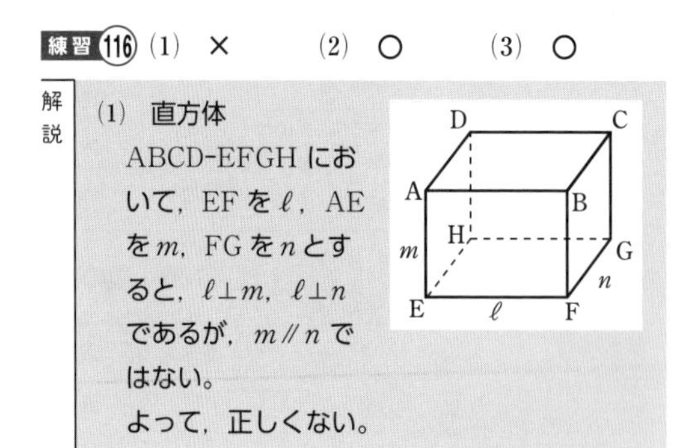

練習 117 (1) **底面が 1 辺の長さ 4 cm の正三角形で，高さが 4 cm の正三角柱**

(2) **円柱の側面**

解説

(1) 三角形を，その面と垂直方向に動かすからできる立体は三角柱である。

4 cm

4 cm

練習 118 (1) **円** (2) **二等辺三角形**

解説

回転の軸に垂直な平面で切ると，切り口は 円。
回転の軸をふくむ平面で切ると，切り口は 回転の軸が対称の軸である線対称な図形。
できる立体は円錐である。

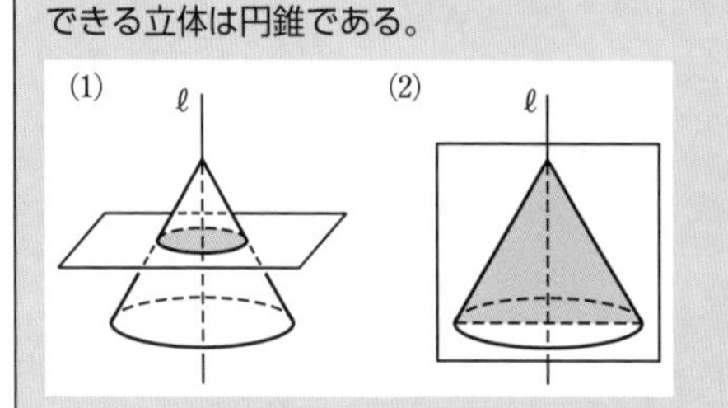

練習 119

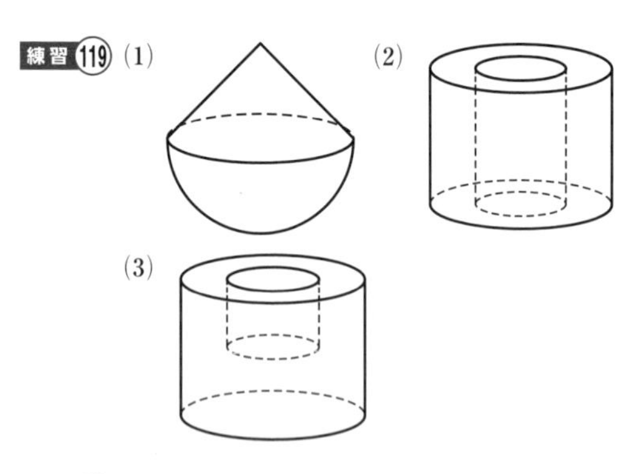

練習 120 (1) ④ (2) ⑥

解説

(1) 立面図より，この立体は柱体で，平面図より底面は四角形であるから，四角柱。

(2) 立面図より，この立体は錐体か三角柱で，平面図より底面は三角形であるから，三角錐。

参考 次のような投影図は，立面図と平面図だけでは判断がつかない。このような場合は側面図をつける。

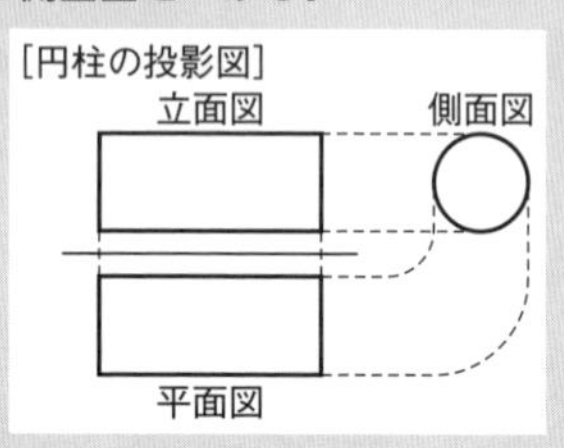

立面図と平面図だけだと，四角柱の可能性もある。

練習 121 (1) **75 cm³** (2) **96 cm³**

(3) **28π cm³**

解説

角柱・円柱の体積 $V=Sh$

角錐・円錐の体積 $V=\frac{1}{3}Sh$

(底面積 S，高さ h，体積 V)

(1) $\left(\frac{1}{2}\times 3\times 5\right)\times 10=75\ (\text{cm}^3)$

(2) $\frac{1}{3}\times(6\times 6)\times 8=96\ (\text{cm}^3)$

(3) 円錐と円柱に分ける。

円錐部分の体積は　$\frac{1}{3}\times(\pi\times2^2)\times3=4\pi$

円柱部分の体積は　$(\pi\times2^2)\times6=24\pi$

よって　　$4\pi+24\pi=28\pi$ (cm^3)

練習 122 (1)　**$x=12$**

(2)

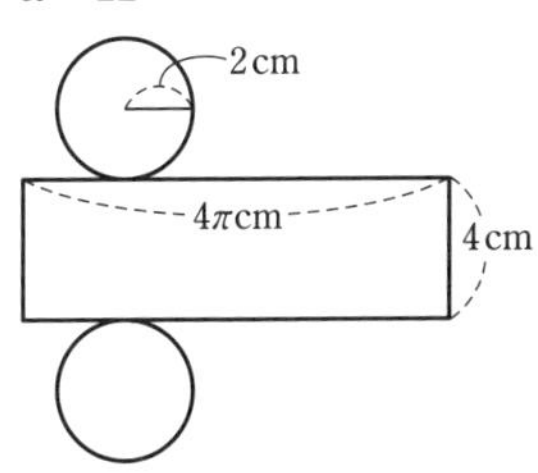

解説

組み立てたときに重なりあう線分の長さは等しい。

(1)　$x=3+4+5=12$

(2)　側面の長方形の横の長さは，底面の円周の長さに等しいから　　$2\pi\times2=4\pi$ (cm)

練習 123 (1)　**点H**　　　　(2)　**面イ，オ**

(3)　**面ア**

解説

展開図から見取図をかく。

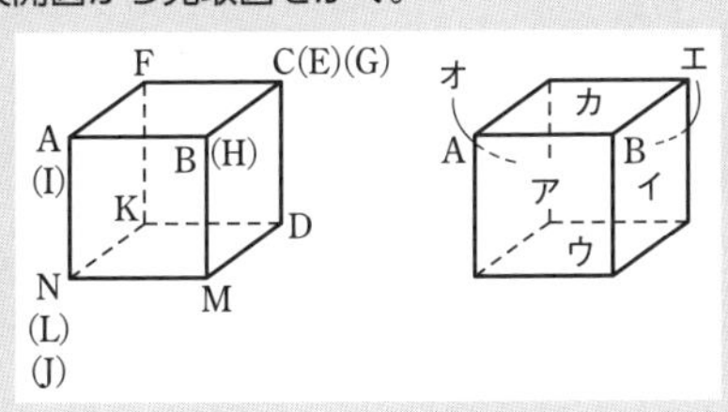

練習 124 (1)　**弧の長さ 4π cm，面積 10π cm^2**

(2)　**中心角 45°，弧の長さ 2π cm**

解説

半径 r cm，中心角 a° のおうぎ形

弧の長さ ℓ　$\ell=2\pi r\times\frac{a}{360}$

面積 S　　$S=\pi r^2\times\frac{a}{360}$，$S=\frac{1}{2}\ell r$

(1)　弧の長さ　$2\pi\times5\times\frac{144}{360}=4\pi$ (cm)

面積　$\pi\times5^2\times\frac{144}{360}=10\pi$ (cm^2)

(2)　中心角を x° とすると

$$\pi\times8^2\times\frac{x}{360}=8\pi$$

$$x=\frac{8\pi\times360}{\pi\times8^2}=45$$

弧の長さ　$2\pi\times8\times\frac{45}{360}=2\pi$ (cm)

別解　$S=\frac{1}{2}\ell r$ を利用すると

$8\pi=\frac{1}{2}\ell\times8$　　これを解くと　$\ell=2\pi$

練習 125 **2π cm^2**

解説

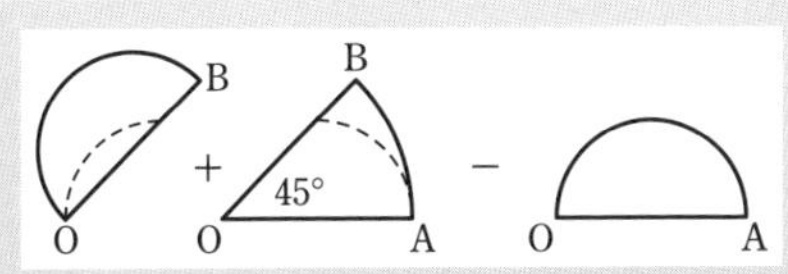

直径 OB の半円と直径 OA の半円の面積は等しいから，求める面積は半径 4 cm，中心角 45° のおうぎ形の面積に等しい。

よって　　$\pi\times4^2\times\frac{45}{360}=2\pi$ (cm^2)

練習 126 (1)　**192 cm^2**　　　(2)　**$(120+48\pi)$ cm^2**

解説

立体の表面積は 展開図で考える。

角柱・円柱の表面積　(底面積)×2+(側面積)

(1)　底面積は　$\frac{1}{2}\times8\times6=24$ (cm^2)

側面積は　$(8+6+10)\times6=144$ (cm^2)

よって，表面積は

$24\times2+144=192$ (cm^2)

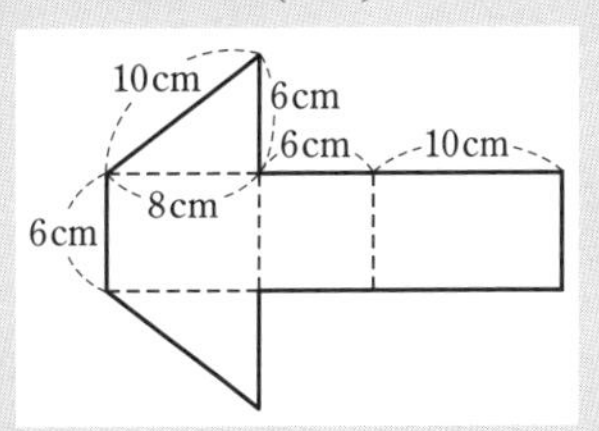

(2)　底面積は　$\pi\times6^2\times\frac{1}{4}=9\pi$ (cm^2)

側面積は

$$\left(6+6+2\pi\times6\times\frac{1}{4}\right)\times10=120+30\pi\ (\mathrm{cm}^2)$$

よって，表面積は

$$9\pi\times2+120+30\pi=120+48\pi\ (\mathrm{cm}^2)$$

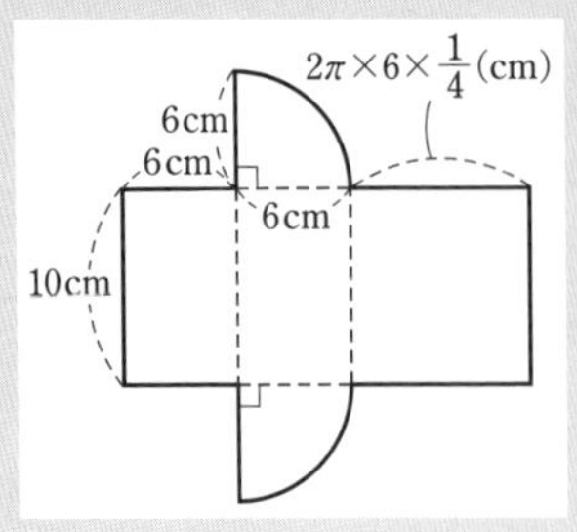

練習 127 (1) **126π cm²**　　(2) **144°**

解説

角錐・円錐の表面積　(底面積)＋(側面積)

側面のおうぎ形の弧の長さは，底面の円周の長さに等しい。

(1) 底面積は　$\pi\times6^2=36\pi\ (\mathrm{cm}^2)$

側面のおうぎ形の弧の長さは

$$2\pi\times6=12\pi\ (\mathrm{cm})$$

であるから，側面積は

$$\frac{1}{2}\times12\pi\times15=90\pi\ (\mathrm{cm}^2)\quad\leftarrow\frac{1}{2}\ell r$$

よって，表面積は

$$36\pi+90\pi=126\pi\ (\mathrm{cm}^2)$$

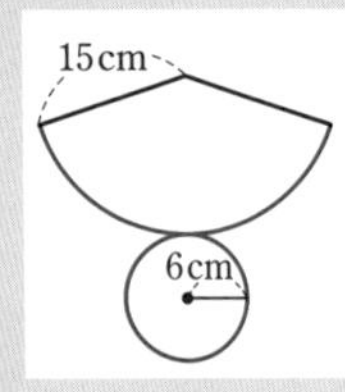

(2) 中心角を x° とすると

$$2\pi\times15\times\frac{x}{360}=12\pi$$

$$x=\frac{12\pi\times360}{2\pi\times15}=144$$

練習 128 **(円柱の体積)：(球の体積)：(円錐の体積)＝3：2：1**

解説

円柱の体積は

$$\pi\times\left(\frac{a}{2}\right)^2\times a=\frac{1}{4}\pi a^3\ (\mathrm{cm}^3)$$

球の体積は　$\frac{4}{3}\pi\times\left(\frac{a}{2}\right)^3=\frac{1}{6}\pi a^3\ (\mathrm{cm}^3)$

円錐の体積は

$$\frac{1}{3}\times\pi\times\left(\frac{a}{2}\right)^2\times a=\frac{1}{12}\pi a^3\ (\mathrm{cm}^3)$$

したがって

(円柱の体積)：(球の体積)：(円錐の体積)

$$=\frac{1}{4}\pi a^3:\frac{1}{6}\pi a^3:\frac{1}{12}\pi a^3$$

$$=\frac{1}{4}:\frac{1}{6}:\frac{1}{12}\quad\leftarrow それぞれに12をかける$$

$$=3:2:1$$

練習 129 (1) **192π cm³**　　(2) **$\frac{400}{3}\pi$ cm³**

(3) **30π cm³**

解説

直接求めることができない立体の体積は

① いくつかの部分に分ける

② 大きくつくって余分をけずる

のどちらかの方針で求める。

(1) できる立体は，底面の半径が 6 cm，高さ 3 cm の円柱と，底面の半径が 6 cm，高さ 7 cm の円錐を組み合わせたものである。

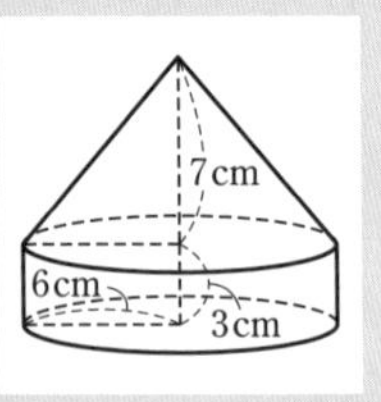

円柱の体積は　$\pi\times6^2\times3=108\pi\ (\mathrm{cm}^3)$

円錐の体積は　$\frac{1}{3}\times\pi\times6^2\times7=84\pi\ (\mathrm{cm}^3)$

よって，求める体積は

$$108\pi+84\pi=192\pi\ (\mathrm{cm}^3)$$

(2) できる立体は，半径 5 cm の半球と，底面の半径が 5 cm，高さ 6 cm の円錐を組み合わせたものである。

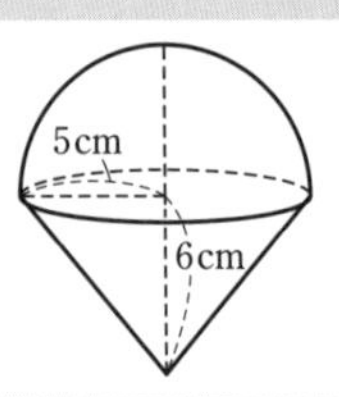

半球の体積は

$$\left(\frac{4}{3}\pi\times5^3\right)\times\frac{1}{2}=\frac{250}{3}\pi\ (\mathrm{cm}^3)$$

円錐の体積は $\frac{1}{3}\times\pi\times5^2\times6=50\pi\ (\mathrm{cm}^3)$

よって，求める体積は

$$\frac{250}{3}\pi+50\pi=\frac{400}{3}\pi\ (\mathrm{cm}^3)$$

(3) できる立体は，底面の半径が 3 cm，高さが 5 cm の円柱から，底面の半径が 3 cm，高さが 5 cm の円錐を取り除いたものである。

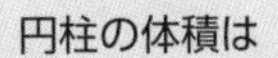

円柱の体積は

$$\pi\times3^2\times5=45\pi\ (\mathrm{cm}^3)$$

円錐の体積は

$$\frac{1}{3}\times\pi\times3^2\times5=15\pi\ (\mathrm{cm}^3)$$

よって，求める体積は

$$45\pi-15\pi=30\pi\ (\mathrm{cm}^3)$$

練習 130

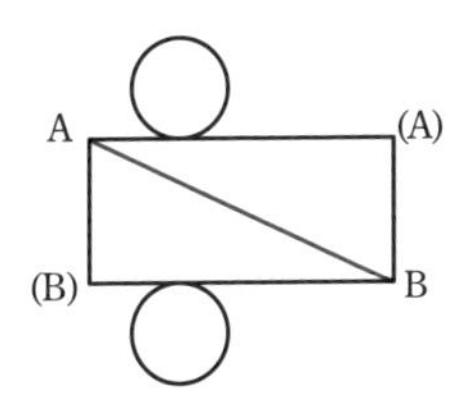

解説 2 点間の最短距離は 2 点を結ぶ線分。

練習 131 $119\ \mathrm{cm}^3$

解説 直接求めることができない立体の体積は

① いくつかの部分に分ける

② 大きくつくって余分をけずる

のどちらかの方針で求める。

もとの立方体の体積は

$$5\times5\times5=125\ (\mathrm{cm}^3)$$

$BP=5-1=4$ (cm)，$BQ=3$ (cm)，

$BR=5-2=3$ (cm) であるから，切り取った三角錐 BPQR の体積は

$$\frac{1}{3}\times\left(\frac{1}{2}\times4\times3\right)\times3=6\ (\mathrm{cm}^3)$$

よって，求める体積は $125-6=119\ (\mathrm{cm}^3)$

EXERCISES

➡本冊 p. 165

90 (ア) 5　(イ) 正方形　(ウ) 8

(エ) 12　(オ) 正十二面体　(カ) 20

(キ) 30

解説 頂点の数

(1 つの面の頂点の数)×(面の数)

÷(1 つの頂点に集まる面の数)

辺の数

(1 つの面の辺の数)×(面の数)÷2

(カ) 1 つの頂点に集まる面の数は 3 であるから，頂点の数は $5\times12\div3=20$

(キ) $5\times12\div2=30$

91 ①，②

解説 ③ 3 点が 1 直線上にある場合，平面は 1 つに決まらない。

④ ねじれの位置にある 2 直線は同じ平面上にないから，この 2 直線をふくむ平面はつくれない。

92 (1) 直線 AD

(2) 直線 AE，DH，EF，HG，EH

(3) 平面 DCGH

(4) 平面 EFGH，BFGC，AEHD

93 ①，③

解説 ② 例題 116 の (4) と同じ。

94 26

解説

もとの正四角柱の 6 面とそれぞれ平行な面がある。また，上部と下部に正三角形と長方形の面がそれぞれ 4 面ずつ，側面に長方形の面が 4 面増えるから，面の数は　$6+4\times2+4\times2+4=26$

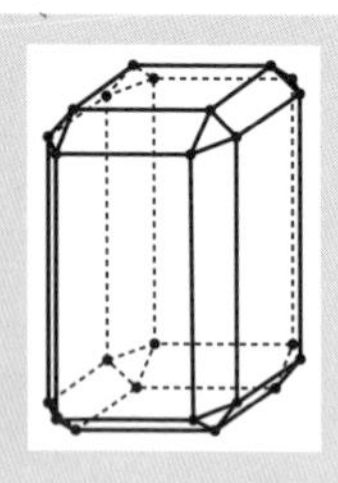

➡本冊 p. 171

95 正五角形

96 (1)　① 円　② 円　③ 円
(2)　① 半円　② 台形　③ 六角形

解説

(2)

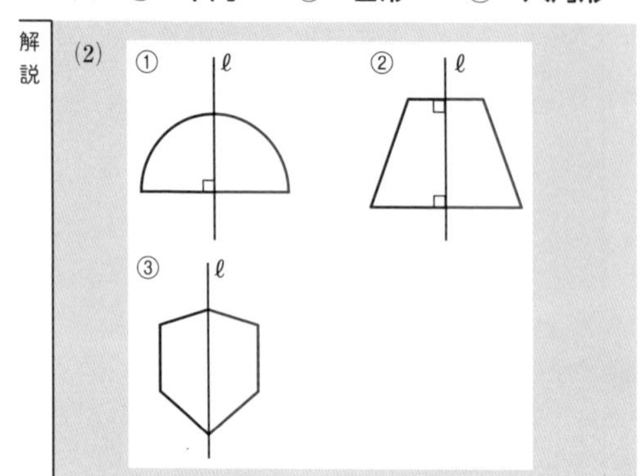

97 (1)　(2)　(3)　(4)

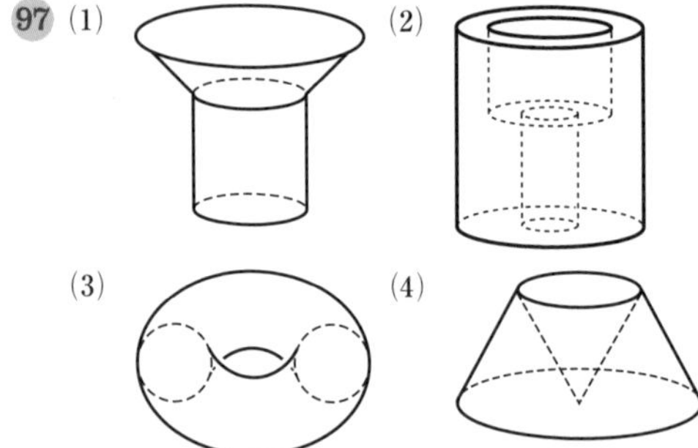

98 (1)　(2)

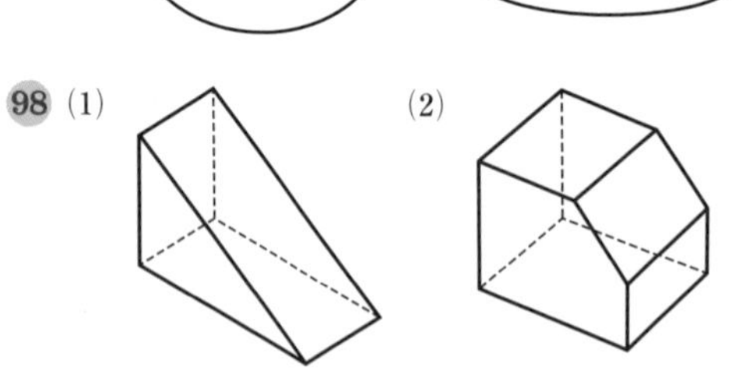

(3)　(4)

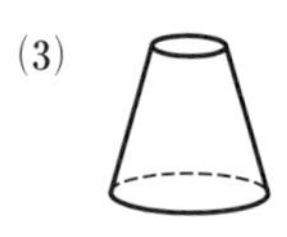

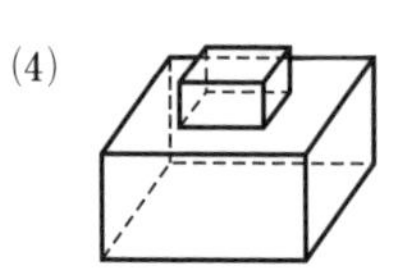

注意　これ以外にも，立体は考えられる。

➡本冊 p. 185

99 $36\ \mathrm{cm}^3$

解説

底面は，底辺が 4 cm，高さが 3 cm の直角三角形であるから，底面積は

$\frac{1}{2}\times4\times3=6\ (\mathrm{cm}^2)$

高さは 6 cm であるから，求める体積は

$6\times6=36\ (\mathrm{cm}^3)$　←底面積×高さ

100 体積 $45\pi\ \mathrm{cm}^3$，表面積 $48\pi\ \mathrm{cm}^2$

解説

底面の半径が $6\div2=3$ (cm)，高さが 5 cm の円柱であるから，体積は

$\pi\times3^2\times5=45\pi\ (\mathrm{cm}^3)$

表面積は　$(\pi\times3^2)\times2+5\times2\pi\times3=48\pi\ (\mathrm{cm}^2)$

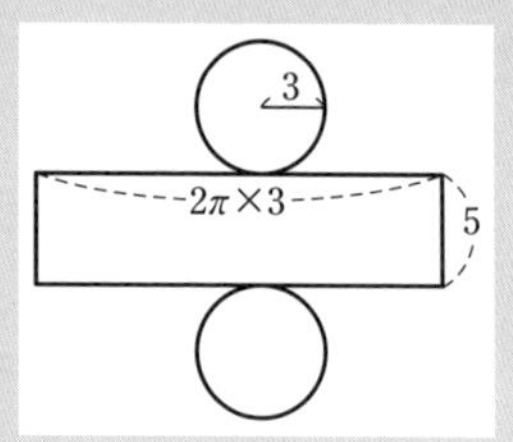

101 (1)　面イ，オ　(2)　面ウ，カ

解説

展開図を組み立てると，右の図のようになる。
よって，辺 AB と平行になる面は
面イと面オ
垂直になる面は
面ウと面カ

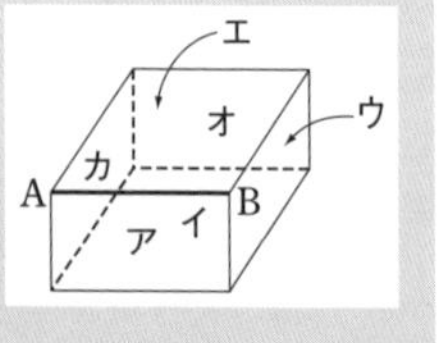

102 周の長さ　12π cm
面積　$(18\pi-36)\ \mathrm{cm}^2$

解説

周の長さは，半径 12 cm の四分円と半径 6 cm の四分円を 2 個合わせたものであり

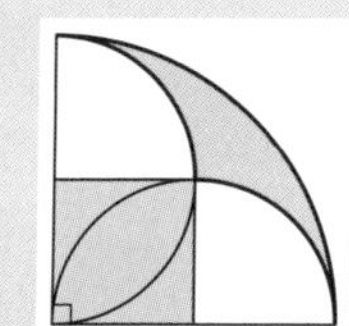

$$(2\pi\times12)\times\frac{1}{4}+\left\{(2\pi\times6)\times\frac{1}{4}\right\}\times2$$

$$=6\pi+6\pi=12\pi\ (\text{cm})$$

面積は，半径 12 cm の四分円から，半径 6 cm の四分円を 2 個と 1 辺 6 cm の正方形をひいたものであり

$$(\pi\times12^2)\times\frac{1}{4}-\left(\pi\times6^2\times\frac{1}{4}\right)\times2-6\times6$$

$$=36\pi-18\pi-36=18\pi-36\ (\text{cm}^2)$$

103 $\frac{8}{3}$ 倍

解説

側面のおうぎ形について，弧の長さ ℓ は，底面の円周の長さに等しいから

$$\ell=2\pi\times3$$

$$=6\pi\ (\text{cm})$$

よって，側面積は

$$\frac{1}{2}\times6\pi\times8=24\pi\ (\text{cm}^2)$$

底面積は

$$\pi\times3^2=9\pi\ (\text{cm}^2)$$

であるから　$\frac{24\pi}{9\pi}=\frac{8}{3}$

104 36π cm^2

解説

円錐は 3 回転してもとの位置にもどるから，円錐の側面積の 3 倍は底面の周がえがく円の面積に等しい。

底面の周がえがく円の半径は 9 cm であるから，

$$(\text{円錐の側面積})\times3=\pi\times9^2$$

より，側面積は　$(\pi\times9^2)\times\frac{1}{3}=27\pi\ (\text{cm}^2)$

また，底面の円の半径を r cm とすると，底面の円周の長さの 3 倍が，半径 9 cm の円周の長さに等しいから

$$2\pi r\times3=2\pi\times9$$

$$r=3$$

よって，底面積は

$$\pi\times3^2=9\pi\ (\text{cm}^2)$$

したがって，円錐の表面積は

$$27\pi+9\pi=36\pi\ (\text{cm}^2)$$ ←側面積＋底面積

105 体積 18π cm^3，表面積 27π cm^2

解説

半径 3 cm の球の半分であるから，

体積は　$\left(\frac{4}{3}\pi\times3^3\right)\times\frac{1}{2}=18\pi\ (\text{cm}^3)$

表面積は　$(4\pi\times3^2)\times\frac{1}{2}+\underline{\pi\times3^2}=27\pi\ (\text{cm}^2)$

↑底面を忘れずに

106 $\frac{27}{4}$ cm

解説

円錐の高さを h cm とすると，体積について

$$\frac{1}{3}\times\pi\times4^2\times h=\frac{4}{3}\pi\times3^3$$

これを解くと　$h=\frac{27}{4}$

107 80π cm^3

解説

できる立体は，底面の半径が 5 cm，高さが 5 cm の円柱から，底面の半径が 3 cm，高さが 5 cm の円柱を取り除いたものである。

よって，求める体積は

$$\pi\times5^2\times5-\pi\times3^2\times5=80\pi\ (\text{cm}^3)$$

108 $\frac{99}{2}\pi$ cm^3

解説

この立体を，右の図のように 2 つ重ねると，底面の半径が 3 cm，高さが $4+7=11$ (cm) の円柱ができる。

求める立体の体積は，

この円柱の体積の $\frac{1}{2}$ であるから

$$(\pi\times3^2\times11)\times\frac{1}{2}=\frac{99}{2}\pi\ (\text{cm}^3)$$

定期試験対策問題

➡本冊 p. 187

46 (1) 正四面体　(2) 正八面体

(3) 正十二面体

47 (1) 直線 CH，DI，EJ，FJ，GH，HI，IJ

(2) 直線 CH，DI，EJ

(3) 平面 FGHIJ

(4) 平面 ABCDE，FGHIJ

(5) 平面 ABCDE，FGHIJ

解説

(1) 直線 AB と同じ平面上になく，交わらない直線。

(5) 柱体の側面は底面に垂直である。

48 (1) ○　(2) ○　(3) ×

解説

(3) 例題 116 の (6) と同様。

49 (1) 弧の長さ　6π cm，

面積　30π cm^2

(2) 中心角の大きさ 135°，弧の長さ 6π cm

解説

(1) 弧の長さは　$2\pi\times10\times\frac{108}{360}=6\pi$ (cm)

面積は　$\pi\times10^2\times\frac{108}{360}=30\pi$ (cm^2)

(2) おうぎ形の中心角の大きさを x°，弧の長さを ℓ cm とする。

$\pi\times8^2\times\frac{x}{360}=24\pi$　　$x=135$

$\ell=2\pi\times8\times\frac{135}{360}=6\pi$ (cm)

別解 (2) 弧の長さを ℓ とすると

$\frac{1}{2}\ell\times8=24\pi$　　$\ell=6\pi$ (cm)

50 (1) 体積は 24 cm^3，表面積は 60 cm^2

(2) 体積は 112π cm^3，表面積は 88π cm^2

(3) 体積は 96π cm^3，表面積は 96π cm^2

解説

角柱・円柱の体積　$V=Sh$

表面積　(底面積)×2+(側面積)

角錐・円錐の体積　$V=\frac{1}{3}Sh$

表面積　(底面積)+(側面積)

(1) 底面積は　$\frac{1}{2}\times3\times4=6$ (cm^2)

底面積が 6 cm^2，高さが 4 cm の三角柱であるから，体積は　$6\times4=24$ (cm^3)

また，側面積は　$(3+4+5)\times4=48$ (cm^2)

よって，表面積は

$6\times2+48=60$ (cm^2)　← 底面は 2 つ

(2) 底面の円の半径は 4 cm であるから，底面積は　$\pi\times4^2=16\pi$ (cm^2)

底面積が 16π cm^2，高さが 7 cm の円柱であるから，体積は　$16\pi\times7=112\pi$ (cm^3)

また，側面積は　$7\times(\pi\times8)=56\pi$ (cm^2)

（$\pi\times8$：底面の円周の長さ）

よって，表面積は

$16\pi\times2+56\pi=88\pi$ (cm^2)

(3) 底面積は　$\pi\times6^2=36\pi$ (cm^2)

底面積が 36π cm^2，高さが 8 cm の円錐であるから，体積は

$\frac{1}{3}\times36\pi\times8=96\pi$ (cm^3)

また，側面のおうぎ形の弧の長さは

$2\pi\times6=12\pi$ (cm)　← 底面の円周の長さ

よって，側面積は

$\frac{1}{2}\times12\pi\times10=60\pi$ (cm^2)　← $\frac{1}{2}\ell r$

したがって，表面積は

$36\pi+60\pi=96\pi\ (\text{cm}^2)$

51 (1) **96 cm³**　　(2) $\dfrac{256}{3}\pi$ **cm³**

解説

(1) 投影図で表される立体は，底面が上底 3 cm，下底 5 cm，高さ 6 cm の台形で，高さが 4 cm の四角柱である。

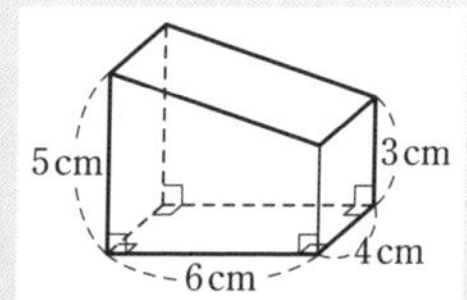

よって，求める体積は

$$\left\{\frac{1}{2}\times(3+5)\times6\right\}\times4=96\ (\text{cm}^3)$$

(2) 投影図で表される立体は，半径 4 cm の球である。

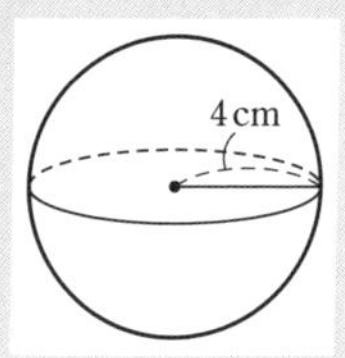

よって，求める体積は

$$\frac{4}{3}\pi\times4^3=\frac{256}{3}\pi\ (\text{cm}^3)$$

52 (1) **8π cm³**　(2) **24π cm³**　(3) **16π cm³**

解説

(1) できる立体は，底面の半径が 2 cm，高さが 3 cm の円錐を 2 つ組み合わせたものである。

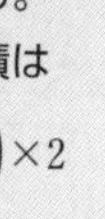

よって，求める体積は

$$\left(\frac{1}{3}\times\pi\times2^2\times3\right)\times2$$
$$=8\pi\ (\text{cm}^3)$$

(2) できる立体は，底面の半径が 3 cm，高さが 4 cm の円柱から，底面の半径が 3 cm，高さが 4 cm の円錐を取り除いたものである。

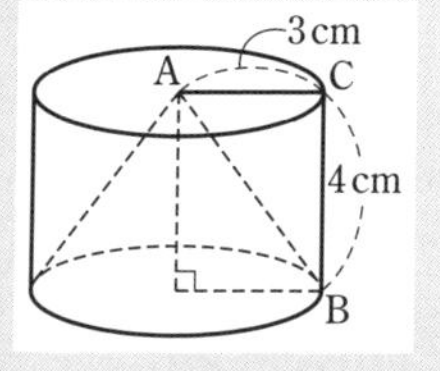

よって，求める体積は

$$\pi\times3^2\times4-\frac{1}{3}\times\pi\times3^2\times4=24\pi\ (\text{cm}^3)$$

(3) できる立体は，底面の半径が 4 cm，高さが 6 cm の円錐から，底面の半径が 2 cm，高さが 3 cm の円錐と底面の半径が 2 cm，高さが 3 cm の円柱を取り除いたものである。

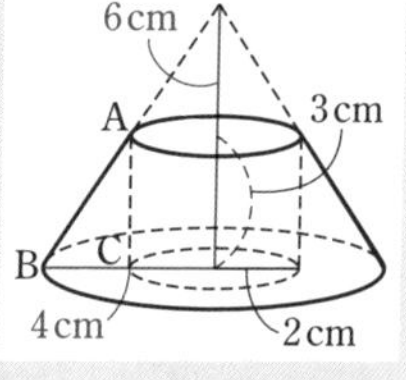

よって，求める体積は

$$\frac{1}{3}\times\pi\times4^2\times6-\frac{1}{3}\times\pi\times2^2\times3-\pi\times2^2\times3$$
$$=16\pi\ (\text{cm}^3)$$

53 (1) **1388 cm³**　　(2) **180π cm³**

解説

(1) この立体は，縦 10 cm，横 15 cm，高さ 10 cm の直方体から，縦 10−3=7 (cm)，横 15−11=4 (cm)，高さ 10−6=4 (cm) の直方体を取り除いたものである。

よって，求める体積は

$$10\times15\times10-7\times4\times4=1388\ (\text{cm}^3)$$

(2) この立体は，底面が半径 6 cm（直径が 3+6+3=12 (cm)）の半円で，高さが 8 cm の柱体と，底面が半径 3 cm（直径が 6 cm）の半円で，高さが 8 cm の柱体を組み合わせたものである。

よって，求める体積は

$$\left(\pi\times6^2\times\frac{1}{2}\right)\times8+\left(\pi\times3^2\times\frac{1}{2}\right)\times8$$
$$=144\pi+36\pi=180\pi\ (\text{cm}^3)$$

第7章 データの活用　p. 189

練　習

練習 132 (1) **49 kg**

(2) **48.5 kg**

(3) **50 kg**

(4) **23 kg**

解説

データを大きさの順に並べると，次のようになる。

41 42 42 43 44 44 45 47 47 47
50 50 50 50 53 53 53 56 59 64

(1) データの値の合計は

$41+42\times2+43+44\times2+45+47\times3$
$+50\times4+53\times3+56+59+64=980$

よって　$980\div20=49$ (kg)

(2) データの個数は 20 であるから，小さい方から数えて 10 番目と 11 番目の平均で

$\frac{47+50}{2}=48.5$ (kg)

(3) もっとも多い値 は 50 である。

(4) 最大の値が 64，最小の値が 41 であるから

$64-41=23$ (kg)

参考　下のように表でまとめると，計算しやすい。

階級 (kg)	階級値 (kg)	度数 (人)	(階級値) ×(度数)
40 以上 45 未満	42.5	6	255
45 ～ 50	47.5	4	190
50 ～ 55	52.5	7	367.5
55 ～ 60	57.5	2	115
60 ～ 65	62.5	1	62.5
計		20	990

なお，度数分布表において，中央値をふくむ階級の階級値をそのデータの中央値，度数がもっとも大きい階級の階級値をそのデータの最頻値として用いることがある。

練習133 (1)

階級 (kg)	度数 (人)
40 以上 45 未満	**6**
45 ～ 50	**4**
50 ～ 55	**7**
55 ～ 60	**2**
60 ～ 65	**1**
計	20

(2) **階級は 50 kg 以上 55 kg 未満，階級値は 52.5 kg**

(3) **49.5 kg**

解説

(2) 階級値は階級の中央の値。

50 kg 以上 55 kg 未満の階級の階級値は

$\frac{50+55}{2}=52.5$ (kg)

(3) $(平均値)=\frac{\{(階級値)\times(度数)\}\text{ の合計}}{(度数の合計)}$

それぞれの階級の階級値は，順に

42.5 kg，47.5 kg，52.5 kg，57.5 kg，62.5 kg

よって，平均値は

$\frac{42.5\times6+47.5\times4+52.5\times7+57.5\times2+62.5\times1}{20}$

$=\frac{990}{20}=49.5$ (kg)

練習134

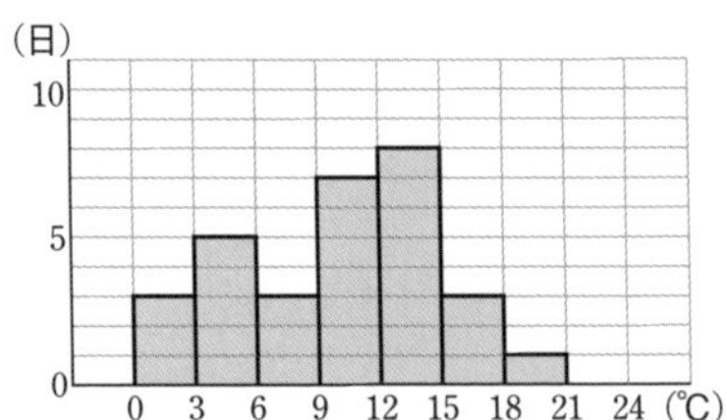

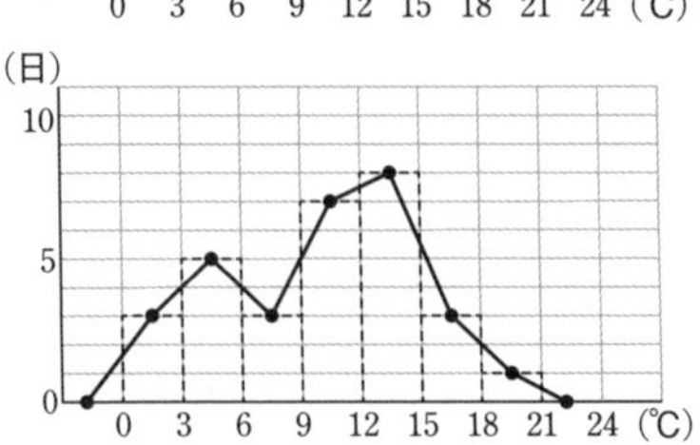

練習135 (1) **40 人**

(2) **35 kg 以上 40 kg 未満**

(3) **30 kg 以上 35 kg 未満**

解説

ヒストグラムから，各階級の度数を読みとる。

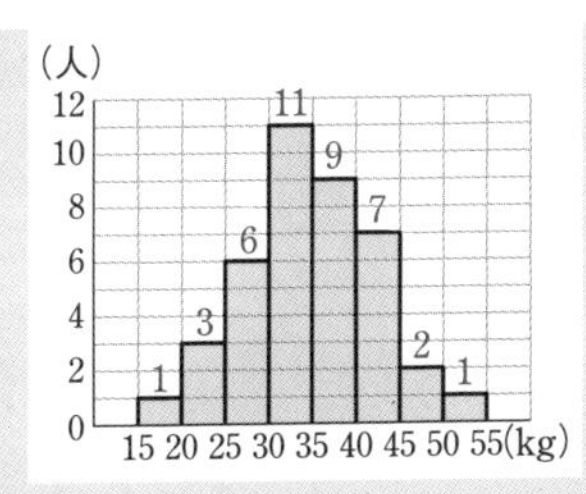

(1)　$1+3+6+11+9+7+2+1=40$（人）

(2)　40 kg 以上の生徒は $7+2+1=10$（人），
35 kg 以上の生徒は $9+7+2+1=19$（人）であるから，記録の高い方から数えて 12 番目の生徒のデータがふくまれる階級は

35 kg 以上 40 kg 未満

(3)　データの個数は 40 であるから，中央値は記録の高い方から数えて 20 番目と 21 番目のデータがふくまれる階級にある。
└記録の低い方から数えてもよい
35 kg 以上の生徒は 19 人，30 kg 以上の生徒は $19+11=30$（人）であるから，中央値がふくまれる階級は

30 kg 以上 35 kg 未満

練習 136　(1)　(ア)　**0.16**　(イ)　**0.22**　(ウ)　**0.24**

(2)

0.20
0.10
0.00
130 135 140 145 150 155 160 165 170 (cm)

解説

$$(\text{相対度数})=\frac{(\text{その階級の度数})}{(\text{度数の合計})}$$

(1)　(ア)　$\frac{8}{50}=0.16$，(イ)　$\frac{11}{50}=0.22$，

(ウ)　$\frac{12}{50}=0.24$

参考

①　$\frac{8}{50}=\frac{16}{100}$，$\frac{11}{50}=\frac{22}{100}$，$\frac{12}{50}=\frac{24}{100}$ とすると，簡単に求めることができる。

②　度数が 1 の場合の相対度数が 0.02 であるから

度数が 8 の場合は　$0.02\times8=0.16$
度数が 11 の場合は　$0.02\times11=0.22$
度数が 12 の場合は　$0.02\times12=0.24$
と考えることもできる。

練習 137　①，③

解説

①　図から，A，B ともに 3 ～ 6 冊と答えた生徒の相対度数がもっとも大きいことがわかる。
よって，正しい。

②　A において，12 冊以上である生徒の相対度数は

$0.05+0.10+0.05=0.20$

よって，A では 12 冊以上読んでいる生徒は 6 割未満である。
したがって，正しくない。

③　B において，0 ～ 9 冊である生徒の相対度数は

$0.15+0.35+0.20=0.70$

よって，B では半数以上の生徒が 10 冊未満である。
したがって，正しい。

練習 138

階級（%）	度数（日）	累積度数（日）	累積相対度数
10 以上 20 未満	4	**4**	**0.13**
20 ～ 30	6	**10**	**0.33**
30 ～ 40	10	**20**	**0.67**
40 ～ 50	4	**24**	**0.80**
50 ～ 60	2	**26**	**0.87**
60 ～ 70	2	**28**	**0.93**
70 ～ 80	2	**30**	**1.00**
計	30		

解説

累積度数は，階級の度数をたし合わせる。

$$(\text{累積相対度数})=\frac{(\text{その階級の累積度数})}{(\text{度数の合計})}$$

たとえば，30 % 以上 40 % 未満の階級の累積度数は　$4+6+10=20$（日）

累積相対度数は　$\frac{20}{30}=0.666\cdots$

小数第 3 位を四捨五入して　0.67

練習 139　(1)　**7 人**　　(2)　①

解説

(1)　(2.5 時間以上 3 時間未満の人数)

$=\left(\begin{array}{c}3\text{時間未満}\\ \text{の人数}\end{array}\right)-\left(\begin{array}{c}2.5\text{時間未満}\\ \text{の人数}\end{array}\right)$

$=135-128=7$ (人)

(2)　累積度数から，データの個数は　135

よって，中央値は，データを大きさの順に並べたときの 68 番目の値である。

0.5 時間未満の累積度数が 54 人，1 時間未満の累積度数が 81 人であるから，中央値がふくまれる階級は

0.5 時間以上 1 時間未満

練習 140　**0.17**

解説

投げた回数が多くなるにつれて，1 の目が出た回数の相対度数は一定の値に近づく。その値が，1 の目が出る確率と考えられる。

100 回投げたとき，1 の目が出た回数の相対度数は　$\frac{12}{100}=0.12$

同様に，200 回，500 回，800 回，1000 回，2000 回投げたとき，1 の目が出た回数の相対度数を求めると，次のようになる (小数第 3 位を四捨五入)。

投げた回数	100	200	500	800	1000	2000
1 の目が出た回数	12	27	73	133	166	333
相対度数	0.12	0.14	0.15	0.17	0.17	0.17
		↑ $\frac{27}{200}$	↑ $\frac{73}{500}$	↑ $\frac{133}{800}$	↑ $\frac{166}{1000}$	↑ $\frac{333}{2000}$

よって，回数が多くなるにつれ，相対度数は 0.17 に近づくから，求める確率は 0.17 と考えられる。

EXERCISES

➡本冊 p. 201

109　(1)　**25 人**

(2)　**36 %**

解説

(1)　$1+2+3+10+5+3+1=25$ (人)

(2)　ボールの入った回数が 5 回以上の生徒は $5+3+1=9$ (人) であるから，全体の

$\frac{9}{25}\times100=36$ (%)

110　(1)　(ア)　**1.00**　　(イ)　**0.15**

(2)　**8 人**

解説

(1)　(ア)　相対度数の和は 1.00 になる。

(イ)　$\frac{6}{40}=0.15$

(2)　40 分以上かかる生徒の相対度数は

$0.10+0.05+0.05=0.20$

よって，求める人数は

$40\times0.20=8$ (人)

111　(1)　**0.30**

(2)　**28 人**

(3)　$\boldsymbol{x=84,\ y=106}$

解説

(1)　$\frac{36}{120}=0.30$

(2)　$36-8=28$ (人)

(3)　睡眠時間が 7 時間以上の累積相対度数が 0.70 であるから，その累積度数は

$120\times0.70=84$ (人)

よって　$x=84$

x と y の差は 22 で，$x<y$ であるから

$y=84+22=106$

定期試験対策問題

➡本冊 p. 202

54　(1)　**18 m**

(2)

階級 (m)	度数 (人)
10 以上 15 未満	1
15 ～ 20	5
20 ～ 25	7
25 ～ 30	5
30 ～ 35	2
計	20

(3) **30 %**

解説
(1) 最大の値は 32，最小の値は 14 であるから
$32-14=18$ (m)
(3) 20 m 未満の生徒は $1+5=6$ (人) であるから，全体の $\frac{6}{20}\times100=30$ (%)

55 (1) **A：0.4　B：0.175**
(2) **B中学校**

解説
(1) A：$\frac{10}{25}=0.4$，B：$\frac{7}{40}=0.175$
(2) 15 分以上の生徒は
A：$2+3=5$ (人)，B：$10+8=18$ (人)
それぞれの割合は
A：$\frac{5}{25}=0.2$，B：$\frac{18}{40}=0.45$
よって，15 分以上の生徒の割合が多い中学校は　B中学校

56 (1) **7 人**　(2) **29 人**

解説
(1) $48-41=7$ (人)
(2) 55 kg 未満の生徒の人数は全体の $100-42=58$ (%) である。よって
$50\times0.58=29$ (人)

57 (1)

投げた回数	200	400	600	800	1000
和が 6 となる回数	24	64	87	110	139
相対度数	**0.12**	**0.16**	**0.15**	**0.14**	**0.14**

(2) **0.14**

解説
(1) 表の左から順に
$\frac{24}{200}=0.12$，$\frac{64}{400}=0.16$，$\frac{87}{600}=0.145$，
$\frac{110}{800}=0.1375$，$\frac{139}{1000}=0.139$
(2) 回数が多くなるにつれ，相対度数は 0.14 に近づく。
よって，和が 6 となる確率は 0.14 と考えられる。

入試対策編　p. 203

問　題

問題 1 (1) **最大公約数 14，最小公倍数 196**
(2) **最大公約数 9，最小公倍数 540**

解説
最大公約数は共通の素因数をかけ合わせる。
最小公倍数は共通の素因数に残りの素因数をかけ合わせる。

(1)
$28=2\times2\times7$
$98=\quad 2\times7\times7$
$2\times2\times7\times7=196$
$2\times7=14$

(2)
$36=2\times2\times3\times3$
$54=\quad 2\times3\times3\times3$
$135=\quad 3\times3\times3\times5$
$2\times2\times3\times3\times3\times5=540$
$3\times3=9$

問題 2 **126 個**

解説
昨年売れたおにぎりの個数を x 個とすると，昨年つくったおにぎりの個数は $(x+20)$ 個。
今年つくったおにぎりの個数は

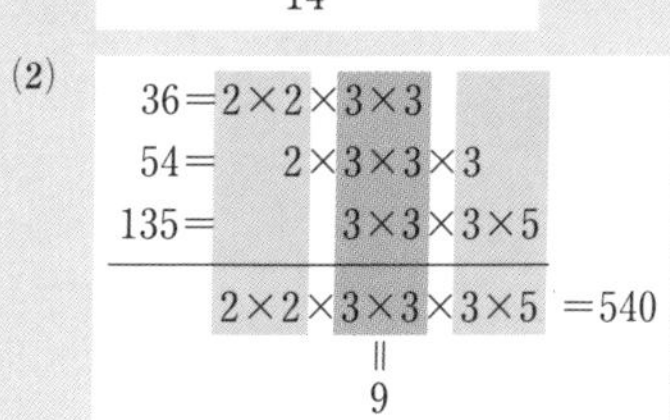

$(x+20)\times(1-0.1)=0.9(x+20)$ (個)

今年売れたおにぎりの個数は

$x\times(1+0.05)=1.05x$ (個)

今年つくったおにぎりはすべて売れたから

$0.9(x+20)=1.05x$

両辺 100 倍して 15 で割ると

$6(x+20)=7x \qquad x=120$

よって，今年つくったおにぎりの個数は

$120\times1.05=126$ (個)

問題 3 $x=200$

解説

	5 %	3 %	水	2 %
食塩水	x	400	500	$x+900$
食塩	$\frac{5}{100}x$	$400\times\frac{3}{100}$	0	$\frac{2}{100}(x+900)$

食塩の重さについて

$$\frac{5}{100}x+400\times\frac{3}{100}=\frac{2}{100}(\underline{x+900})$$

$\uparrow$ $x+400+500$

両辺に 100 をかけると

$5x+1200=2(x+900)$

$5x+1200=2x+1800$

$3x=600 \qquad x=200$

問題 4 (1) $a=2$, $b=12$ (2) $a=4$, $b=-8$

解説

変域はグラフをかいて考える。

(1) 図から

$x=-3$ のとき $y=b$

$x=a$ のとき $y=-8$

$-4\times(-3)=b$ から

$b=12$

$-4a=-8$ から $a=2$

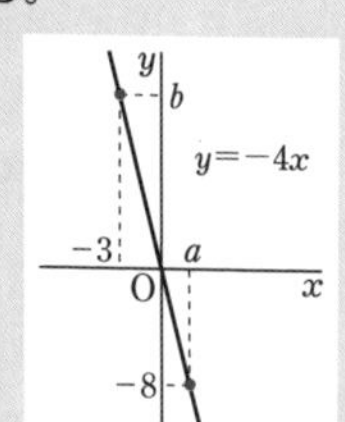

(2) 図から

$x=1$ のとき $y=b$

$x=a$ のとき $y=-2$

$1\times b=-8$ から

$b=-8$

$a\times(-2)=-8$ から

$a=4$

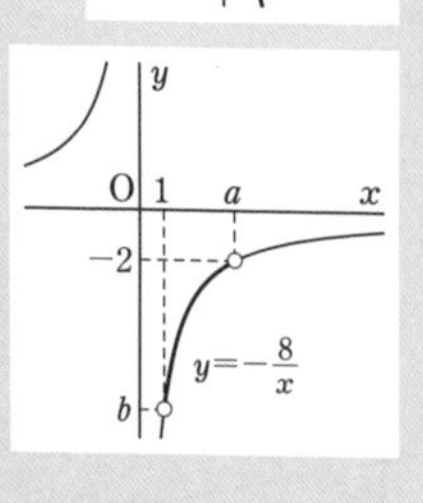

問題 5 $a=-2$, $b=-18$

解説

グラフの交点は，それぞれのグラフ上の点であることに注意する。

B(2, −4) は ① のグラフ上の点であるから

$-4=a\times2 \qquad a=-2$

よって，① の比例の式は $y=-2x$

点Aは $y=-2x$ のグラフ上の点で，y 座標が 6 であるから，x 座標は

$6=-2x \qquad x=-3$

点Aの座標は (−3, 6)

点Aは，② のグラフ上の点でもあるから

$$6=\frac{b}{-3} \qquad b=-18$$

問題 6 (1) 6

(2) (6, 1)

解説

(1) 点Pの x 座標が 2 のとき，y 座標は

$$y=\frac{6}{2}=3$$

よって，三角形 OAP の面積は

$$\frac{1}{2}\times\underset{\text{OA}}{4}\times\underset{\text{Pの}y\text{座標}}{3}=6$$

(2) 点Pの y 座標を t とすると，三角形 OAP の面積について

$$\frac{1}{2}\times4\times t=2 \qquad t=1$$

点Pは，反比例 $y=\frac{6}{x}$ のグラフ上にあり，y 座標が 1 であるから

$$1=\frac{6}{x} \qquad x=6$$

よって P(6, 1)

問題 7

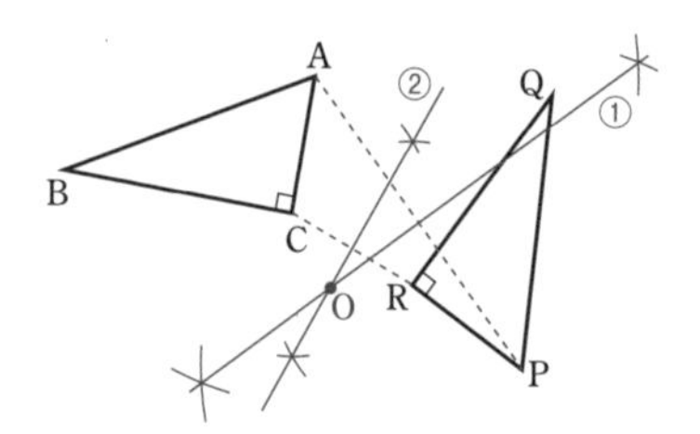

解説

対応する点は，回転の中心から等しい距離にあるから，線分 AP の垂直二等分線と線分 CR の垂直二等分線の交点がOである。
① 線分 AP の垂直二等分線を作図する。
② 線分 CR の垂直二等分線を作図する。
① と ② の交点が，点Oである。

問題 8

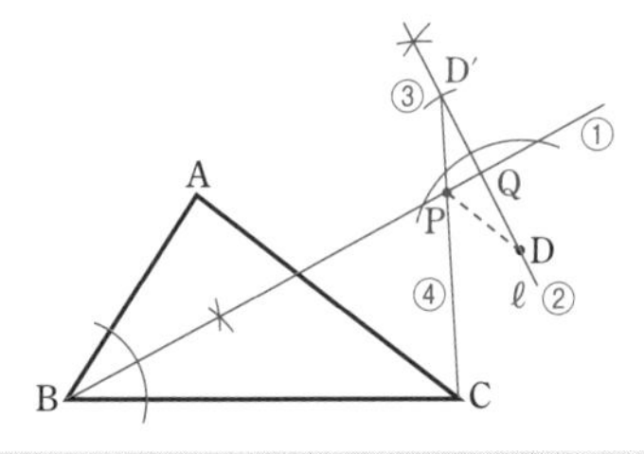

解説

∠ABC の二等分線に関して，点Dと対称な点 D′ をとると，∠ABC の二等分線と線分 CD′ の交点が点Pである。
① ∠ABC の二等分線をひく。
② 点Dを通り，① の直線に垂直な直線 ℓ をひく。① との交点をQとする。
③ 点Qを中心として，半径 DQ の円をかく。ℓ との交点のうち，Dでない点を D′ とする。
④ 線分 CD′ をひく。
① でひいた直線と線分 CD′ の交点がPである。

問題 9 6 個

解説

(水面の上昇分の体積)
=(鉄球 1 個の体積)×(鉄球の個数)
水面の上昇した分の体積は
$$\pi\times8^2\times1=64\pi\ (\text{cm}^3)$$
鉄球 1 個の体積は
$$\frac{4}{3}\pi\times2^3=\frac{32}{3}\pi\ (\text{cm}^3)$$
よって，鉄球の個数は
$$64\pi\div\frac{32}{3}\pi=6\ (\text{個})$$

問題 10 (1) 正三角形　　(2) 五角形

解説

① 切り口の辺は，必ず多面体の面上にある。
② 平行な 2 つの面の切り口は，平行である。

(1) 立方体の各面は合同な正方形であるから，その対角線の長さは等しい。
よって
AF=FC=CA

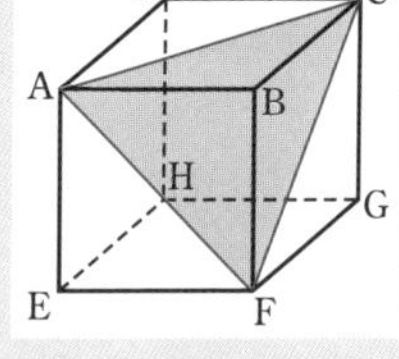

(2) 多面体を 1 つの平面で切ったとき，切り口の線分またはその延長は，平行でなければその線分をふくむ面の交線上で交わる。

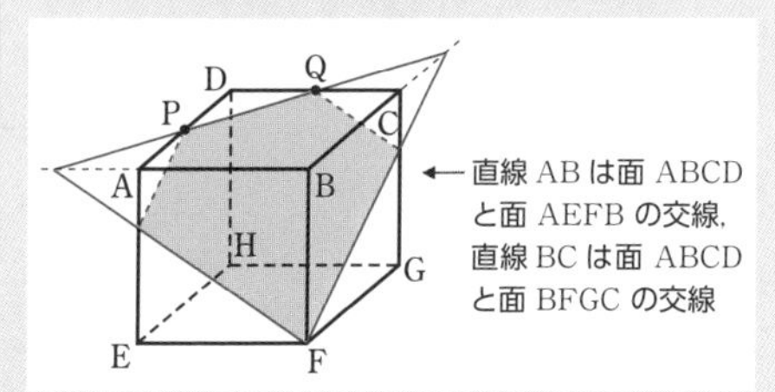

問題 11 (1) 平均値 8 分，中央値 7.5 分
(2) 平均値は小さくなる，中央値は変わらない。

解説

(1) データを，大きさの順に並べると
4　5　6　7　8　9　12　13　…… ①
よって，平均値は
$$\frac{4+5+6+7+8+9+12+13}{8}=\frac{64}{8}=8\ (\text{分})$$
また，中央値は $\frac{7+8}{2}=7.5$ (分)

(2) 加わった 2 つのデータのうち，1 つは 8 人の平均値と同じ値，もう 1 つは 8 人の平均値より小さい値であるから，平均値は小さくなる。
また，データの個数は 10 となるから，中央値は大きさの順における 5 番目と 6 番目の値の平均となる。
① に 2 人のデータを加えると
4　5　5　6　7　8　8　9　12　13
よって，中央値は変わらない。

問題 12 (1) (ア) $x>3$　　(イ) $x\geqq-2$
(2) 11 個

解説

移項を利用して，$ax<b$ や $ax \geqq b$ などの形にする。

両辺を x の係数 a でわるとき

$a>0$ なら　不等号の向きはそのまま

$a<0$ なら　不等号の向きは変わる

(1) (ア) $4x+5>17$

$4x>17-5$ （5 を右辺に移項）

$4x>12$

$x>3$ （両辺を 4 でわる）

(イ) $2x+3(2-x) \leqq 8$

$2x+6-3x \leqq 8$ （かっこをはずす）

$-x+6 \leqq 8$

$-x \leqq 8-6$ （6 を右辺に移項）

$-x \leqq 2$

$x \geqq -2$ （両辺を -1 でわる。不等号の向きが変わる）

(2) りんごを x 個買うとすると，みかんの個数は $(20-x)$ 個。

$130x+60(20-x) \leqq 2000$

$130x+1200-60x \leqq 2000$

$70x \leqq 800$

$x \leqq \frac{80}{7}$

$\frac{80}{7}=11.4\cdots$ であるから，りんごは 11 個まで買える。

注意　x はりんごの個数であるから自然数である。よって，不等式を満たす自然数のうち，最大のものを考える。

入試対策問題

➡本冊 p. 218

1　(1) $\frac{1}{6}$　(2) -6　(3) $-\frac{4}{15}$　(4) -12

解説

(1) $(-3) \div 2^3 \times 2^2 \div (-9) = (-3) \div 8 \times 4 \div (-9)$

符号は＋ →　$=3 \times \frac{1}{8} \times 4 \times \frac{1}{9}$

$=\frac{1}{6}$

(2) $\left(-\frac{27}{16}\right)^2 \times \left(-\frac{4}{9}\right)^3 \times 24$

$=\frac{27 \times 27}{16 \times 16} \times \left(-\frac{4 \times 4 \times 4}{9 \times 9 \times 9}\right) \times 24$

$=-\frac{27 \times 27}{9 \times 9 \times 9} \times \frac{4 \times 4 \times 4}{16 \times 16} \times 24$ ← 符号は－

$=-1 \times \frac{1}{4} \times 24 = -6$

(3) $\frac{(-2)^4}{3^2} \div \left(\frac{2}{5}\right)^2 \times \left(-\frac{3}{5^3}\right)$

$=\frac{16}{9} \div \frac{4}{25} \times \left(-\frac{3}{125}\right)$

$=-\frac{16}{9} \times \frac{25}{4} \times \frac{3}{125}$ ← 符号は－

$=-\frac{4}{15}$

(4) $(-3)^2 \times (-4^2) \div \left\{(-2)^3 \times \left(-\frac{3}{2}\right)\right\}$

$=9 \times (-16) \div \left\{(-8) \times \left(-\frac{3}{2}\right)\right\}$

$=9 \times (-16) \div 12 = -\frac{9 \times 16}{12}$ ← 符号は－

$=-12$

2　(1) 4　(2) $-\frac{17}{72}$　(3) -8　(4) $-\frac{1}{3}$　(5) -2　(6) 4　(7) 15　(8) 36　(9) -16　(10) 9

解説

CHART　先にやるのが（　）と×，÷
＋と－はあとまわし

(1) $(8-3 \times 2) - 8 \div (-2^2) = (8-6) - 8 \div (-4)$

$=2+2=4$

(2) $-3^2 \div 2^3 - (-2)^3 \div 3^2 = -9 \div 8 - (-8) \div 9$

$=-\frac{9}{8}+\frac{8}{9}$

$=-\frac{81}{72}+\frac{64}{72}=-\frac{17}{72}$

(3) $(-4)^2 \div \{4-(-3^2+15)\}$

$=16 \div \{4-(-9+15)\}$

$=16 \div (4-6) = 16 \div (-2)$

$=-8$

(4) $-\left(\frac{1}{2}\right)^2\times\{2-6\div(-3)^2\}=-\frac{1}{4}\times(2-6\div9)$

$=-\frac{1}{4}\times\left(2-6\times\frac{1}{9}\right)=-\frac{1}{4}\times\left(\frac{6}{3}-\frac{2}{3}\right)$

$=-\frac{1}{4}\times\frac{4}{3}=-\frac{1}{3}$

(5) $\left\{\left(-\frac{2}{3}\right)^2-\frac{1}{2}\div0.75\right\}\times9$

$=\left\{\left(-\frac{2}{3}\right)^2-\frac{1}{2}\div\frac{3}{4}\right\}\times9$ ← $0.75=\frac{75}{100}=\frac{3}{4}$

$=\left(\frac{4}{9}-\frac{1}{2}\times\frac{4}{3}\right)\times9=\left(\frac{4}{9}-\frac{2}{3}\right)\times9$

$=\left(\frac{4}{9}-\frac{6}{9}\right)\times9=-\frac{2}{9}\times9=-2$

(6) $(-4^3)\times\frac{1}{8}-(-2)^3\div\frac{2}{3}$

$=-64\times\frac{1}{8}-(-8)\times\frac{3}{2}$

$=-8+12=4$

(7) $-3^2+(-3)^2\times\frac{40}{3}\div5$

$=-9+9\times\frac{40}{3}\times\frac{1}{5}$

$=-9+24=15$

(8) $6+(-6)^2\div\frac{2}{3}+(-6^2)\times\frac{2}{3}$

$=6+36\times\frac{3}{2}+(-36)\times\frac{2}{3}$

$=6+54-24=36$

(9) $\left(-\frac{1}{2}\right)^3\times\left(-\frac{16}{3}\right)-\frac{8}{3}\div\left(\frac{2}{5}\right)^2$

$=-\frac{1}{8}\times\left(-\frac{16}{3}\right)-\frac{8}{3}\div\frac{4}{25}$

$=-\frac{1}{8}\times\left(-\frac{16}{3}\right)-\frac{8}{3}\times\frac{25}{4}$

$=\frac{2}{3}-\frac{50}{3}=\frac{-48}{3}=-16$

(10) $\left\{-1-\frac{3}{2^2}\times\left(1-\frac{1}{3}\right)\right\}^2\div0.25$

$=\left(-1-\frac{3}{4}\times\frac{2}{3}\right)^2\div\frac{1}{4}$ ← $0.25=\frac{25}{100}=\frac{1}{4}$

$=\left(-1-\frac{1}{2}\right)^2\times4=\left(-\frac{3}{2}\right)^2\times4$

$=\frac{9}{4}\times4=9$

3 (1) **2410 歩**　(2) **7.23 km**

解説

(1) 2400 歩とのちがいを表にすると，次のようになる。

曜日	月	火	水	木	金
2400 歩とのちがい（歩）	+24	0	−9	+20	+15

よって，2400 歩とのちがいの平均は

$\frac{(+24)+0+(-9)+(+20)+(+15)}{5}=10$

したがって，求める平均値は

$2400+10=2410$（歩）

(2) 5 日間の歩いた歩数の合計は

2410×5（歩）

よって，求める距離の合計は

$60\times2410\times5=723000$ (cm)

すなわち　7.23 km

4 (1) **12 cm**　(2) $\mathbf{\frac{75}{14}}$

解説

(1)

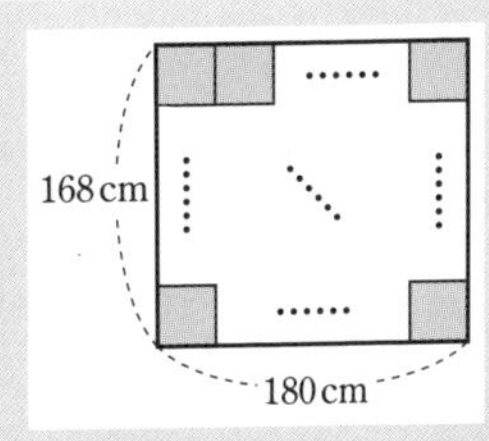

168 と 180 の最大公約数を求めればよい。

$168=2\times2\times2\times3\times7$
$180=2\times2\times3\times3\times5$
$2\times2\times3=12$

よって，求める 1 辺の長さは

12 cm

(2) 求める分数を $\frac{a}{b}$ とする。

$\frac{42}{25}\times\frac{a}{b}$ が自然数になるから，

a は 25 の倍数，b は 42 の約数である。

……①

また，$\frac{56}{15}\times\frac{a}{b}$ も自然数になるから，

a は 15 の倍数，b は 56 の約数である。

……②

①，②から，

a は 25 と 15 の公倍数，b は 42 と 56 の公約数

である。

$\frac{a}{b}$ の値が最小となるとき，a は 25 と 15 の最小公倍数，b は 42 と 56 の最大公約数であるから

$25=$	5×5	$42=2$		$\times3\times7$
$15=3\times5$		$56=2$	$\times2\times2$	$\times7$
	$3\times5\times5$	2		$\times7$

$a=3\times5\times5=75$，　$b=2\times7=14$

したがって　$\frac{75}{14}$

5　(1)　**36**　(2)　$\boldsymbol{n=357}$　(3)　$\boldsymbol{n=1567}$

解説

(1)　$《326》=3\times2\times6=36$

(2)　105 を素因数分解すると　$105=3\times5\times7$

よって，$《n》=105$ となる 3 けたの自然数 n のうち，最小のものは　$n=357$

(3)　210 を素因数分解すると　$210=2\times3\times5\times7$

$《n》=210$ となる 4 けたの自然数 n のうち，最小のものは，千の位の数ができるだけ小さい数であればよい。

$210=1\times5\times6\times7$ と表すことができるから

$n=1567$

6　(1)　$\boldsymbol{\left(\frac{109}{100}a+\frac{93}{100}b\right)}$ **人**　(2)　$\boldsymbol{(3x-2y)}$ **kg**

(3)　$\boldsymbol{\frac{x+1200}{120}}$ **分**

解説

(1)　今年度の男子の参加者は

$$a\times\left(1+\frac{9}{100}\right)=\frac{109}{100}a\ (人)$$

女子の参加者は　$b\times\left(1-\frac{7}{100}\right)=\frac{93}{100}b$ (人)

よって，今年度の男子と女子の参加者の合計は　$\left(\frac{109}{100}a+\frac{93}{100}b\right)$ 人

[$(1.09a+0.93b)$ 人でもよい]

(2)　赤，青，白の 3 つの玉の重さの合計は

$x\times3=3x$ (kg)

赤玉と青玉の重さの合計は　$y\times2=2y$ (kg)

よって，白玉の重さは　$(3x-2y)$ kg

(3)　家から学校までにかかった時間は

$$\frac{x}{60}+\frac{1200-x}{120}=\frac{2x+1200-x}{120}$$

$$=\frac{x+1200}{120}\ (分)$$

7　(1)　$\boldsymbol{\frac{10x-7}{3}}$　(2)　$\boldsymbol{-x+\frac{11}{5}}$

(3)　$\boldsymbol{\frac{5a+10}{12}}$　(4)　$\boldsymbol{\frac{x+6}{6}}$

(5)　$\boldsymbol{\frac{2x-5}{10}}$　(6)　$\boldsymbol{\frac{-7x+4}{12}}$

解説

(1)　$\frac{7x+2}{3}+x-3=\frac{7x+2+3(x-3)}{3}$

$=\frac{7x+2+3x-9}{3}=\frac{10x-7}{3}$

(2)　$\frac{1}{5}(10x+1)-\frac{1}{2}(6x-4)=2x+\frac{1}{5}-3x+2$

$=-x+\frac{11}{5}$

(3)　$\frac{3a+2}{4}-\frac{a-1}{3}=\frac{3(3a+2)-4(a-1)}{12}$

$=\frac{9a+6-4a+4}{12}=\frac{5a+10}{12}$

(4)　$\frac{2x+5}{3}-\frac{x-4}{6}-\frac{3x+12}{9}$　（3 で約分できる）

$=\frac{2x+5}{3}-\frac{x-4}{6}-\frac{x+4}{3}$

$=\frac{2x+5}{3}-\frac{x+4}{3}-\frac{x-4}{6}$

$=\frac{(2x+5)-(x+4)}{3}-\frac{x-4}{6}$

$=\frac{x+1}{3}-\frac{x-4}{6}=\frac{2(x+1)-(x-4)}{6}$

$=\frac{2x+2-x+4}{6}=\frac{x+6}{6}$

(5) $0.2x+\dfrac{x-3}{5}-\dfrac{2x-1}{10}$

$=\dfrac{2x+2(x-3)-(2x-1)}{10}$ ←$0.2x=\dfrac{2}{10}x$

$=\dfrac{2x+2x-6-2x+1}{10}=\dfrac{2x-5}{10}$

(6) $\dfrac{3x+5}{2}-\dfrac{4x-7}{3}-\dfrac{3(x+6)}{4}$

$=\dfrac{6(3x+5)-4(4x-7)-9(x+6)}{12}$

$=\dfrac{18x+30-16x+28-9x-54}{12}=\dfrac{-7x+4}{12}$

8 (1) $y=\dfrac{1}{6}x+52$ (2) $\dfrac{7}{10}(2a+b)<5000$

解説

(1) まず，単位をそろえる。

y を x を用いた式で表すから，道のりは km にそろえる。

自宅からA駅までの道のりは

(80×10) m ←(道のり)=(速さ)×(時間)

これを km になおすと $\left(\dfrac{80\times10}{1000}\right)$ km

同様に，B駅から学校までの道のりは

$\left(\dfrac{80\times15}{1000}\right)$ km

また，A駅からB駅までの道のりは

$\left(x\times\dfrac{10}{60}\right)$ km ←10 分は $\dfrac{10}{60}$ 時間

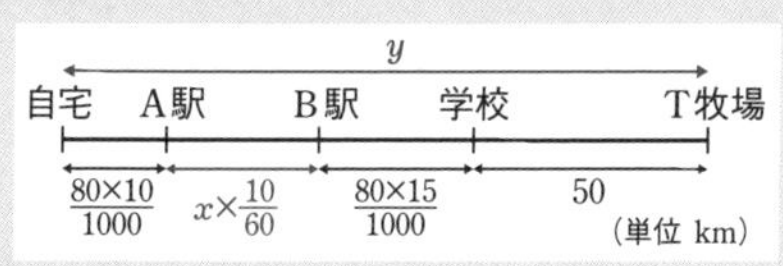

よって，自宅からT牧場までの道のりは

$\dfrac{80\times10}{1000}+x\times\dfrac{10}{60}+\dfrac{80\times15}{1000}+50$

$=\dfrac{4}{5}+\dfrac{1}{6}x+\dfrac{6}{5}+50=\dfrac{1}{6}x+52$ (km)

よって $y=\dfrac{1}{6}x+52$

(2) 通常の価格の 3 割引きで購入したから

$(2a+b)\left(1-\dfrac{3}{10}\right)<5000$

よって $\dfrac{7}{10}(2a+b)<5000$

[$0.7(2a+b)<5000$ でもよい]

9 (1) **17 枚** (2) **$(4n-2)$ 枚**

解説

(1) 白，黄，赤，赤の 4 枚を 1 つのグループと考える。

カードを 35 枚並べたとき，$35=4\times8+3$ であるから，4 枚のグループが 8 組と，白，黄，赤と並んでいる。

よって，赤のカードの枚数は

$2\times8+1=17$ (枚)

(2) 1 つのグループの中に，黄のカードは 1 枚であるから，黄のカードが n 枚あるとき，4 枚のグループが $(n-1)$ 組と，白，黄と並んでいる。

よって，カードの枚数は

$4\times(n-1)+2=4n-2$ (枚)

10 (1) $x=-8$ (2) $x=30$ (3) $x=8$
(4) $x=3$ (5) $x=-17$ (6) $x=1$
(7) $x=-4$ (8) $x=6.5$ $\left(x=\dfrac{13}{2}\right)$

解説

(1) $3(2x+1)=-5(1-x)$

$6x+3=-5+5x$

$6x-5x=-5-3$ $x=-8$

(2) $0.02x+1.3=0.16x-2.9$

両辺に 100 をかけて ←10 ではすべて整数にならない

$2x+130=16x-290$

$2x-16x=-290-130$

$-14x=-420$ $x=30$

(3) $x+3.5=0.5(3x-1)$

両辺に 2 をかけて ←10 をかけてもよい

$2x+7=3x-1$

$2x-3x=-1-7$

$-x=-8$ $x=8$

(4) $\dfrac{2x+9}{5}=x$

両辺に 5 をかけて

$2x+9=5x$

$2x-5x=-9$

$-3x=-9$ $x=3$

(5) $\frac{x-4}{3}+\frac{7-x}{2}=5$

両辺に 6 をかけると

$2(x-4)+3(7-x)=30$

$2x-8+21-3x=30$

$-x+13=30 \qquad x=-17$

(6) $\frac{x-10}{3}=\frac{3x-5}{2}-2$

両辺に 6 をかけると　← 右辺の 2 に 6 をかけるのを忘れずに

$2(x-10)=3(3x-5)-12$

$2x-20=9x-15-12$

$2x-20=9x-27$

$-7x=-7 \qquad x=1$

(7) $\frac{x-6}{8}-0.75=\frac{1}{2}x$

両辺に 8 をかけると

$(x-6)-6=4x$　← $0.75\times8=6$

$x-12=4x$

$-3x=12 \qquad x=-4$

(8) $0.2\left(0.3x-\frac{7}{4}\right)=0.16x-1$

両辺に 100 をかけて

$20\left(0.3x-\frac{7}{4}\right)=16x-100$

$6x-35=16x-100$

$-10x=-65$

$x=6.5 \quad \left(x=\frac{13}{2}\right)$

11 (1) $\boldsymbol{a=3}$　(2) $\boldsymbol{a=4}$　(3) $-\frac{1}{2}$

解説

(1) $ax+9=5x-a$ に $x=6$ を代入すると

$6a+9=30-a$

$7a=21 \qquad a=3$

(2) $\frac{a-x}{3}-1=\frac{x+a}{2}$ に $x=-2$ を代入すると $\frac{a-(-2)}{3}-1=\frac{-2+a}{2}$

両辺に 6 をかけて

$2(a+2)-6=3(-2+a)$

$2a+4-6=-6+3a$

$2a-2=3a-6$

$-a=-4 \qquad a=4$

(3) 比例式の性質から

$x\times5=3\times(x+4)$

$5x=3x+12$

$2x=12 \qquad x=6$

よって　$\frac{1}{4}x-2=\frac{1}{4}\times6-2=-\frac{1}{2}$

12 (1) **740 円**　(2) **4200 m**

解説

(1) チョコレート 1 個の値段を x 円とする。けいこさんの持っている金額について

$24x-100=20x+40$

$4x=140 \qquad x=35$

よって，けいこさんの持っていた金額は

$20\times35+40=740$ (円)

(2) 兄が家を出発して図書館に着くまでの時間を x 分とする。

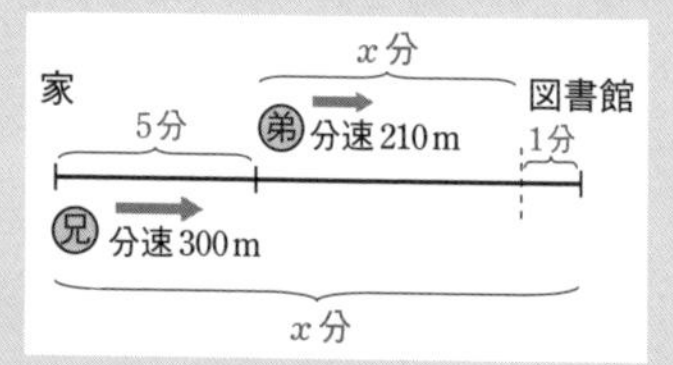

弟は，兄より 5 分早く出て，1 分遅れて到着するから，家から図書館までの道のりについて

$210(5+x+1)=300x$　← 弟は兄より 6 分早く出発すると，2 人同時に到着する

両辺を 30 でわると

$7(x+6)=10x$

$7x+42=10x$

$-3x=-42 \qquad x=14$

よって，家から図書館までの道のりは

$300\times14=4200$ (m)

別解　家から図書館までの道のりを x m とすると家から図書館までにかかる時間について　$\frac{x}{210}=5+\frac{x}{300}+1$　← 弟は兄より 6 分多く時間がかかる

$\frac{x}{210}=6+\frac{x}{300}$

両辺に 2100 をかけて

$10x=12600+7x$

$3x=12600 \qquad x=4200$

よって　4200 m

13 140円

解説

原価……仕入れた値段。仕入れ値。

利益……(売上金額)−(原価)

この商品 1 個の原価を x 円とすると，定価は

$$\left(1+\frac{4}{10}\right)x=\frac{14}{10}x\ (円)$$ ← 原価の 4 割の利益を見込んだ定価

定価の 25 % 引きの値段は

$$\frac{14}{10}x\times\left(1-\frac{25}{100}\right)=\frac{14}{10}x\times\frac{3}{4}\ (円)$$

100 個のうち，70 個を定価で，30 個を定価の 25 % 引きで売ったから，利益について

$$\underbrace{\frac{14}{10}x\times70+\frac{14}{10}x\times\frac{3}{4}\times30}_{(売上金額)}-100x=4130$$ −(原価)=(利益)

$$98x+\frac{63}{2}x-100x=4130 \quad \frac{63}{2}x-2x=4130$$

$$\frac{59}{2}x=4130 \quad x=\frac{4130\times2}{59}=140$$

したがって，1 個の原価は　140 円

14 (1)　12 個　　(2)　600 mL

解説

(1)　B の箱から取り出した白玉の個数を x 個とすると，A の箱から取り出した赤玉の個数は $2x$ 個 である。

↑ (赤玉の個数)：(白玉の個数)=2：1

	A	B
はじめの玉の個数	45	27
取り出した玉の個数	$2x$	x
残りの玉の個数	$45-2x$	$27-x$
	7	5

A の箱と B の箱に残った赤玉と白玉の個数の比について

$$(45-2x):(27-x)=7:5$$
$$5(45-2x)=7(27-x)$$
$$225-10x=189-7x$$
$$-3x=-36$$
$$x=12$$

よって　12 個

(2)　はじめに入っていた水の量を x mL とする。

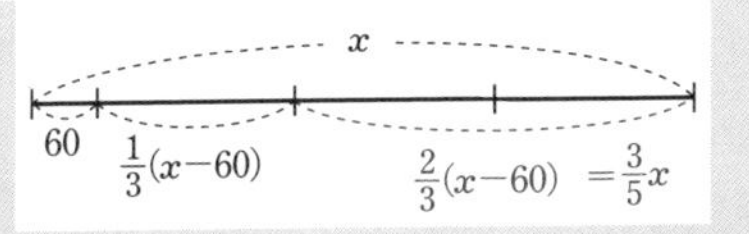

残りの水の量について　$\frac{2}{3}(x-60)=\frac{3}{5}x$

両辺に 15 をかけて　$10(x-60)=9x$

$10x-600=9x$　$x=600$

よって，はじめの水の量は　600 mL

15 $x=75$

解説

	3 %	8 %	4 %
食塩水	300	x	$300+x$
食塩	$300\times\frac{3}{100}$	$\frac{8}{100}x$	$\frac{4}{100}(300+x)$

食塩の量について

$$300\times\frac{3}{100}+\frac{8}{100}x=\frac{4}{100}(300+x)$$

両辺に 100 をかけて

$900+8x=4(300+x)$　$900+8x=1200+4x$

$4x=300$　$x=75$

16 (1)　6 個　　(2)　$z=\frac{40}{9}$

解説

(1)　y は x に反比例するから，比例定数を a とすると，$xy=a$ と表すことができる。

$x=6$ のとき $y=\frac{3}{2}$ であるから

$$a=6\times\frac{3}{2}=9$$ ← xy=(一定)

よって　$xy=9$　すなわち　$y=\frac{9}{x}$

$y=\frac{9}{x}$ のグラフ上の点で，x 座標と y 座標がともに整数である点の座標は

(−9, −1), (−3, −3), (−1, −9),
(1, 9), (3, 3), (9, 1)

したがって　6 個

(2)　y は x に比例するから，比例定数を a とすると，$y=ax$ と表すことができる。

第1章 第2章 第3章 第4章 第5章 第6章 第7章 入試対策編

$x=3$ のとき $y=2$ であるから

$$2=a\times3 \qquad a=\frac{2}{3}$$

よって　$y=\frac{2}{3}x$ …… ①

また，x は z に反比例するから，比例定数を b とすると，$xz=b$ と表すことができる。

$x=4$ のとき，$z=5$ であるから

$$b=4\times5=20$$

よって　$xz=20$ …… ②

$y=3$ のとき，① から　$3=\frac{2}{3}x$　$x=\frac{9}{2}$

これを ② に代入すると　$\frac{9}{2}z=20$　$z=\frac{40}{9}$

17 $a=24$，$b=-6$

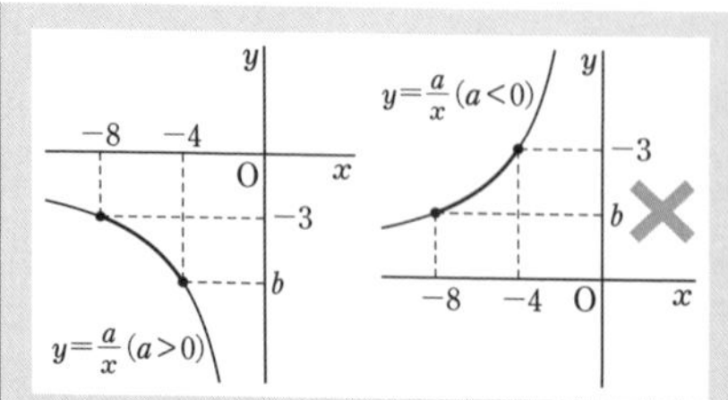

x と y の変域から，$a>0$ であることがわかる。

よって

$x=-8$ のとき　$y=-3$

$$a=-8\times(-3)=24 \quad \leftarrow a=xy$$

$x=-4$ のとき　$y=b$

$$-4b=24 \qquad b=-6$$

したがって　$a=24$，$b=-6$

18 $a=7$

解説

点Aの y 座標は，$x=2$ を $y=\frac{a}{x}$ に代入して

$$y=\frac{a}{2}$$

点Bの y 座標は，$x=2$ を $y=-\frac{5}{4}x$ に代入して　$y=-\frac{5}{4}\times2=-\frac{5}{2}$

AB=6 であるから　$\frac{a}{2}-\left(-\frac{5}{2}\right)=6$

$$\frac{a+5}{2}=6 \qquad a+5=12$$

よって　$a=7$

19 (1) **(6, 2)**　(2) $\boldsymbol{a=12}$

解説

(1) 点Aの x 座標を t とする。

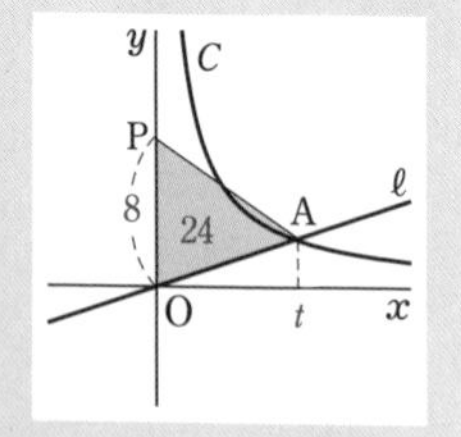

点Pが出発してから 8 秒後の，点Pの y 座標は　8

△OAP について，底辺を OP とすると，高さは点Aの x 座標であるから，面積について　$\frac{1}{2}\times8\times t=24$　$t=6$

点Aは $y=\frac{1}{3}x$ のグラフ上にあるから，

$y=\frac{1}{3}x$ に $x=6$ を代入すると

$$y=\frac{1}{3}\times6=2$$

よって，点Aの座標は　(6, 2)

(2) 点Aは $y=\frac{a}{x}$ のグラフ上にもあるから，

$y=\frac{a}{x}$ に $x=6$，$y=2$ を代入すると

$$2=\frac{a}{6} \quad \leftarrow a=6\times2 \text{ としてもよい}$$

$$a=12$$

20 (1)

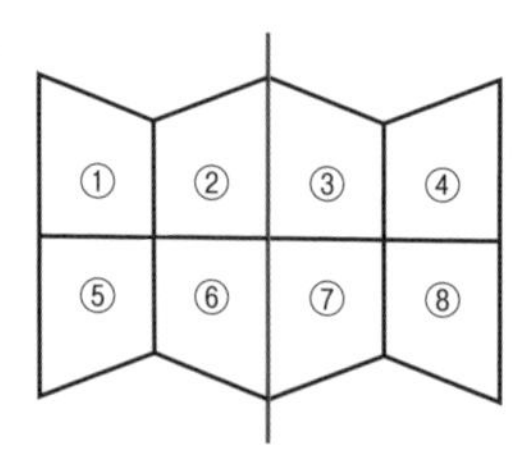

(2) ① → ⑧（回転）

① → ④（対称），④ → ⑧（対称）

① → ⑤（対称），⑤ → ⑧（対称）

① → ⑥（回転），⑥ → ⑧（平行）

の 4 通りのうちから 2 通り

21

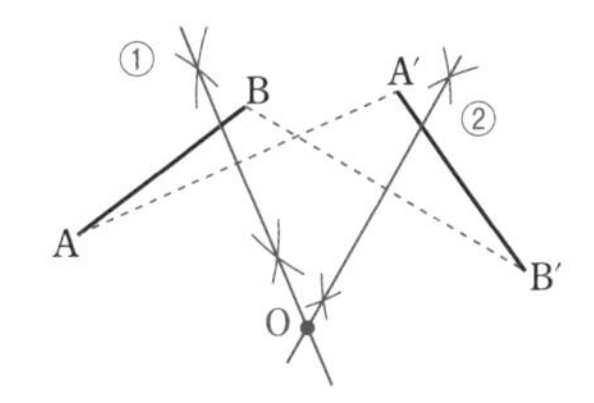

解説
① 線分 AA′ の垂直二等分線をひく。
② 線分 BB′ の垂直二等分線をひく。
①，② の交点がOである。

22

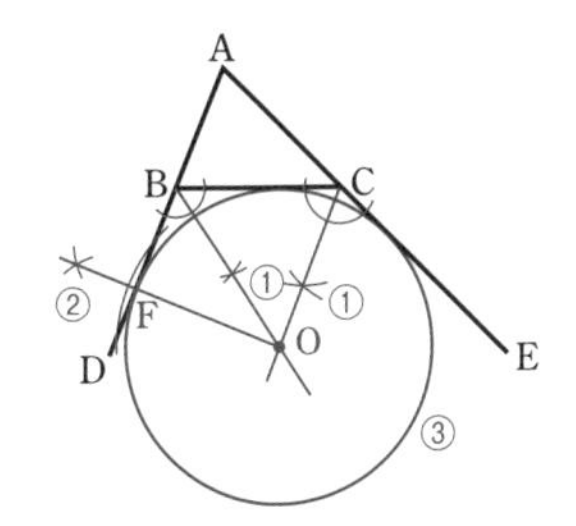

解説
半直線 AB，AC 上にそれぞれ点 D，E をとる。
① ∠CBD の二等分線と ∠BCE の二等分線をひき，その交点をOとする。
② 点Oから半直線 AD に垂線をひき，半直線 AD との交点をFとする。
③ 点Oを中心として，半径 OF の円をかく。

23

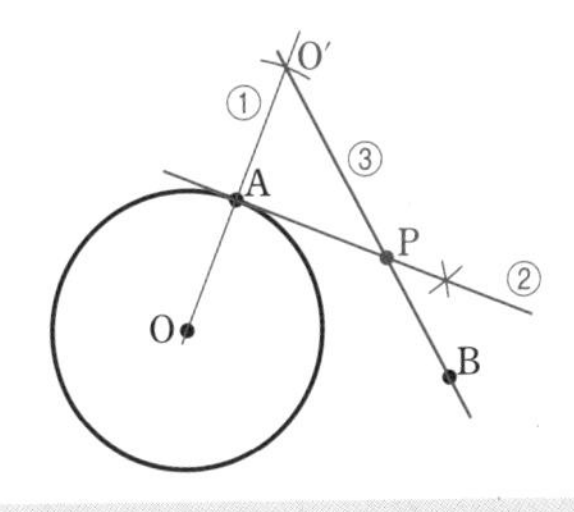

解説
① 直線 OA をひき，点Aを中心として，半径 AO の円をかく。半直線 OA との交点のうち，点O以外の点を O′ とする。
② 点Aを通る半直線 OA の垂線をひく。
③ 直線 O′B をひき，② でひいた直線との交点をPとする。

24

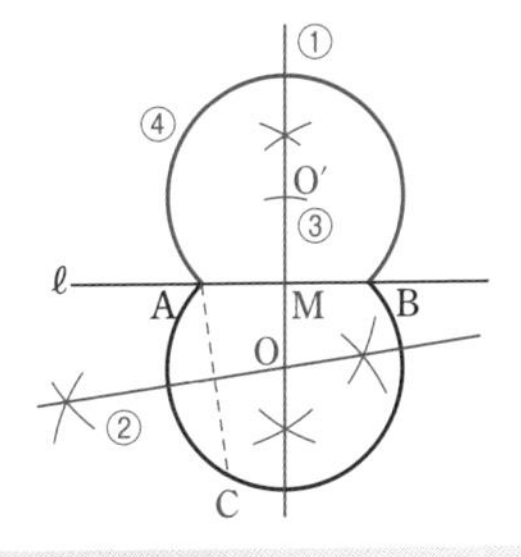

解説
まず，円の中心を見つける。図の円の中心をOとすると，直線 ℓ に関して点Oと対称な点 O′ をとる。

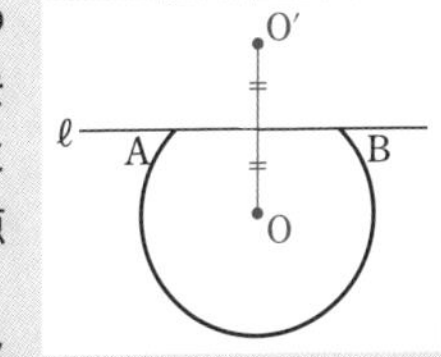

O′ を中心とする半径 OA の円をかけばよい。
① 線分 AB の垂直二等分線をひく。
線分 AB の中点をMとする。
② $\overset{\frown}{AB}$ 上に適当な点Cをとり，線分 AC の垂直二等分線をひく。① の直線との交点をOとする。
③ 点Mを中心として，半径 MO の円をかく。
① の直線との交点のうち，点O以外の点を O′ とする。
④ 点 O′ を中心とする半径 OA の円をかく。

25 288 cm^3

解説
(正八角形の体積)＝(正四面体の体積)×2
四角形 BCDE は正方形で，その面積は
$12\times12\div2=72\ (\text{cm}^2)$
正四角錐 A-BCDE の底面を四角形 BCDE としたときの高さは 6 cm であるから，求める立体の体積は $\frac{1}{3}\times72\times6\times2=288\ (\text{cm}^3)$

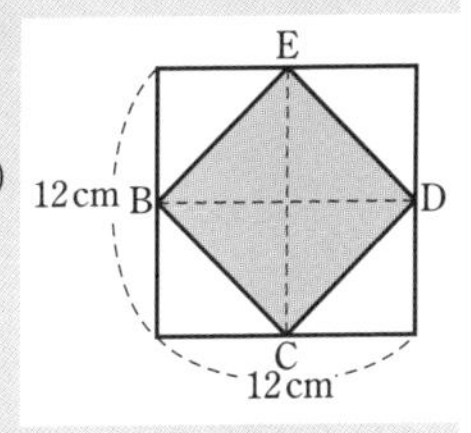

26

(1) 体積 36π cm^3，表面積 42π cm^2

(2) 体積 $\frac{32}{3}\pi$ cm^3，表面積 16π cm^2

(3)　$\frac{5}{3}\pi$ cm³

解説

(1)　円柱Aについて

体積は　$\pi\times3^2\times4=36\pi$ (cm³)

表面積は　$\pi\times3^2\times2+2\pi\times3\times4=42\pi$ (cm²)

(2)　球について

体積は　$\frac{4}{3}\pi\times2^3=\frac{32}{3}\pi$ (cm³)

表面積は　$4\pi\times2^2=16\pi$ (cm²)

(3)　容器の水の入っていない部分の体積は

$\pi\times3^2\times(4-3)=9\pi$ (cm³)

よって，あふれる水の量は

$\underbrace{\frac{32}{3}\pi}_{\text{球の体積}}-9\pi=\frac{5}{3}\pi$ (cm³)

27　200π cm³

解説

右の図のように，7枚の正方形をA，B，C，D，E，F，Gとし，Eの右どなりにできる正方形をA′，Gの右どなりにできる2つの正方形をB′，C′とする。

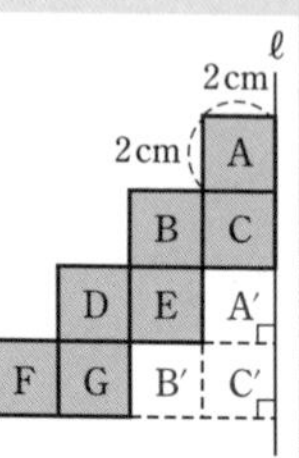

Aの回転体とA′の回転体の体積は等しく，B，Cの回転体とB′，C′の回転体の体積は等しいから，求める立体の体積は，D，E，A′の回転体とF，G，B′，C′の回転体の体積をたせばよい。

よって　$\pi\times(2\times3)^2\times2+\pi\times(2\times4)^2\times2$

$=200\pi$ (cm³)

28　正六角形

解説

切り口は辺BEの中点Oを通る。

点L，M，N，Oはそれぞれ辺CD，AD，AE，BEの中点であるから

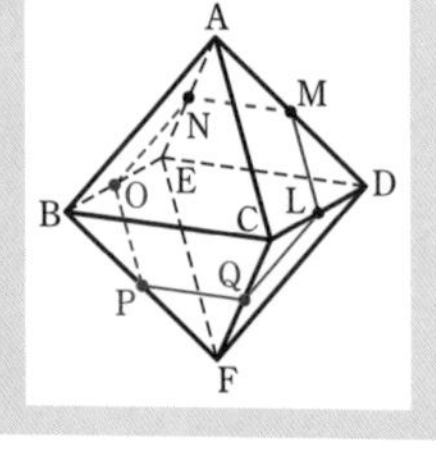

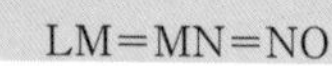

LM=MN=NO

また，対称性から，切り口は辺BF，CFの中点P，Qを通る。

LM=MN=NO=OP=PQ=QL

であるから，切り口は正六角形となる。

29　$x=5$

解説

x以外のデータを大きさの順に並べると

3，5，6，6，7，10

7人の得点の平均値は

$\frac{3+5+6\times2+7+10+x}{7}=\frac{x+37}{7}$ (点)

また，7人の得点の中央値は，小さい方から4番目の得点である。

xの値が0から10のどの値をとっても中央値は6となるから

$\frac{x+37}{7}=6$

$x+37=42$　　$x=5$

30　(1)　0.08

(2)　$x=7$，$y=8$

解説

(1)　$2\div25=0.08$

(2)　$x+y=25-(6+2+1+1)=15$

度数がもっとも大きい階級は，4時間以上6時間未満であるから，$y\geqq7$ で　$x<y$

$y=7$ のとき，$x+y=15$ より，$x=8$ となるから，$x<y$ を満たさない。

よって　$y\geqq8$，$x\leqq7$

中央値は，大きさの順における13番目の値で，その値が2時間以上4時間未満の階級にふくまれるから，$x\leqq7$ より

$x=7$　← $x\leqq6$ では，中央値が2時間以上4時間未満の階級にふくまれない

したがって　$y=15-7=8$

31　(1)　30人　　(2)　3冊

(3)　120人

解説

(1)　生徒の総数は

$2+7+3+4+5+4+3+2=30$ (人)

(2)

階級（冊）	度数（人）	累積度数（人）
0	2	2
1	7	9
2	3	12
3	4	16
4	5	21
5	4	25
6	3	28
7	2	30
計	30	

読んだ本の冊数が少ない順から数えて 15 番目と 16 番目は，ともに 3 冊である。
よって，中央値は　3 冊

(3)　1 年 1 組の生徒で読んだ本が 3 冊以上の生徒の度数は

$30-12=18$（人）　←（全体）−（2 冊以下）

よって，相対度数は　$\frac{18}{30}=0.6$

したがって，この中学校の生徒で読んだ本が 3 冊以上の生徒は

$200\times0.6=120$（人）

32 (1)　(ア)，(ウ)

(2)　**6 分 50 秒**

解説

(1)　(ア)　正しい。←（範囲）＝（最大の値）−（最小の値）

(イ)　11 分以上 12 分未満の階級の相対度数は，1 組が　$\frac{2}{16}$　　2 組が　$\frac{2}{15}$

よって，異なるから，正しくない。

(ウ)　1 組は 16 人，2 組は 15 人であるから，1 組の中央値は，早い方から数えて 8，9 番目の時間の平均，2 組の中央値は早い方から数えて 8 番目の時間である。

ヒストグラムから，1 組の中央値がふくまれる階級は

9 分以上 10 分未満

2 組の中央値がふくまれる階級も

9 分以上 10 分未満

よって，正しい。

(エ)　1 組の最頻値は 9.5 分，2 組の最頻値は 10.5 分であるから，正しくない。

したがって，適切なものは　(ア)，(ウ)

(2)　ヒストグラムから，上位 6 人は

1 組の 7 〜 8 分台の 2 人
2 組の 6 〜 7 分台の 3 人，
7 〜 8 分台の 1 人

である。　← 1 組から 2 人，2 組から 4 人選ばれる

1 組の平均記録 7 分 10 秒は

$7\frac{10}{60}=\frac{43}{6}$（分），

2 組の平均記録 6 分 40 秒は

$6\frac{40}{60}=\frac{20}{3}$（分）

であるから，代表選手 6 人の記録の合計は

$\frac{43}{6}\times2+\frac{20}{3}\times4=41$（分）

よって，代表選手 6 人の記録の平均値は

$41\div6=\frac{41}{6}=6\frac{5}{6}=6\frac{50}{60}$（分）

すなわち　　6 分 50 秒

33 (ア)　**61 点**　　(イ)　**66 点**

解説

加える 2 人の点数のうち，1 人は 60 点より大きいから，中央値が大きくなるとき，x の値も 60 より大きい。
（x の値が 60 以下だと，中央値は変わらない）
また，平均値は小さくなるから，加える 2 人の点数の合計は，$65\times2=130$ より小さい。

$63+x<130$　← $x<130-63$　　$x<67$

x は 60 より大きいから，考えられる x の値として，もっとも小さい値は 61 点，もっとも大きい値は 66 点である。

発行所　**数研出版株式会社**

〒101-0052　東京都千代田区神田小川町２丁目３番地３
〔振替〕00140-4-118431
〒604-0861　京都市中京区烏丸通竹屋町上る大倉町205番地
〔電話〕代表（075）231-0161
ホームページ　http://www.chart.co.jp/
印刷　創栄図書印刷株式会社

乱丁本・落丁本はお取り替えいたします　240806

Mathematics